Matthias Heinz

Modellbasierte Entwicklung und Konfiguration des zeitgesteuerten FlexRay Bussystems

Band 5
Steinbuch Series on Advances in Information Technology

Karlsruher Institut für Technologie
Institut für Technik der Informationsverarbeitung

Modellbasierte Entwicklung und Konfiguration des zeitgesteuerten FlexRay Bussystems

von

Matthias Heinz

KIT Scientific Publishing

Karlsruher Institut für Technologie
Institut für Technik der Informationsverarbeitung

Zur Erlangung des akademischen Grades eines Doktor-Ingenieurs
von der Fakultät für Elektrotechnik und Informationstechnik des
Karlsruher Institut für Technologie (KIT) genehmigte Dissertation

von Matthias Heinz aus Limburg a.d. Lahn

Tag der mündlichen Prüfung: 7. November 2012
Hauptreferent: Prof. Dr.-Ing. Klaus D. Müller-Glaser
Korreferent: Prof. Dr. Wolfgang Rosenstiel

Impressum

Karlsruher Institut für Technologie (KIT)
KIT Scientific Publishing
Straße am Forum 2
D-76131 Karlsruhe
www.ksp.kit.edu

KIT – Universität des Landes Baden-Württemberg und nationales
Forschungszentrum in der Helmholtz-Gemeinschaft

KIT Scientific Publishing 2012
Print on Demand

ISSN 2191-4737
ISBN 978-3-86644-816-2

Danksagung

Die vorliegende Arbeit ist während meiner Tätigkeit als wissenschaftlicher Mitarbeiter am Institut für Technik der Informationsverarbeitung (ITIV) entstanden.

Mein erster Dank gilt meinem Doktorvater und Leiter des Instituts für Technik der Informationsverarbeitung des Karlsruher Instituts für Technologie, Herrn Prof. K.-D. Müller-Glaser für die wertvolle fachliche Unterstützung und das mir entgegengebrachte Vertrauen.

Bedanken möchte ich mich weiterhin bei Herrn Prof. Dr. Wolfgang Rosenstiel vom Lehrstuhl für technische Informatik der Universität Tübingen für die Übernahme des Korreferats sowie bei Herrn Prof. Hohmann vom Institut für Regelungs- und Steuerungssysteme für den Vorsitz der Prüfungskommission und die Leitung der mündlichen Prüfung.

Mein besonderer Dank gilt meinen Kollegen am Institut für Technik der Informationsverarbeitung, die für die fachliche Diskussion stets zur Verfügung standen und mich mit wertvollen Ratschlägen bei der vorliegenden Arbeit unterstützt haben. Im Besonderen möchte ich mich bei Herrn Martin Hillenbrand sowie Alexander Klimm und André Malz bedanken.

Großer Dank gilt auch allen meinen Studenten, die im Rahmen von Studien-, Diplom-, Bachelor- und Masterarbeiten zum Gelingen dieser Arbeit beigetragen haben, damit die vorgestellten Konzepte nicht nur Ideen blieben, sondern auch verwirklicht werden konnten.

Für den familiären und freundschaftlichen Rückhalt möchte ich mich bei meiner Familie sowie bei Andrea bedanken.

Karlsruhe, im November 2011

Matthias Heinz

Inhaltsverzeichnis

Abkürzungsverzeichnis

ACC	Adaptive Cruise Control
API	Application Programming Interface
ASAM	Association for Standardisation of Automation and Measuring Systems
ASIC	Application-Specific-Integrated-Circuit
AUTOSAR	**AUT**omotive **O**pen **S**ystem **AR**chitecture
CAN	Controller Area Network
CANdb	CAN Datenbank
CASE	Computer Aided Software Engineering
CID	Channel Idle Delimiter
CRC	Cyclic Redundancy Check
CSMA/CA	Carrier Sense Multiple Access/Collision Avoidance
CSV	Comma-separated Values
DIN	Deutsches Institut für Normung
EAST-ADL	Electronics Architecture and Software Technology – Architecture Description Language
ECU	Electronic Control Unit
EE	Elektrik/Elektronik
EEA	Elektrik/Elektronik Architektur
EMV	Elektromagnetischen Verträglichkeit
FIBEX	Field Bus Exchange Format
FIFO	First In - First Out
FM	Fiduccia Mattheyses
FPGA	Field Programmable Gate Array
FTDMA	Flexible Time Division Multiple Access
FTP	File Transfer Protocol
ggT	größter gemeinsame Teiler
HC	Hierarchical Clustering
HTTP	Hypertext Transfer Protocol
ID	Identifizierungszahl
IEC	International Electrotechnical Commission
IEEE	Institute of Electrical and Electronics Engineers
ILP	Integer Linear Programming
IP	Intellectual Property
ISO	International Standard Organisation
KWP 2000	Keyword Protokoll 2000
LAN	Local Area Network

LDF	LIN Description File
LIN	Local Interconnect Network
LLC	Logical Link Control
MAC	Media Access Control
MEDL	Message Descriptor List
MOF	Meta Object Facility
MOST	Media Oriented Systems Transport
NRZ	Non-Return to Zero
OBD	On-Board-Diagnose
OEM	Original Equipment Manufacturer
OMG	Object Management Group
OSEK	**O**ffene **S**ysteme und deren Schnittstellen für die **E**lektronik im **K**raftfahrzeug
OS	Operating System
OSI	Open Systems Interconnection
PLL	Phase-Locked-Loop
PWM	Pulsweiten-Modulation
QoS	Quality of Service
SAE	Society of Automotive Engineers
SDRAM	Synchronous Dynamic Random Access Memory
SIL	Safety Integrity Level
SoC	System-on-Chip
SSH	Secure Shell
SW	Symbol Window
SysML	Systems Modeling Language
TDMA	Time Division Multiple Access
TTCAN	Time Triggered CAN
TTP	Time Triggered Protocol
UART	Universal Asynchronous Receiver Transmitter
UDS	Unified Diagnostic Services
UML	Unified Modeling Language
VDX	**V**ehicle **D**istributed **Ex**ecutive
VHDL	Very High Speed Integrated Circuit Hardware Description Language
XML	Extensible Markup Language

FlexRay spezifisches Abkürzungsverzeichnis

BSS	Byte Start Sequence
CAS	Collision Avoidance Symbol
CC	Communication Controller
CHI	Controller-Host-Interface
CIF	Customer CPU Interface
DTS	Dynamic Trailing Sequence
EBI	External Bus Interface

EPL	Electrical Physical Layer
FES	Frame End Sequence
FSP	Frame and Symbol Processing
FSS	Frame Start Sequence
GIF	Generic CPU Interface
GTU	Global Time Unit
IBF	Input Buffer
INT	Interrupt Control
MHD	Message Handler
MRAM	Message RAM
MTS	Media Test Symbol
NEM	Network Management
NFI	Nullframe Indicator
NIT	Network Idle Time
OBF	Output Buffer
PDU	Protocol Data Unit
PE	Protocol Engine
POC	Protocol Operation Control
PPI	Payload Preamble Indicator
PRT	FlexRay Protocol Controller
SEQ	Sequencer Engine
STRP	Secondary Time Reference Point
SUC	System Universal Control
TCU	Time Control Unit
TBF	Transient Buffer
TRP1	Primary Time Reference Point
TRP2	Second Time Reference Point
TSS	Transmission Start Sequence
WUS	Wakeup Symbol

1. Einführung

Die weitere Erhöhung der Verkehrssicherheit und die Verbesserung der Umweltverträglichkeit spielt eine Schlüsselrolle in der Zukunft des Automobils [3]. Trotz der schon erreichten Erfolge bei der Abnahme der Zahl der Unfälle mit Todesfolge, bei gleichzeitiger Zunahme des Fahrzeugbestandes und des Verkehrs in den Industrienationen, gilt es nach wie vor den positiven Trend fortzuführen [73].

Die bisher erzielten Erfolge sind maßgeblich den passiven und aktiven Sicherheitssystemen der modernen Fahrzeuge zuzuschreiben (siehe Abbildung 1.1). Laut dem Deutschen Verkehrssicherheitsrat e.V. [33] gab es durch den Einsatz von Adaptive Cruise Control (ACC) 17% weniger schwere Unfälle bei gleichzeitig 10% weniger Kraftstoffverbrauch. Durch den Einsatz von Notbremsassistenten ließen sich 28% weniger Auffahrunfälle sowie mit Hilfe des Spurassistenten 49% weniger LKW-Unfälle durch Spurverlassen erreichen.

Eine entscheidende Rolle zur Umsetzung von Sicherheits- und Assistenzsysteme spielt dabei die Elektrik/Elektronik Architektur (EEA). Mittlerweile entfallen rund 90% aller Innovationen im Kraftfahrzeug auf den Bereich der Elektrik/ Elektronik (EE) [122].

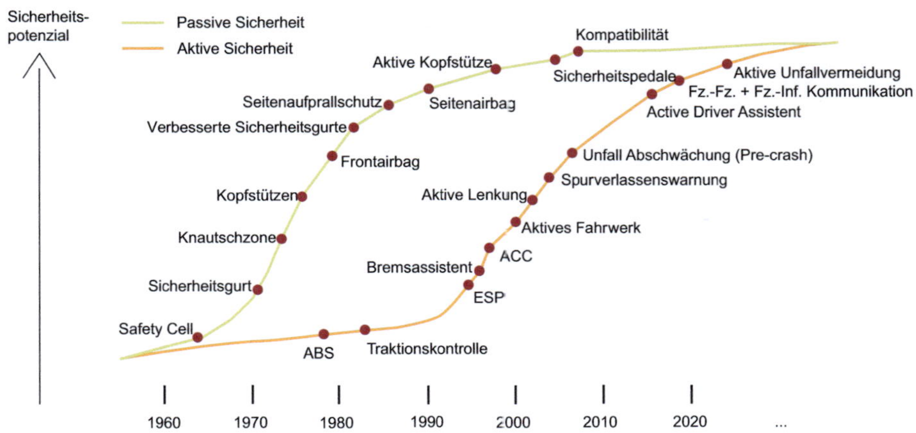

Abbildung 1.1.: Aktive und passive Sicherheitssysteme im Fahrzeug [23]

Die Entwicklung von Elektrik/Elektronik Architekturen im Kraftfahrzeug hat in den letzten Jahren enorm an Bedeutung gewonnen. Dazu haben unter anderem gesetzliche Vorschriften in den Bereichen Umweltverträglichkeit und Sicherheit maßgeblich beigetragen. Aber auch Innovationen im Bereich der Fahrerassistenzsysteme leisten einen wesentlichen Beitrag zur Vergrößerung des EE Anteils im Fahrzeug. Die weiter steigende Verkehrsdichte unterstützt die Akzeptanz der Systeme beim Kunden und fördert somit den Kundenwunsch nach aktueller Technik. [122]

1.1. Komplexität von EE Architekturen

Der steigende Anteil der EEA an den Innovationen des Automobils hat in den letzten Jahren zu einer großen Zunahme von Steuergeräten und Bussystemen geführt (Abbildung 1.2). Heute befinden sich bereits mehr als 80 Steuergeräte (Abbildung 1.3) in modernen Oberklassefahrzeugen [102]. Bereits 2004 wurden bis zu 2500 Signale[1] zwischen den Steuergeräten ausgetauscht [8].

Für die Zukunft wird mit einer weiteren Zunahme an Steuergeräte-Funktionen gerechnet. Die steigende Grundausstattung aller Fahrzeuge und der damit einhergehende Kostendruck sowie der beschränkte Bauraum in kleineren Fahrzeugen erlauben allerdings keine weitere Steigerung der Anzahl an Steuergeräten bzw. erfordern deren Reduzierung. Somit wird die Anzahl der Funktionen pro Steuergerät und deren Vernetzung weiter zunehmen [114]. Dieser Trend führt zu immer mehr hochvernetzten Systemen und wird sich mit der Einführung neuer Assistenzsysteme weiter fortsetzen. Für das Jahr 2015 wird bereits mit einem Wertschöpfungsanteil der EE von rund 35% am Gesamtfahrzeug gerechnet [3].

Die steigende Komplexität in der Fahrzeugentwicklung und die dadurch notwendige interdisziplinäre Zusammenarbeit zwischen verschiedenen Abteilungen erfordert ein gemeinsames Problem- und Lösungsverständnis. In allen Entwicklungsschritten können Methoden und Werkzeuge zur Verbesserung der Qualität und zur Reduzierung von Risiken und Kosten beitragen.

Für die Entwicklung zukünftiger Systeme ist ein effizienter Einsatz von Entwicklungswerkzeugen unabdingbar. Steigende Komplexität sowie neue Anforderungen bezüglich Sicherheit (ISO26262 [4]) vergrößern das Maß einzuhaltender Randbedingungen. Um in Zukunft die Komplexität bei gleichzeitig verbesserter Qualität zu beherrschen, müssen Entwicklungswerkzeuge den Entwicklungsingenieur entlasten und seine Arbeit durch automatisierte Methoden beschleunigen.

[1] Informationen werden physikalisch durch Folgen von Signalen dargestellt. Hierbei ist ein Signal eine elementare feststellbare Veränderung, z.B. ein Zeichen, ... [27]

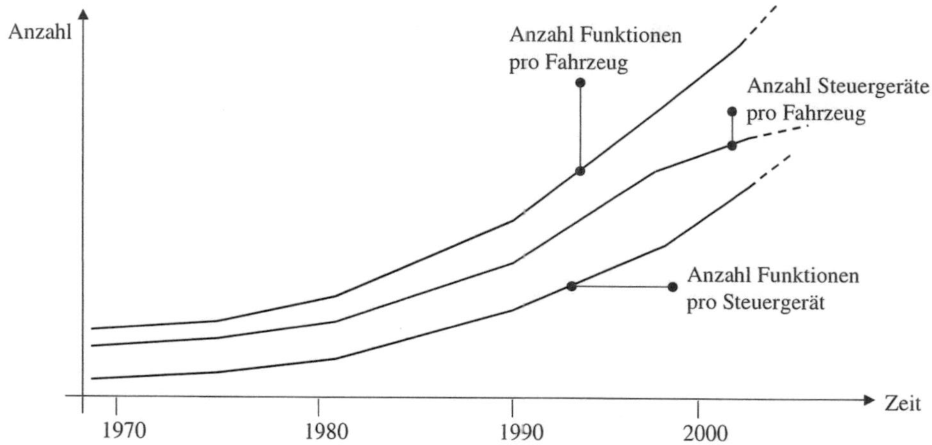

Abbildung 1.2.: Qualitativer Anstieg der Anzahl an Steuergeräten und Funktionen pro Fahrzeug [47]

Mit der Einführung des FlexRay Bussystems stiegen die Komplexität und die zu beachtenden Randbedingungen in der Entwurfsphase weiter an. Während die etablierten Bussysteme wie Controller Area Network (CAN) [104] und Local Interconnect Network (LIN) [76] mit bis zu zehn Konfigurationsparametern auskommen, sind bei FlexRay schon bei wenigen Steuergeräten viele globale und lokale Parameter festzulegen. Dazu kommt die für die zeitgesteuerte Übertragung notwendige Planung des Kommunikationsfahrplans (Schedule).

Aktuelle Forschungsvorhaben, wie beispielsweise die Entwicklung eines intelligenten Switched-Sternkopplers [88] mit Open Systems Interconnection (OSI) Layer 2 Funktionalität, führen zu einer weiteren Zunahme des Konfigurationsaufwandes durch unterschiedliches Scheduling in verschiedenen Zweigen des Sterns und sind zusätzlich von der topologischen FlexRay Struktur abhängig. Solche Vorhaben sind ohne geeignete Modellbildung und unterstützende Werkzeuge nicht handhabbar.

1.2. Motivation

Die Konfiguration des FlexRay Bussystems übertrifft die Komplexität bisheriger Bussysteme um ein Vielfaches. Dies folgt aus dem größeren Funktionsumfang sowie der gewünschten Flexibilität. Die manuelle Festlegung der Konfigurationsdaten benötigt eine tiefe Kenntnis aller Parameter sowie deren Auswirkun-

Abbildung 1.3.: Steuergeräte und Vernetzung Audi A8 Modell 2010 [15]

gen auf den späteren Betrieb des Busses. Noch bevor eine Auswahl für eines der möglichen Bussysteme zur Vernetzung getroffen werden kann, muss zunächst die Einteilung der Steuergeräte in einzelne Bussysteme erfolgen. Diese Aufgabe wird durch die starke Funktionsverteilung auf viele Steuergeräte zusätzlich erschwert. Aufgrund der vorher nicht bekannten optimalen Anzahl an Bussystemen ergeben sich viele Freiheitsgrade bei der Lösungsfindung. Der bisherige domänenspezifische Ansatz zur Verteilung der Steuergeräte auf Bussysteme muss nicht notwendigerweise zu einer optimalen Vernetzung führen. Durch einen prototypischen Entwurf einer Vernetzung kann dem Entwickler eine funktionierende Struktur zur weiteren Bearbeitung vorgegeben werden. Dies lässt sich über die in der EEA Modellierung vorhandenen Daten schnell und automatisch bewerkstelligen.

Nach der Auswahl steht darauf folgend die Konfiguration der ausgewählten Bussysteme an. Die Konfiguration von LIN und CAN stellt neben der Auswahl der gewünschten Datenrate keine größeren Herausforderungen dar. Der Entwurf einer FlexRay Konfiguration stellt den Entwickler dagegen vor eine große Anzahl von Freiheitsgraden. Gesetzt werden müssen unter anderem 39 globale und 32 lokale Parameter. Dies ergibt für ein Netz von 8 Busteilnehmern eine Anzahl von $39 + 8 \cdot 32 = 295$ Parametern. Auch wenn viele der lokalen Parameter in einem typischen Aufbau gleich sind, zeigt dies doch die Komplexität des FlexRay Protokolls.

Eine Überprüfung der Funktionsfähigkeit der gesetzten Parameter auf dem realen Bus ist ein notwendiger Teil der anschließenden Überprüfungsphase. Die Analyse der gewählten Parameter und der Einfluss der Hardware auf die Übertragung kann nur auf der realen Hardware getestet werden. Hierzu sind geeignete Werkzeuge notwendig, die eine schnelle und sichere Identifikation von Fehlern ermöglichen.

Trotz des Engagements im FlexRay Konsortium, haben sich viele Hersteller bei der Einführung des FlexRay Bussystems stark zurückgehalten. Hierfür sind laut [24] die vier entscheidenden Faktoren Reifegrad des Standards, Kosten pro Kommunikationsknoten, Anwendungsdomänen für FlexRay und Komplexität verantwortlich. Zum einen hat sich die Fertigstellung des Standards immer wieder verzögert, so dass lange nicht klar war, welche Version für die Serienproduktion breit eingesetzt werden würde. Zusätzlich wurde der ursprüngliche Anwendungsbereich für FlexRay, die X-by-Wire Systeme in die Zukunft verschoben [123]. Dies geschah aufgrund aktuell keiner nennenswerten, nur durch diese Technologie möglichen Zusatzfunktionen und der zusätzlichen Kosten für die Absicherung dieser Fail-Operational Systeme [123]. Des Weiteren waren die Kosten eines FlexRay Bus-Knotens bei der Ersteinführung signifikant größer als die eines CAN-Knotens. Im Bereich der Entwicklung gab es zunächst keinen geeigneten Entwicklungsprozess zur Entwicklung zeitgesteuerter Bussysteme [103].

Zusätzlich wurde die Einführung durch den gegenüber CAN und LIN sehr komplexen Parametrierungsprozess mit vielen Parametern und Abhängigkeiten erschwert [60].

1.3. Zielsetzung der Arbeit

Ziel der vorliegenden Arbeit ist es, die Entwicklungsmethodik zum Entwurf von Elektrik/Elektronik (EE) Architekturen zu verbessern. Auf Basis der Funktionsvernetzung wird eine Methode zur Gruppierung von Steuergeräten und der Zuteilung zu Bussystemen vorgestellt. Die entstehenden Partitionen müssen entsprechend ihren Anforderungen konfiguriert werden. Mittels der EEA kann diese Konfiguration der Bussysteme passend zu den Randbedingungen der Funktionsvernetzung vorgenommen werden.

Mit Hilfe der vorgestellten Methoden kann eine Konfiguration des statischen FlexRay Segments, sowie eine Auswahl der Parameter zur Konfiguration des dynamischen Segments vorgenommen werden. Diese erfolgt anhand der Funktionsvernetzung und der topologischen Vernetzungsstruktur der Steuergeräte. Für die Bestimmung von Parametern, unter vom Benutzer vorgegebenen Randbedingungen, wurde eine weitere Methode entwickelt mittels der ein vollständiger Parametersatz abgeleitet werden kann. Die Funktion des konfigurierten Parametersatzes kann anschließend prototypisch auf einem Hardwarenetzwerk verifiziert werden. Um die Korrektheit der Funktion und der gesetzten Parameter zu überprüfen wurde eine Testplattform entwickelt, die das Auslesen von Konfigurations- und Nutzdaten aus einem FlexRay Hardware-Netzwerk erlaubt.

Beim Entwurf von FlexRay Netzwerken müssen die von der Spezifikation vorgegebenen Randbedingungen bezüglich der Topologie beachtet werden, um einen funktionsfähigen und robusten Betrieb zu ermöglichen. Um das Design von ungültigen Strukturen zu vermeiden, wurde eine Methode entworfen, mit der die modellierte Struktur auf Gültigkeit untersucht und evtl. vorhandene Fehler angezeigt werden können.

Der für die Fahrzeugvernetzung entworfene CAN Bus findet heute in vielen Applikationen der Automatisierungstechnik Verwendung. Die Chancen des FlexRay Busses in dieser Domäne sollen anhand eines Beispiels untersucht werden.

1.4. Gliederung der Arbeit

Das Grundlagenkapitel 2 gibt zunächst eine Einführung in die Datenübertragung im Fahrzeug. Hier werden die aktuell eingesetzten Verfahren im Bereich

Bussysteme vorgestellt und erläutert. Im Anschluss werden die Grundlagen und die Berechnungsformeln für den Einsatz des zeitgesteuerten FlexRay Bussystems dargelegt.

Kapitel 4 beschreibt den aktuellen Stand der modellbasierten Entwicklung von EE Architekturen im Fahrzeug. Die aktuell verfügbaren Werkzeuge werden hierbei kurz vorgestellt. Das für diese Arbeit eingesetzte Werkzeug PREEvision [9] bietet die Basis für die folgenden Schritte der entwickelten Entwurfsmethode. In Anschluss an die Einführung werden die fehlenden und zu verbessernden Schritte für einen übergreifenden Entwurf von FlexRay Bussystemen aufgezeigt.

In Kapitel 5 wird eine Methode zur automatischen Generierung von Bussystemen auf Basis der Kommunikationsanforderungen der Busteilnehmer vorgestellt. Dies ermöglicht einen schnellen Entwurf einer funktionsfähigen Vernetzung innerhalb der EEA Modellierung und bietet dem Architekten eine Ausgangslösung für weitere applikationsspezifische Überarbeitungen.

Eine werkzeuggestützte Konfiguration von FlexRay Parametern wird in Kapitel 6 präsentiert. Hier wird zunächst auf die Konfiguration des statischen FlexRay Segments eingegangen und das Zusammenstellen von FlexRay Nachrichten, das Anlegen eine Busfahrplans (Schedule) und die Konfiguration des Parametersatzes vorgestellt. Anschließend wird eine Methode zur Auswahl der Länge des dynamischen Segments entwickelt. Für eine Konfiguration des FlexRay Parametersatzes auf Basis von Parametern, die durch Nutzervorgaben gegeben sind, wurde ebenfalls eine Konfigurationsmethode entworfen. Dem folgt die Überprüfung der topologischen Randbedingungen des FlexRay Busses in der EEA Modellierung und einer Extraktion von Parametern aus einer vorhandenen physikalischen Busstruktur.

Der mögliche Einsatz des FlexRay Bussystems für Anwendungen außerhalb der Fahrzeugdomäne wird in Kapitel 7 betrachtet.

Kapitel 8 gibt einen Überblick über die Tätigkeiten und fasst die Ergebnisse der Arbeit zusammen. Im Ausblick werden basierend auf den gewonnen Erkenntnissen weiterführende Schritte diskutiert.

1.5. Notation und Begriffe

In dieser Arbeit werden viele Begriffe und Parameter aus der FlexRay Spezifikation [42] verwendet. Die Bezeichnungen von Parametern und Zuständen von Zustandsautomaten wurden dabei unverändert übernommen und durch eine spezielle `Schriftart` hervorgehoben. Da es sich bei der FlexRay Spezifikation um ein englischsprachiges Dokument handelt, tragen die eingeführten Begriffe englische Bezeichnungen. Um eine Verwechslung und Missverständnisse zu vermeiden, werden in einigen Fällen die englischen Begriffe verwendet um den eindeutigen Bezug zu den in der Spezifikation verwendeten Bezeichnungen zu wahren.

2. Grundlagen Datenübertragung im Fahrzeug

In den folgenden Abschnitten werden die zum Verständnis der Arbeit notwendigen Themengebiete eingeführt und Verweise auf weiterführende Literatur gegeben.

2.1. Das ISO-OSI Schichtenmodell

Das International Standard Organisation (ISO)-Open Systems Interconnection (OSI)-Schichtenmodell wird als Designgrundlage für den Entwurf von Protokollen in Kommunikationsstandards eingesetzt [125]. Es besteht aus mehreren Ebenen, die einzelne Arbeitseinheiten des Protokolls gruppieren und mit den benachbarten Ebenen Daten austauschen. Insgesamt enthält das Modell sieben Schichten (siehe Tabelle 2.1). Dabei übernimmt jede Schicht eine genau definierte Aufgabe und ist so konstruiert, dass der Datenaustausch mit den benachbarten Schichten minimal bleibt. Der Austausch von Informationen zwischen den Schichten soll nur über die definierten Funktionen möglich sein.

Bei einer Übertragung zwischen zwei Teilnehmern werden die sieben Schichten des Modells nacheinander durchlaufen. Die Protokolle einer Schicht sind zu denen der über- und untergeordneten Schicht weitgehend transparent, womit sich die Verhaltensweise des Protokolls bei der Gegenseite genau gleich darstellt. Zwischen den Schichten sind Schnittstellen implementiert, die von der darüber- und darunter liegenden Schicht verstanden werden müssen. Bei vielen Übertragungsverfahren decken die Protokolle mehrere Schichten des ISO-Modells ab.

Der aktuelle Stand des Modells ist in der Norm ISO/International Electrotechnical Commission (IEC) 7498-1:1994 nachzulesen [62].

2.1.1. Anwendungsschicht *(Application Layer)* - 7

Diese Schicht verschafft der Anwendung den Zugriff auf das darunter liegende Kommunikationsnetz und stellt verteilten Anwendungsprozessen die Mittel

Schicht	Name	Bescheibung
7	Anwendungen *(Application)*	Stellt Funktionen für die Anwendung zur Verfügung
6	Darstellung *(Presentation)*	Wandelt Daten in verschiedene Codecs und Formate
5	Sitzung *(Session)*	Organisiert die Verbindungen zwischen den Endsystemen mit Hilfe von Steuerungs- und Kontrollmechanismen
4	Transport *(Transport)*	Stellt die Verbindung zwischen den transportorientierten und anwendungsorientierten Schichten her
3	Vermittlung *(Network)*	Steuert die logische und zeitliche Kommunikation zwischen den Endgeräten unabhängig vom Übertragungsmedium
2	Sicherungsschicht *(Data Link)*	Enthält Mechanismen zur Vermeidung von Übertragungsfehlern und Datenverlusten durch Fehlererkennung, Fehlerbehebung und Datenflusskontrolle
1	Bitübertragung *(Physical)*	Beschreibt die elektrische, mechanische und funktionale Schnittstelle zum Übertragungsmedium

Tabelle 2.1.: OSI-Referenzmodell [1]

zum Datenaustausch zur Verfügung. Im Bereich des Internets sind hier häufig verwendete Dienste wie Hypertext Transfer Protocol (HTTP), File Transfer Protocol (FTP) oder Secure Shell (SSH) zu nennen. Die Datenwandlung zwischen verschiedenen Protokollen findet auch auf dieser Schicht statt. Diese wird im Fahrzeug beispielsweise bei Gateways eingesetzt.

2.1.2. Darstellungsschicht *(Presentation Layer)* - 6

Die Umwandlung von Daten aus der anwendungsbezogenen Form in eine systemunabhängige Darstellung findet auf dieser Schicht statt. Sie ermöglicht den syntaktisch korrekten Austausch zwischen unterschiedlichen Systemen. Dazu werden die Daten, falls notwendig auch in ein anderes Datenformat übersetzt, damit sie von der Anwendungsschicht des entsprechenden Systems gelesen werden können. Eine Datenkompression oder Verschlüsselung von Daten wird ebenfalls in der Darstellungsschicht durchgeführt.

2.1.3. Sitzungsschicht *(Session Layer)* - 5

Diese für die Prozesskommunikation notwendige Schicht ermöglicht den Wiederaufbau von Verbindungen nach dem Ausfall der Transportverbindung. Sie erlaubt den organisierten und synchronisierten Datenaustausch und setzt sogenannte Nebensynchronisationspunkte *(Check Points)* für Wiederaufnahme der Verbindung ein. Die Hauptsynchronisationspunkte sind jeweils der Anfang und das Ende einer Sitzung.

2.1.4. Transportschicht *(Transport Layer)* - 4

Die Transportschicht ermöglicht einen einheitlichen Zugriff auf das Kommunikationsnetz, das von den anwendungsorientierten Schichten 5-7 genutzt werden kann, ohne die Eigenschaften des Transportnetzes zu berücksichtigen. Die Transportschicht ermöglicht den Auf- und Abbau von sogenannten virtuellen Kanälen. Hierdurch können sich zwei Endgeräte einen virtuellen Kanal teilen, oder die Daten auf mehrere virtuelle Kanäle verteilen um für die Sitzungen eine höhere Bandbreite zu schaffen. Mit dieser Technik lassen sich beispielsweise Gütemechanismen wie Quality of Service (QoS) einrichten, die das Vorhandensein einer Mindestbandbreite garantieren.

2.1.5. Vermittlungsschicht *(Network Layer)* - 3

Das vermitteln von Datenpaketen beziehungsweise das Schalten von Verbindungen bei leitungsorientierten Kommunikationsdiensten ist die Hauptaufgabe dieser Schicht. Hier findet die Weitervermittlung *(Routing)* von Paketen auf ihrem Weg zum Ziel statt, wozu auch das Auffinden eines optimalen Weges zum Empfänger zählt. Weitergeleitete Pakete werden in dieser Schicht an andere Teilnehmer übergeben und gelangen nicht in höhere Schichten. Die Vermittlungsschicht verhindert auch, dass dem Datenknoten mehr Daten zur Übertragung bereitgestellt werden, als auf dem Übertragungsmedium versendet werden können.

2.1.6. Sicherungsschicht *(Data Link Layer)* - 2

Die Sicherstellung einer möglichst fehlerfreien Übertragung wird durch die Sicherungsschicht gewährleistet.

Das Institute of Electrical and Electronics Engineers (IEEE) hat diese Schicht in zwei unterschiedliche Schichten aufgeteilt, was im OSI-Modell nicht vorgesehen ist. Zum einen ist dies die Logical Link Control (LLC)-Schicht, welche auch als

2b bezeichnet wird und die Aufgabe hat, Übertragungsfehler zu entdecken und falls möglich zu korrigieren. Dies kann zum Beispiel über eine Cyclic Redundancy Check (CRC)-Sicherung erreicht werden, die an die Nutzdaten angehängt wird. In dieser Schicht werden die Nachrichten auch in einen vordefinierten Datenrahmen verpackt. Häufig zu finden sind ein Nachrichtenkopf *(Header)*, die eigentlichen Nutzdaten *(Payload)* und ein Anhang *(Trailer)*.

Den zweiten Teil der Sicherungsschicht bildet die Media Access Control (MAC)-Schicht, auch als 2a Schicht bezeichnet, die den Zugriff auf das Übertragungsmedium regelt. Dies ist immer dann notwendig wenn das Medium nicht exklusiv zur Verfügung steht. Mit dieser kann das Auftreten von Kollisionen verhindert werden. Als Beispiel wäre hier der CAN Bus zu nennen, der auf der MAC Schicht das Carrier Sense Multiple Access/Collision Avoidance (CSMA/CA) Verfahren [7] zur Arbitrierung des Mediums einsetzt.

2.1.7. Bitübertragungsschicht *(Physical Layer)* - 1

Diese unterste Schicht stellt alle Mechanismen bereit um das Schreiben und Lesen von Informationen auf dem Übertragungsmedium zu ermöglichen. Als verschiedene Medien können beispielsweise Kabel, Lichtwellenleiter oder kabellose Übertragung zur Übertragung von Informationen eingesetzt werden. In Abhängigkeit des Mediums wird die Codierung der Information, meist als binäre Werte 1 und 0 vorhanden, als Spannunspegel, Frequenz oder Amplitude beschrieben um sie übertragen zu können. Die Modulation und Demodulation auf Trägersignale ist ebenfalls Teil der Bitübertragungsschicht wie auch evtl. eingesetzte Multiplexverfahren, die zu einer besseren Ausnutzung des Übertragungsmediums eingesetzt werden. Mechanische Komponenten wie Stecker, Buchsen, Antennen, Verstärker, Abschlusswiderstände usw. sind ebenfalls Teil dieser Schicht.

2.2. Betriebssysteme

Um die Wiederverwendung von Softwarefunktionen zu erleichtern und den entworfenen Code unabhängiger von der darunterliegenden Hardwarestruktur zu machen, kommen auf Steuergeräten Betriebssysteme zum Einsatz. Die beiden aktuellen Systeme werden im Folgenden vorgestellt.

2.2.1. OSEK-OS

Bei **O**ffene **S**ysteme und deren Schnittstellen für die **E**lektronik im **K**raftfahrzeug (OSEK) handelt es sich um ein Standardisierungsgremium, dass es sich zur Aufgabe gemacht hat, eine Spezifikation für ein Echtzeit-Betriebssystem *(Operating System (OS))* für eingebettete Systeme zu entwerfen. Gründungsmitglieder waren: BMW AG, Daimler AG, Adam Opel AG, Volkswagen, Robert Bosch GmbH, Siemens AG sowie das Institut für industrielle Informationstechnik der Universität Karlsruhe (TH). Im Jahr 1994 schloss sich das Gremium mit der französischen **V**ehicle **D**istributed E**x**ecutive (VDX)-Initiative zusammen und nennt sich seither OSEK/VDX. Das technische Komitee umfasst mittlerweile mehr als 40 europäische Firmen. Ziel der Initiative war es, die wiederkehrenden Kosten für die Entwicklung von Steuergerätesoftware im Automobil zu reduzieren und Inkompatibilitäten zwischen Steuergeräten verschiedener Hersteller durch standardisierte Betriebssystemschnittstellen zu vermeiden. Diese Schnittstellen bilden auch die Basis für die Wiederverwendung von Anwendungssoftware.

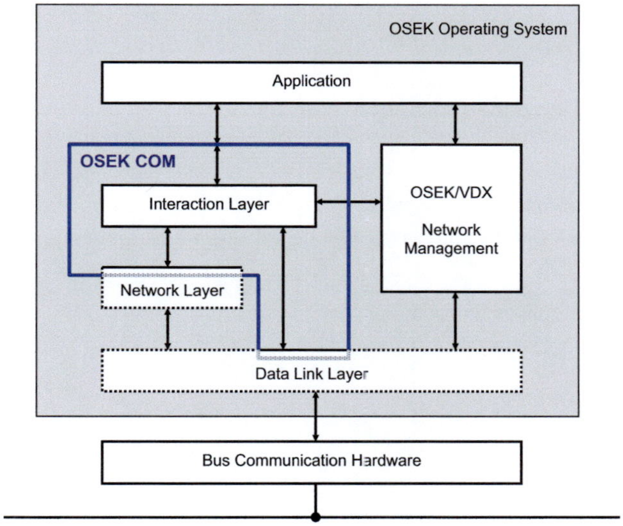

Abbildung 2.1.: OSEK/VDX Schichtenmodell [92]

Die Hauptkomponente des Systems OSEK-OS ist ein Multitasking-Echtzeit-Betriebssystem (Abbildung 2.1). Die Kommunikationsschicht OSEK-COM ermöglicht zum einen die Kommunikation zwischen den Tasks eines Steuergerätes, sowie mit anderen Tasks auf anderen Steuergeräten, die über ein Bussystem verbundenen sind. Für das Management der Bussysteme ist die Komponente OSEK-NM innerhalb des Betriebssystems zuständig. Mit Hilfe eines auf der Programmiersprache C basierenden Application Programming Interface (API) können die Ressourcen des Betriebssystems aufgerufen werden. Die Konfiguration des Systems erfolgt mit der Beschreibungssprache OSEK Implementation Language (OSEK-OIL). Daraus kann mit Hilfe einer Entwicklungsumgebung eine Task-Verwaltungsstruktur generiert werden. Um einen möglichst ressourcenschonenden Betrieb zu ermöglichen wird das gesamte System während der Entwicklung statisch konfiguriert und während der Laufzeit nicht mehr verändert.

Die Grundkomponenten des OSEK Systems, wie OS, COM, NM, OIL wurden in die ISO-Norm 17356 [2] übernommen. Es gibt mehrere Anbieter am Markt, die ein zertifiziertes, zu OSEK/VDX kompatibles Betriebssystem anbieten.

2.2.2. AUTOSAR

Die in der OSEK begründete Initiative fand ihre Fortführung in der Entwicklung der **AUT**omotive **O**pen **S**ystem **AR**chitecture (AUTOSAR) Spezifikation [18]. Diese Architektur ermöglicht eine saubere Trennung von Hard- und Software und definiert einen Satz von Betriebssystem-Softwaremodulen, die unabhängig voneinander entwickelt werden können. Somit können sie von verschiedenen Anbietern getrennt entworfen und in der Implementierungsphase zu einem Softwareverbund zusammengesetzt werden.

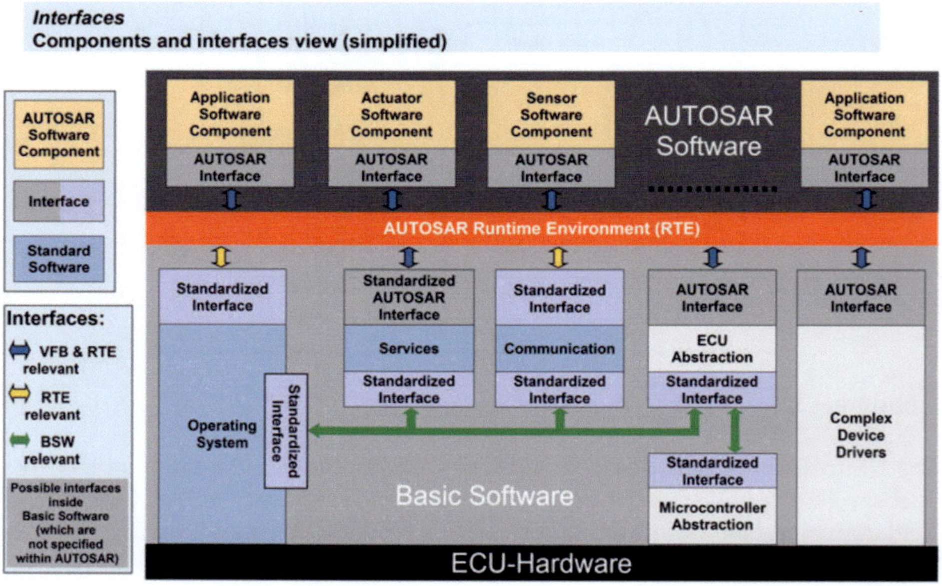

Abbildung 2.2.: Struktur der AUTOSAR Basis-Software [16]

Die Basis Software *(Basic Software)* (Abbildung 2.2) enthält neben dem eigentlichen Betriebssystem *(Operating System)*, Module zur Verwendung von Kommunikationsprotokollen, Speicherverwaltung sowie eine Hardware Abstraktionsschicht. Die AUTOSAR Laufzeitumgebung *(Runtime Environment)* bildet eine

Zwischenschicht, auf der alle ablaufenden Softwaremodule aufsetzen. Dies ermöglicht eine nahezu beliebige Verschiebung von Softwareblöcken der Anwendungssoftware auch über Steuergeräte-Grenzen hinweg.

2.3. Gateways

Gateways ermöglichen die Kopplung von verschiedenen Bussystemen. Dabei können sowohl unterschiedliche Protokolle wie CAN und Media Oriented Systems Transport (MOST) zum Einsatz kommen, sowie auch Busse mit dem gleichen Protokoll aber unterschiedlicher Geschwindigkeit miteinander verbunden werden. Gateways arbeiten auf allen sieben Schichten des ISO-OSI Schichtenmodells, da je nach verbundenen Bussen, die Daten komplett entpackt, neu organisiert und wieder verpackt weitergeschickt werden müssen. Gateways müssen somit neben der Konvertierung des physikalischen Layers auch die Protkollkonvertierung übernehmen.

2.4. Bussysteme im Automobil

Bei den Bussystemen für automobile Anwendungen lassen sich folgende Hauptanwendungsbereiche unterscheiden. Die OnBoard-Kommunikation zwischen den Steuergeräten im Fahrzeug kann hierbei in drei Teilgebiete aufgeteilt werden [126].

- High-Speed Systeme für Echtzeit-Steuerungsaufgaben
- Low-Speed Systeme zur Vereinfachung des Kabelbaums
- Multimedia Systeme

Im Bereich der Offboard-Kommunikation zwischen Steuergeräten und externen Geräte werden folgende Anwendungen unterschieden:

- Diagnose-Kommunikation in der Werstatt und im Abgastest
- Fertigungstest beim Kfz- und Steuergeräte-Hersteller
- Applikation am Prüfstand und im Fahrzeug in der Entwicklungsphase

Die gängigen Systeme sind in Tabelle 2.2 aufgelistet. Je nach Bandbreite und Funktionalität ergeben sich somit unterschiedliche Kosten für die Realisierung (Abbildung 2.3).

In den folgenden Kapiteln werden die am häufigsten eingesetzten Bussysteme erläutert.

Klasse	Bitrate	Typische Protokolle	Anwendung
Diagnose	< 10 kbit/s	ISO 9141-K-Line	Werkstatt und Abgastester
A	< 25 kbit/s	LIN, SAE J1587/1707	Komfort-Systeme
B	25...125 kbit/s	CAN (Low Speed)	Komfort-Systeme
C	125...1000 kbit/s	CAN (High Speed)	Antriebsstrang, Sicherheit
C+	> 1 Mbit/s	FlexRay, TTP	Fahrdynamik-Regelung
Infotainment	> 10 Mbit/s	MOST	Information, Kommunikation, Entertainment

Tabelle 2.2.: Klassifikation von Bussystemen nach Bitrate [126]

2.4.1. Controller Area Network (CAN)

Das CAN Bussystem wurde ab 1983 vom Hersteller Bosch entwickelt. Heute ist es das am weitesten verbreitete Bussystem im Automobilbereich. Es handelt sich um ein Multi-Master Bussystem, das in den Varianten CAN-(Class)-B und CAN-(Class)-C zum Einsatz kommt. CAN-B wird als Low-Speed CAN bezeichnet und unterstützt Datenraten von bis zu 125 kBit/s, wohingegen CAN-C als High-Speed Variante bis zu 1 MBit/s erreichen kann. Der Physical-Layer wird als zwei-Draht differentielle Übertragung ausgeführt [104]. Es existiert allerdings auch ein sogenannter Single-Wire-CAN bei dem die Fahrzeugmasse als Referenz dient.

Die Arbitrierung auf Protokollebene findet nach dem CSMA/CA Verfahren statt. Die Berechtigung zur Belegung des Busses durch einen Teilnehmer ist von der Priorität der gesendeten Nachricht abhängig. Die Priorisierung geschieht über einen Identifier (ID) der zum Beginn der Nachricht übertragen wird. Alle Teilnehmer sind nach dem Wired-AND Prinzip mit dem Bus verbunden und versuchen ihre Nachrichten zu senden. Gleichzeitig hören sie die Busleitung ab und prüfen ob der angelegte Buspegel mit dem gesendeten übereinstimmt. Falls dies nicht der Fall ist, brechen sie ihre Übertragung ab. So wird bei der Arbitrierung immer der Teilnehmer bevorzugt, der die Nachricht mit der kleinsten ID übertragen möchte [79].

Ein Nachteil des CAN Busses ist, dass die Nachrichtenübertragung nicht deterministisch ist. Die Zugriffsmöglichkeiten eines Teilnehmers sind davon abhängig, ob andere Teilnehmer mit höherer Priorität den Bus belegen oder nicht. Somit kann nicht vorhergesagt werden wann eine Nachricht den Empfänger er-

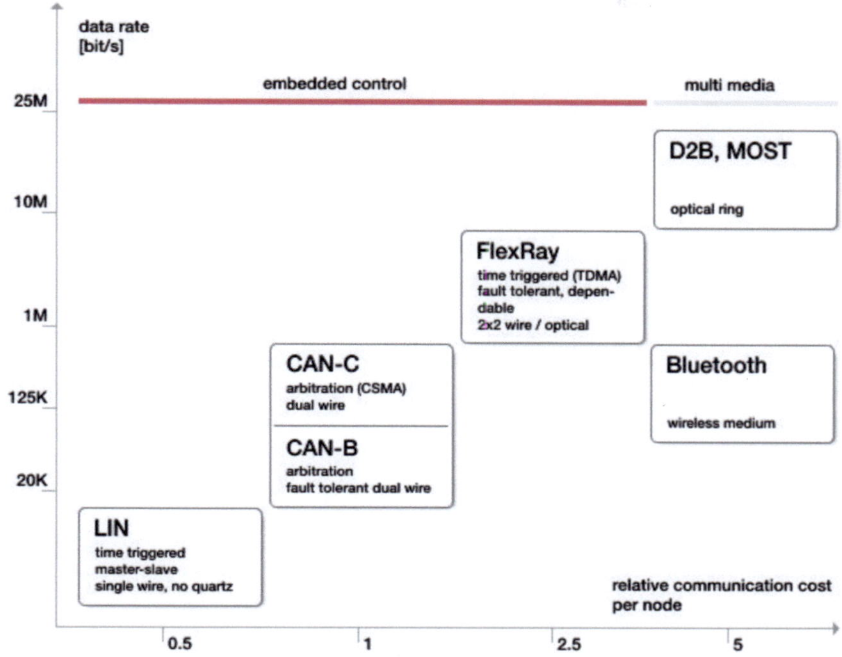

Abbildung 2.3.: Technischer Überblick Automobil-Bussysteme [77]

reicht. Hierdurch entstehen Einschränkungen bei der Einsatzbarkeit des CAN Busses für regelungstechnische Prozesse.

Die High-Speed Version CAN-C findet im Fahrzeug beispielsweise im Bereich des Antriebsstrangs, bei Assistenz- und Sicherheitssystemen Einsatz. CAN-B mit reduzierter Datenrate wird für Komfortsysteme mit geringerem Kommunikationsbedarf eingesetzt. Die ursprüngliche Version CAN 2.0A mit 11 bit Identifiern wurde um die sich heute gängige Version CAN 2.0B mit 29 bit Identifiern ersetzt [40].

Die CAN Technologie wurde in der Norm ISO 11898 und dem Society of Automotive Engineers (SAE) Standard J2284 für die Anwendung im PKW standardisiert. Der Einsatz im Nutzfahrzeugen wurde in der SAE Norm J1939 festgeschrieben [126].

2.4.2. Local Interconnect Network (LIN)

Das vom LIN-Konsortium, bestehend aus Motorola, Audi, BMW, Daimler, Volcano, VW und Volvo, entwickelte Master-Slave Bussystem wird hauptsächlich zur Ansteuerung von intelligenten Sensoren und Aktoren eingesetzt. Durch den Einsatz einer 1-Drahtleitung auf der physikalischen Schicht hat es besonders niedrige Hardware-Anforderungen ist ist somit sehr kostengünstig zu realisieren. Die Datenrate des Systems ist auf 20kBit/s begrenzt und ermöglicht so eine einfache Taktsynchronisation der Clients, die dadurch kein eigenes Quarz zu benötigen. Das Kommunikationsprotokoll basiert auf einem genormten Universal Asynchronous Receiver Transmitter (UART) 8-Bit Interface welches in nahezu allen Mikrocontrollern implementiert ist [77] [126].

Die Spezifikation umfasst neben dem Protokoll auch den physical Layer, die Anwendungssoftware sowie die Schnittstellen zu den Entwicklungstools. Da Arbitrierung über den Busmaster erfolgt, können eingeplante Antwortzeiten immer eingehalten werden. Dies geschieht mit Hilfe eines umlaufenden Tokens, der einen Identifier enthält. Die Clients gleichen den vom Master gesendeten Identififer mit ihrem eigenen ab und senden bei Übereinstimmung ihre eigene Nachricht auf dem Bus.

LIN hat aufgrund seiner kostengünstigen Realisierung eine breite Anwendung im Fahrzeug gefunden. Typische Vertreter für eine Ansteuerung über LIN sind Türmodule wie Fensterheber, Spiegeleinstellung, Türverriegelung, Schiebedach, Sitzsteuerung, Klimaregelung, Scheibenwischer, Regensensoren, Licht, Lenkradbedienelemente und weitere mehr.

2.4.3. Media Oriented Systems Transport (MOST)

Das MOST Bussystem wurde für die Datenübertragung im Multimediabereich entwickelt, wo hohe Anforderungen an die Bandbreite eine Rolle spielen [89]. Aufgrund der Übertragung von Video-, Audio- und Telematik-Daten steht die Fehlersicherheit und Verfügbarkeit hier nicht im Vordergrund.

In der physikalischen Schicht wurde zunächst nur ein optischer Glasfaserring spezifiziert, der erst später um eine verdrillte zwei-Draht *(Twisted-Pair)* Kupferleitung erweitert wurde. Für sicherheitsrelevantere Anwendungen kann der Bus auch als Doppelring ausgeführt werden. In der Spezifikation wurden drei verschiedene Geschwindigkeits-Klassen festgelegt: MOST25 (25MBit/s), MOST50 (50MBit/s) und MOST150 (150MBit/s).

Die Spezifikation beschreibt alle sieben Schichten des Protokolls und vereinfacht so die Entwicklung von Anwendungen unter Benutzung von MOST. Die Schicht 2 Dienste sind im MOST Network Interface Controller implementiert. Darauf aufbauenden sitzen die Basic-Layer-System Services mit Schicht 3,4 und 5. Auf Schicht 6 befindet sich der sogenannte Application-Socket sowie die API auf Schicht 7.

Ein Netzwerk aus MOST Geräten hat maximal 64 Teilnehmer, wovon ein Teilnehmer eine Master-Timing-Funktionalität inne hat. Dieser sendet kontinuierlich Nachrichten auf den Bus an denen sich die Timing-Slaves synchronisieren. Die zu Verfügung stehende Bandbreite wird in verschiedene physikalische Kanäle aufgeteilt die zur synchronen und asynchronen Datenübertragung genutzt werden können.

Über den MOST-Bus werden häufig Geräte wie CD/DVD-Spieler, TV-Geräte, Telefon und Navigationssysteme vernetzt.

2.4.4. Time-Triggered CAN (TTCAN)

Bei Time Triggered CAN (TTCAN) [105] handelt es sich um eine Weiterentwicklung des CAN Protokolls. Es basiert auf Standard CAN Hardware und ist bei Abschaltung der Zusatzfunktionen vollständig mit diesem kompatibel. Es wurde eingeführt um einige Unzulänglichkeiten des Standard CAN auszugleichen. Durch das Standard Arbitrierungsverfahren lässt sich die maximale Latenz für CAN-Nachrichten nur schlecht berechnen oder simulieren. Garantierte Latenzzeiten sind somit nur für hochpriore Nachrichten möglich. Niedrigpriore Nachrichten werden stark von hochprioren Nachrichten verdrängt und können unter Umständen über einen größeren Zeitraum nicht gesendet werden. Dies ist besonders für Echtzeitanwendungen schwer handhabbar. Diese Nachteile werden bei TTCAN durch ein Time Division Multiple Access (TDMA) Verfahren ausgeglichen. Dazu senden die eingeführten Zeitmaster in regelmäßigen Abständen Referenznachrichten auf dem Bus an denen sich die anderen Busteilnehmer synchronisieren können. Auf Basis dieses zeitgesteuerten Verfahrens senden schließlich alle Teilnehmer in einem ihnen zugeteilten Zeitfenster ihre Nachrichten und ermöglichen somit ein deterministisches Zeitverhalten.

Die Einteilung der Zeitschlitze erfolgt dabei in drei verschiedene Typen: Exklusives Zeitfenster, arbitrierendes Zeitfenster und freies Zeitfenster. Ein exklusives Zeitfenster wird ausschließlich einem Busteilnehmer zur Verfügung gestellt, der dort seine Nachricht senden kann. Im arbitrierenden Zeitfenster findet, wie beim Standard CAN eine Arbitrierung auf Basis des CSMA/CA Verfahrens statt. Hier sendet somit der Teilnehmer mit der größten Priorität. Freie Zeitfenster können für spätere Applikationen freigehalten werden und dürfen von den Teilnehmern nicht verwendet werden.

2.4.5. Time-Triggered Protocol (TTP)

Das Time Triggered Protocol (TTP)-Protokoll [71] ist ein zeitgesteuertes Verfahren welches auf TDMA basiert und in zwei Varianten existiert. Die beiden unterschiedlich schnellen Varianten werden mit TTP/A [37] und TTP/C [118] bezeichnet. Die Ideen zur Entwicklung gehen auf den Entwurf von zeitgesteuerten Architekturen nach [69] und [68] zurück. Die Bussysteme werden aufgrund ihrer Übertragungsklasse in die Kategorien A bzw. C eingestuft (siehe Tabelle 2.2 in Kapitel 2.4). Es wird eine maximale Datenrate von 25MBit/s bei einkanaligem Betrieb zur Verfügung gestellt. Bei zweikanaligem Betrieb lässt sich wahlweise die Bandbreite verdoppeln oder eine redundante Nachrichtenübertragung einrichten. Dieses System wurde zur Übertragung von sicherheitsrelevanten Informationen entworfen um so X-by-wire Systeme zu ermögichen. Die Sendezeitpunkte der Busteilnehmer werden zur Entwicklungszeit durch eine Message Descriptor List (MEDL) festgelegt. Jeder Teilnehmer sendet somit zu dem ihm zugewiesenen Zeitpunkt. Die Uhrensynchronisation findet durch die erwarteten und realen Übertragungszeitpunkte statt, wird dezentral durchgeführt und ist dadurch fehlertolerant.

TTP wurde für den Einsatz im Automobil und Luftfahrt-Bereich entwickelt und wird aktuell in einer Reihe von Serienprodukten eingesetzt. Im Airbus A380 beispielsweise wird es zur Regelung des Kabinendrucks eingesetzt. Auch Boing setzt es zur Steuerung der Stromerzeugung im neuen 787 Dreamliner ein. Aus patentrechtlichen Gründen hat es allerdings nie Einzug in den Automobilbau erhalten [24]. TTP diente unter anderem auch als Basis für die Entwicklung von FlexRay.

Die zweite Variante TTP/A wurde als kostengünstiges Feldbussystem auf Basis eines Master-Slave Verfahrens entwickelt. Die Übertragung basiert wie bei LIN auf der UART Codierung und kann somit kostengünstig mit nahezu allen Mikrocontrollern realisiert werden. Die Nachrichten werden auch hier rundenbasiert nach einem vorher festgelegten Nachrichtenfahrplan übertragen [37].

2.4.6. ByteFlight

Dieses von BMW in Zusammenarbeit mit Motorola, Elmos und Infineon entwickelte Bussystem ist für den Einsatz in sicherheitsrelevanten Systemen wie Airbag und Karosserie-Elektronik entwickelt worden. Es kombiniert dabei die zeitgesteuerte und ereignisgesteuerte Datenübertragung und bietet eine Datenrate von 10MBit/s. Das Flexible Time Division Multiple Access (FTDMA) (auch Minislot) genannte Verfahren vereint einen Block mit garantierter Nachrichtenübertragung und einen zweiten mit ereignisgesteuerter Übertragung. Im ersten Teil der rundenbasierten Übertragung werden zunächst echtzeitrelevante Daten übertragen. Im zweiten Teil können Teilnehmer mit niedrigerer Priorität Nachrichten über den Bus senden. Die Priorität wird dabei über die Nachrichten-Identifizierungszahl (ID) gesteuert. Auf der physikalischen Schicht wird ein optisches Übertragungsverfahren mit Hilfe von Lichtwellenleitern eingesetzt. Als Topologie wird ein zentraler optischer Koppler eingesetzt an den die Teilnehmer sternförmig angebunden werden [57] [19] [20].

Bis 2007 wurde ByteFlight in BMW 7er-, 6er- und 5er-Modellen verwendet, um echtzeitrelevante Daten des Airbag-Systems sowie der Karosserie-Elektronik und des Chassis zu übertragen. Mit der Modellüberholung der 5er- und 6er-Baureihen im Jahr 2007 wurde ByteFlight durch ein TTCAN System ersetzt. Seit 2008 wird in den 7er-Fahrzeugen (Baureihe F01) FlexRay eingesetzt. Das ByteFlight Bussystem diente als Grundlage für die Entwicklung von FlexRay. Das dort verwendete FTDMA-Verfahren kommt bei FlexRay im Bereich des dynamischen Segments zum Einsatz.

2.4.7. Ethernet

Die Ethernet-Technologie, die ursprünglich für kabelgebundene Datenetze, (Local Area Network (LAN)) entwickelt wurde, wurde in der IEEE Norm 802 spezifiziert und umfasst Software als auch Hardware die zur Übertragung notwendig ist. Dazu gehören die übertragenen Protokolle wie auch Kabel, Netzwerkkarten und Steckverbinder. Aktuell sind Übertragungsraten von 10 Mbit/s, 100 Mbit/s (Fast Ethernet), 1 Gbit/s (Gigabit-Ethernet) und 10 Gbit/s vom IEEE spezifiziert.

In der Vergangenheit hat Ethernet in vielen Bereichen der Industrie Einzug erhalten und ist nicht mehr nur auf den Einsatz im Bereich der Rechnervernetzung begrenzt. Wie im Bereich der Telekommunikation, die bisher durch Leitungsvermittelte Systeme dominiert wurde, verdrängt Ethernet auch in Bereich der Automatisierung die klassischen Feldbussysteme. Auch in der Avionik kommen seit dem Bau des Airbus A380 Ethernet Kommunikationssysteme zum Einsatz.

Seit 2009 hat Ethernet auch in der Automobil-Branche Einzug erhalten, denn BMW setzt Ethernet als externen Fahrzeugzugang in seinem 7er Modell ein. Die Motivation zum Einsatz dieser Schnittstelle im Auto war vor allem durch die hohe Datenübertragungsrate gekennzeichnet, die ein schnelles programmieren aller Steuergeräte im Fahrzeug ermöglicht. Dies war aufgrund der immer größeren Diversität der Elektronik-Architektur, die im 5er, 6er und 7er eingesetzt wird, notwendig geworden [22]. Die eingesetzte Ethernet-Schnittstelle befindet sich am zentralen Gateway und wird zum flashen aller Steuergeräte sowie zur Diagnose eingesetzt (siehe Abbildung 2.4).

In zukünftigen Anwendungen soll Ethernet auch für die Vernetzung von Steuergeräten eingesetzt werden. BMW sieht vor, seine kamerabasierten Systeme von

Low-Voltage-Differential-Signaling (LVDS) durch Ethernet-basierte Systeme zu ersetzen. Um den Einsatz von teuren geschirmten Kabeln zu umgehen sollen zukünftig ungeschirmte single-twisted-pair Verbindungen eingesetzt werden. Diese bieten gegenüber der Standard 100 Mbit/s Ethernet-Verkabelung mit zwei verdrillten Adernpaaren den Vorteil dass sie auch ohne Schirmung die Vorschriften der Elektromagnetischen Verträglichkeit (EMV) im Automobil erfüllen. Eine automobilspezifische Anpassung findet somit lediglich auf dem physical Layer statt, alle anderen Schichten des Übertragungssystems werden unverändert erhalten [25].

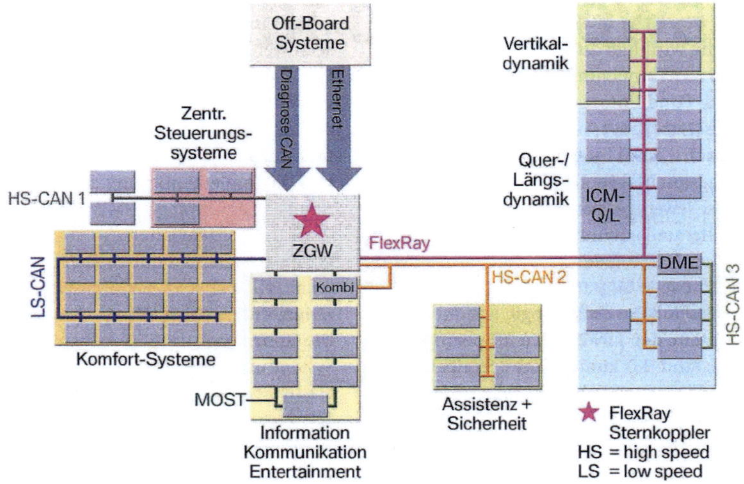

Abbildung 2.4.: Bus-Topologie des BWM 7er [22]

2.4.8. ISO 9141/ISO 14230 K-Line

Bei K-Line handelt es sich um den ältesten in europäischen Fahrzeugen zur Diagnose eingesetzten Bus. Er basiert auf einer UART Schnittstelle und ist somit auf nahezu jedem Mikrocontroller implementierbar.

Der ISO Standard 9141 wurde im Jahr 1989 verabschiedet und umfasste lediglich die elektrischen Parameter, die Bit-Übertragung und die Schritte zum Kommunikationsaufbau zwischen dem Steuergät und dem Diagnosetester. Mit der Einführung der On-Board-Diagnose (OBD) Schnittstelle wurden die im ursprünglichen Standard enthaltenen Freiheitsgrade eingeschränkt und mit dem Zusatz ISO 9141-2 verabschiedet. Die OBD Schnittstelle dient der Überwachung von emissionsrelevanten Komponenten im Fahrzeug und steht Behörden, Polizei und

Werkstätten zur Verfügung. Im Zuge der Weiterentwicklung wurde die Schnittstelle als Diagnoseschnittstelle ISO 14230 weiter präzisiert und neben der Bitübertragungsschicht und Sicherungsschicht auch um Hinweise zur Implementierung der Anwendungsschicht erweitert.

Mit Hilfe eines Schnittstellenkonverters werden die unidirektionalen Sende- und Empfangsleitungen des Mikroprozessors in ein bidirektionales Ein-Draht Signal gewandelt. Mit einer optionalen weiteren Leitung, der L-Line, ist auch ein unidirektionaler Datentransfer in Richtung des Steuergerätes möglich.

Die Bitübertragung erfolgt zeichenweise konform zum UART Standard und beträgt typischerweise zwischen 1,3 kbit/s und 10,4 kbit/s. Als Logikpegel werden abhängig von der Bordnetzspannung U_B die Logikpegel $> 0,8 \cdot U_B$ bzw. $< 0,2 \cdot U_B$ eingesetzt.

2.4.9. SAE J1850

Bei diesem Kommunikationsprotokoll handelt es sich um ein mittlerweile veraltetes, von den amerikanischen Herstellern, Ford, General Motors und Chrysler eingesetztes System. Neben der gemeinsamen Sicherungsschicht existieren zwei verschiedene Bitübertragungsschichen die zueinander nicht kompatibel sind.

Die Bit-Codierung erfolgt im Gegensatz zu CAN, LIN und FlexRay mit einer Pulsweiten-Modulation (PWM) bzw. einer variablen PWM. Der Buszugriff wird mit Hilfe eines CSMA/CA Verfahrens durchgeführt und erreicht Datenraten von 10,4 bzw. 41,6 kbit/s. Wegen seiner Non-Return to Zero (NRZ) Bit-Codierung und bitweisen Arbitrierung benötigt das Protokoll einen speziellen Kommunikationscontroller und kann nicht mit Hilfe eines Standard Mikrocontrollers implementiert werden.

2.5. Transportprotokolle

Die für CAN und FlexRay auf der Sicherungsschicht definierten Einzelbotschaften mit 8 bzw. maximal 254 bit Nutzdaten bei FlexRay sind für Diagnose-Anwendungen oder zur Flash-Programmierung von Steuergeräten nicht ausreichend. Hier sind größere Datenblöcke notwendig. Auch die Weiterleitung von Botschaften über Gateways erfordert die Adressierung über verschiedene Bussysteme hinweg und kann nur mit einem höheren Protokoll realisiert werden. Des weiteren gehört auch die Flusskontrolle und die zeitliche Überwachung der Verbindung zur Aufgabe der Transportprotokolle. Die im folgenden vorgestellten Protokolle befinden sich auf Schicht 3 und 4 des ISO OSI Schichtenmodells.

2.5.1. ISO-TP nach ISO 15765-2

Zur Implementierung des ursprünglich für K-Line implementierten Diagnose-Protokolls KWP 2000 wurde für CAN ein Protokoll entwickelt, das eine Sender- und Empfänger-Adressierung zulässt. Dieses kann kann nicht nur für Diagnosezwecke eingesetzt werden, sondern unterstützt auch die Übertragung von Botschaften während des normalen Betriebs. Es erlaubt die Segmentierung und Desegmentierung von Datenblöcken, sowie die Flusssteuerung zwischen Sender und Empfänger.

Die Adressierung von Teilnehmern erfolgt zum Einen über den CAN-Identifier und ein weiteres 8 bit Adressfeld im CAN-Datensegment. Darauf folgen ein oder zwei Steuerbytes, die *Protocol Control Information*, welche über die Verwendung des Datenrahmens Aufschluss gibt. Hier wird der Typ des Datenrahmens und falls es sich um eine segmentierte Nachricht handelt, die Länge der gesamten Botschaft, übertragen. Danach folgen die eigentlichen Nutzdaten der Botschaft. Dieser gesamte Datenblock wird als Protocol Data Unit (PDU) bezeichnet und innerhalb des Nutzdatensegments der CAN Nachricht übertragen.

Zur Nutzdatenübertragung wurden drei verschiedene Datenrahmen spezifiziert. Zum Einen der *Single Frame*, der für einzelne Botschaften bis maximal 7 Byte verwendet werden kann. Zur Übertragung von größeren Datenrahmen wird zunächst ein *First Frame* mit der Information über die gesamte Nutzdatenlänge innerhalb der *Protocol Control Information* Sektion übertragen. Darauf folgen dann abhängig von der Gesamtdatenlänge noch eine bestimmte Anzahl nachfolgender Frames, sogenannter *Consecutive Frames*.

Für Multi-Frame Nachrichten ist zusätzlich noch eine Flusskontrolle vorgesehen. Dazu werden vom Empfänger *Flow Control* Botschaften übertragen, die dem Sender signalisieren welche Blockgrößen er empfangen kann und welche Wartezeiten eingehalten werden müssen.

2.5.2. AUTOSAR TP für FlexRay

Das Transportprotokoll für FlexRay wurde von der AUTOSAR Initiantive definiert, ist aber unabhäng vom Einsatz von AUTOSAR und kann somit auch ohne dieses eingesetzt werden. Um eine möglichst gute Protokoll-Wandlung zu ermöglichen, ist es kompatibel zum CAN Transportprotokoll nach ISO 15765-2. Bei FlexRay wird, im Gegensatz zu CAN die Sender und Empfängeradressierung im Nutzerdatenbereich des FlexRay Datenrahmens untergebracht (Abbildung 2.5). Dies ermöglicht es die Teilnehmer unabhängig vom genutzten Zeitschlitz zu adressieren. [126]

Neben den schon in Kapitel 2.5.1 genannten Datenrahmen kommt noch ein *Single Frame Extended* und ein *First Frame Extended* hinzu. Diese übertragen ein größeres *Data Length*-Feld und erlauben unsegmentierte Botschaften von bis zu 250 Byte und segmentierte Botschaften von bis zu 4GB. Da es bei FlexRay im Gegensatz zu CAN keine Empfangsbestätigung gibt, wurde ein zusätzlicher *Acknowledge Frame* eingeführt. Dieser kann am Ende einer segmentierten Übertragung oder im Fehlerfall auch während einer Übertragung gesendet werden.

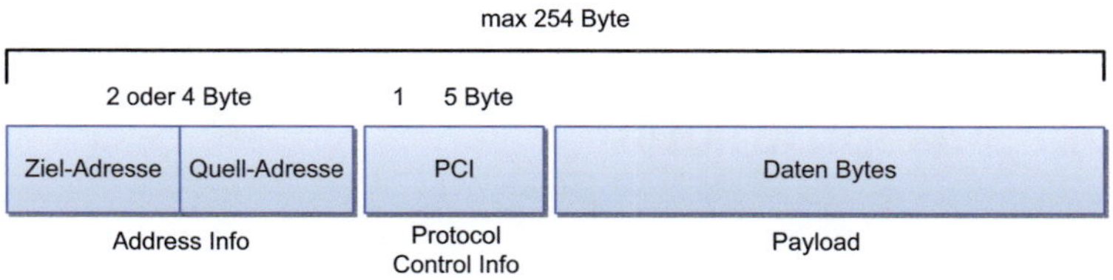

Abbildung 2.5.: AUTOSAR FlexRay Transportprotokoll [126]

2.5.3. TP 2.0 nach OSEK COM

Bei diesem Protokoll werden zwischen CAN Teilnehmern Kanäle eingerichtet, die zur Übertragung von beliebig großen Datenmengen genutzt werden können. Diese Kanäle werden vor Beginn der Übertragung aufgebaut und danach wieder abgebaut. Die Adressierung kann sowohl einzelne Teilnehmer ansprechen als auch Gruppen von Teilnehmern. Jedem Busteilnehmer und jeder logischen Gruppe von Teilnehmern wird eine eindeutiger Identifier zugewiesen. Über eine sogenannte Eröffnungs-ID wird der beteiligte Teilnehmer oder die Teilnehmergruppe angesprochen. Danach wird von den Geräten eine Kanal-ID ausgehandelt, die als CAN-Identifier für die Übertragung der Daten über den Kanal verwendet wird. Mit Hilfe einer *ACK*-Botschaft wird der korrekte Empfang der Daten wird vom Empfänger nach einer vorher ausgehandelten Blockgröße bestätigt.

Gegenüber der Vorgängerversion TP 1.6 wurden zusätzlich Botschaften zum Verbindungstest und eine Botschaft zur Unterbrechung der Übertragung hinzugefügt. Die Möglichkeit Nachrichten an mehrere Teilnehmer zu senden *(Broadcast)* wurde ebenfalls mit Version 2.0 eingeführt.

2.5.4. SAE J1939/21 für CAN

Grundlage für dieses Protokoll bildet die CAN Spezifikation 2.0B. Das von der SAE spezifizierte Protokoll wird hauptsächlich in Nutzfahrzeugen eingesetzt und überträgt die Struktur des älteren zeichenorientierten Busprotokolls SAE J1708 auf CAN. Die Datenrate ist auf 250kbit/s festgelegt und erlaubt nur 29 bit Identifier. Neben der Beschreibung des Transportprotokolls wurde auch die Sicherungsschicht in der Norm SAE J1939/21 spezifiziert. Neben der Definition von Schicht 1 (SAE J1939/11 J1939/12) mit den Informationen über Bitrate, Busankopplung, Verkabelung und Steckverbinder wurde auch die Vermittlungsschicht (SAE J1939/31) und die Anwendungschicht (SAE J1939/71 J1939/73) spezifiziert [126].

2.6. Diagnoseprotokolle

Getrieben durch gesetzliche Anforderungen, die eine Überprüfung der abgasrelevanten Komponenten erzwang, wurden auch auf der Anwendungsebene die Schnittstellen für Diagnose standardisiert. Die einheitliche On-Board-Diagnose (OBD) Schnittstelle reduzierte auch den Aufwand und die Pflege unterschiedlichster herstellerspezifischer Lösungen. Allerdings wurden die standardisierten Protokolle stark an den vorhandenen Lösungen ausgerichtet wodurch sich immer noch viele herstellerspezifische und implementierungsabhängige Lösungen ergeben.

2.6.1. KWP 2000

Das Keyword Protokoll 2000 (KWP 2000) wurde für Diagnosezwecke zunächst für K-Line und später für CAN spezifiziert. Es ermöglicht die Kommunikation eines Testgeräts mit einem Steuergerät über ein zugrunde liegendes Bussystem. Das Testgerät schickt dabei Anfragen an das Steuergerät die von diesem beantwortet werden. Die Norm ISO 14230 beschreibt die Kommunikation über K-Line und umfasst neben der Anwendungsschicht auch andere Protokollschichten. Die spätere Erweiterung des Protokolls auf den CAN Bus wird in der Norm ISO 15765 beschrieben und umfasst die Protokollschichten 3 bis 7. Für die Schichten 1 und 2 gilt die CAN Spezifikation 11898. Alle emissionsrelevanten OBD Anwendungen werden speziell in der Norm ISO 15031 beschrieben.

2.6.2. Unified Diagnostic Services (UDS) nach ISO 14229

Mit dem Aufkommen von neuen Bussystemen wie LIN und FlexRay sollte die Beschreibung der Anwendungsschicht für Diagnosesitzungen unabhängiger von dem zugrunde liegenden Bussystem werden. Die funktionale Basis für dieses Bussystem bildet das zuerst entwickelte KWP 2000. Mit UDS wurden die zur

Verfügung stehenden Dienste neu sortiert und Parameter und Identifier überarbeitet. Somit ist es nicht aufwärtskompatibel zu KWP 2000 und wird als eigenständiges Protokoll behandelt.

2.6.3. OBD

Die in den USA und Europa gesetzlichen Vorschriften zu Abgasüberwachung schreiben den Einsatz einer einheitlichen On-Board-Diagnose (OBD) vor. Mit Hilfe dieser Diagnose soll die Überwachung der Abgaswerte über die Lebensdauer des Fahrzeugs sichergestellt werden. Dazu werden beispielsweise Fehler der Motorsteuerung aufgezeichnet und der Fahrer durch eine Signalleuchte aufgefordert die Werkstatt aufzusuchen. Behörden, TÜV und Werkstätten haben die Möglichkeit die aufgezeichneten Diagnosedaten auszulesen. Neben dem ablegen der Diagnosedaten wurde auch die Schnittstelle standardisiert mit der sich die Daten aus dem Fahrzeug auslesen lassen. Unterstützt wurden zunächst die Bussysteme K-Line, CAN sowie der amerikanische SAE J1850. Seit 2008 ist für Neufahrzeuge nur noch die CAN Schnittstelle zugelassen.

2.7. FIBEX

Der Arbeitskreis zur Standardisierung von Automatisierungs- und Messystemen *(Association for Standardisation of Automation and Measuring Systems (ASAM))* [12] hat ein einheitliches Beschreibungsformat für verschiedene Bussysteme entwickelt. Das auf dem Extensible Markup Language (XML) [121] Schema basierende Field Bus Exchange Format (FIBEX) [11] Format soll die proprietären Formate zur Beschreibung von Bussystemen wie CAN Datenbank (CANdb) [120] Dateien für CAN oder LIN Description File (LDF) [76] Dateien für LIN ablösen. Es wird als Standard Austauschformat für die FlexRay Konfiguration eingesetzt, auch weil hier kein eigenes Format spezifiziert wurde. Zum einen beinhaltet es Kommunikations- und Topologie-relevante Informationen wie Bussysteme, Busteilnehmer, Datenframes und Signale, des Weiteren können auch allgemeine Projektinformationen und Anforderungen (Requirements) an Steuergeräte und Softwarefunktionen abgelegt werden.

Die aktuelle Spezifikation trägt die Versionsnummer 3.1.1 und wird laufend an Neuerungen angepasst und erweitert. Die Hauptklassen der FIBEX Spezifikation für FlexRay sind in Abbildung 2.6 dargestellt.

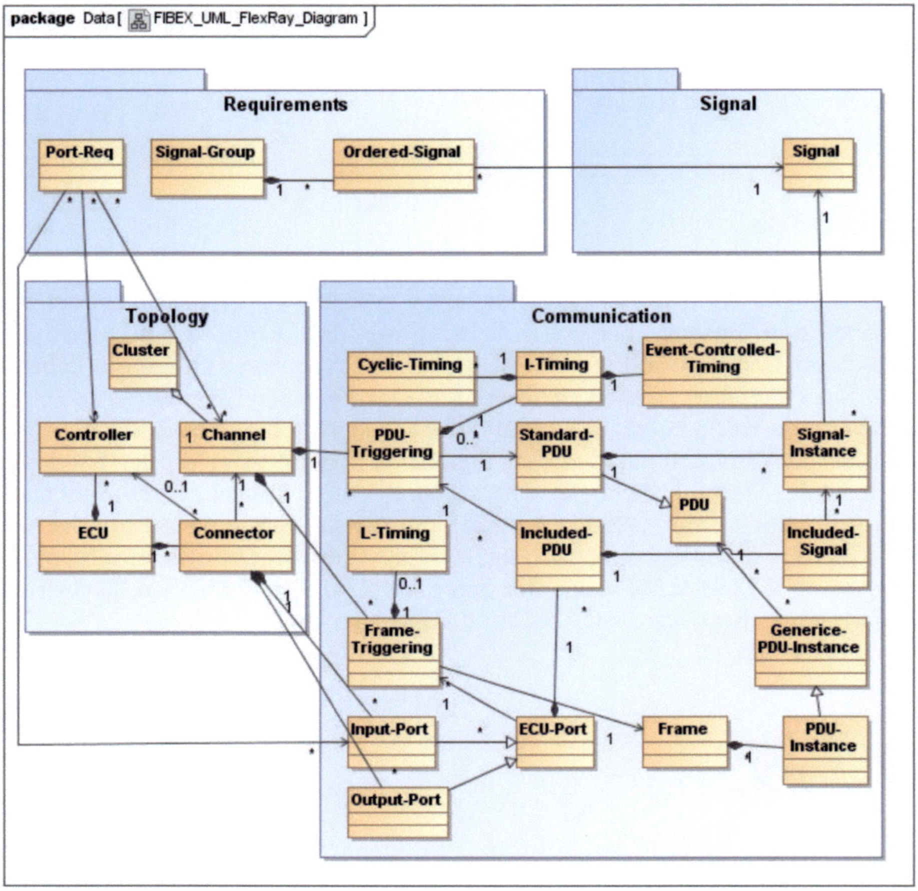

Abbildung 2.6.: FIBEX UML-Diagramm FlexRay [11]

2.8. Modellbasierte EE Architekturentwicklung

Die modellbasierte Entwicklung von Systemen basiert auf der abstrahierenden Beschreibung von Modellen. Ein Modell abstrahiert die Funktion, Struktur oder das Verhalten des betrachteten Systems. Wesentliche Inhalte werden extrahiert und so handhabbar gemacht. [55]

Zur Beschreibung eines Modells wird ein Meta-Modell eingesetzt, welches wiederum das Modell beschreibt. Das Meta-Modell beschreibt die verfügbaren Modellartefakte und die dazwischen gültigen Zusammenhänge. Der von der Object Management Group (OMG) entworfene Meta Object Facility (MOF)-Standard bietet die Möglichkeit Meta-Modelle zu beschreiben. Das in dieser Arbeit eingesetzte Entwurfswerkzeug PREEvision basiert auf diesem Standard. Für weitere Informationen bezüglich der Zusammenhänge zwischen den verschiedenen Schichten der Modellierung sein auf [HHM+11] verwiesen.

Die domänenspezifische modellbasierte Entwicklung vereint domänenspezifisches Wissen, die zugehörigen Designkonzepte und die Möglichkeiten der Code-Generierung [66]. Hierdurch ist eine enorme Beschleunigung des Entwurfsablaufs möglich.

Der Einsatz von domänenspezifischen modellbasierten Entwicklungswerkzeugen bildet heute den Standard in der Automobilentwicklung, schafft aber gleichzeitig neue Herausforderungen bei der Ableitung der Modelle in robuste und effiziente Implementierungen [99].

2.8.1. Werkzeuge

Die Modellierungssprache Electronics Architecture and Software Technology – Architecture Description Language (EAST-ADL) [29] [13]wurde im Rahmen des EU Projekts EAST-EEA entworfen und in den Projekten ATESST und ATESST2 [14] weiterentwickelt. Sie beschreibt eine Sprache zur Modellierung und Beschreibung von EE Architekturen in der Automobil-Domäne. In den letzten beiden Projekten wurde die Sprache an die AUTOSAR Spezifikation angeglichen. Die Visualisierung der Sprache kann textuell oder grafisch erfolgen. Diese wird meist mit Hilfe von Unified Modeling Language (UML) [91] oder Systems Modeling Language (SysML) [90] Beschreibungen umgesetzt. Hierfür ist die Kenntnis der UML notwendig, die unter den am Entwicklungsprozess beteiligten Ingenieuren eine Breite Kenntnis voraussetzt. Da diese oft nicht in der notwendigen Breite gegeben ist, ist die Werkzeugunterstützung zur Modellierung mit EAST-ADL recht gering, da angepasste Erweiterungen der UML Werkzeuge fehlen [84].

Für die Modellierung von Software-Architekturen im Automobil-Bereich bietet dSPACE das „Tool SystemDesk 3.0" an [36]. Mittels einer grafischen Oberfläche können Software-Systeme, deren Komponenten und Zusammenhänge modelliert werden. Dabei unterstützt es eine AUTOSAR konforme Modellierung und erlaubt den Im- und Export von AUTOSAR Software-Beschreibungen.

Tools wie „E/E-Architecture" von Delphi legen ihren Fokus auf die Modellierung des Kabelsatzes und der physikalischen Struktur von EE-Architekturen. Hier werden Metriken zur Bewertung von unterschiedlichen Aspekten wie Gewicht, Baugrößen und Kosten angeboten.

Auch die von Mentor Graphics angebotene Werkzeug-Suite „Capital" zielt auf die physikalische Modellierung von elektrischen Systemen und Kabelbäumen [86]. Zur Modellierung und Analyse Systemen wird das Werkzeug SystemVision angeboten, das Simulationsmodelle aus unterschiedlichen Domänen wie Analog- und Mixed-Signal Schaltkreise, mechanische, hydraulische und zeitkontinuierliche und diskrete Regel- und Steuerungssysteme zusammenführt [87]. Ebenso bietet Synopsys das Werkzeug Saber [116] zur Simulation und Analyse von elektrischen und mechanischen Systemen im Automobil an.

Im Bereich des gesamtheitlichen Entwurfs von EE Architekturen ist mit PREEvision der Firma Aquintos ein Werkzeug verfügbar, dass bereits in frühen Entwurfsphasen eingesetzt werden kann. Aktuell wird PREEvision von führenden Original Equipment Manufacturer (OEM)s und Zulieferern eingesetzt. Darunter sind Volkswagen AG, Daimler AG, BMW AG, Chrysler Group LLC, Robert Bosch GmbH, MBtech Group GmbH und Continental Engineering Services [10].

Aufgrund es umfassenden Datenmodells und der damit möglichen vollständigen Umsetzbarkeit der in dieser Arbeit beschriebenen Methodik wurde das Entwicklungswerkzeug PREEvision zur Validierung des in dieser Arbeit beschriebenen Konzepts ausgewählt. Im folgenden sollen die für diese Arbeit relevanten Modellierungsebenen und Funktionen detailliert vorgestellt werden.

2.8.2. Architekturentwicklungswerkzeug PREEvision

PREEvision ist ein modellbasiertes Computer Aided Software Engineering (CASE) Werkzeug zur Entwicklung von Elektrik/Elektronik (EE) Architekturen, dass die Entwicklung schon während der Konzepthase unterstützt. Es wird aktuell zur Entwicklung von Automobil-, Flugzeug-, Transport-Systemen und für den Entwurf von Industrieautomatisierungssystemen eingesetzt. Durch eine Domänenspezifische grafische Darstellung ermöglicht es die Modellierung von Anforderungen, logischem Funktionsnetzwerk, Komponenten- und Netzwerk-Architektur, Kabelsatz und zweidimensionalen räumlichen Strukturen in Form von Topologien. So ermöglicht es neben der Konzeptentwicklung auch die Evaluierung und Bewertung von Architektur-Alternativen über alle Modellierungsebenen. Über das Variantenmanagment lassen sich auch sich gegenseitig ausschließende Konzepte aufbauen. Mit Hilfe von Regeln kann das Modell ebenenübergreifend auf Konsistenz überprüft werden.

Mit Hilfe der domänenspezifischen Sprache und den enthaltenen tabellenbasierten und grafischen Editoren lassen sich alle in der EEA-Entwicklung relevanten Aspekte beschreiben. Ergebnis der Entwicklung ist ein allumfassendes EEA-Modell, dass alle in der Fahrzeugserie möglichen Varianten abbildet.

Es basiert auf der freien Entwicklungsumgebung Eclipse [39] und ist somit ideal durch eigene Entwicklungen, wie Plugins erweiterbar.

PREEvision wird von vielen wichtigen Fahrzeug-Herstellern eingesetzt, bzw. findet sich bei diesen in der Erprobung. Aktuell findet es Anwendung in EEA

Entwicklung unter anderm bei Volkswagen AG, Daimler AG, BMW AG, Chrysler Group LLC, Delphi Deutschland GmbH, Robert Bosch GmbH, MBtech Group GmbH & Co. KGaA, Continental Engineering Services [9].

Das Werkzeug PREEvision wurde in Zusammenarbeit mit der Daimler AG, dem FZI Forschungszentrum Informatik und dem Institut für Technik der Informationsverarbeitung, Universität Karlsruhe entwickelt. Dieses Projekt wurde schließlich in der Firma Aquintos GmbH ausgegründet. Seit 2009 gehört aquintos zur Firma Vector Informatik.

2.8.2.1. Modellierungsebenen

PREEvision bietet verschiedene Ansichten auf das Datenmodell um alle Aspekte einer EE Architektur darstellen zu können. Die Zuordnung von Modellartefakten zueinander (z.B. Funktionsblock zu Steuergerät) erfolgt dabei über sogenannte Mappings. Sie stellen somit Relationen zwischen verschiedenen EEA Ebenen dar. Die unterschiedlichen Ansichten auf das Datenmodell sind in Abbildung 2.7 dargestellt und gliedern sich wie folgt:

- Anforderungen (Requirements), Kunden-Features (Customer-Features) und Funktionalitätennetzwerk (Feature-Functionality-Network) beschreiben die Anforderungen an die Architektur in Form von Textblöcken und können allen Architekturelementen durch Mappings zugeordnet werden.
- Das Logik-Architekturnetzwerk (Logical Architecture) beschreibt eine logische Kompositon der Systemfunktionalität unabhängig von der zugrunde liegenden Soft- und Hardware-Struktur.
- Im Funktionsnetzwerk (SW Components) sind die Softwareblöcke nach dem AUTOSAR Ansatz strukturiert.
- Komponenten Architektur (Component Architecture) und Netzwerk-Topologie (Network Topology) bilden die Hardware Ebene. Hier werden die Hardwareeinheiten und ihre logischen Verbindungen wie z.B. Busse beschrieben.
- Die Schaltplan Ebene (Electric Circuit) beschreibt die elektrischen Verbindungen zwischen den Hardwarekomponenten.
- In der Leitungssatzebene (Wiring Harness) werden die elektrischen Eigenschaften durch einzelne Kabel, Anschlüsse und Steckverbinder beschrieben.
- Die geometrische Topologieebene (Geometrical Topology) enthält die Details der geometrischen Fahrzeug-Struktur wie Einbauorte und Kabelverlegewege.

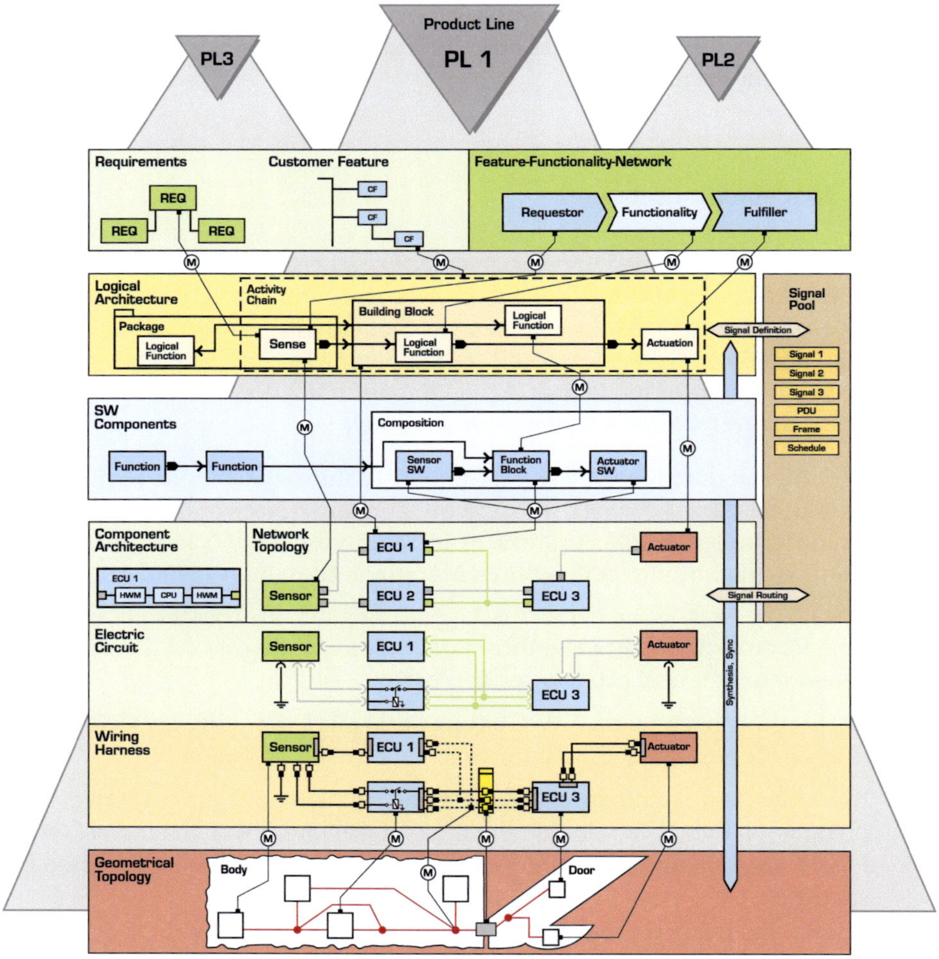

Abbildung 2.7.: Ebenenmodell PREEvision

Die in dieser Arbeit genutzten Ansichten des Datenmodells sollen nun im Folgenden kurz vorgestellt werden.

2.8.2.2. Funktionsnetzwerk

Das Funktionsnetzwerk beschreibt die Einzelfunktionen des modellierten Systems, welche konform zum AUTOSAR Standard modelliert werden können. Einzelne Funktionen werden als Blöcke abgebildet (Abbildung 2.8). Dabei bilden Sensoren und Aktoren die Quelle bzw. Senke des Datenflusses. Ein Funktionsblock ist die kleinste logische Einheit, die zur Ausführung von Funktionen verwendet wird. Über Kompositionsblöcke können Einheiten von Sensoren, Funktionsblöcken und Aktoren logisch zusammengefasst werden. So lassen sich hierarchische Strukturen aufbauen, die zur Reduzierung der Komplexität genutzt werden können. Sogenannte Assembly-Connectors repräsentieren den Daten- und Kontrollfluss im Funktionsnetzwerk und verbinden die logischen Blöcke. Über Aus- und Eingangsports können Daten über die Grenzen von Funktionskompositionen hinweg an andere Funktionsnetzwerke übertragen werden. Mit Hilfe der Assembly-Connetors lassen sich nur Blöcke verbinden, die gleiche Interfaces besitzen. Diese Interfaces können in der Funktionstypenbibliothek definiert werden. Mit Hilfe von Mappings können die Funktionsblöcke den Recheneinheiten auf ECUs, Sensoren und Aktoren zugeordnet werden. Diese sind dann für die Ausführung der Softwareblöcke zuständig.

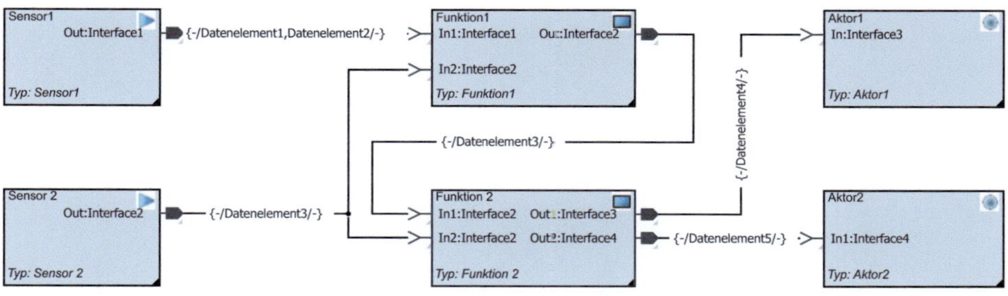

Abbildung 2.8.: PREEvision Funktionsnetzwerkdiagramm

2.8.2.3. Funktions-Typen Bibliothek

Die Funktionstypenbibliothek wird, ebenfalls in einen grafischen Editor bearbeitet (Abbildung 2.9). Funktionstypen wie Sensoren, Aktoren und Funktionen werden hier einmalig definiert und können im Funktionsnetzwerk beliebig oft instantiiert werden. Die Funktionsblocktypen besitzen zum Datenaustausch Ein-

und Ausgangsports. Über Interface-Beschreibungen werden die, über die Ports ausgetauschten Informationen definiert. Sie enthalten eine beliebige Anzahl von Datenelementen, welche die ausgetauschten Einzel-Informationen beschreiben. Über eine dem Port zugewiesene Port-Kommunikationsanforderung kann der Sendemodus, Zykluszeiten und weitere Übertragungsparameter definiert werden. Diese werden durch den Signalrouter auch in neu angelegte Signale und Signaltransmissionen übernommen.

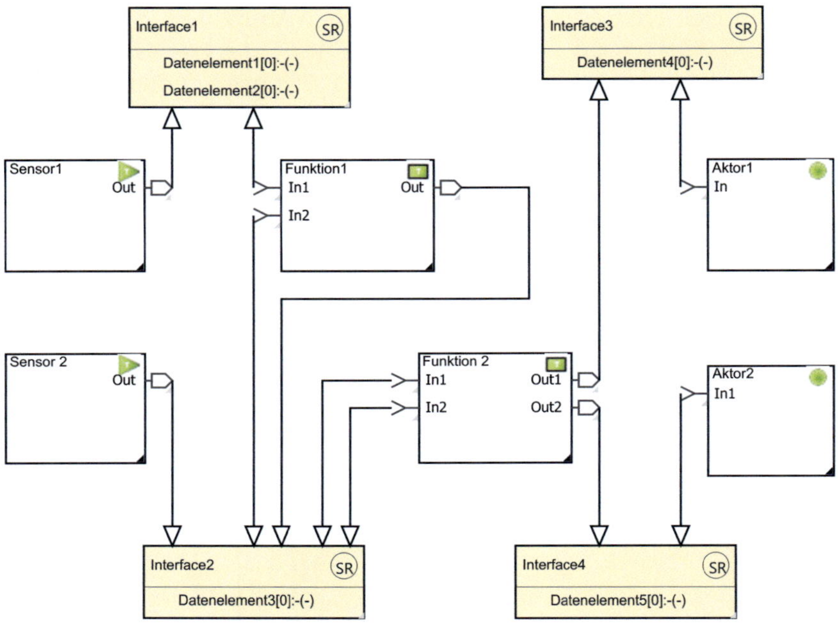

Abbildung 2.9.: PREEvision Funktionstypendiagramm

2.8.2.4. Komponentenarchitektur und Netzwerktopologie

Im Komponenten- und Vernetzungsdiagram kann der interne Aufbau und die logische Verbindung von Hardware-Komponenten modelliert werden. Dazu gehören beispielsweise Bussysteme, konventionelle Verbindungen, Stromversorgungs- und Masseleitungen. Je nach Typ der Verbindung enthalten die Hardwarekomponenten unterschiedliche Arten von Anbindungen. Einer Anbindung und einem Bus wird immer ein Typ zugeordnet, welcher das Bussystem (CAN, LIN, FlexRay) spezifiziert und notwenige Parameter enthält. Im Falle von FlexRay sind dies die globalen Protokollparameter für den Bustyp und die lokalen Protokollparameter für den Busanbindungstyp. Das Vernetzungsdiagramm stellt die höchste Abstraktionsebene für die Modellierung der Hardware dar. In Abbildung 2.10 ist ein Vernetzungsdiagramm mit konventionellen Verbindungen, Bussystem, Energie- und Masse-Versorgung dargestellt. Das Komponentendiagramm kann zur Darstellung des internen Aufbaus von ECUs mit Mikrocontrollern, FPGAs und Speichern genutzt werden.

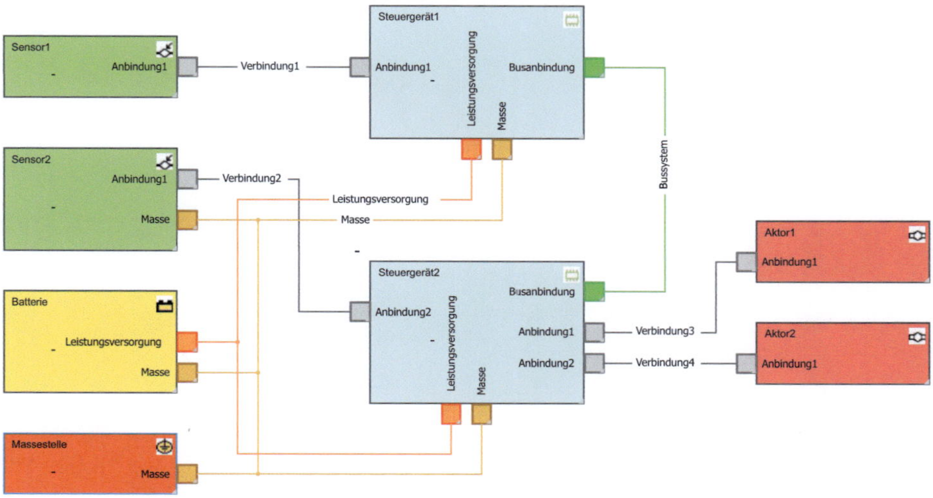

Abbildung 2.10.: PREEvision Vernetzungsdiagramm

2.8.2.5. Signal-Pool

Der Signalpool enthält die zum Austausch der Daten auf dem Hardwarenetzwerk notwendigen Elemente. Mit dem Signalrouter können aus den, im Funktionsnetzwerk beschriebenen Verbindungen und den zugehörigen Mappings auf die Hardwareelemente Signale angelegt werden, die zwischen den Steuergeräten ausgetauscht werden. Die zugehörige Signaltransmission beschreibt die übertragungsabhängigen Parameter des Signals. Signale die für die Übertragung einen Bus verwenden werden, werden zusätzlich einem Frame zugeordnet. In einer Frametransmission werden wiederum die übertragungsabhängigen Parameter wie Zykluszeit und Sendemodus eines Frames abgebildet. Einem FlexRay Schedule wiederum werden Frame- und Signalübertragungen zugeordnet, sowie im Falle eines FlexRay Busses die „FlexRayECUSchnittstelle“, welche mit der Busanbindung verbunden wird und Informationen über Startup- oder Sync-Frames zur Verfügung stellt.

2.8.2.6. Leitungssatz

Der Leitungssatz beschreibt die schematische Verbindung zwischen Hardwarekomponenten (Abbildung 2.11). Dazu gehören einzelne Leitungen, Stecker, Trennstellen sowie Splices. Die Anzahl der modellierten Leitungen und Stecker entspricht hier der Anzahl der realen Hardware. Die Längen der einzelnen Kabelstücke sind dabei von der darunterliegenden Topologie abhängig.

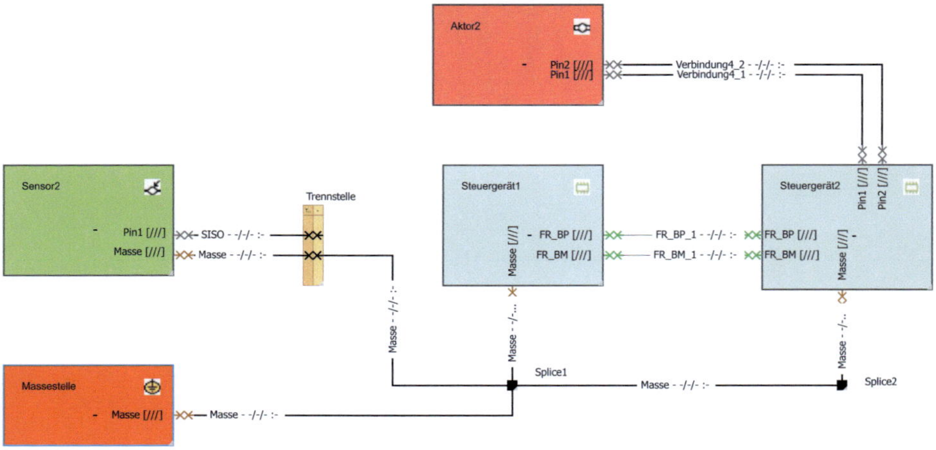

Abbildung 2.11.: PREEvision Leitungssatzdiagramm

2.8.2.7. Topologie

Die in PREEvision enthaltene Topologieansicht (Abbildung 2.12) entspricht einer zweidimensionalen Ableitung der realen Topologie. Die möglichen Bauräume im Fahrzeug werden durch rechteckige Blöcke dargestellt und bekommen die enthaltenen Hardwareelemente über Mappings zugeordnet. Die einzelnen Leitungssegmente enthalten die Längen und ermöglichen so die Berechnung der Einzelleitungen. An den Verknüpfungspunkten zwischen den Topologiesegmenten, den Ausbindungen, können die im Leitungssatz angelegten Splices platziert werden.

2.8.2.8. Metrik-Diagramme

Zur Untersuchung der modellierten EE Architekturen stellt PREEvision sogenannte Metrik-Diagramme zur Verfügung (Abbildung 2.13). Mit diesen ist es

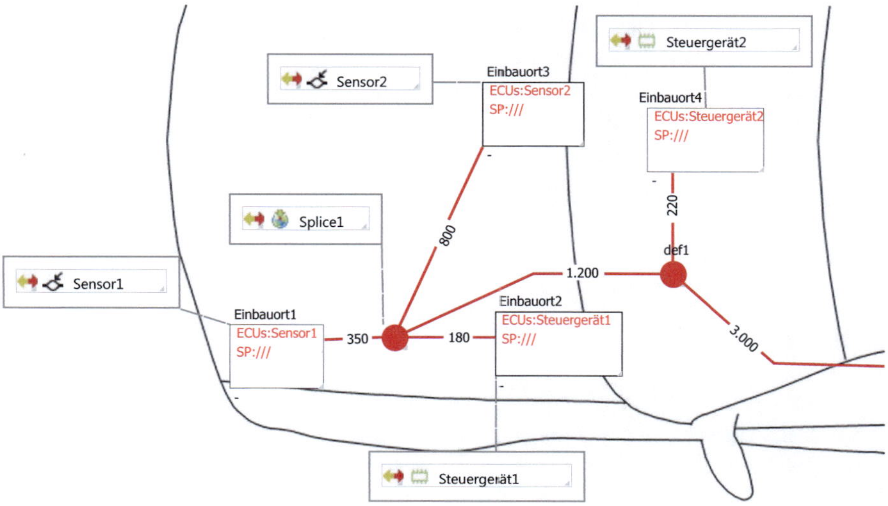

Abbildung 2.12.: PREEvision Topologiediagramm

möglich beliebige Daten aus dem gesamten Modell abzufragen und diese weiterzuverarbeiten. Des weiteren können auch direkt Änderungen am Modell vorgenommen werden und Modellartefakte erstellt, manipuliert oder gelöscht werden.

Ein Metrikdiagramm kann Ein-, Ausgabe- und Berechnungsblöcke enthalten. Mit dem Modellabfrageblock können beispielsweise Daten nach einem vorgegebenen Muster aus dem Modell abgefragt werden. Über einen Berechnungsblock lassen sich diese Daten dann weiter verarbeiten. Die Funktionalität des Berech-

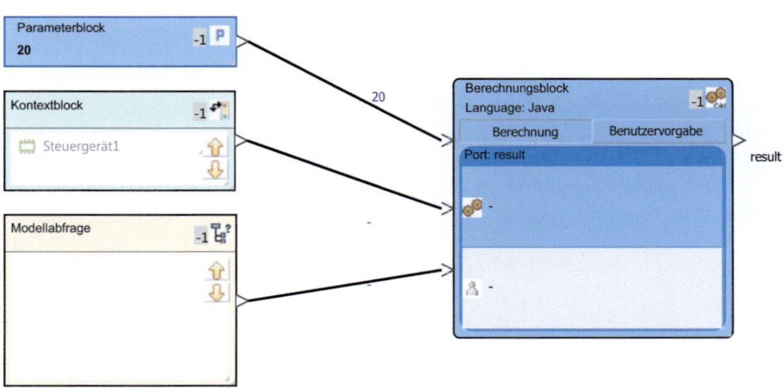

Abbildung 2.13.: PREEvision Metrikdiagramm

nungsblocks kann mit Hilfe von Java oder Python Code frei programmiert werden. Dieser kann auch direkt auf das Modell zugreifen, Inhalte abfragen und Änderungen vornehmen. Ein Kontextblock kann eine beliebiges Modellartefakt aufnehmen und dieses beispielsweise dem Berechnungsblock als Referenz übergeben. Ein Metrik-Diagramm kann noch weitere Elemente wie, Schleifen, Filter, Parameterblöcke und Ausgabeblöcke enthalten. Zusätzlich ist es möglich eigene Plugins zu entwickeln, die in einem Metrikdiagramm ausgeführt werden können.

2.8.2.9. Modellabfragen

Modellabfragen können in Metrikdiagrammen zur dynamischen Abfrage von Inhalten aus dem EEA-Modell verwendet werden. Die abgefragten Inhalte werden grafisch über eine Abfrage-Regel modelliert. Diese Abfrageregel folgt der UML Darstellung und kann alle Klassen des PREEvision Metamodells enthalten. Die Abfrageregel in Abbildung 2.14 fragt alle Bussysteme, deren Steuergeräte (Electronic Control Unit (ECU)s) und Busanbindungen (`BusConnectors`) und deren zugehörige Frametransmissionen ab.

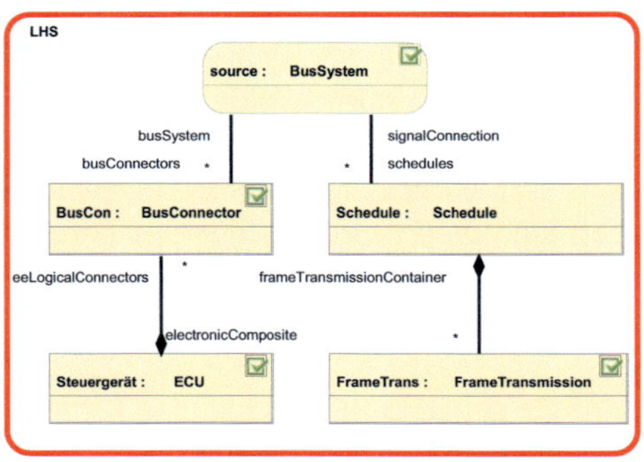

Abbildung 2.14.: Abfrage-Regel Steuergerät und Anbindungen

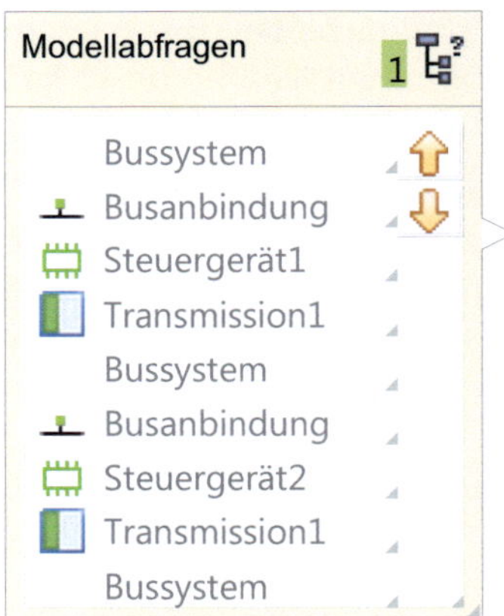

Abbildung 2.15.: Ergebnis der Abfrage aus Abbildung 2.14

Wie an der Multiplizität der Klassen (Stern an der Verbindung) in der Regel erkennbar, kann ein Bussystem über mehrere Busanbindungen verfügen. Bei der Ausführung der Regel, werden alle Artefakte des EEA Modells abgefragt auf welche die Regel zutrifft. Dies bedeutet, dass im EEA Modell die selbe, wie in der Regel modellierte, Verknüpfung zwischen den Modellartefakten vorliegen muss um von der Regel gefunden zu werden. Das Ergebnis der Abfrage wird als Liste im Modellabfrageblock des Metrikdiagramms ausgegeben und ist in Abbildung 2.15 zu sehen.

2.9. Algorithmen

Die folgenden Abschnitte beschreiben unterschiedliche Eigenschaften von Algorithmen. Diese Eigenschaften ermöglichen die Bewertung der in dieser Arbeit entworfenen und in der Literatur beschriebenen Algorithmen bezüglich ihrer Leistungsfähigkeit und Einsetzbarkeit für die vorhandene Problemstellung.

2.9.1. Laufzeitverhalten

Um das asymptotische Verhalten von Folgen und Funktionen zu beschreiben werden in der Mathematik und Informatik Landau-Symbole eingesetzt. Bei Algorithmen werden sie verwendet um die Anzahl der Rechenschritte in Abhängigkeit der Eingangswerte anzugeben.

Die Darstellung der Rechenzeit, die ein Algorithmus zur Ausführung benötigt, erfolgt mit Hilfe der $\mathcal{O}$-Notation. Damit ist es möglich Funktionen in Ordnungsrelationen zu klassifizieren. Für eine gegebene Menge n an Eingabeelementen kann somit die Komplexität angegeben werden.

Beispielsweise steht die Angabe $\mathcal{O}(n)$ für ein lineares Wachstum der Rechenzeit, während $\mathcal{O}(n!)$ für ein faktorielles Wachstum steht. Die Klassifizierung der Komplexität ist in Tabelle 2.3 angegeben.

Prinzipiell sind Algorithmen mit linearer oder zumindest polynomieller Laufzeit erstrebenswert, da sich Algorithmen mit einer Laufzeit von $\mathcal{O}(n!)$ nur für kleine n überhaupt berechnen lassen. Gibt es für Probleme keinen Poylnomialzeitalgorithmus um die optimale Lösung zu finden, werden diese Probleme als NP-schwer bezeichnet. In der Praxis ist es aber oft ausreichend einen Zielfunktionswert zu berechnen, der das Optimum annähernd erreicht. Hierzu können Heuristiken eingesetzt werden.

2.9.2. Heuristiken

Um eine Lösung für NP-schwere Probleme zu finden, werden Heuristiken eingesetzt. Diese können nicht garantieren die optimale Lösung für ein Problem zu

Notation	Bedeutung	Erklärung
$f \in \mathcal{O}(1)$	konstant	Überschreitet unabhängig vom Argument einen bestimmten Wert nicht
$f \in \mathcal{O}(log(n))$	logarithm. Wachstum	Wachstum um konstanten Betrag bei Verdopplung von n
$f \in \mathcal{O}(\sqrt{n})$	Wurzel-Wachstum	Ungefähr Verdopplung von f bei Vervierfachung von n
$f \in \mathcal{O}(n)$	lineares Wachstum	Verdopplung von f bei Verdopplung von n
$f \in \mathcal{O}(n \log(n))$	super-lineares Wachstum	
$f \in \mathcal{O}(n^2)$	quadrat. Wachstum	Vervierfachung von f bei Verdopplung von n
$f \in \mathcal{O}(2^n)$	exponent. Wachstum	Verdopplung von f bei Erhöhung von n um 1
$f \in \mathcal{O}(n!)$	faktorielles Wachstum	f wächst auf n-faches bei Erhöhung von $n-1$ auf n

Tabelle 2.3.: Klassifikation von Algorithmen

finden, sondern nur innerhalb einer überschaubaren Laufzeit eine möglichst gute Lösung zu erzielen. Die Beurteilung der Qualität einer Lösung einer Heuristik ist oft schwierig, da die optimale Lösung für das zu lösende Problem meist nicht bekannt ist. Heuristiken werden auch eingesetzt um schnell eine Startlösung zu ermitteln, die durch weitere Verfahren verbessert werden kann.

2.9.3. deterministisch/stochastisch

Ein deterministischer Algorithmus liefert bei der gleichen Aufgabe immer das gleiche Ergebnis. Ein stochastischer Algorithmus enthält dagegen eine Zufallskomponente und kann somit auch bei gleichen Eingangsdaten ein unterschiedliches Ergebnis erzielen. Beim Einsatz von stochastischen Algorithmen kommt es im praktischen Einsatz oft zu Schwierigkeiten, da von den Benutzern eine Wiederholung der Lösung bei gleichen Eingangsdaten gewünscht wird.

2.9.4. konstruktiv/iterativ

Konstruktive Algorithmen starten mit einer Teillösung und fügen Schritt für Schritt weitere Komponenten hinzu, bis die vollständige Lösung vorliegt. Einmal hinzugefügte Komponenten werden hierbei nicht mehr verändert. Iterative

Algorithmen hingegen Starten mit einer vollständigen Lösung und versuchen diese iterativ zu verbessern. Diese werden so lange ausgeführt, bis ein Abbruchkriterium erfüllt wird.

2.9.5. Greedy

Die Klasse der Greedy-Algorithmen versuchen bei jedem Ausführungsschritt den maximalen Gewinn hinsichtlich einer Kostenfunktion zu erreichen. Dadurch erreichen sie von ihrem Startzustand aus auch immer nur das nächste lokale Optimum. Der Vorteil von Greedy-Algorithmen ist ihre vergleichsweise hohe Geschwindigkeit, da immer nur eine Entscheidung für den nächsten Folgezustand getroffen wird. Dies hat den Nachteil dass sie ein lokales Optimum meist nicht mehr verlassen können.

2.10. Einführung Graphentheorie

Mit Hilfe der Graphentheorie, lassen sich komplexe Zusammenhänge mit Hilfe einer abstrakten Darstellung fassen. Im Falle der Zusammenhänge zwischen FlexRay Parametern, für welche die Graphentheorie in dieser Arbeit eingesetzt wird, lassen sich hierdurch Gleichungen und Ungleichungen ausdrücken und ermöglichen so eine Berechnung und Überprüfung mit Hilfe eines Rechners.

Graphen lassen sich unterteilen in gerichtete und ungerichtete (Abbildung 2.16 und 2.17). Die Darstellung eines Graphen erfolgt mit Hilfe einer Menge $G = (V, E)$. V steht für die Knoten (*vertices*) des Graphen und E für Kanten (*edges*) zwischen den Knoten.

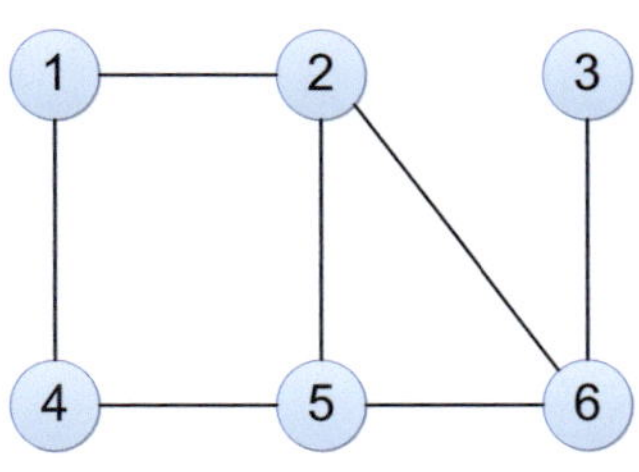

Abbildung 2.16.: Ungerichteter Graph G

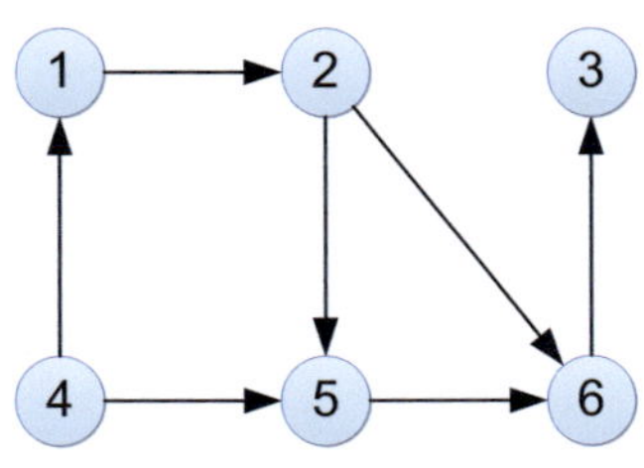

Abbildung 2.17.: Gerichteter Graph G

Zur Darstellung eines Graphen existieren die zwei grundlegenden Verfahren. Diese Verfahren sollen nach [28] kurz vorgestellt werden.

2.10.1. Adjazenzliste

Mit Hilfe von Adjazenzlisten werden die Verbindungen zwischen den Knoten dargestellt. Für einen Graphen $G = (V, E)$ gibt es genau $|V|$ solcher Listen. Für jeden Knoten V existiert eine Liste, in der alle, über eine Kante $(n, k) \in E$ verbundenen Knoten Knoten $n \in V$ verzeichnet sind. Für einen ungerichteten Graphen gilt der folgende Zusammenhang. Gelangt man über eine Kante Kante $(n, k) \in E$ von einem Knoten n zu k erreicht man auch umgekehrt über diese Kante von Knoten k zu Knoten n. Die Länge einer solchen Liste ist somit $2 \cdot |E|$. Für einen gerichteten Graphen gilt dieser Zusammenhang nicht.

Mit Hilfe einer Gewichtsfunktion $w : E \rightarrow R$ kann einer Kante (n, k) auch ein Gewicht $w(n, k)$ zugeordnet werden.

In Abbildung 2.18 und 2.19 sind die Adjazenzlisten für die Graphen 2.16 und 2.17 zu sehen.

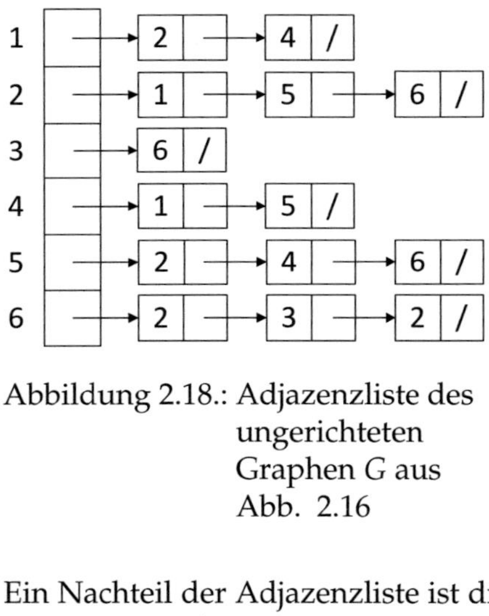

Abbildung 2.18.: Adjazenzliste des ungerichteten Graphen G aus Abb. 2.16

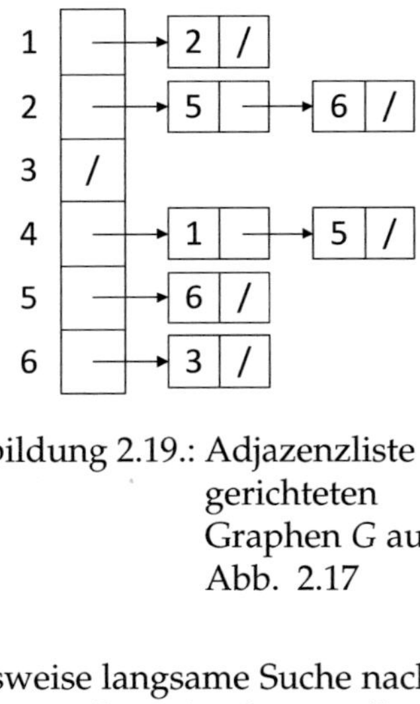

Abbildung 2.19.: Adjazenzliste des gerichteten Graphen G aus Abb. 2.17

Ein Nachteil der Adjazenzliste ist die vergleichsweise langsame Suche nach der Existenz einer bestimmten Kante. Um den Graphen vollständig darzustellen muss jeder Knoten und jede Kante genau einmal abgearbeitet werden. Für die Adjazenzlisten-Darstellung ergibt sich somit eine Laufzeit von zu $\mathcal{O}(|V| + |E|)$ [34].

2.10.2. Adjazenzmatrix

Eine Adjazenzmatrix $A = (a_{ij})$ eines Graphen $G = (V, E)$ ist immer quadratisch und hat die Größe $|V| \times |V|$. Existiert eine Kante zwischen zwei Konten, so ist das Matrixemelent $a_{ij} = 1$, ansonsten ist $a_{ij} = 0$. Eine Matrix besteht somit aus $|V|^2$ Elementen, die 0 oder 1 sein können.

In Abbildung 2.20 ist die Adjazenzmatrix A des ungerichteten Graphen G (Abbildung 2.16) zu sehen. Die Matrix des gerichteten Graphen (Abbildung 2.17) ist in Abbildung 2.21 dargestellt.

	1	2	3	4	5	6
1	0	1	0	1	0	0
2	1	0	0	0	1	1
3	0	0	0	0	0	1
4	1	0	0	0	1	0
5	0	1	0	1	0	1
6	0	1	1	0	1	0

Abbildung 2.20.: Adjazenmatrix des ungerichteten Graphen G aus Abb. 2.16

	1	2	3	4	5	6
1	0	1	0	0	0	0
2	0	0	0	0	1	1
3	0	0	0	0	0	1
4	1	0	0	0	1	0
5	0	0	0	0	0	1
6	0	0	1	0	0	0

Abbildung 2.21.: Adjazenzmatrix des gerichteten Graphen G aus Abb. 2.17

Für einen gerichteten Graphen ist die Adjazenzmatrix symmetrisch zu ihrer Hauptdiagonalen. Dies ergibt sich aus der Eigenschaft, dass zwei Kanten immer in beide Richtungen miteinander verbunden sind. Bildet man von einer solchen Matrix $A = (a_{ij})$ ihre Transponierte $A^T = (a_{ij}^T)$ mit $a_{ij}^T = a_{ji}$, so ergibt sich, dass $A = A^T$. Somit kann bei der Speicherung die Datenmenge auf fast die Hälfte reduziert werden, wenn die redundanten Informationen nicht gesichert werden. Bei einem gerichteten Graphen ist dies nicht möglich, da dieser nicht symmetrisch zu seiner Hauptdiagonalen ist.

Zur Darstellung einer Adjazenzmatrix müssen im Gegensatz zur Adjazenzliste alle Elemente der Matrix ausgewertet werden, nicht nur die vorhandenen Kanten. Die Laufzeit ergibt sich somit quadratisch zur Anzahl der Knoten $\mathcal{O}(|V|^2)$.

2.10.3. Breitensuche

Das Durchsuchen eines Graphen kann auf unterschiedliche Weise erfolgen. Ein gängiges Verfahren stellt hierbei die Breitensuche dar. Die Suche in einem Graphen $G = (V, E)$ beginnt immer bei einem Startknoten $s \in V$. Um den Status der Knoten zu markieren werden diese unterschiedlich eingefärbt. In Bearbeitung befindliche Knoten werden $GRAU$ eingefärbt, unbearbeitete Knoten $WEISS$ und fertige Knoten $SCHWARZ$.

Vom aktuellen Knoten aus sucht die Breitensuche alle Knoten $n \in V$, die über genau eine Kante mit dem aktuellen Knoten verbunden sind. Alle gefundenen

Knoten werden auf eine Warteliste gesetzt und *GRAU* gefärbt. Des weiteren wird für jeden Knoten sein Vorgänger $f[n]$ und sein Abstand zum Startknoten $d[n]$ gespeichert. Dieser Schritt wird für alle Elemente der Liste wiederholt, bis alle gespeicherten Knoten V bearbeitet wurden. Wenn alle Kanten eines Knotens bearbeitet wurden, wird dieser *SCHWARZ* eingefärbt.

Die Ausführung des Algorithmus spannt einen sogenannten „Breitensuchbaum“ auf. Die Wurzel ist stets der Startknoten s, bei dem die Suche begonnen wurde. In Abbildung 2.22 und 2.23 sind die Suchbäume für den gerichteten und ungerichteten Graphen mit Startknoten 1 abgebildet. Für den gerichteten Graphen kann man erkennen, dass bei Startknoten 1 Knoten 4 nicht gefunden wird.

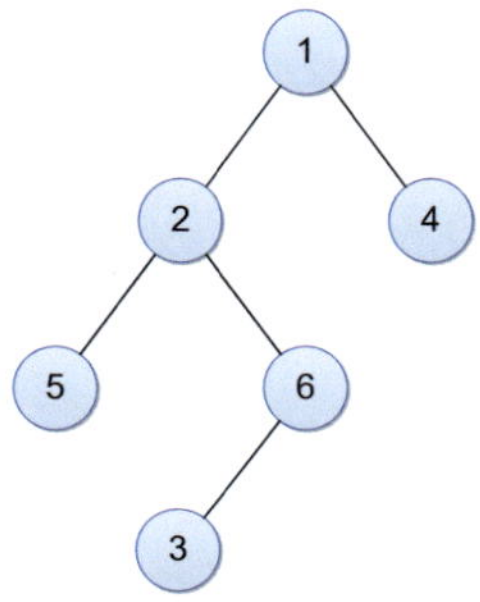

Abbildung 2.22.: Breitensuchbaum des ungerichteten Graphen G aus Abb. 2.16 mit Knoten 1 als Startknoten s

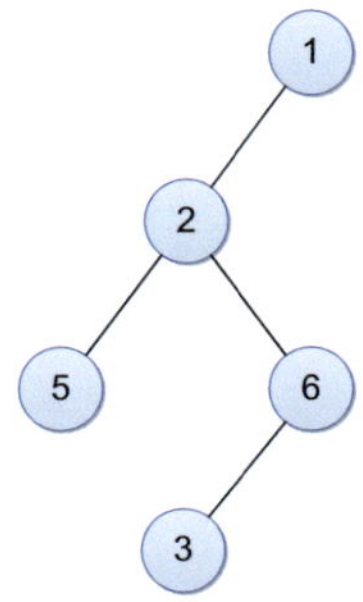

Abbildung 2.23.: Breitensuchbaum des gerichteten Graphen G aus Abb. 2.17 mit Knoten 1 als Startknoten s

Die Laufzeit der Tiefensuche, beträgt bei der Darstellung als Adjazenzliste $\mathcal{O}(|V| + |E|)$ und bei der Darstellung als Matrix $\mathcal{O}(|V|^2)$.

2.10.4. Tiefensuche

Bei der Tiefensuche wird versucht über ein möglichst tiefes Vordringen in den Graphen alle Knoten zu finden. Begonnen wird zunächst wieder bei einem Startknoten. Dieser wird *GRAU* gefärbt. Verfügt der aktuell untersuchte Knoten über eine Kante, die mit einem unbearbeiteten *WEISS* gefärbten Knoten verbunden ist, wird dieser als nächster Knoten weiter untersucht. Dieser Schritt wird solange fortgesetzt, bis ein Knoten keine weitere Kante mehr zu einem *WEISS* gefärbten Knoten mehr besitzt. Daraufing wieder dieser dann *SCHWARZ* eingefärbt. Die Suche kehrt dann zum Vorgänger dieses Knotens zurück und untersucht dessen weitere Kanten. Der Vorgang wird solange fortgesetzt bis alle Knoten *SCHWARZ* eingefärbt wurden.

Bei diesem Verfahren entsteht ein sogenannter „Tiefensuchbaum" welcher alle Knoten enthält, die vom Startknoten aus erreichbar sind. Wurden bei einem Suchvorgang nicht alle Knoten erreicht, kann die Suche bei einem anderen Startknoten erneut durchgeführt werden, bis alle Knoten eines Graphen gefunden wurden. So entstehen bei einer Suche in einem Graphen $G = (V, E)$ eine Anzahl von Tiefensuchbäumen auf Basis von Teilgraphen $G_f = (V, E_f)$. Zusammen bilden diese Teilgraphen einen sogenannten „Tiefensuchwald".

Bei der Tiefensuche werden ebenfalls die Attribute $f[n]$ und $d[n]$ und ein zusätzliches Attribut $e[n]$ eingesetzt. Der Wert $d[n]$ speichert hier, entgegen der Breitensuche den aktuellen Zeitstempel der Entdeckung des Knotens. Wird ein Knoten *SCHWARZ* gefärbt, wird dieser Zeitpunkt im Attribut $e[n]$ abgelegt. Über $f[n]$ wird, wie bei der Breitensuche, der Vorgänger des Knotens abgespeichert.

Die Laufzeit der Tiefensuche beträgt je nach Darstellung $\mathcal{O}(|V| + |E|)$ für die Adjazenzliste und $\mathcal{O}(|V|^2)$ für die Adjazenzmatrix.

3. Einführung FlexRay

3.1. FlexRay Bussystem

Die folgenden Abschnitte beschreiben die Entstehung und die Anforderungen an das FlexRay Bussystem, die technischen Eigenschaften, sowie die Übertragungsmethode der Nachrichten auf dem Bus.

3.1.1. Konsortium und Weiterentwicklung

Das FlexRay Konsortium, gegründet von BMW, DaimlerChrysler (heute Daimler), Motorola (heute Freescale) und Philips (heute NXP) hat sich im Jahr 2000 zusammengeschlossen mit dem Ziel ein neues Bussystem zu entwickeln, das den gestiegenen Anforderungen in der Automobil-Vernetzung gerecht wird. Ziel war es, ein robustes, skalierbares, deterministisches und fehlertolerantes Bussystem zu entwerfen. Die Bezeichnung FlexRay setzt sich aus dem Begriff Flexibilität *(Flexibility)* und Rochen *(Ray)* zusammen. Der Rochen findet auch Verwendung im aktuellen Logo [1].

Bei der Entwicklung des neuen Bussystems stand neben der Protokollspezifikation auch die Entwicklung des Electrical Physical Layer (EPL) im Mittelpunkt. Aus diesem Grunde wurden auch die Halbleiter Hersteller Philips (heute Halbleiter-Ausgründung NXP) und Motorola (heute Controller-Ausgründung FreeScale) direkt mit in die Entwicklung einbezogen.

Das Konsortium wurde intern in vier Schichten aufgeteilt. Den Kern-Mitgliedern (Core-Members) gehörten neben den Gründungsmitgliedern auch die Firmen Bosch, General Motors und Volkswagen an. Diese Mitglieder stellen dabei die meisten Ressourcen zur Verfügung und sind unmittelbar an der Weiterentwicklung von FlexRay beteiligt. Die Premium Partner Mitglieder (Premium Accociate Members) sind vor allem Zulieferfirmen, die ein eingeschränktes Recht auf Mitbestimmung innerhalb des Konsortiums haben. Die Partner Mitglieder (Associate Members) setzen sich aus Zulieferern und Entwicklungsfirmen zusammen. Die Entwicklungsmitglieder (Development Members) aus kleinen und

[1] Das Logo kann aus lizenzrechtlichen Gründen nicht abgebildet werden

mittelständischen Unternehmen, die ihr Geschäftsfeld in FlexRay sehen. Nach dem Ende des ersten Konsortium-Vertrages, zudem die Arbeiten aber noch nicht abgeschlossen waren, wurde das „FlexRay Konsortium II“ als Nachfolgekonsortium gegründet um die Arbeiten zu vervollständigen. Dieser Vertrag endete im Dezember 2008 woraufhin die sieben Kernmitglieder die Weiterführung ihrer Arbeit beschlossen.

Im Jahr 2009 beendete das FlexRay Konsortium seine Arbeit mit Abschluss der Spezifikation Version 3.0. Aktuell wird diese Spezifikation in einen ISO-Standard überführt.

Da die Ergebnisse der Spezifikation 3.0 nicht öffentlich zugänglich sind und die Veröffentlichung des ISO-Standards noch nicht erfolgt ist, wurden für diese Arbeit die Versionen 2.1 bzw. deren Revisionen zugrunde gelegt.

Erstmals wurde FlexRay 2006 im BMW X5 in einem Serienfahrzeug zur Regelung des aktiven Dämpfersystems eingesetzt [21] [101]. Audi folgte mit einem kommunikationsintensiven System zur adaptiven Luftfederung im A8 [60].

3.1.2. Technische Eigenschaften

Das FlexRay Bussystem ist ein Feldbussystem, dass als Multi-Master-System aufgebaut wird und eine Brutto-Datenrate von 2.5, 5 und 10 Mbit/s pro Kanal erreicht. Zur Datenübertragung können ein oder zwei Kanäle (A & B) zum Einsatz kommen, die entweder zu Erhöhung der Bandbreite oder zur redundanten Datenübertragung genutzt werden können. Die räumliche Redundanz ermöglicht es transiente oder permanente physikalische Fehler auszugleichen [85]. Für den Ausgleich von asymmetrischen Fehlern wird zusätzlich noch zeitliche Redundanz erforderlich [70]. Durch die höhere Datenrate gegenüber den bisher zur Steuerung eingesetzten Bussystemen kann es beispielsweise auch als Backbone im Fahrzeug eingesetzt werden. Hierzu gibt es Entwürfe von Fujitsu (Abbildung 3.1) und BMW (Abbildung 3.2).

Das Protokoll unterstützt grundsätzlich zwei verschiedene Arten der Datenübertragung.

Im statischen Teil werden Informationen auf Basis des TDMA-Verfahrens slotweise übertragen. Hier steht jedem Teilnehmer ein festgelegter Zeitschlitz und somit eine garantierte Bandbreite zur Verfügung. Dieser kann somit zur deterministischen Nachrichtenübertragung genutzt werden, da die Übertragungszeiten beim Empfänger bekannt sind. Die Übertragungszeiten der Nachrichten werden bereits zur Planungsphase im Busfahrplan *(Schedule)* festgelegt. Mit FlexRay lässt sich eine Präzision, also die Zeitabweichung bei synchronisierten Knoten, im Bereich von 10 µs erreichen. Dies ermöglicht präzise verteilte Regelungen. [100]

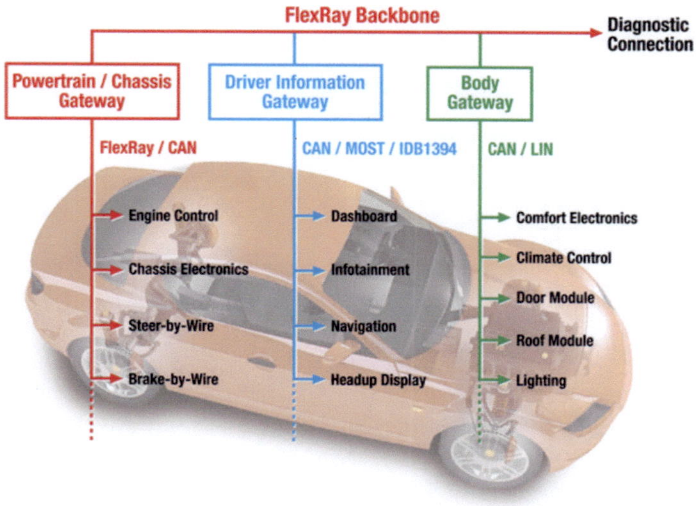

Abbildung 3.1.: FlexRay als Backbone [50]

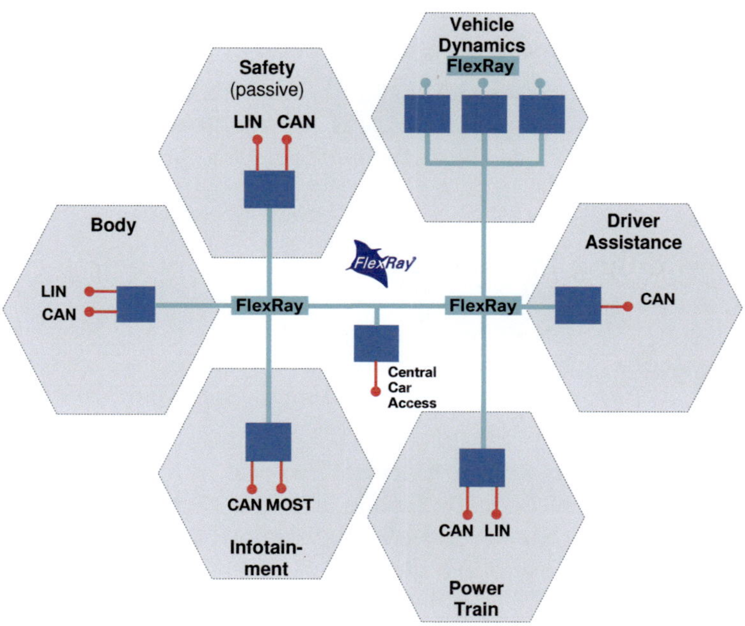

Abbildung 3.2.: Zukünftige FlexRay Architekturen bei BMW [109]

<table>
<tr><th></th><th>Layer</th><th>Schicht</th><th>Spezifikation</th></tr>
<tr><td>7</td><td>Application</td><td>Anwendung</td><td>-</td></tr>
<tr><td>6</td><td>Presentation</td><td>Darstellung</td><td rowspan="4">beispielsweise AUTOSAR</td></tr>
<tr><td>5</td><td>Session</td><td>Sitzungssteuerung</td></tr>
<tr><td>4</td><td>Transport</td><td>Datentransport</td></tr>
<tr><td>3</td><td>Network</td><td>Vermittlung</td></tr>
<tr><td>2</td><td>Data Link</td><td>Sicherung</td><td>Protocol Specification [42]</td></tr>
<tr><td>1</td><td>Physical</td><td>Bitübertragung</td><td>Electrical Physical Layer Specification [43]</td></tr>
</table>

Tabelle 3.1.: Einordnung von FlexRay in das OSI-Schichtenmodell [100].

Im zweiten, optionalen, dynamischen Teil können Daten auf Basis einer Flexible Time Division Multiple Access (FTDMA) Struktur übertragen werden. Diese wurde bereits bei Byteflight eingesetzt (siehe Kapitel 2.4.6). Hier werden kürzere Zeitschlitze, sogenannte *(Minislots)*, als im statischen Teil verwendet. Die Nachrichtenübertragung geschieht auf Basis von Prioritäten die durch eine Identifizierungszahl *ID* den Nachrichten zugeordnet ist. Bei der Übertragung wird die benötigte Anzahl von Minislots auf dem Bus belegt. Dies bedeutet aber auch, dass Teilnehmer mit einer niedrigen Priorität evtl. nicht mehr auf dem Bus senden dürfen, wenn nicht mehr genügend Minislots zur Verfügung stehen.

Das dynamische Segment ist somit besser für Ereignis-gesteuerte, nicht Echtzeitrelevante Nachrichten geeignet, da nur für Nachrichten mit hoher Priorität die Übertragung innerhalb eines vorgegebenen Zeitraums garantiert werden kann.

3.1.3. Einordnung in das ISO-OSI Schichtenmodell

Wie jedes Kommunikationsprotokoll müssen auch für FlexRay alle sieben Schichten des OSI-Modells abgedeckt werden, damit Applikationen Daten austauschen können. Wie auch bei anderen Feldbussystemen wurden bei FlexRay aber nicht alle sieben Schichten spezifiziert.

Die vom Konsortium erarbeitete Electrical Physical Layer (EPL) [43] deckt die Bitübertragung auf Schicht 1 ab (Tabelle 3.1). Die nächste Schicht, die Sicherungsschicht, wird durch die Protokoll-Spezifikation [42] beschrieben. Die höheren Schichten 3-6 sind nicht durch die Spezifikation abgedeckt und können beispielsweise durch ein AUTOSAR Betriebssystem umgesetzt werden (siehe Kapitel 2.2.2). Eine genaue Beschreibung der FlexRay Basic Software Module findet sich in [17]. Auf der letzten Schicht 7 befinden sich schließlich die eigentlichen Applikationen.

3.1.4. Aufbau eines Kommunikationsknotens

Ein FlexRay Kommunikationsknoten besteht aus einer Recheneinheit *(Host)*, wie beispielsweise einem Mikrocontroller und dem eigentlichen Kommunikations-Protokoll-Baustein, dem Communication Controller (CC). Zur Ankopplung an den physikalischen Bus werden des weiteren noch Bustreiber benötigt. Diese setzten die logischen Signale des CC in physikalische Buspegel um. Die eigentliche Applikation des Steuergeräts läuft dabei auf dem Mikrocontroller ab, während der CC eine Zustandsmaschine zur Umsetzung des FlexRay Protokolls beinhaltet. Zur Busankopplung werden je nach Anzahl der physikalischen Kanäle ein oder zwei Bustreiber benötigt. Prinzipiell existieren zwei unterschiedliche Arten von Controllern. Man unterscheidet die Stand-Alone (Abbildung 3.3) und die integrierte Version (Abbildung 3.4). Je nach Anforderung ist die Stand-Alone Variante flexibler und kann mit beliebigen Mikrocontrollern kombiniert werden, während die integrierte Variante meist kostengünstiger ist und weniger Platinenfläche benötigt.

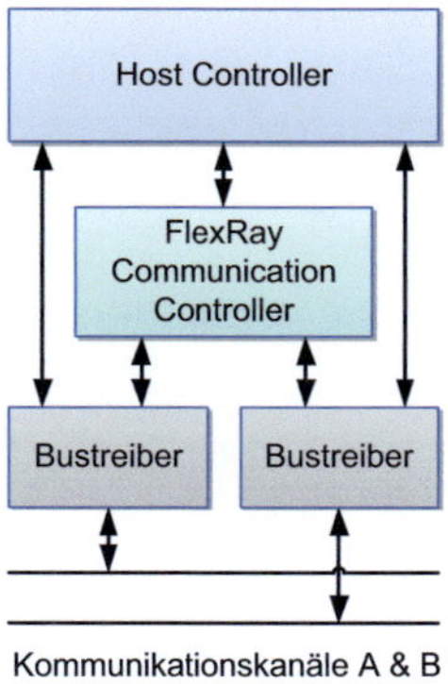

Abbildung 3.3.: Stand-Alone FlexRay CC

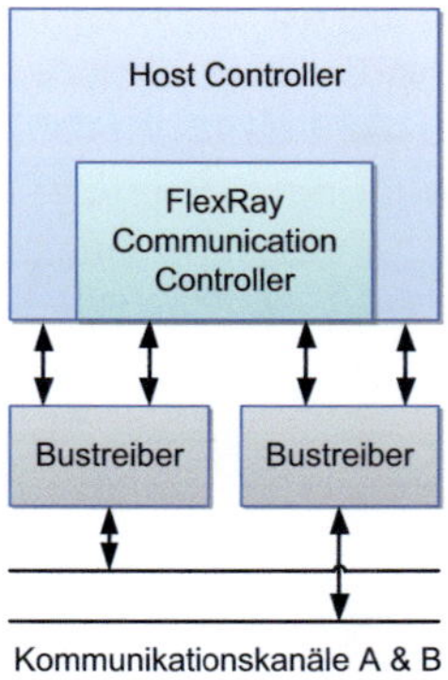

Abbildung 3.4.: Integrierter FlexRay CC

Ein FlexRay Communication Controller (CC) besteht aus einem Controller-Host-Interface (CHI) und einer Protocol Engine (PE). Über das CHI stellt der Controller eine Verbindung zum Host her. Diese dient der Verwaltung der FlexRay Parameter und zum Austausch von Daten über Sende- und Empfangspuffer. Diese Schnittstelle ist je nach Hersteller und Modell des CC unterschiedlich und auch der interne Aufbau der Register unterscheidet sich stark. Über die PE wird das Senden und Empfangen der Daten auf dem Bus abgewickelt. Dazu wird eine Zustandsmaschine durchlaufen die auf das Timing des Busses synchronisiert wird. Zwischen dem CC und den Bustreibern existiert eine standardisierte Schnittstelle, die aus dem Leitungen RxD, TxD und TxEN besteht (siehe Abbildung 3.5. Die Leitung RxD (Receive Data) transportiert die Signale, die auf dem Bus empfangen wurden zum CC. Die Schnittstelle TxD (Transmit Data) erlaubt das Senden von Daten auf dem Bus, sobald die Low-aktive Leitung TxEN (Transmit Enable Not) angesteuert wird und die Übertragung auf den Bus freigibt.

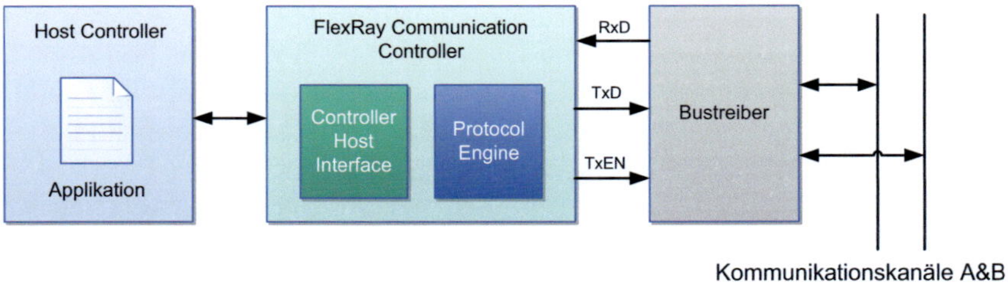

Abbildung 3.5.: Aufbau eines FlexRay Knotens

Einen zusätzlichen Schutz des Busses bieten sogenannte Busguardians, die das Medium von falsch sendenden Knoten, sogenannten „Babbling Idiots", schützen soll. Dazu wird der Busguardian an jedem Knoten installiert und gibt die TxEN Leitung nur im richtigen, dem CC zugewiesenen Zeitfenster frei. Eine weitere Variante sieht einen zentralen Busguardian vor, der die Bustreiber aller Kommunikationknoten ansteuert. Um die Leitung im richtigen Zeitfenster freigeben zu können, benötigt der Busguardian eine genaue Kenntnis über den aktuellen Buszustand und die Zeitsynchronisation. Aktuell gibt es keine Implementierungen für einen Busguardian. Nähere Informationen zum Busguardian sind in [100] zu finden.

3.1.5. Topologie-Strukturen

Gültige FlexRay Topologien können aus einer Bus, Stern, Punkt-zu-Punkt Verbindung oder aus Kombinationen dieser bestehen (Abbildung 3.6). Der Zusammenschluss von untereinander kommunizierenden Busteilnehmern wird als Cluster bezeichnet. Erlaubt ist der Aufbau mit einem oder zwei Kanälen. Dabei dürfen die Topologien der beiden Kanäle durchaus unterschiedlich aufgebaut sein. Auch die Steuergeräte können wahlweise an Kanal A, B oder beide angeschlossen werden. Ein Aufbau von Ring-Topologien wie beispielsweise bei MOST ist bei FlexRay nicht zulässig.

Zum Aufbau von Sternstrukturen können sogenannte aktive Sternkoppler eingesetzt werden, die das empfangene Signal an alle anderen Teilnehmer verstärkt weiterleiten. Die Umschaltung zwischen den Armen des Stern erfolgt über eine automatische Richtungserkennung und benötigt daher eine gewisse Zeit. Während dieser Erkennung wird ein Teil des Signals abgeschnitten (TSS Truncation). Aus diesem Grunde schreibt die Spezifikation eine maximale Anzahl von zwei

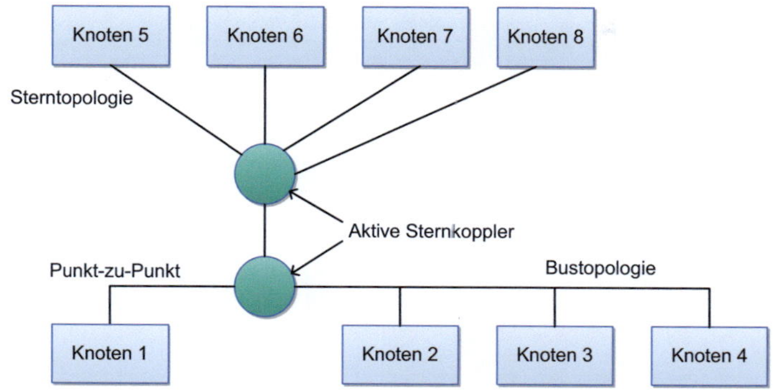

Abbildung 3.6.: Mögliche FlexRay Topogien

Sternen vor. Prinzipiell ist auch der Einsatz von passiven Sternen möglich, da er aber schlechtere elektrische Eigenschaften besitzt, soll er laut Spezifikation nur für kurze Leitungslängen und niedrige Datenraten eingesetzt werden [42]. Die Leitungslänge zwischen zwei aktiven Buskomponenten (Steuergerät, aktiver Stern) soll laut der Spezifikation 24 m nicht überschreiten. Bei Einsatz von zwei aktiven Sternen beträgt die maximale Ausdehnung eines Netzwerkes somit 72 m.

3.1.6. Kommunikationszyklus

Wie bei vielen zeitgesteuerten Bussystem üblich, wird auch bei FlexRay die Übertragung in Kommunikationszyklen aufgeteilt. Ein Zyklus ist eine im FlexRay Cluster definierte Zeitdauer, die unter Einhaltung der Spezifikation zwischen 10 µs und 16 ms konfigurierbar ist. Die Nummerierung der Zyklen erstreckt sich von 0 bis 63. Nach Vollendung des 63 Zyklus wird wieder bei 0 begonnen. Ein Zyklus teilt sich in die vier Bereiche statisches Segment, dynamisches Segment, Symbol Window und Network Idle Time (NIT) auf (Abbildung 3.7). Das dynamische Segment und die Symbol Window sind dabei optional und dürfen während der Konfigurationsphase auch weggelassen werden. Es ergeben sich somit die folgenden Möglichkeiten einen Zyklus zu konfigurieren:

- statisches Segment + dynamisches Segment + Symbol Window + Network Idle Time
- statisches Segment + Symbol Window + Network Idle Time
- statisches Segment + dynamisches Segment + Network Idle Time
- statisches Segment + Network Idle Time

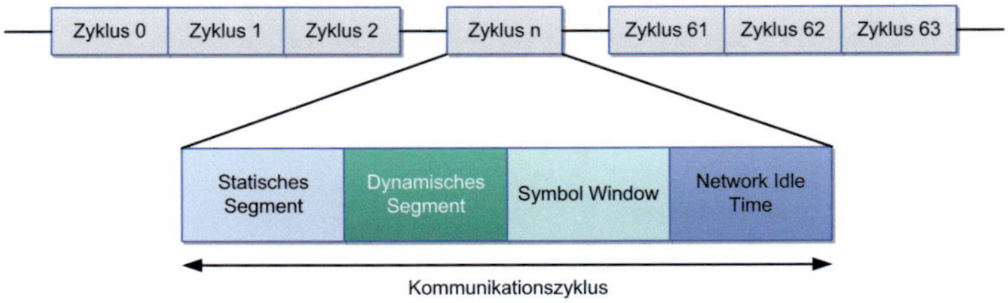

Abbildung 3.7.: Die 64 sich wiederholenden FlexRay Zyklen

Im statischen Teil des Zyklus findet die Übertragung auf Basis des TDMA Verfahrens statt. Das statische Segment teilt sich, je nach Konfiguration, in 2 bis 1023 Slots auf. Jeder dieser Slots wird einem Knoten exklusiv zugeordnet oder alternativ für spätere Erweiterungen freigehalten. Somit können sich bei fehlerfreiem Betrieb die Knoten nicht gegenseitig stören. Für die beiden Kanäle A und B können unterschiedliche Knoten pro Slot zugeordnet werden.

Die Einplanung der Nachrichten in einen Fahrplan *(Schedule)* wird zur Konfigurationszeit vorgenommen und kann während des Betriebs nicht geändert werden. Die Länge eine statischen Slots ist für die gesamte Konfiguration eines Clusters einheitlich. Die minimale Anzahl von 2 Slots ergibt sich aus der Tatsache, dass mindestens zwei Teilnehmer eine Synchronisationsnachricht auf den Bus schicken müssen, um diesen in Betrieb zu nehmen. Die maximale Grenze von 1023 Slots ergibt sich bei einer Nutzdatenlänge von null und der maximalen Zykluszeit von 16 ms und unter Berücksichtigung von Uhrenabweichungen und Signallaufzeiten. Da eine Nutzdatenlänge von null im praktischen Betrieb keinen Sinn macht, ist die Anzahl normalerweise geringer [100].

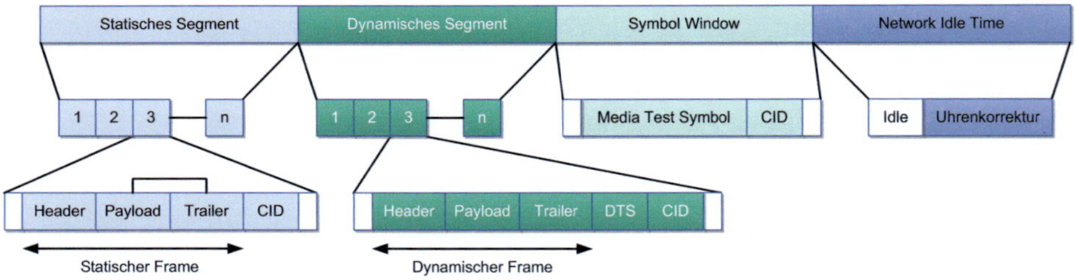

Abbildung 3.8.: Die Abschnitte des FlexRay Zyklus im Detail

Ein statischer Slot teilt sich in weitere Bereiche auf (siehe Abbildung 3.8). Er besteht aus der zu übertragenden Nachricht *(Frame)* und einer Pause zwischen den Nachrichten. Der Abstand zwischen dem Beginn des Slots und der Frame-Übertragung wird als `gdActionPointOffset` bezeichnet.

Ein FlexRay Frame besteht unabhängig von der Übertragung im statischen oder dynamischen Segment aus drei Teilen. Im Nachrichtenkopf *(Header)* eines Frames befinden sich einige Steuerbits, Informationen über die Nutzdatenlänge, eine CRC-Checksumme, die Teile des Headers sichert und ein Feld zu Anzeige des aktuellen Zyklus. In der Payload-Sektion befinden sich die eigentlichen Nutzdaten von maximal 254 Byte, gefolgt von einer CRC-Checksumme die eine Fehlererkennung über den gesamten Datenrahmen ermöglicht. Nach der eigentlichen Übertragung des Frames, folgt im statischen Slot ein Channel Idle Delimiter (CID)-Feld, das von den anderen Teilnehmern erkannt wird und einen freien Bus signalisiert.

Im optionalen dynamischen Segment, werden Nachrichten auf Basis des FTDMA-Verfahrens übertragen. Diese erfolgt auch mit Hilfe von gleich großen festen Zeitschlitzen, die aufgrund ihrer kürzeren Größe als Minislots bezeichnet werden. Eine Nachricht im dynamischen Segment belegt je nach ihrer Größe eine bestimmte Anzahl dieser Minislots. Die Nummerierung erfolgt ebenso wie im statischen Segment fortlaufend und wird nach dem letzten statischen Slot einfach weiter gezählt.

Nachrichten im dynamischen Segment können, entgegen dem statischen Segment, unterschiedlich lang sein und belegen somit eine unterschiedliche Anzahl Minislots. Die Summe der statischen und dynamischen Slots ist laut der Spezifikation auf 2047 begrenzt [42].

Sobald die aktuelle Slotnummer auf dem Bus mit der eines Teilnehmers übereinstimmt, darf dieser seine Nachricht absetzen. Im statischen Segment wird dafür nur ein Slot belegt. Im dynamischen Segment wird der Minislot-Zähler nicht mehr weiter erhöht sobald ein Teilnehmer anfängt zu senden. Erst wenn die Übermittlung abgeschlossen ist, wird der Zähler weiter inkrementiert. Falls ein Teilnehmer auf der ihm zugewiesenen Slotnummer keine Nachricht überträgt, bleibt dieser Minislot frei. Somit haben Teilnehmer mit einer niedrigeren Slot-Nummer größere Chancen ihre Nachricht absetzen zu können.

Ein dynamischer Slot enthält neben dem Frame, der sich wie im statischen Segment, aus Header, Payload und Trailer zusammensetzt noch ein Dynamic Trailing Sequence (DTS)-Feld, dass der Anpassung an das Minislot Raster dient (Abbildung 3.8). Danach folgt wie im statischen Segment ein CID-Feld. Detaillierte Informationen zum Aufbau der Frames folgen in Kapitel 3.1.8.

Auf das dynamische Segment folgt die optionale Symbol Window. Diese dient der Übertragung von vordefinierten Symbolen. Aktuell sind drei verschiedene Symbole definiert: Collision Avoidance Symbol (CAS), Media Test Symbol (MTS) und Wakeup Symbol (WUS). Von diesen wird aber lediglich das MTS im Symbol Window übertragen. Dieses dient der Überprüfung des Busguardians, der aktuell aber noch nicht zum Einsatz kommt.

Abgeschlossen wir ein Zyklus mit der Network Idle Time (NIT), während der keine Datenübertragung stattfindet. Sie dient dem CC zur Offset- und Frequenzkorrektur.

3.1.7. Knotensynchronisation und Zeitbasis

Wie bei einem TDMA Verfahren notwendig, müssen alle Busteilnehmer eine gemeinsame Zeitbasis aufweisen, um korrekt auf den Bus Zugreifen zu können. Die Genauigkeit, der in einem zeitgesteuerten Netzwerk zugrunde gelegten Zeitbasis, ist unmittelbar von der Qualität der Uhrensynchronisation abhängig. Die Abweichung von der globalen Zeitbasis ist laut [108] auf die beiden Parameter Genaugigkeit (Accuracy) und Präzision (Precision) zurückzuführen. Die Genauigkeit beschreibt dabei die Abweichung der globalen Zeitbasis zu einer externen Referenztaktquelle, während die Präzision die maximale Abweichung zwischen jeweils zwei Uhren des Netzwerkes bezeichnet.

Die kleinste Einheit innerhalb der FlexRay Zeit-Definition ist der Microtick (Abbildung 3.9). Dieser wird aus dem lokalen Oszillator des Hardware Knotens durch Takt-Multiplikation und Division gebildet. Die Länge des Microtick kann sich somit von Knoten zu Knoten unterscheiden. Die nächst größere Zeiteinheit ist der sogenannte Macrotick, dieser hat im gesamten FlexRay Cluster eine einheitliche Länge. Er wird im Knoten durch eine veränderbare Anzahl an Microticks gebildet. Basierend auf dieser gemeinsamen Zeitgröße für alle Knoten, wird die Länge der statischen Slots und der Minislots gebildet.

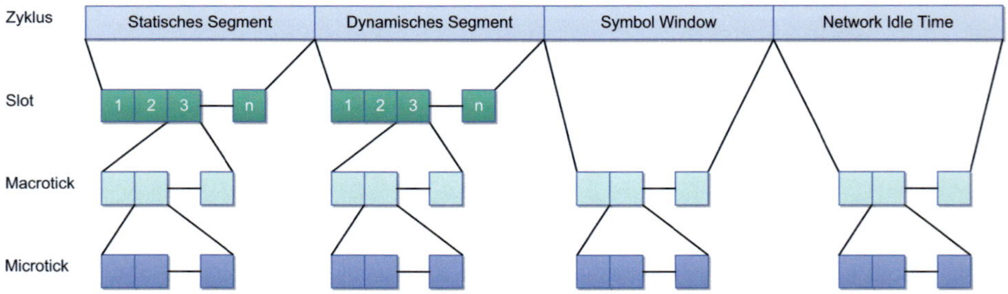

Abbildung 3.9.: Zeithierarchie des FlexRay Protokolls

Da die Uhren der Busteilnehmer aufgrund von Toleranzen der lokalen Oszillatoren auseinanderdriften können, muss eine Uhrenkorrektur zur Gewährleistung der Genauigkeit vorgenommen werden. Für die FlexRay Uhrenkorrektur kommt ein kombiniertes Verfahren aus Frequenz- und Offsetkorrektur zum Einsatz. Der Offset beschreibt dabei die absolute Differenz zwischen zwei Uhren. Die Frequenz dagegen spiegelt den Verlauf des Offsets über die Zeit wieder. Die

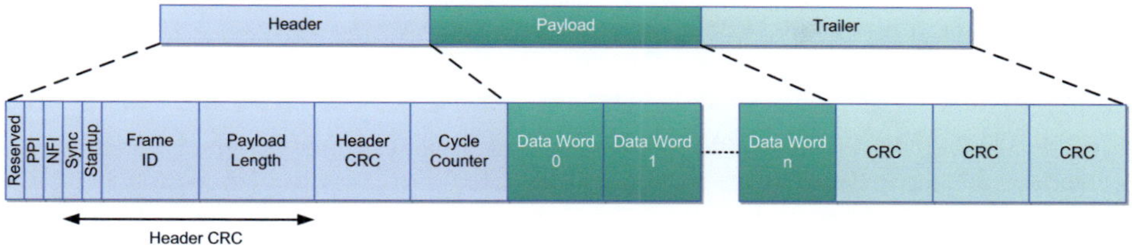

Abbildung 3.10.: FlexRay-Frame mit Header, Payload und Trailer.

Grundlagen zu dem bei FlexRay angewendeten Uhrenkorrektur-Verfahren ist in [82] zu finden.

Beim Empfang einer Nachricht wird die erwartete und die tatsächliche Ankunftszeit eines Frames miteinander verglichen. Mit Hilfe eines Mittelwert Algorithmus wird dann aus den gesammelten Werten ein Korrekturwert für den Offset berechnet. Für die Berechnung des Frequenzfehlers werden die Messungen von zwei Zyklen benötigt. Hiermit lässt sich die Abweichung der Ankunftszeiten über die Zeit bestimmen und mit Hilfe des Frequenzkorrektur-Verfahrens korrigieren. Die Frequenz-Korrektur wird in jedem Zyklus ausgeführt, während die Offset-Korrektur nur in jedem zweiten Zyklus ausgeführt wird um die Frequenz-Abweichung nicht zu verfälschen. Diese Korrekturen werden von jedem CC während der NIT ausgeführt.

3.1.8. Aufbau eines Frames

FlexRay Datenrahmen *(Frames)* haben für das statische und das dynamische Segment jeweils den gleichen Aufbau (Abbildung 3.10). Sie bestehen aus Header, Payload und Trailer. Die ersten 5 Bits des Headers enthalten Steuerinformationen, die spezielle Eingenschaften des Frames kennzeichnen. Das erste Bit ist für spätere Erweiterungsmöglichkeiten vorgesehen und wird aktuell nicht verwendet. Das zweite Bit namens Payload Preamble Indicator (PPI), kennzeichnet den Frame als Netzwerk-Management Botschaft und enthält entsprechende Steuerinformationen in der Payload-Sektion. Das Nullframe Indicator (NFI) Bit kennzeichnet den Frame als sogenannten Null-Frame und signalisiert damit, dass der Frame keine gültigen Daten enthält. Die Startup und Sync-Bits zeigen an, ob der Frame für das Starten des Netzwerks oder als Synchronisationsnachricht zur Uhrenkorrektur verwendet wird. Nachrichten zum starten des Netzwerks enthalten immer auch das Sync-Bit, da bei Startvorgang auch immer eine Synchronisation der Uhren notwendig ist.

Den fünf Statusbits folgen 11 Bits mit der Frame-ID. Der Gültigkeitsbereich der Frame ID erstreckt sich von 1 bis 2047 und zeigt gleichzeitig an in welchem Slot die Nachricht übertragen wird. Nachfolgend wird die Länge der Payload-Sektion des Datenframes übertragen. Dieser 7 Bit Wert enthält die in 2 Byte Wörtern angegebene Länge und ersteckt sich von 2 bis 254 Byte. Sync-Bit, Startup-Bit, Frame-ID und Payload-Länge werden von der nachfolgenden CRC-Checksumme gesichert. Das zur Berechnung notwendige CRC-Polynom ist für Kanal A und B unterschiedlich und verhindert so ein Vertauschen der Kanäle. Da sich die vom Header-CRC-Feld gesicherten Informationen während des Betriebs nicht mehr ändern, kann dieser Wert zu Designzeit berechnet werden. Abschließend wird im Header noch der aktuelle 6-Bit Wert des Zykluszählers *(Cycle Count)* übertragen. Der Payload Bereich der Nachricht kann in der Länge variieren und ist zwischen 2 und 254 Byte lang. Nach der Payload wird der Trailer mit einer 24 Bit CRC-Checksumme übertragen. Diese sichert den gesamten Bereich von Header und Payload. Da der gesendete Wert sich mit den Nutzdaten und dem Cycle-Couter mit jeder Sendung ändert, wird dieser Wert jeweils vor der Übertragung aktuell vom CC berechnet.

3.1.9. Kodierung eines Frames

Bevor die einzelnen Elemente des FlexRay Frames auf dem physikalischen Bus übertragen werden, erfolgt noch die Codierung der Daten. Auf gleiche Weise erfolgt auf der Seite des Empfängers die Decodierung der Daten. Die Übertragung der Daten erfolgt mit Hilfe einer NRZ-Codierung. Jedem Datenbyte wird eine Byte Start Sequence (BSS) von einem High- und einen Low-Bit vorangestellt (Abbildung 3.11). Somit benötigt die Übertragung von 8 Daten-Bits auf dem Bus nach der Codierung 10 bit. Durch den High-Low Übergang der BSS entsteht auf dem Bus eine fallende Flanke die vom Empfänger zur Synchronisation der nachfolgenden Daten-Bits genutzt wird.

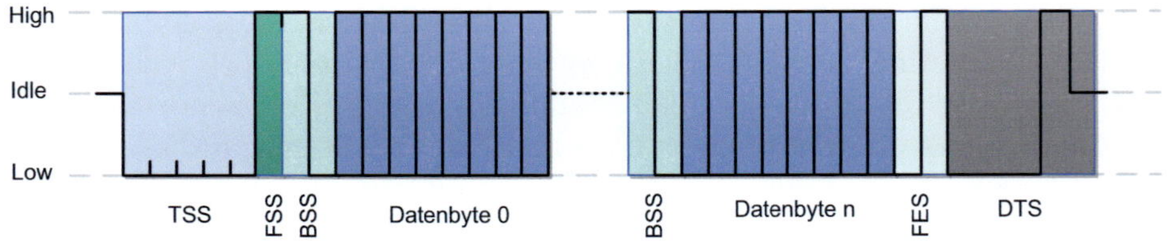

Abbildung 3.11.: Kodierung eines Frames im statischen und dynamischen Segment.

Zum Beginn einer Übertragung wird eine sogenannte Transmission Start Sequence (TSS) gesendet. Diese zwischen 3 und 15 bit konfigurierbare Sequenz aus Low-Bits dient der Aktivierung der bidirektionalen FlexRay Bustreiber, die in jedem Knoten und Sternkoppler vorhanden sind. Der TSS folgt ein High-Bit das als Frame Start Sequence (FSS) bezeichnet wird. Die Übertragung des letzten Datenbytes wird von einer Frame End Sequence (FES) bestehend aus einem Low- und einem High-Bit abgeschlossen. Einem dynamischen Frame wird zusätzlich noch die DTS angehängt. Sie dient der Verlängerung des Frames bis an die Grenze des nächsten Minislots. Hiermit wird dem Empfänger ermöglicht, dem Ende einer Übertragung immer genau eine Minislotgrenze zuzuordnen. Nach der Übertragung wird der Bustreiber abgeschaltet und der Bus geht in den Idle-Zustand über.

3.1.10. Protokoll-Zustandsmaschine

Die FlexRay Spezifikation beschreibt innerhalb des CC eine Zustandsmaschine, welche die erlaubten Betriebszustände und deren Übergänge darstellt (Abbildung 3.12). Diese Zustandsmaschine wird in der Spezifikation als Protocol Operation Control (POC) bezeichnet, und ermöglicht den spezifikationskonformen Betrieb von CCs unterschiedlicher Hersteller. Um die Abgrenzung zu anderen Zuständen des CC zu erleichtern, wird jeder jedem Zustand ein `POC:` vorangestellt.

Nach dem Anlegen der Betriebsspannung geht die POC Maschine zunächst in den Zustand `POC: Default Config` (1) über (Abbildung 3.12). Dieser Zustand wird solange beibehalten, bis er vom Host per Befehl in den Zustand `POC: Config`-Zustand überführt (2) überführt wird. In diesem Zustand ist der Zugriff auf die Register des CHI möglich und erlaubt dem Host das setzen der Protokollparamter im Speicher des CC.

Nach Beendigung der Konfiguration wird per Befehl in den Zustand `POC: Ready` (3) gewechselt. In diesem Zustand ist der CC in der Lage Wakeup-Nachrichten auf dem Bus zu detektieren. Das Senden und Empfangen von Nachrichten ist hier noch nicht möglich. Mit dem Übergang in den Zustand `POC: Wakeup` (5) kann der Knoten andere Knoten aufwecken und selbst aufgeweckt werden. Nach Abschluss des Weckvorgangs kehrt er automatisch wieder in den Zustand `POC: Ready` (6) zurück und wartet auf neue Anweisungen. Im Zustand `POC:Startup` sind mehrere Zustände zusammengefasst, die mit dem starten des Knotens zusammenhängen. Details zu diesem „Superstate" sind in der Spezifikation [42] zu finden. Er dient der Integration des Knotens in einen schon laufenden Cluster bzw. dem Starten eines Clusters mit Hilfe von weiteren Knoten. Nach dem Starten wechselt der Knoten in den Zustand `POC: Normal Active` (8), welcher den eigentlichen Betriebszustand darstellt und das Senden und Empfangen von Daten ermöglicht. Für vorher festgelegte Fehlerfälle wechselt der Knoten in den Zustand `POC: Normal Passive` (9) oder `POC: Halt` (11). Dies ist abhängig von der Konfiguration. Beim Erreichen des Zustandes `POC:Normal Passive` (9) ist

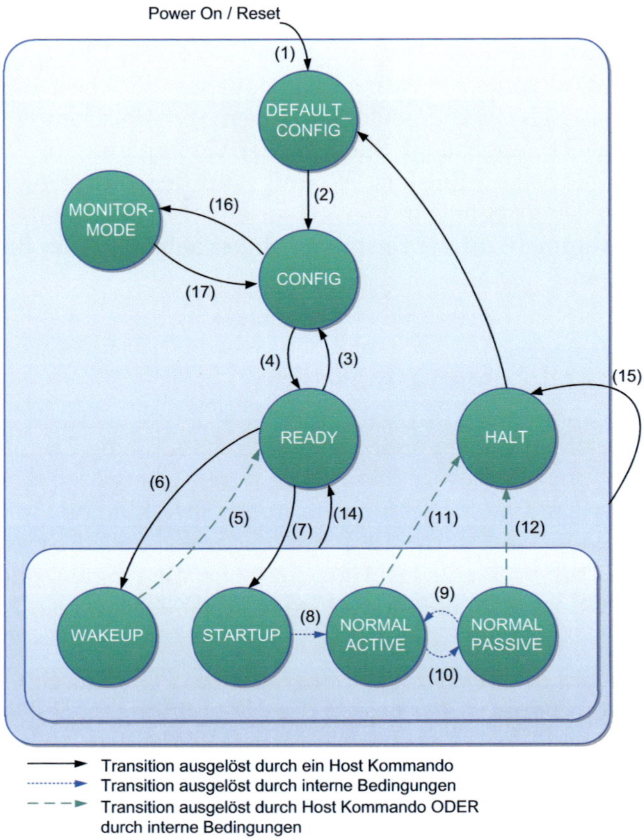

Abbildung 3.12.: Zustände und Übergänge der FlexRay Protokoll-Zustandsmaschine.

der Knoten noch in der Lage Daten zu empfangen, darf aber selbst keine Daten mehr senden. Diesen Zustand kann der Knoten unter vorgegebenen Bedingungen wieder verlassen und in den Zustand `POC: Normal Active` (10) zurückkehren. Ist für den Fehlerfall ein Zustandsübergang nach `POC: Halt` (11) konfiguriert, kann der Knoten nur durch den Host wieder in den Zustand `POC: Default Config` (13) überführt werden und der Integrationsvorgang muss erneut gestartet werden. Falls der Controller zu irgendeinem Zeitpunkt einen internen Fehler feststellt, wechselt er aus jeden Zustand automatisch nach `POC: Halt` (15). Mit Hilfe des Monitor-Mode kann der Controller nur lesend am Bus betrieben werden. Der Wechsel in diesen Zustand erfolgt mit Transition (16) nach `POC: Monitor-Mode` und zurück über (17) nach `POC: Config`.

3.2. FlexRay Protokollparameter

FlexRay Protokollparameter teilen sich in zwei Kategorien auf. Dies sind zum Einen die globalen Parameter, welche für den ganzen Cluster gelten und somit auch für alle FlexRay Knoten gleich sind. Des Weiteren gibt es lokale Parameter, welche Knoten-spezifische Werte beschreiben und zwischen den CC unterschiedlich sein können. Die globalen Parameter, auch Cluster-Parameter genannt, werden mit einem „g“ gekennzeichnet. Lokalen Parametern, die nur für einen Knoten gültig sind, wird ein „p“ vorangestellt. Neben den Parametern gibt es zusätzlich noch lokale Variablen die mit einem „v“ gekennzeichnet werden. Cluster oder Knoten-Parameter können zusätzlich noch von einem „d“ gefolgt werden, dass für eine Zeitdauer *(Duration)* steht. Konstante, von der Spezifikation vorgegebene, Werte werden mit einem „c“ gekennzeichnet. Diese sind im Abschnitt 3.2.3 zu finden. Hilfsvariablen, die nicht direkt für die Konfiguration verwendet werden, sondern nur für Zwischenschritte benötigt werden, erhalten das Präfix „a“.

3.2.1. Globale Parameter

Cluster Parameter gelten prinzipiell für alle Knoten in einem Cluster und fließen entweder direkt oder indirekt in die Konfiguration der Busknoten mit ein. Teilweise dienen sie als Basis für die Berechnung von lokalen Parametern. In Tabelle 3.2 ist ein Überblick über die globalen Protokollparameter und deren Wertebereiche zu finden. Die Dimensionierung der globalen Protokollparameter ist in Kapitel A.1.1 beschrieben.

3.2.2. Lokale Parameter

Lokale Protokollparameter werden auf Basis der globalen Parameter und der Randbedingungen des Knotens berechnet. Die Länge eines Cycles wird beispielsweise durch den globalen Parameter `gdCycle` beschrieben. Die lokale Zeiteinheit Microtick kann, da sie auf dem lokalen Oszillator eines Knotens basiert, je nach Knoten unterschiedlich lang sein. Der lokale Parameter `pMicroPerCycle` berechnet sich beispielsweise aus der Zykluslänge und dem lokalen Microtick.

Zu den lokalen Randbedingungen eines Knoten gehören neben dem Taktgeber auch die Eigenschaften der Bustreiber. Diese erfassen die Signalverzögerungen beim Senden und Empfangen und die Dauer der Erfassung eines Zustandswechsels auf dem Kommunikationsmedium. Diese Parameter basieren auf dem eingesetzten Hardwarebausteinen und sind je nach Hersteller unterschiedlich. Des weiteren kann das Verhalten im Fehlerfall und die Zuständigkeiten beim Starten

Bezeichnung	Wertebereich
gColdStartAttempts	2 - 31
gListenNoise	2 - 16
gMacroPerCycle	10 - 16000 [MT]
gMaxWithoutClockCorrectionFatal	gMaxWithoutClockCorrectionPassive - 15
gMaxWithoutClockCorrectionPassive	1 - 15
gNumberOfMinislots	0 - 7986
gNumberOfStaticSlots	2 - cStaticSlotIDMax
gOffsetCorrectionStart	9 - 15999 [MT]
gPayloadLengthStatic	0 - cPayloadLengthMax [Word]
gSyncNodeMax	2 - 15
gAssumedPrecision	0,15 - 11,7 [µs]
gChannels	A, B, A&B
gClusterDriftDamping	0 - 5 [µT]
gNetworkManagementVectorLength	0 - 12 [Byte]
gOffsetCorrectionMax	0,15 - 383,567 [µs]
gdActionPointOffset	1 - 63 [MT]
gdCASRxLowMax	67 - 99 gdBit
gdDynamicSlotIdlePhase	0 - 2 [Minislots]
gdMinislot	2 - 63 [MT]
gdMinislotActionPointOffset	1 - 31 [MT]
gdStaticSlot	4 - 661 [MT]
gdSymbolWindow	0 - 142 [MT]
gdTSSTransmitter	3 - 15 [gdBit]
gdWakeupSymbolRxIdle	14 - 59 [gdBit]
gdWakeupSymbolRxLow	11 - 59 [gdBit]
gdWakeupSymbolRxWindow	76 - 301 [gdBit]
gdWakeupSymbolTxIdle	45 - 180 [gdBit]
gdWakeupSymbolTxLow	15 - 60 [gdBit]
gdBit	cSamplesPerBit · gdSampleClock-Period [µs]
gdBitMax	gdBit · (1 + cClockDeviationMax) [µs]
gdBitMin	gdBit · (1 - cClockDeviationMax) [µs]
gdCycle	10 - cdCycleMax [µs]
gdMacrotick	1 - 6 [µs]
gdMaxInitializationError	0 - 11,7 [µs]
gdMaxMicrotick	100, 50, 25, 12,5 [ns]
gdMaxPropagationDelay	0 - cPropagationDelayMax [µs]
gdMinPropagationDelay	0 - gdMaxPropagationDelay [µs]
gdNIT	2 - 805 [MT]
gdSampleClockPeriod	50, 25, 12,5 [ns]

Tabelle 3.2.: Globale Protokollparameter der FlexRay-Spezifikation [42]

eines Clusters lokal festgelegt werden. Tabelle 3.3 zeigt die lokalen Knotenparameter und Variablen mit ihrem zugehörigen Wertebereich. Kapitel A.1.2 beschreibt die Dimensionierung der lokalen Protokollparameter.

3.2.3. Protokollkonstanten

Die durch die Spezifikation [42] vorgegebenen Protokollkonstanten sind in der nachfolgenden Tabelle 3.4 zu finden und werden zu Berechnung von weiteren Parametern sowie zur Konfiguration der Kommunikationsknoten eingesetzt.

3.3. FlexRay Communication Controller

FlexRay Communication Controller (CC) werden zur Abarbeitung des FlexRay Protokolls und zur Übertragung von Daten zwischen der Anwendung auf dem Host Mikrocontroller und den Bustreibern eingesetzt. Sie können entweder als Hardware-Baustein ausgeführt sein, oder als Intellectual Property (IP) Block auf einer rekonfigurierbaren Hardware geladen werden. In den folgenden Abschnitten werden zwei verschiedene Bausteine und ihre Unterschiede kurz vorgestellt.

3.3.1. Bosch E-Ray

Die Firma Bosch bietet einen FlexRay-CC namens E-Ray auf Basis eines IP Blocks an, der zur Integration in einen Application-Specific-Integrated-Circuit (ASIC) genutzt werden kann [106]. Es handelt sich dabei um ein Register-Transfer Modell in der Hardwarebeschreibungssprache Very High Speed Integrated Circuit Hardware Description Language (VHDL), dass auf der FlexRay Protokoll-Spezifikation Version 2.1 basiert [42]. Dieses Modell wird unter anderem von der Firma Fujitsu im FlexRay-CC MB88121B als ASIC angeboten [49].

Der E-Ray unterstützt einen zweikanaligen Betrieb mit bis zu 10 Mbit/s. Zum Senden und Empfangen von Nachrichten hält er ein 8 kB großes Message RAM (MRAM) bereit. Die Aufteilung des Speichers erfolgt je nach Länge der Payload. Da sich die Payloadlänge für dynamische Nachrichten unterscheiden kann, lässt sich diese für jede Nachricht individuell konfigurieren. Zusätzlich steht für jeden Speicherplatz eine Filterung nach Slot, Zyklus und Kanal zur Verfügung.

Neben dem Austausch von Nutzdaten bietet der E-Ray auch die Möglichkeit der Übertragung von Netzwerk-Management Botschaften. Die Verbindung zu einem Host kann über einen seriellen oder parallelen Datenbus hergestellt werden.

Bezeichnung	Wertebereich
pAllowHaltDueToClock	True, False
pAllowPassiveToActive	0 - 31
pChannels	A, B, A&B
pClusterDriftDamping	0 - 7 [µT]
pDecodingCorrection	14 - 143 [µT]
pDelayCompensation[Ch]	0 - 200 [µT]
pExternOffsetCorrection	0 - 7 [µT]
pExternRateCorrection	0 - 7 [µT]
pKeySlotId	1 - cStaticSlotIDMax
pKeySlotUsedForStartup	True, False
pKeySlotUsedForSync	True, False
pLatestTx	0 - 7980 [Minislot]
pMacroInitialOffset[Ch]	2 - 68 [MT]
pMicroInitialOffset[Ch]	0 - 239 [µT]
pMicroPerCycle	640 - 640000 [µT]
pOffsetCorrectionOut	13 - 15567 [µT]
pRateCorrectionOut	2 - 1923 [µT]
pSingleSlotEnabled	True, False
pWakeupChannel	A, B
pWakeupPattern	2 - 63
pMicroPerMacroNom	cMicroPerMacroNomMin - cMicroPerMacroNomMax
pPayloadLengthDynMax	0 - cPayloadLengthMax [Word]
pSamplesPerMicrotick	1, 2, 4
vColdstartInhibit	True, False
pdAcceptedStartupRange	0 - 1875 [µT]
pdListenTimeout	1284 - 1283846 [µT]
pdMicrotick	pSamplesPerMicrotick · gdSampleClockPeriod [µs]
pdMaxDrift	2 - 1923 [µT]
dBDRxia	100 - 450 [ns]
dBDRxai	50 - 400 [ns]
dBDRx	0 - 100 [ns]
dBDTx	0 - 100 [ns]

Tabelle 3.3.: Lokale Protokollparameter der FlexRay-Spezifikation [42].

Bezeichnung	Wertebereich
cdTxMax	1433 µs
cdMaxOffsetCalculation	1350 µT
cdMaxRateCalculation	1500 µT
cdBSS	2 gdBit
cdCAS	30 gdBit
cdCASRxLowMin	29 gdBit
cdCycleMax	16000 µs
cdFES	2 gdBit
cdFSS	1 gdBit
cdMaxMTNom	6 µs
cdMinMTNom	1 µs
cdWakeupMaxCollision	5 gdBit
cdWakeupSymbolTxLow	6 µs
cdWakeupSymbolTxIdle	18 µs
cCASActionPointOffset	1 MT
cChannelIdleDelimiter	11 gdBit
cClockDeviationMax	0,0015
cCrcInit[A]	`0xFEDCBA`
cCrcInit[B]	`0xABCDEF`
cCrcPolynomial	`0x5D6DCB`
cCrcSize	24 Bit
cCycleCountMax	63
cPayloadLengthMax	127 Word
cMicroPerMacroMin	20 µT
cMicroPerMacroNomMin	40 µT
cMicroPerMacroNomMax	240 µT
cHCrcInit	`0x01A`
cHCrcPolynomial	`0x385`
cHCrcSize	11 Bit
cPropagationDelayMax	2,5 µs
cSamplesPerBit	8
cSlotIDMax	2047
cStaticSlotIDMax	1023
cStrobeOffset	5
cSyncNodeMax	15
cVotingDelay	(cVotingSamples - 1) / 2
cVotingSamples	5

Tabelle 3.4.: Konstanten der FlexRay-Spezifikation [42]

3.3.1.1. Konfiguration

Die Konfiguration des E-Ray geschieht über 32 bit breite Konfigurationsregister, die in verschiedene logische Blöcke unterteilt sind (Abbildung 3.13). In der Konfigurationsphase ist ein bestimmter Satz von Registern beschreibbar, während ein anderer Statusinformationen enthält und nur gelesen werden kann. Die Konfiguration erfolgt über spezielle Eingangs- und Ausgangs-Puffer welche als Bindeglied zwischen dem Host-Interface und dem internen Message-Handler agieren. Die zur Konfiguration eingesetzten Blöcke und deren zugehörige Register werden im folgenden kurz erläutert.

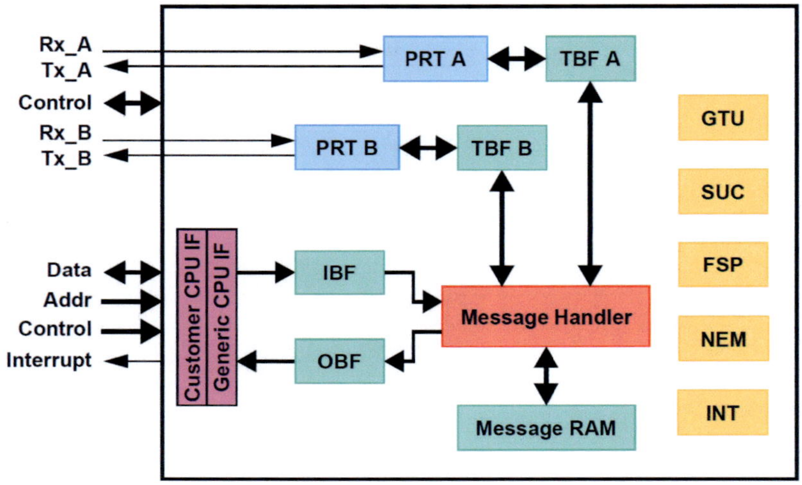

Abbildung 3.13.: Aufbau des Bosch E-Ray als Block-Diagramm [106]

- Das **Customer CPU Interface (CIF)** bietet die Möglichkeit über eine herstellerspezifische Schnittstelle Host-Mikrocontroller anzubinden. Es wird verbunden mit dem GIF welches einen Standard Datenbus zum Anschluss von 8/16/32-bit Mikrocontrollern zur Verfügung stellt.
- Das **Generic CPU Interface (GIF)** ermöglicht den Zugriff auf die Konfigurations-, Status- und Interrupt-Register.
- Der **Input Buffer (IBF)** nimmt neue Nachrichten über die Hostschnittstelle entgegen und ermöglicht den Schreibzugriff auf das Message RAM (MRAM).
- Über den **Message Handler (MHD)** wird der Datenaustausch des Hosts auf das MRAM abgewickelt. Er ermöglicht das Lesen und Schreiben von Daten im MRAM unter Beibehaltung ihrer Integrität ohne eine Sperrung von Datenregistern. Das Schreiben von Nachrichten aus dem IBF wird mit dem Protokollablauf synchronisiert um einen Konflikt mit den, über den

Bus empfangenen Nachrichten zu verhindern. Ebenso werden Nachrichten für den Output Buffer (OBF) mit dem Protokoll synchronisiert um das Lesen von nur teilweise empfangenen Nachrichten zu verhindern. Das Verhalten des MHD wird über das Register *MHDC* gesteuert.

- Über den **Output Buffer (OBF)** werden die angeforderten Daten vom MHD aus dem MRAM zu Verfügung gestellt und an den Host ausgeliefert.
- Das **Message RAM (MRAM)** kann ja nach Payload-Länge bis zu 128 FlexRay Nachrichten aufnehmen. Es enthält den FlexRay-Header, die Datensektion und die Konfigurationseinstellungen für die entsprechende Nachricht. Das Setup des MRAM erfolgt über die Register *MRC*, *FRF* und *FRFM*, die zur Gruppe „Message Buffer Control Registers" gehören. Die Aufteilung in statische und dynamische Buffer erfolgt ebenfalls über das *MRC*-Register.
- Die **Transient Buffer (TBF)** A/B enthalten die gerade empfangenen bzw. zu sendenden Nachrichten für die Kanäle A und B.
- Die **FlexRay Protocol Controller (PRT) A/B** enthalten die Protokoll-Zustandsmaschine (siehe Kapitel 3.1.10) und sind für den kurzfristigen Nachrichtenaustausch mit den TBF verbunden. Die Verbindung zum Bus erfolgt über die Schnittstelle Rx/Tx zum Bustreiber. Die PRTs sind zuständig für die Bit-Zeitsteuerung und das Abtasten des Eingangssignals. Neben dem Senden und Empfangen von Frames und Symbolen, überprüfen sie das Header-CRC-Feld beim Empfang. Das Trailer-CRC-Feld wird vom PRT generiert bzw. für empfangene Nachrichten ausgewertet. Zusätzlich wird für alle Nachrichten das korrekte Format verifiziert. Die internen Register *PRTC1* und *PRTC2* sind für die Konfiguration der Zustandsmaschine maßgeblich.
- Zur zeitlichen Steuerung des CC ist die **Global Time Unit (GTU)** für die Generierung der Microticks und Macroticks zuständig. Sie führt die Uhrensynchronisation mit Hilfe der Frequenz- und Offset-Korrektur durch. Die Kontrolle des Zykluszählers, die zeitliche Kontrolle des statischen und dynamischen Segments mit der Aufteilung in Minislots gehört ebenso zu den Aufgaben wie die Verarbeitung evtl. vorhandener externer Uhrenkorrekturinformationen. Die Konfigurations-Register tragen die Bezeichnungen *GTUC1* bis *GTUC11* und gehören zu den „CC Control Registers". Über diese Register werden außerdem die für den Betrieb des Controllers notwendigen globalen und lokalen FlexRay-Protokollparameter (siehe Kapitel 3.2) festgelegt.
- Die **System Universal Control (SUC)** steuert die verschiedenen Betriebsmodi des CC wie POC Zustandsmaschine, Wakeup und Startup sowie den Monitor Mode. Die Register *SUCC1*, *SUCC2* und *SUCC3* werden als „CC

Control Registers" bezeichnet und enthalten alle Konfigurationswerte der möglichen Zustände und Bedingungen für deren Übergänge.

- Die **Frame and Symbol Processing (FSP)** überprüft die zeitliche, syntaktische und semantische Richtigkeit von empfangenen Symbolen und Datenframes.
- Das **Network Management (NEM)** Modul stellt Dienste zum Austausch von Netzwerk-Management Botschaften bereit. Es ermöglicht die Koordination von Cluster-weiten Startup- und Shutdown-Befehlen basierend auf dem aktuellen Zustand des Hosts.
- Der **Interrupt Control (INT):** Dieser Block beinhaltet die Interrupt-Funktionen des E-Ray. Hier können Interrupt Quellen konfiguriert und Masken definiert werden. Des weiteren sind hier Fehler- und Status-Flags sowie die Konfiguration des internen Timers zu finden. Die für diesen Block relevanten Register sind im Registersatz „Interrupt Registers" untergebracht.

Die Konfiguration des Message-Buffers enthält neben den Nachrichten weitere wichtige Informationen für den zeitlichen Ablauf der Nachrichten auf dem Bus (Scheduling). Die Aufteilung des MRAM erfolgt in die zwei großen Bereiche Header und Payload Sektion. Während in der Daten-Sektion die eigentlichen Nutzdaten abgelegt werden, enthält der Header Bereich noch diverse Bits zur Konfiguration der Nachrichten (Abbildung 3.14). Diese erfolgt über die Register *WRHS1*, *WRHS2* und *WRHS3*. Diese enthalten Informationen zur Art der Übertragung (Send- oder Reveive-Buffer) sowie die Repetition, Cycle-Mask und Offset. Des weiteren werden noch der Kanal, die Payloadlänge, die Frame-ID, die Header-CRC und ein Pointer auf die Nutzdatensektion abgelegt. Über die Register *IBCM* und *IBCR* wird der Zugriff den MHD auf das MRAM gesteuert und den Nachrichten ein Index zugeordnet.

3.3.2. FreeScale MFR4310

Im Gegensatz zum als IP Core erhältlichen E-Ray CC ist der von Freecale vertriebene MFR4310 nur als ASIC erhältlich. Er ist konform zu FlexRay Protokoll Spezifikation V2.1A, pinkompatibel zum Vorgänger MFR4300 und unterstützt Bitraten von 2.5, 5, 8 und 10 Mbit/s. Der 6 kB große Speicher erlaubt bis zu 128 unterschiedliche Message Buffer. In zwei unterschiedlichen Message-Buffer-Bereichen (statisch und dynamisch) können verschiedene Payloadlängen gewählt werden. Für jeden Buffer können mit Hilfe einer Maske Slot, Zyklus und Kanal gewählt werden. Das Sichern der Datenintegrität erfolgt mit Hilfe eines Sperrmechanismus, der den Zugriff auf unvollständige Daten verhindert. Er unterstützt ebenfalls das Senden von Netzwerk-Management Botschaften.

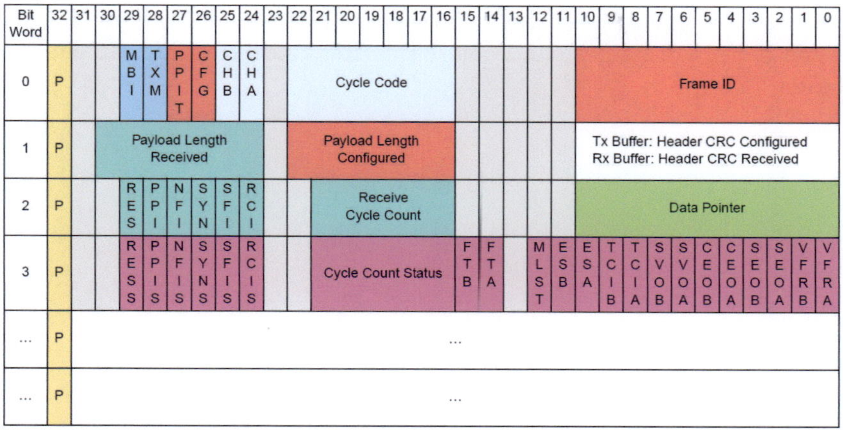

Abbildung 3.14.: Struktur der Header-Sektion im MRAM des E-Ray [106]

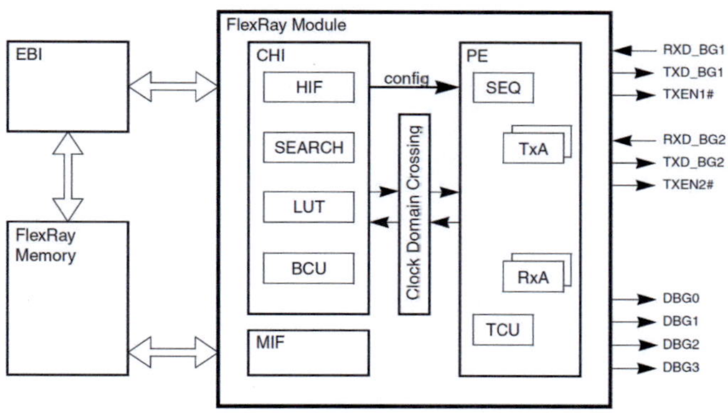

Abbildung 3.15.: Aufbau des FreeScale MFR4300 als Block-Diagramm [45].

Der Freescale Controller teilt sich im wesentlichen in die beiden Hauptbereiche CHI und PE (Abbildung 3.15). Das CHI dient dem Austausch von Daten mit dem Host-Controller, während die PE für die Ausführung der FlexRay Zustandsmaschine zuständig ist. Die für Kanal A und B vorhandenen Sende- (TxA und TxB) und Empfangs-Einheiten (RxA und RxB) werden über einen externen Bustreiber mit dem physikalischen Bus verbunden. Eine Time Control Unit (TCU) dient der zeitlichen Synchronisation mit dem FlexRay Cluster und beinhaltet die Frequenz und Offset-Korrektur. Die gesamte Aktivität der PE wird mit Hilfe einer Sequencer Engine (SEQ) gesteuert. Über das CHI erfolgt der Zugriff auf die Konfiguration des CC, auf die Statusregister und die Message-Buffer. Die Message-Buffer enthalten Header Informationen sowie Nutzdaten und werden im Flex-

Ray Memory abgelegt. Über das External Bus Interface (EBI) wird die Verbindung mit dem Host hergestellt. Weitere Informationen zum Aufbau sind in [46] zu finden.

4. Stand der Technik und Forschung

4.1. Gruppierung von Steuergeräten und Zuweisung von Bussystemen

Die aktuell etablierte Entwurfsmethode sieht ein manuelles Anlegen von Bussystemen in der EEA Entwicklung vor. Ebenso erfolgt die Zuordnung der Steuergeräte zu den Bussystemen mit Hilfe eines domänenspezifischen Ansatzes. Um eine optimale Zuordnung von Steuergeräten zu Bussystemen zu erreichen wurde in dieser Arbeit eine Methode zum Partitionieren von Steuergeräten und deren Zuordnung zu Bussystemen entwickelt. Unter der Partitionierung versteht man hier das Aufteilen einer Menge in verschiedene Teile. Im Bezug auf die EEA eines Fahrzeugs wird diese hier auf die Einteilung einer Menge von Steuergeräten zu Gruppen angewendet. Eine Gruppe (Cluster) beschreibt hier einen verbundenen Subgraphen mit einem Set von Knoten mit einer großen Nähe der internen Knoten und einer geringen Nähe zu den Knoten außerhalb des Clusters.

Mit Hilfe der Graphentheorie lässt sich das Problem formal fassen. Die Steuergeräte werden als Knoten dargestellt während die Kanten die Kommunikationsbeziehungen dazwischen abbilden. Diese Steuergeräte sollen auf verschiedene Bussysteme möglichst optimal aufgeteilt werden.

Gesucht ist somit die Aufteilung des Graphen aller Steuergeräte in mehrere Teilgraphen mit jeweils minimalen Schnittkosten (Summe der Gewichte aller geschnittenen Kanten). Bei dieser Partitionierungsaufgabe handelt es sich um ein sogenanntes k-Schnitt Problem *(k-Cut Problem)*.

Die Eingangsdaten für das Problem bilden einen ungerichteten Graphen G, bestehend aus Knoten V und Kanten E $G = (V, E)$ sowie einer Gewichtsfunktion w, definiert für die Kanten $w : E \mapsto \mathbb{N}$. Des weiteren werden $k \in [2..|V|]$ disjunkte Sets von Knoten $F = C_1, C_2, ..., C_k$ definiert, die auch als Gruppen bezeichnet werden. Ziel der Partitionierung ist es, eine Verteilung der Knoten V auf die Sets F zu finden, welche die Summe der Kantengewichte zwischen den disjunkten Sets F minimiert (4.1).

$$\sum_{i=1}^{k-1} \sum_{j=i+1}^{k} \sum_{\substack{v_1 \in Ci \\ v_2 \in Cj}} w(v_1, v_2). \tag{4.1}$$

Bereits für eine Größe von $k = 3$ handelt es sich um ein NP-schweres Problem. Es existiert allerdings ein Algorithmus mit dem das Problem für ein festes k in Polynomialzeit $\mathcal{O}(|V|^{k^2})$ gelöst werden kann [54].

Falls k Teil der Eingangsvariablen ist, handelt es sich um ein NP-vollständiges Problem [51] [30].

Da die Anzahl an zu erzeugenden Netzwerken zu Beginn der Aufgabe nicht feststeht und somit die Anzahl k an Gruppen nicht definiert ist, kann das Problem nur mittels einer Heuristik gelöst werden.

In der Literatur existieren unterschiedliche Ansätze zur Partitionierung, mit denen das k-Schnitt Problem bearbeitet werden kann. Diese werden in den nächsten Abschnitten vorgestellt. Eine Anwendung und Anpassung auf das spezifische Problem der Verteilung von Steuergeräten auf Bussysteme mit allen dabei zu beachtenden Randbedingungen ist bisher nicht bekannt. Diese Fragestellung ist Teil der Thematik Architektursynthese von Hardware-/Software-Systemen. Eine Einführung in die Architektursynthese ist in [117] zu finden.

4.1.1. Verfahren zur Lösung des Partitionierungsproblems

Zur Optimierung von Partitionen stehen eine Auswahl von Partitionierungsverfahren zur Verfügung. Da die Lösung des oben beschriebenen k-Schnitt Problems aufgrund der Komplexität nur mit Hilfe einer Heuristik erfolgen kann, ist eine nachfolgende Optimierung der Partitionen erfolgversprechend und kann zu weiteren Verbesserungen der Lösung führen. In der Literatur sind unterschiedliche Partitionierungsalgorithmen bekannt, die in den folgenden Kapiteln kurz vorgestellt werden.

4.1.1.1. Kernighan Lin

Der Kernighan-Lin Algorithmus ist ein Partitionierungsalgorithmus, der immer zwei Knoten zwischen zwei Blöcken vertauscht. Mit Hilfe einer Kostenfunktion können so Verbesserungen bei den Schnittkosten zwischen zwei Blöcken vorgenommen werden.

Da die Blöcke aber immer gleich groß sein müssen und auch eine feste Größe haben, ist Kernighan Lin für die Partitionierung von Steuergeräten nicht einsetzbar. Hier haben die Blöcke unterschiedliche Größen, weil verschieden schnelle Bussysteme und unterschiedlich viele Steuergeräte pro Block eingesetzt werden sollen.

4.1.1.2. Evolutionäre Algorithmen

Dieses Algorithmen-Muster hat als Vorbild die biologische Evolution. Die biologischen Mechanismen Mutation, Rekombination und Selektion werden eingesetzt um das Optimum bezüglich der Selektionsbedingungen zu erreichen. Während der Ausführung werden zunächst in der Mutationsphase zufällig Varianten des bisherigen Erbgutes erzeugt. Dies steigert die Diversität und hilft lokale Optima zu überwinden. Bei nachfolgenden optionalen Rekombination werden die Eigenschaften erfolgreicher Individuen zufällig neu kombiniert. Abschließend werden mit Hilfe einer Fitness-Funktion die Ergebnisse der ersten Phasen überarbeitet. Fittere Kandidaten haben eine größere Überlebenschance und werden in den nachfolgenden Schritten wieder eingesetzt. Diese Arten von Algorithmen arbeiten iterativ und stochastisch. Dadurch sind sie aber nicht einsetzbar wenn wiederholbare Ergebnisse gefordert werden. Die Benutzerakzeptanz für ein Lösungsverfahren ist aber abhängig davon, ob bei gleichen Eingangswerten wiederholbare Lösungsergebnisse erreicht werden.

4.1.1.3. Hierarchical Clustering

Bei diesem konstruktiven Algorithmus werden Knoten hierarchisch zu Clustern zusammengefasst. Zu Beginn wird jeweils pro Knoten eine eigener Block erzeugt. In jedem nachfolgenden Schritt werden jeweils zwei Blöcke miteinander verschmolzen. Dies geschieht auf Basis einer Nähefunktion, welche die Beziehung der Blöcke zueinander beschreibt. Nach der Ausführung bleibt nur noch ein großer Block übrig, die alle Knoten umfasst. Graphisch dargestellt handelt es sich hierbei um einen Baum, der als Blätter die einzelnen Knoten und als Wurzel einen Block mit allen Knoten enthält. Sämtliche Blöcke im Baum, die zusammen alle Knoten enthalten stellen somit eine gültige Partitionierung dar. Da sich der Algorithmus bei jedem Schritt auf Basis der größten Nähe für das Verschmelzen von zwei Blöcken entscheidet und somit zu den Greedy-Verfahren zählt, kann er in einem lokalen Minimum „hängenbleiben“. Hierarchical Clustering kann allerdings sehr gut als Startlösung für die weitere Verbesserung mit einem iterativen Verfahren eingesetzt werden. Eine Beschreibung des Verfahrens ist in [31] zu finden.

4.1.1.4. Fiduccia-Mattheyses

Dieses von C.M. Fiduccia and R.M. Mattheyses vorgestellte Verfahren [41] erlaubt es entgegen Kernighan-Lin (vgl. Abschnitt 4.1.1.1) auch nur einzelne Knoten zwischen Blöcken zu verschieben. Die Blöcke dürfen somit auch unterschiedliche Größen haben. Um zu verhindern, dass alle Knoten in einen Block verschoben werden und somit die Schnittkosten am niedrigsten wären, gibt es ein Gleichgewichtskriterium, dass die Größe der Blöcke beeinflusst. Zu Beginn des Verfahrens müssen bereits Blöcke mit Knoten vorliegen, mit denen der Algorithmus aufgerufen werden kann. Daraufhin kann der Algorithmus mit jeweils zwei Blöcke gestartet werden um deren Aufteilung zu verbessern. Für eine initiale Erstellung der Blöcke ist das Verfahren somit nicht geeignet, kann aber auf der Lösung anderer Verfahren aufsetzen.

4.1.1.5. Simulated Annealing

Bei diesem iterativen Algorithmus handelt es sich um eine Heuristik bei der Knoten immer paarweise zwischen zwei Blöcken verschoben werden. Die Auswahl der Knoten erfolgt dabei zufällig. Eine Verschlechterung des Ergebnisses wird dabei auch mit einer gewissen Wahrscheinlichkeit akzeptiert um lokale Optima zu überwinden. Diese ist abhängig von der Kostensteigerung und der sogenannten „Temperatur", die im Laufe des Verfahrens immer weiter abgesenkt wird. Zu Beginn des Verfahrens ist die Temperatur noch hoch und es werden auch starke Verschlechterungen des Ergebnisses in Kauf genommen. Die Akzeptanzbedingung für schlechtere Lösungen wird Metropolis-Kriterium genannt. Mit der Abkühlung werden dann langsam immer nur noch bessere Lösungen erlaubt. Da hier zur Ermittlung der Lösung stochastische Prozesse eine Rolle spielen ist die Wiederholbarkeit des Ergebnisses bei gleichen Anfangsbedingungen nicht gegeben. Eine genaue Beschreibung von Simulated Annealing ist in [74] nachzulesen.

4.1.1.6. Integer Linear Program

Bei Integer Linear Programming, oder ganzzahliger linearer Optimierung handelt es sich um ein Optimierungsverfahren zur Lösung von mathematisch modellierten Problemen, die als lineare Gleichungssysteme dargestellt werden können. Die Beschreibung des Problems erfolgt über eine zu minimierende Kostenfunktion und ein Set von einzuhaltenden Nebenbedingungen. Als Bedingung wird für die Anwendbarkeit müssen diese linear sein. Die Nebenbedingungen müssen sich als Gleichungen oder Ungleichungen ausdrücken lassen. Weiterhin vorausgesetzt wird ein konvexer Lösungsraum, der zur Anwendung des Lösungsverfahrens notwendig ist. Das Verfahren findet bei Einhaltung der genannten Voraussetzungen immer die optimale Lösung. Die Kostenfunktion (4.2) und ihre Nebenbedingungen (4.3) können über die folgenden Gleichungen ausgedrückt werden:

$$Kostenfunktion : f(x) = \sum_{k=1}^{n} c_k \cdot x_k \tag{4.2}$$

$$Nebenbedingung\ i : \sum_{k=1}^{n} a_{ik} \cdot x_k \leq b_i \tag{4.3}$$

Die Variablen x_k werden von Algorithmus so gewählt, dass die Kostenfunktion minimal wird, bei gleichzeitiger Einhaltung der Nebenbedingungen. Die Werte b_i und a_{ik} repräsentieren die Konstanten. Das gängigste Lösungsverfahren ist die Simplex Methode [113].

Im Bezug auf die Kostenberechnung der Bussysteme kann die Linearität der Kostenfunktion nicht gewährleistet werden. Sobald die anfallende Datenmenge nicht mehr in einen Datenrahmen verpackt werden kann, ergibt sich bei den Kosten ein Sprung der durch den zusätzlichen Overhead eines neuen Datenrahmens entsteht. Durch den Einsatz von verschiedenen Bussystemen ergibt sich ebenfalls eine sprungbehaftete Kostenberechnung.

4.1.1.7. Tabu Suche

Bei diesem Heuristik-Muster werden Lösungen in der Nachbarschaft der bisherigen Lösung gesucht. Durch Tabus werden die bisher gefundenen Lösungen in den nächsten Suchschritten verboten oder vermieden. Der Algorithmus wählt immer die beste Lösung in der Nachbarschaft, auch wenn diese schlechter als die bisherige ist. Dies ermöglicht es lokale Optima zu überwinden. Tabus dürfen aber auch gebrochen werden, wenn dadurch die neue beste Lösung gefunden wird, oder der Algorithmus sonst nicht weiterlaufen kann. Die Wahl der Tabuzeit, also der Zeit die eine Lösung in der Tabuliste bleibt, trägt maßgeblich zur Güte des Ergebnisses bei. Kurze Tabuzeiten verhindern das Verlassen der lokalen Optima, zu lange Zeit verhindern das Ansteuern besserer Lösungen. Die Wahl der Iterationsschritte wird vor Beginn der Ausführung festgelegt. Da die beste Lösung für das Problem der Steuergerätepartitionierung nicht bekannt ist und auch die Anzahl der Knoten stark variieren kann, ist die optimale Festlegung der Tabuzeiten und Iterationsschritte für dieses Problem schwierig. Eine detaillierte Beschreibung des Verfahrens ist in [53] zu finden.

4.2. Werkzeuge zur FlexRay-Konfiguration

Für die Entwicklung von FlexRay Bussystemen existieren einige kommerziell verfügbare Werkzeuge am Markt. In den folgenden Abschnitte werden die gängigsten Werkzeuge und ihre Funktionen zur Unterstützung des Entwurfs von FlexRay Netzwerken vorgestellt.

4.2.1. Elektrobit tresos Designer FlexRay

Mit dem FlexRay Design Werkzeug „Elektrobit tresos Designer FlexRay" können FlexRay-Parameter sowie das Scheduling auf dem Bus geplant werden. Mit Hilfe der Eingabeunterstützung können alle notwendigen Parameter festgelegt werden. Zusätzlich findet eine Überprüfung der Parameter-Randbedingungen statt. Hierdurch lassen sich fehlerhafte Eingaben vermeiden. Der Daten-Import und Export kann über das FIBEX [11]und Comma-separated Values (CSV) Format erfolgen.

4.2.2. Vector Network Designer FlexRay

Mit dem von Vector angebotenen „Network Designer FlexRay" lassen sich ebenso wie mit dem Werkzeug von Elektrobit die Parametrierung von Cluster und Knoten-Parametern vornehmen. Die Planung von statischen und dynamischen Nachrichten kann ebenso von festgelegt werden. Mit Hilfe der erstellten Nachrichten lässt sich schließlich ein Schedule erstellen, der die Kommunikation auf dem Bus festlegt. Mit Hilfe des FIBEX Formats lassen sich die Konfigurationsdaten mit anderen Applikationen austauschen. Eine Konsistenz-Überprüfung der Parameter ist ebenfalls integriert.

4.2.3. TTTech TTXPlan

Mit Hilfe von TTXPlan [119] kann das Scheduling von FlexRay Netzwerken vorgenommen werden. Es unterstützt dabei die automatische Zuordnung von Signalen auf Frames und das automatische Erstellen eines Schedulings für das statische Segment. Ebenso wird hier das Datenmodell auf Inkonsistenzen überprüft. Ein Import von Konfigurationsdaten über FIBEX ist ebenfalls möglich. Das automatische Scheduling basiert auf Basis einer Heuristik, die bisher nicht veröffentlicht wurde. Laut den Untersuchungen von [81] sind die Ergebnisse des Verfahrens allerdings von keiner guten Qualität.

4.2.4. Eberspächer FlexConfig

Die Software FlexConfig von Eberspächer ermöglicht die Konfiguration von Cluster- und Knotenparametern. Mit Hilfe von verschiedenen Editoren kann die Konfiguration für das Coding, Signale, Frames, ECUs und Controller festgelegt werden. Das Scheduling der Nachrichten erfolgt hier von Hand mit Hilfe eines speziellen Scheduling-Fensters. Die Überprüfung des Parametersatzes erfolgt automatisch nach der Eingabe. Zusätzlich bietet das Werkzeug neben dem Import und Export von FIBEX Dateien noch den direkten Export von CHI Dateien zur Konfiguration von FlexRay Controllern.

4.3. Abgrenzung

Die vorgestellten Werkzeuge bieten außer TTXPlan keine automatisierten Ansätze zur Bestimmung des Schedulings des statischen Segments. Ebenso ist die Festlegung des FlexRay Parametersatzes nur durch manuelle Eingaben möglich. Die direkte Ableitung desselben aus einer Elektrik/Elektronik Architektur ist nicht möglich. Die Festlegung und Eingabe der Parameter erfolgt von Hand.

Auch bietet das FIBEX-Austauschformat, welches in allen Werkzeugen zum Einsatz kommt, nicht die Möglichkeit alle notwendigen Informationen um den Parametersatz automatisiert berechnen zu können. Es ist lediglich dazu geeignet bestehende Parametersätze zu speichern und auszutauschen. Ein Austauschformat welches alle Informationen (z.B. Topologiedaten) enthält, die zur Konfiguration notwendig sind, wird von keinem Werkzeug zur Verfügung gestellt.

Somit bietet keines der Werkzeuge eine Möglichkeit, auf die schon während der Konzeptphase der Fahrzeugentwicklung in der EEA vorhandenen Daten zuzugreifen.

Die Bestimmung der optimalen Frame-Länge für das statische Segment wird ebenfalls in keinem der genannten Werkzeuge umgesetzt. Da diese von der Länge der übertragenen Signale abhängig ist, lässt sich diese für jede Architektur individuell bestimmen.

Auch im Bereich des dynamischen Segments findet sich keine Unterstützung des Anwenders zur Konfiguration der Parameter. Eine automatisierte Festlegung der Frame-IDs für das dynamische Segment wird von keinem der genannten Werkzeuge unterstützt. Auch bei der Auswahl der Länge des dynamischen Segments wird von keinem der Tools eine Unterstützung angeboten.

Ein durchgängiger und somit fehlerfreier Entwicklungsfluss zur Konfiguration von FlexRay Busteilnehmern ist somit mit den aktuell vorhandenen Werkzeugen nicht möglich. Durch die Schnittstellen der Werkzeuge ist eine automatische

Erzeugung von Konfigurationsdaten nicht möglich. Die in der Architekturmodellierung vorhandenen Daten werden durch die verfügbaren Werkzeuge nicht genutzt. Eine Eingabe der Konfigurationsdaten für ein FlexRay Bussystem erfolgt in den Werkzeugen stets unabhängig von der eigentlichen EEA und muss manuell vorgenommen werden. Dies ermöglicht somit auch keine schnelle Anpassung der Parameter bei sich ändernden Randbedingungen durch EEA und begünstigt deshalb die Entstehung von Fehlern.

4.4. Anforderungen an die automatisierte FlexRay Konfiguration

Die genannten Unzulänglichkeiten der bisher vorhandenen Konfigurationswerkzeuge sollen mit dem in dieser Arbeit entwickelten Konzept ausgeglichen werden. Dazu müssen die im folgenden genannten Anforderungen an die Konfiguration erfüllt werden.

Zur Bestimmung der Hardware-abhängigen FlexRay Parameter sollen die in der EEA-Modellierung vorhandenen Daten zum Einsatz kommen. Dies soll die Anpassung des Parametersatzes an die spezifischen Randbedingungen der Architektur ermöglichen. Zur Berechnung aller weiteren Kommunikationsparameter sollen ebenfalls alle notwendigen Daten aus der EEA herangezogen werden. Dies ermöglicht eine exakt an die Architektur angepasste Konfiguration und verhindert das Auftreten von Fehlern. Das Abfragen von Daten aus der EEA und das Einpflegen der Ergebnisse (Parametersatz, Scheduling) soll vollständig automatisiert erfolgen, um Fehler, die bei der manuellen Übertragung auftreten können, ausschließen zu können. Applikationsabhängige Randbedingungen, die sich nicht aus der EEA ableiten lassen, sollen zusätzlich durch den Anwender konfiguriert werden können. Die Bestimmung der FlexRay Parameter soll auf Basis der Architekturdaten automatisch berechenbar sein. Die Erstellung eines Schedulings für das statische Segment muss sich an den Randbedingungen der in der Architektur vorliegenden Signale orientieren und soll Randbedingungen wie spezielle Slots für Startup und Synchronisations-Nachrichten berücksichtigen. Für das dynamische Segment soll eine Entscheidungsgrundlage für den Entwickler geschaffen werden, der eine Auswahl der geeigneten Länge für das dynamische Segment erlaubt. Diese soll für die zyklische sowie für die ereignisgesteuerte Übertragung von Nachrichten eine passende Anzahl von Minislots ermitteln.

4.5. Forschungsarbeiten im Umfeld der Konfiguration des statischen FlexRay Segments

Für die Konfiguration des statischen FlexRay Segments existieren einige Arbeiten, die sich mit dem Bilden von Frames und dem Scheduling von Nachrichten beschäftigen. Diese werden in den beiden folgenden Abschnitten vorgestellt.

4.5.1. Frame Packing

Das Verpacken von Signalen in Frames ist ein kombinatorisches Optimierungsproblem, dass auch als Behälterproblem (Bin-Packing) bezeichnet wird.

Das Behälterproblem kann folgendermaßen formuliert werden: Gegeben ist sein Set von Objekten O_i mit ihrem Gewicht a_i. Zur Verfügung steht eine beliebige Anzahl an Behältern B_j mit einer maximalen Kapazität $w*$. Gesucht wird eine Verteilung aller Objekte in eine minimale Anzahl von Boxen N_0 unter der Einhaltung der Randbedingung, dass das einer Box zugewiesene Gesamtgewicht der Objekte kleiner gleich $w*$ ist [56].

In [111] wird das Frame-Packing als Integer Linear Programming (ILP)-Problem formuliert. Da es sich bei diesem Optimierungsproblem aber um ein NP-schweres Problem handelt, ist es nicht möglich dieses für eine große Zahl von Signalen exakt zu lösen. Der 1972 entworfene First-Fit-Decreasing-Algorithmus [56] liefert allerdings eine gute Lösung für dieses Problem [72]. Dieser wird für die nachfolgend beschriebene Methodik eingesetzt.

Für eine Liste von Gewichten $G = (a_{i1}, a_{i2}, a_{ir})$ werden die Objekte zunächst nach absteigendem Gewicht k sortiert $a_{i1} \geq a_{i2} \geq a_{ir}$. Danach werden sie in absteigender Reihenfolge der Box B_j mit kleinstem j zugewiesen in die sie gerade noch passen. Die benötigte Anzahl an Boxen wird mit $N_{FFD}(G)$ bezeichnet.

Die Heuristik erreicht eine Laufzeit von $\mathcal{O}(n^2)$. Bei Verwendung eines Balanced Tree lässt sich sogar eine Laufzeit $\mathcal{O}(n * log(n))$ erreichen [52].

4.5.2. Message Scheduling

Für die Zuordnung von Frames in feste Zeitslots des statischen FlexRay Segments, das sogenannte Scheduling, existieren verschiedene Ansätze in der Literatur.

Für das Scheduling der Nachrichten setzt [111] die Mehrfachnutzung von Frame-IDs für verschiedene Nachrichten voraus. Da die hier angestrebte Lösung unabhängig von einer etwaig vorhandenen höheren Protokoll-Schicht und deren

Funktionalität sein soll, ist diese Methode für die beschriebenen Anforderungen nicht geeignet.

In [95] wird ein heuristisches Verfahren zum Erzeugen eines Message Schedules vorgestellt. Dieses basiert auf einem Simulated-Anealing-Algorithmus und ist dann anzuwenden, wenn sich mehrere Nachrichten einen Slot teilen müssen. Dies ist allerdings Aufgabe einer höheren Protokollschicht, da eine Applikation die Aufteilung der Nachrichten vornehmen muss.

In [96] wird eine Methode zum Scheduling für Zeit- und Ereignis-gesteuerten Übertragungen auf Basis des TTP-Bussystems vorgestellt. Die Zuordnung von Frames zu den Slots erfolgt dabei entweder statisch zu Designzeit oder dynamisch zur Laufzeit.

Die Arbeit von [97] beschreibt ein Verfahren zum Scheduling von Nachrichten auf Basis von Bussystemen mit Zeit- und Ereignis-gesteuerten Übertragungsbereichen. Die Vergabe der Slots erfolgt nach einer Taskbeschreibung eines System- und Applikationsmodells und berücksichtigt die notwendigen Ausführungszeiten.

Ein in [35] vorgestelltes Verfahren basiert auf einem genetischen Algorithmus und erlaubt ein Nachrichten-Scheduling für das statische Segment.

Die Autoren in [81] beschreiben ein kombiniertes Verfahren zum Frame-Packing und Scheduling von Nachrichten. Das Lösungsverfahren wird auf Basis einer Heuristik sowie auf einem exakten Verfahren beschrieben.

Die beschriebenen Veröffentlichungen bieten unterschiedliche Lösungen zum Scheduling von Nachrichten für zeitgesteuerte Bussysteme an. Die Länge der Nachrichten wird allerdings von allen Arbeiten als fest angenommen, weshalb keine vorherige Anpassung der Nachrichtenlänge stattfindet um den Schedule weiter zu optimieren.

Des weiteren wird in den genannten Verfahren keine Rücksicht auf die Positionierung von Synchronisations- oder Startup-Nachrichten genommen. Diese werden bei FelxRay zur Uhrensynchronisation eingesetzt und sind auf bestimmte Positionen im FlexRay Schedule angewiesen.

4.6. Forschungsarbeiten im Umfeld der Konfiguration des dynamischen FlexRay Segments

In den folgenden Abschnitten werden die aus der Literatur bekannten Verfahren zur Konfiguration des dynamischen Segments vorgestellt.

Zur Festlegung der Parameter im dynamischen Segment ist es notwendig eine Timing-Analyse für alle Nachrichten durchzuführen. Hieraus lassen sich dann die Frame-IDs auf Basis der Nachrichtenpriorität erzeugen. Diese bilden die Grundlage für eine Simulation des Schedulings im dynamischen Segment.

Obwohl es bereits einige Verfahren zur Timing-Analyse für dynamische Protokolle wie z.B. CAN gibt, lassen sich diese nicht auf das dynamischen FlexRay Segment anwenden. Für das, dem dynamischen FlexRay Segment sehr ähnliche, Byteflight Protokoll wurde von den Autoren [26] eine Analyse des Zeitverhaltens vorgestellt, allerdings wird hier ein striktes TDMA-ähnliches Verfahren eingesetzt. Hier würde sich das dynamische Segment ähnlich wie das statische Segment verhalten, kann aber so die Vorteile einer ereignisgesteuerten Übertragung nicht nutzen.

Die Untersuchung des Worst-Case-Timings der Nachrichten ist die Voraussetzung für die Ermittlung der notwendigen Anzahl Minislots für das dynamische Segment. Dieses wird für die Vergabe der Frame-IDs sehr oft aufgerufen und muss deshalb sehr schnell abgearbeitet werden können.

Die Autoren [67] präsentieren einen Ansatz, bei der die Sendeverzögerung mit Hilfe einer Markow-Kette modelliert wird um die Verzögerung der Nachrichten vorherzusagen. Die vorgeschlagene Methode basiert allerdings darauf, dass sich verschiedene Nachrichten eine Frame-ID teilen, was nicht Teil des FlexRay Protokolls ist und sich nur über höhere Protokollschichten lösen lässt. Alternativ dazu beschreiben [98] und [124] ein Verfahren um die Verzögerung zwischen Auftreten einer Nachricht und der Beendigung der Übertragung (Response-Time) zu berechnen. Da dieses Verfahren keine höhere Protokollschicht voraussetzt, kann es für die protokollkonforme Berechnung eingesetzt werden. Die nach diesem Verfahren beschriebene schnelle Response-Time Berechnung kann zur Bestimmung der Frame-IDs genutzt werden und kann damit als Basis für die weiteren Schritte zur Konfiguration des dynamischen Segments in dieser Arbeit eingesetzt werden. Das Verfahren wird in Kapitel 4.6.1 noch ausführlich vorgestellt.

Die Autoren in [58] stellen ein Verfahren zur Berechnung der Ende-zu-Ende Verzögerung zwischen Busteilnehmern vor. Diese wird ebenfalls zur Berechnung der Übertragungszeit für das dynamische Segment benötigt. Allerdings beachtet das vorgestellte Verfahren nicht den Parameter `pLatestTx`, welcher unmittelbaren Einfluss auf die Sendeerlaubnis einer ECU hat und somit die Verzögerung einer Nachricht beeinflusst.

In der Veröffentlichung von [112] wird ein effektives Verfahren vorgestellt, mit dem sich das Scheduling für das dynamische Segment berechnen lässt. In den Papers [110] und [107] werden noch zwei weitere Verfahren zum Scheduling für das dynamische Segment vorgestellt, allerdings sind diese auch abhängig von einer höheren Protokollschicht. Des weiteren kann die in [112] beschriebene Methode das Einhalten der Deadlines garantieren, da hier die obere Schranke für die Reponse-Time berechnet wird, was bei den anderen beiden Verfahren nicht der Fall ist. Bei [107] wird ein, auf einem genetischen Algorithmus basierendes, Verfahren zu Minimierung der Response-Time angewendet, das allerdings nicht auf die Deadlines achtet und nur Schätzwerte für die Response-Time verwendet. Des weiteren haben genetische Verfahren den Nachteil, dass sie Aufgrund von stochastischen Prozessen, bei gleichen Eingangswerten zu unterschiedlichen Lösungen kommen. Diese nicht vorhandene Reproduzierbarkeit solcher Verfahren ist für die Lösungsfindung schlecht geeignet, da sie sich in unterschiedlichen Ergebnissen niederschlägt und somit für den Benutzer direkt sichtbar ist. Die von [64] vorgestellte Methode zum Scheduling basiert auf einer prioritätsbasierten Zuweisung von Busteilnehmern zu den verfügbaren Slots. Diese setzt allerdings auch eine höhere Protokoll-Ebene voraus um die Zuordnung der Nachricht zu übernehmen.

4.6.1. Worst-Case-Response-Time Analyse

Die Autoren in [98] und [124] beschreiben ein Verfahren zur Berechnung der Response-Time auf Basis der Worst-Case-Response-Time der Nachrichten. In den folgenden Abschnitten wird das Verfahren der Autoren vorgestellt, da es als Basis für die weiteren Schritte der Bestimmung der Länge des dynamischen Segments dient.

4.6.1.1. Definition der Response-Time

Die Response-Time definiert den Zeitraum zwischen dem Auftreten einer Nachricht und dem Beginn der Übertragung auf dem Bus. Da die Übertragung einer Nachricht im dynamischen Segment nicht zu einem festgelegten Zeitpunkt garantiert werden kann, muss überprüft werden, ob eine Nachricht innerhalb ihres Gültigkeitszeitraums (Deadline) auch übertragen werden kann.

Die Response-Time $R_i\ ;\ \forall f_i \in \mathbb{F}$ für eine Instanz q einer Nachricht ergibt sich somit aus folgender Gleichung (4.4).

$$R_i(q) = w_i(q) - (q-1) \cdot T_i + T_{comm,i} \tag{4.4}$$

Die Response-Time $R_i(q)$ muss für jede Instanz q einer Nachricht neu berechnet werden, da sie unter anderem von den früheren Instanzen der gleichen Nachricht abhängt. Die Wartezeit $w_i(q)$ beschreibt diese Abhängigkeit von früheren Instanzen sowie die Abhängigkeit von Nachrichten mit höherer Priorität. Die Zeit $w_i(q)$ definiert dabei die vergangene Zeit ab $t = 0$ (Beginn der Analyse) bis zur Übertragung der Instanz q der Nachricht. Der Index i bezeichnet die aktuell untersuchte Nachricht, da das Verfahren für jede Nachricht durchgeführt werden muss. Um die Response-Time einer Instanz zu ermitteln muss der Zeitraum $(q-1) \cdot T_i$ von der Wartezeit subtrahiert werden, da sich diese auf dem Zeitpunkt $t = 0$ bezieht, die Nachricht aber erst später auftritt. Für die dritte Instanz einer Nachricht, $q = 3$ muss beispielsweise die erste und zweite Instanz der gleichen Nachricht beachtet werden. Für eine Zykluszeit von 12ms tritt die dritte Instanz nach $(q-1) \cdot T_i = (3-1) \cdot 12\text{ms} = 24\text{ms}$ auf. Zusätzlich muss noch die Dauer der Übertragung $T_{comm,i}$ zur Response-Time hinzu addiert werden.

Die Worst-Case-Response-Time einer Nachricht ergibt sich aus der größten Response-Time aller Instanzen q einer Nachricht nach Gleichung (4.5).

$$R_{worst,i} = \max\{R_i(q)\} \tag{4.5}$$

Zum Lösen der Gleichung (4.4) muss vorher zunächst die Wartezeit $w_i(q)$ berechnet werden.

4.6.1.2. Bestimmung der Wartezeit für Nachrichten

Die Wartezeit $w_i(q)$ kann mit Hilfe der iterativen Gleichung (4.6) bestimmt werden.

$$w_i(q) = \begin{cases} w_i^{(0)}(q) & = B_i \\ w_i^{(k+1)}(q) & = B_i + z_i(\mathbf{n}^{(k)}) \end{cases} \tag{4.6}$$

Die Berechnung für die erste Instanz beginnt mit der Berechnung von B_i (siehe Gleichung (4.7)). Diese bestimmt die Zeitdauer, die vergeht, wenn eine Nachricht gerade ihren Slot verpasst, bis zum Beginn des nächsten Zyklus. Für die Berechnung des Worst-Case wird der größte Wert von B_i verwendet. B_i ist gerade dann maximal, wenn eine Nachricht f_i seinen Slot verpasst hat, und dieser zum frühesten möglichen Zeitpunkt im dynamischen Segment auftritt. Da vorher keine Nachrichten übertragen werden, ist dieser nach $FrameID_i - 1$ Minislots erreicht.

$$B_i = T_{cycle} - (T_{static} + (FrameID_i - 1) \cdot T_{MS}) \tag{4.7}$$

Die in Gleichung (4.6) aufgeführte Verzögerungszeit $z_i(\mathbf{n}^{(k)})$ bildet sich aus der Wartezeit auf die früheren Instanzen von f_i und allen weiteren Nachrichten mit einer höheren Priorität $\mathbb{L}(f_i)$. Des weiteren ist die Zeit enthalten, die vom Beginn eines Zyklus bis zum Erreichen des Slots verstreicht, in dem die Nachricht gesendet wird. Um z_i zu berechnen wird die Anzahl der Zyklen ermittelt, die verstreichen, bis die Nachricht in ihrem dynamischen Slot gesendet werden kann. Für jeden Rechenschritt in Formel (4.6) ,($w_i^{(k)}(q) \rightarrow w_i^{(k+1)}(q)$), muss z_i neu berechnet werden, da sie davon abhängig ist, wie viele Nachrichten $\mathbb{L} \cup f_i$ in der Zeitspanne w_i bereits erzeugt wurden. Die Berechnung von $z_i(\mathbf{n}^{(k)})$ wird in Abschnitt 4.6.2 ausführlich beschrieben.

Um z_i berechnen zu können, muss zunächst der Vektor $\mathbf{n}_i$ berechnet werden. Dieser enthält alle Nachrichten die in der Berechnung berücksichtigt werden müssen. Die Anzahl der Elemente, die in die Berechnung mit einfließen, berechnet sich laut Formel (4.8). Dabei bezeichnet $\mathbf{n}_j^{(k)}$, alle Nachrichten mit einer höheren Priorität und $\mathbf{n}^{(k)}$ alle früheren Instanzen der gleichen Nachricht.

$$\mathbf{n}^{(k)} = \begin{cases} \mathbf{n}_j^{(k)} & = \lceil \frac{w_i^{(k)}(q)}{T_j} \rceil \quad \forall j \in \mathbb{L} \\ \mathbf{n}_i^{(k)} & = q - 1 \end{cases} \tag{4.8}$$

Für $w_i^{(1)}(3) = B_i + z_i(\mathbf{n}^{(0)})$ werden nach (4.8) zwei frühere Instanzen für f_i und $\lceil \frac{w_i^{(0)}(3)}{T_j} \rceil = \lceil \frac{B_i}{T_j} \rceil$ Instanzen für Nachrichten f_j mit einer höheren Priorität berücksichtigt. Bei jedem Iterationsschritt nimmt die Anzahl der zu berücksichtigenden Elemente zu.

Solange $w_i^{(k)}(q) \neq w_i^{(k+1)}(q)$ gilt, verändert sich die Anzahl der Elemente bei jedem Rechenschritt und die Wartezeit w_i nimmt zu. Die Verlängerung resultiert aus neu erzeugten Instanzen die den Wert z_i erhöhen. Wenn Gleichung $w_i^{(k)}(q) = w_i^{(k+1)}(q)$ erfüllt ist, bleibt z_i konstant, es sind keine weiteren zu berücksichtigenden Instanzen mehr erzeugt worden und die Berechnung ist abgeschlossen. Dies bedeutet, dass im aktuellen Zyklus noch genügend Kapazität vorhanden ist, um die q-te Instanz von Nachricht f_i zu übertragen. Der Wert w_i bezeichnet somit die Dauer, die vom Auftreten der Nachricht bis zum Beginn ihrer Übertragung auf dem Bus vergeht.

Zur einfacheren Handhabung stellt $\mathbf{n}^{(k)}$ einen Vektor dar, welcher alle Nachrichten $\mathbb{L}(f_i) \cup f_i$ innerhalb des zu berücksichtigenden Zeitraums $w_i^{(k)}(q)$ enthält.

4.6.1.3. Bin-Covering-Problem

Das Bin-Covering-Verfahren spielt für die Berechnung der Worst-Case-Response-Time der Nachrichten eine wichtige Rolle. Das zu den Bin-Packing Problemen gehörende Bin-Covering, wird auch als Dual-Bin-Packing Problem bezeichnet. Beim Bin-Packing wird versucht $n \in \mathbb{N}$ Gegenstände g_n in i Behälter (*Bin*) zu verteilen. Jeder Gegenstand hat ein Gewicht w_n welches in einen Behälter mit der Kapazität C eingefügt wird. Dabei darf kein Behälter seine Kapazität überschreiten. Des weiteren muss die Anzahl der verwendeten Behälter minimal sein, dabei gilt $g_n, w_n, i, C \in \mathbb{N}$. Beim Bin-Covering wird im Gegensatz dazu versucht mit der Menge der gegebenen Gegenstände möglichst viele Behälter zu füllen [75]. Ein Behälter gilt dann als voll, wenn die Summe des Gewichts aller Gegenstände gleich, oder größer der Kapazität C ist. Im Gegensatz zum Bin-Packing darf hier die Kapazität des Behälters überschritten werden. Ziel ist die Bestimmung des Maximums von i. Für den Fall, dass ein Gegenstand größer als die Behältergröße ist, also $w_n > C$ gilt, muss dieser Gegenstand nicht ins Verfahren einbezogen werden, da er alleine einen Behälter füllt. Nach dem aktuellen Stand der Technik existiert für dieses Problem keine effiziente Lösungsmethode, weshalb es zu den NP-schweren Problemen zählt [63] [75]. Es existiert also kein Algorithmus um das Problem in polynomialer Rechenzeit exakt zu lösen [28].

Um dennoch mit angemessenem Zeit- und Hardware-Aufwand eine Lösung zu finden, lassen sich Heuristiken und Approximationsalgorithmen einsetzen. Mit Hilfe dieser Verfahren wir nicht der exakte Lösungswert, sondern eine Näherungslösung bestimmt. Je nach Verfahren lässt sich auch die maximale Abweichung des Ergebnisses von der optimalen Lösung bestimmen. Mit diesen Verfahren ist es möglich eine Aussage über die Qualität der Lösung zu machen.

4.6.1.4. Lösung des Bin-Covering Problems mit linearer Optimierung

Ein Bin-Covering Problem lässt sich als lineare Optimierungsaufgabe mit Nebenbedingungen darstellen. Dies ermöglicht den Einsatz von Lösungsverfahren für lineare Gleichungssysteme (Abschnitt 4.1.1.6). Dazu wird eine zu maximierende lineare Kostenfunktion und eine Anzahl von Nebenbedingungen modelliert. Wenn alle Variablen als natürliche ganze Zahlen dargestellt werden können, spricht man von ganzzahliger linearer Optimierung bzw. Integer Linear Programming (ILP). Werden die Gewichte und Kapazität der Behälter als ganze natürliche Zahlen dargestellt, dann kann das Bin-Covering Problem als ILP-Problem dargestellt werden.

Mit Hilfe einer Variablen y_j nach (4.9) lässt sich der Füllstand des Behälters wie folgt beschreiben.

$$y_j = \begin{cases} 1 & \text{wenn der Behälter } j \text{ gefüllt ist} \\ 0 & \text{sonst} \end{cases} \tag{4.9}$$

Somit ergibt sich die Kostenfunktion, die das Füllen maximal vieler Behälter fordert, nach Gleichung (4.10).

$$K = \sum_{j \leq n} y_j \tag{4.10}$$

Die maximale Anzahl an Behältern ist nach oben durch die Anzahl der Gegenstände n begrenzt. So kann die Untersuchung der Verteilung auf eine maximale Anzahl von n Behältern begrenzt werden.

Als Randbedingung für die Optimierung muss festgelegt werden, wann ein Behälter voll ist. Dies lässt sich über die Zuordnung von Gegenständen zu den Behältern berechnen. Für die Zuordnung wird zunächst die Hilfsvariable $x_{j,k}$ in Gleichung (4.11) eingeführt.

$$x_{j,k} = \begin{cases} 1 & \text{wenn Gegenstand } k \text{ in Behälter } j \\ 0 & \text{sonst} \end{cases} \tag{4.11}$$

Mit Hilfe der Variable $x_{j.k}$ und y_j kann als erste Nebenbedingung Gleichung (4.12) festgelegt werden.

$$\sum_{k \leq n} x_{j,k} \cdot w_k \geq y_j \cdot C \quad j = 1, \cdots, n \tag{4.12}$$

Diese beschreibt, dass y_j nur dann 1 sein darf wenn der Füllstand eine Behälters erreicht oder überschritten wird.

Eine zweite Nebenbedingung (4.13) stellt sicher, dass ein Gegenstand nur einem Behälter zugeordnet werden darf.

$$\sum_{j \leq n} x_{j,k} \leq 1 \quad k = 1, \cdots, n \tag{4.13}$$

Die Maximierung von K unter diesen beiden Nebenbedingungen stellt die Lösung des Bin-Covering Problems dar.

Zur Lösung von ILP Problemen existieren verschiedene Softwarepakete, die ein API für die Integration in verschiedene Programmiersprachen wie C, C++ oder Java enthalten. Nichts desto trotz kann die Lösung je nach Problem zeitintensiv sein.

4.6.1.5. Busy Period

Um die Anzahl der für die Worst-Case-Response-Time Analyse relevanten Instanzen Q_i einer Nachricht zu ermitteln kann das von [32] beschriebene Verfahren der busy period eingesetzt werden. Dieses Verfahren wird auch von den Autoren [124] zur Bestimmung der Worst-Case-Response-Time für FlexRay eingesetzt. Alle Instanzen der Nachricht f_i die innerhalb dieser busy period auftreten, müssen für die Berechnung berücksichtigt werden.

Nach [32] und [124] ist eine level-i busy period wie folgt definiert:

1. Die busy period $T_{busy,i}$ startet nach zum Zeitpunkt $t = 0$. Bei der Bestimmung des Worst-Case wurde bereits von jeder Nachricht aus $\mathbb{L}(f_i)$ eine Instanz erzeugt.
2. $T_{busy,i}$ ist für jede Nachricht f_i unterschiedlich, da sie von den Nachrichten mit einer höheren Priorität $\mathbb{L}(f_i)$ abhängt.
3. Eine busy period endet wenn die nächste Nachricht mit einer niedrigeren Priorität als f_i ohne Verzögerung auf den Bus zugreifen kann.
4. Alle Instanzen von f_i, die in der busy period auftreten werden auch in ihr übertragen.
5. Innerhalb der busy period erhält keine Nachricht mit einer höheren Frame-ID (niedrigeren Priorität) als $FrameID_i$ Zugriff auf den Bus.

Die Zeit $T_{busy,i}$ bezeichnet somit den Zeitraum, den der Bus beschäftigt (*busy*) ist, um alle Nachrichten mit einer höheren Priorität oder frühere Instanzen der gleichen Nachricht zu übertragen. Alle innerhalb der busy-period auftretenden Nachrichten werden in dieser auch übertragen. Diese sind somit abgearbeitet und verzögern zu einem späteren Zeitpunkt auftretende Nachrichten nicht.

Um die Worst-Case-Response-Time von f_i zu bestimmen ist es ausreichend die Response-Times aller Instanzen von f_i zu bestimmen, die innerhalb von $T_{busy,i}$ auftreten [124]. Somit ergibt sich die Anzahl der zu berücksichtigenden Istanzen Q_i von f_i laut Gleichung (4.14). Die busy-Periode dividiert durch die minimale Zykluszeit ergibt sie Anzahl der relevanten Instanzen.

$$q = 1 \dots Q_i \quad \text{mit} \quad Q_i = \left\lceil \frac{T_{busy,i}}{T_i} \right\rceil \tag{4.14}$$

Die Berechnung von $T_{busy,i}$ erfolgt laut Gleichung (4.15) [124]. Die Werte B_i und z_i sind gleich wie bei der Berechung der Wartezeit (Gleichung (4.6)). Bei der Busy Period wird allerdings noch die Übertragungszeit der Nachricht $T_{comm,i}$ hinzu addiert. Dies ist der Fall, da die Busy Period laut Definition dann abgeschlossen ist wenn die nächste Nachricht nach f_i verzögerungsfrei auf den Bus zugreifen kann.

$$T_{busy,i}(q) = \begin{cases} T_{busy,i}^{(0)}(q) & = B_i \\ T_{busy,i}^{(k+1)}(q) & = B_i + T_{comm,i} + z_i(\mathbf{n}^{(k)}) \end{cases} \tag{4.15}$$

Die Vektoren $\mathbf{n}^{(k)}$ zur Berechnung der Busy Period unterscheiden sich ebenfalls von denen zur Berechnung der Wartezeit. Sie sind laut Gleichung (4.16) wie folgt definiert. Neben den Nachricht mit höherer Priorität $\mathbf{n}_j^{(k)}$ sind die früheren Instanzen der gleichen Nachricht $\mathbf{n}_i^{(k)}$ zu beachten.

$$\mathbf{n}^{(k)} = \begin{cases} \mathbf{n}_j^{(k)} & = \lceil \frac{T_{busy,i}^{(k)}}{T_j} \rceil \quad \forall j \in \mathbb{L} \\ \mathbf{n}_i^{(k)} & = \lceil \frac{T_{busy,i}^{(k)}}{T_i} - 1 \rceil \end{cases} \tag{4.16}$$

Die iterative Berechnung von Gleichung (4.15) wird dann beendet, wenn $T_{busy,i}^{(k)} = T_{busy,i}^{(k+1)}$ oder $T_{busy,i} > kgV(T_j)$ erreicht wird. Das kleinste gemeinsame Vielfache aller Zykluszeiten $kgV(T_j)$ stellt die sogenannte Hyperperiode dar, nach der alle Nachrichten in der gleichen Konstellation erneut auftreten. Hierdurch ergeben sich keine neuen Kombinationen von Nachrichten mehr, die in der Worst-Case-Analyse betrachtet werden müssen.

4.6.1.6. Berechnung der Response-Time

Mit Hilfe der Busy-Periode zur Festlegung der relevanten Instanzen und der Berechnung der Wartezeit kann die Berechnung der Response-Time erfolgen. Mit Hilfe des Algorithmus 1 kann diese für jede Nachricht f_i bestimmt werden.

Der Algorithmus berechnet zunächst die Busy-Periode (Zeile 1) und bestimmt daraus die Anzahl der Relevanten Instanzen von f_i (Zeile 2). In der Schleife (Zeile 5) wird jetzt für jede der Q_i Instanzen die Response-Time berechnet. Der größte gemessene Wert wird daraufhin als Worst-Case-Response-Time übernommen (Zeile 8).

4.6.2. Verzögerungszeit als Optimierungsproblem

Zur Bestimmung der Response-Time ist es zunächst notwendig die Verzögerungszeit $z_i(\mathbf{n}^{(k)})$ zu berechnen. Diese kann nach [98] als lineares Optimierungsproblem dargestellt werden und mit Hilfe von Solvern für lineare Gleichungssysteme gelöst werden. Die Verzögerungszeit $z_i(\mathbf{n}^{(k)})$ entsteht aus Nachrich-

Algorithmus 1: Berechnung der Worst-Case-Response-Time von f_i

Input : f_i, $\mathbb{L}(f_i)$, $FrameID_i$ und Busparameter
Output : $R_{worst,i}$
Berechne $T_{busy,i}$ nach Gleichung (4.15);
$Q_i = \lceil \frac{T_{busy,i}}{T_i} \rceil$;
$R_{worst,i} = 0$;
$q = 1$;
for $q \leq Q_i$ **do**
  Berechne $w_i(q)$ nach Gleichung (4.6);
  $R_i(q) = w_i(q) - (q-1) \cdot T_i + T_{comm,i}$;
  $R_{worst,i} = \max\left(R_{worst,i}, R_i(q)\right)$;
  $q = q + 1$;
return $R_{worst,i}$;

ten mit höherer Priorität $\mathbb{L}(f_i)$ und den früheren Instanzen der Nachricht f_i. Die maximale Verzögerungszeit wird aus der maximalen Anzahl an Zyklen bestimmt, die mit Nachrichten höherer Priorität und früheren Instanzen der Nachricht f_i gefüllt werden können. Der Wert $z_i(\mathbf{n}^{(k)})$ ist Bestandteil der Wartezeit w_i nach Gleichung (4.6). Diese wiederum beeinflusst die Response-Time (Gleichung (4.4)). Um die maximale Response-Time zu ermitteln ist es notwendig $z_i(\mathbf{n}^{(k)})$ zu maximieren. Die Wartezeit w_i besteht aus B_i und z_i. Dabei beschreibt B_i die Zeit vom Auftreten einer Nachricht bis zum Beginn des nächsten Kommunikationszyklus. Dazu addiert sich noch die Wartezeit z_i, die vom Beginn des nächsten Zyklus bis zur Übertragung der Nachricht definiert ist. Die Wartezeit lässt sich gemäß [124] wiederum laut Gleichung (4.17) in drei Teile zerlegen.

$$z_i(\mathbf{n}^{(k)}) = (n_i^{(k)} + c_{cycle}^{(k)}) \cdot T_{cycle} + r^{(k)} \tag{4.17}$$

Der erste Teil der Gleichung $n_i^{(k)} \cdot T_{cycle}$ beschreibt, den Zusammenhang, dass jede Instanz f_i durch jede frühere Instanz der gleichen Nachricht um einen Zyklus verzögert wird. Dabei ist $n_i^{(k)}$ gerade die Komponente des Vektors $\mathbf{n}^{(k)}$ der sich für die Wartezeit (Abschnitt (4.8)) oder für die busy period (Abschnitt (4.16)) ergibt. Der zweite Teil $c_{cycle}^{(k)}$ ist der Anteil an Zyklen, die sich mit Nachrichten höherer Priorität füllen lassen. Mit der Maximierung von $c_{cycle}^{(k)}$ ergibt sich somit auch die Maximierung von z. Die Nachricht kann kann dann im ersten nicht gefüllten Zyklus $n_i^{(k)} + c_{cycle}^{(k)} + 1$ übertragen werden. Da die Nachricht aber, aufgrund des statischen Segments und Nachrichten im dynamischen Segment mit höherer Priorität, nicht am Beginn des Zyklus übertragen wird, vergeht die Zeitdauer $r^{(k)}$. Um die längste Wartezeit z zu ermitteln, muss somit auch die Zeit r maximiert werden.

Die Autoren in [98] und [124] beschreiben die Maximierung von c_{cycle} und r als ganzzahliges lineares Optimierungsproblem. Die Kostenfunktion und die Nebenbedingungen werden auf das FlexRay Protokoll angepasst und mit Hilfe von Variablen so definiert, dass sie die Zusammenhänge des Protokolls darstellen.

Mit Hilfe der Variablen $x_{j,n,c}$ (Gleichung (4.18)) wird die Übertragung einer Nachricht in einem bestimmten Kommunikationszyklus angezeigt.

$$x_{j,n,c} = \begin{cases} 1\,; & \text{wenn Instanz } n \text{ von Nachricht } f_j \text{ in Zyklus } c \text{ übertragen wird} \\ 0\,; & \text{sonst} \end{cases} \tag{4.18}$$

Des weiteren wird die Variable y_c benötigt, um Anzuzeigen ob $\mathbb{L}(f_i)$ den Zyklus c füllen. Ist $y_c = 1$ ist der Zyklus mit Nachrichten gefüllt, ansonsten gilt $y_c = 0$.

Mit Hilfe der Variablen $x_{j,n,c}$ und y_c lassen sich die Randbedingungen des Optimierungsproblems in Form von linearen Ungleichungen beschreiben [124]. Die Anzahl der maximal zu füllenden Zyklen c_{max} (Gleichung (4.19)) lässt sich nach oben beschränken. Diese Beschränkung ist durch $\mathbb{L}$ begründet, da sich nicht mehr Zyklen füllen lassen, als Nachrichten zur Verfügung stehen.

$$c \leq c_{max} = \sum_{\forall f_j \in \mathbb{L}(f_i)} n_j \tag{4.19}$$

Die Randbedingungen des Optimierungsproblems gestalten sich nun wie folgt.

$$LatestTx_i \cdot T_{MS} \cdot y_c \leq Load_{i,c} \tag{4.20}$$

Gleichung (4.20) beschreibt ob ein Zyklus gefüllt ist. Die Variable y_c nimmt nur dann den Wert 1 (Zyklus c gefüllt) an, wenn die *Load* größer oder gleich $LatestTx_i \cdot T_{MS}$ ist.

$$Load_{i,c} = \sum_{\forall j \in \mathbb{L}(f_i)} \sum_{n \leq n_j} T_{comm,j} \cdot x_{j,n,c} + \sum_{\forall j \in \mathbb{L}(f_i)} (1 - \sum_{n \leq n_j} x_{j,n,c}) \cdot T_{MS} \tag{4.21}$$

Die (4.21) kennzeichnet dabei den Füllstand des Kommunikationszyklus. Ist die Hilfsvariable $x_{j,n,c} = 1$ wird die Übertragungsdauer der n-ten Instanz von f_j zur *Load*, von Zyklus c hinzugefügt. Gilt $x_{j,n,c} = 0$ wird dem Zyklus, wie im FTDMA-

Verfahren vorgesehen, nur die Länge eines Minislots hinzu addiert. Des weiteren wird die Randbedingung beschrieben, dass jede Frame-ID ein einem Zyklus nur einmal zum Senden verwendet werden darf.

$$\forall f_j \in \mathbb{L}(f_i) \text{ und alle } c \leq c_{max} \text{ gilt }: \quad \sum_{n \leq n_j} x_{j,n,c} \leq 1 \tag{4.22}$$

Mit Hilfe von Gleichung (4.22) wird die Anzahl der Instanzen pro Nachricht auf maximal 1 begrenzt. Würde mehr als eine Instanz übertragen werden, würde die Summe den Wert 1 überschreiten.

Eine weitere Randbedingung schränkt die Übertragung der Instanzen einer Nachricht ein. Jede Instanz einer Nachricht darf nach Gleichung (4.23) maximal 1-mal übertragen werden. Sie ist genau dann erfüllt wenn für alle Nachrichten in $\mathbb{L}(f_i)$ die Summe über alle Übertragungszyklen 0 oder 1 ist. So kann verhindert werden, dass eine Instanz einer Nachricht in mehr als einem Zyklus übertragen wird.

$$\forall f_j \in \mathbb{L}(f_i) \text{ und alle } n \leq n_j \text{ gilt }: \quad \sum_{c \leq c_{max}} x_{j,n,c} \leq 1 \tag{4.23}$$

Die letzte Randbedingung beschreibt die Berücksichtigung von $LatestTx_j$ (Gleichung (4.24)). Der Sendebeginn einer Nachricht, darf nicht nach dem Zeitpunkt $LatestTx_j$ liegen.

$$\forall f_j \in \mathbb{L}(f_i) \text{ und alle } n \leq n_j \text{ gilt }: Load_{j,c} < LatestTx_j \cdot T_{MS} + K \cdot (1 - x_{j,n,c}) \tag{4.24}$$

Bei Gleichung (4.24) ist zu beachten, dass sich *Load* jetzt auf f_j nicht mehr auf f_i bezieht. Die Definition von $Load_{j,c}$ ist allerdings äquivalent zur $Load_{i,c}$ aus Gleichung (4.21). Die $Load_{j,c}$ beachtet dabei nur Nachrichten mit höherer Priorität als f_j, da andere Nachrichten den Übertragungszeitpunkt nicht beeinflussen. Die Ungleichung (4.24) überprüft nun ob jede Nachricht vor $LatestTx_j$ übertragen wird. Mit Hilfe der Konstanten K wird sichergestellt, dass die Ungleichung immer erfüllt ist wenn eine Nachricht in einem Zyklus nicht übertragen wird, als ($x_{j,n,c} = 0$). Es müssen nur Nachrichten beachtet werden für die $x_{j,n,c} = 1$ gilt, die also in diesem Zyklus gesendet werden. Mit der Randbedingung in Gleichung (4.24) kann *Load* also maximal den Wert $T_{dynamic}$ annehmen, da für alle Nachrichten die $LatestTx$ überschreiten, das Senden nicht erlaubt wird. Die Konstante K

muss so dimensioniert werden, dass $K > T_{dynamic}$ ist, damit $K > Load_{j,c}$ immer erfüllt ist.

Neben der Definition der Randbedingungen (Gleichung (4.20)–(4.24)), wird zusätzlich noch die zu maximierende Kostenfunktion benötigt. Ziel der Optimierung ist die Maximierung von c_{cycle}, also der Anzahl der gefüllten Zyklen. Hieraus lässt sich die Kostenfunktion in Gleichung (4.25) ableiten. Sie bildet die Summe über alle gefüllten Zyklen y_c, wobei die Summe nach oben durch c_{max} (Gleichung (4.19)) begrenzt ist. Es werden somit nur volle Zyklen mit $y_c = 1$ berücksichtigt, da für nur teilweise gefüllte Zyklen $y_c = 0$ gilt. Die Maximierng von c_{cycle} erfolgt über das lösen des beschriebenen Optimierungsproblems. Details zur Lösung sind im folgenden Kapitel 4.6.3 zu finden.

$$c_{cycle} = \sum_{c \leq c_{max}} y_c \tag{4.25}$$

Nach der Ermittlung von c_{cycle}, muss zusätzlich noch die Zeitdauer r, die in Zyklus $c_{cycle+1}$ vergeht, bis der dynamische Slot erreicht wird, ermittelt werden. Die Lösung erfolgt mit Hilfe der Kostenfunktion in Gleichung (4.26). Diese muss ebenfalls unter den schon gegebenen Randbedingungen maximiert werden. Damit ist sichergestellt, dass der Maximale Wert für die Verzögerungszeit z und die Response-Time ermittelt wird.

$$r = max(T_{static} + Load_{i,c_{cycle}+1}) \tag{4.26}$$

Um die Zeitdauer r zu maximieren, werden alle c_{cycle} Zyklen (die mit Nachrichten höherer Priorität gefüllt werden) so gefüllt, dass auch $Load_{i,c_{cycle}+1}$ maximal wird. Da es verschiedene Möglichkeit gibt c_{cycle} mit Nachrichten zu füllen, muss die Variante ausgesucht werden, bei der auch $c_{cycle} + 1$ maximal gefüllt ist. Der Maximalwert von $Load_{i,c_{cycle}+1}$ führt aufgrund der maximalen Verzögerung von f_i auch zum Maximum von r, da das Auftreten des dynamischen Slots maximal verzögert wird.

4.6.3. Exakte und heuristische Lösung

Das in Abschnitt 4.6.2 beschriebene ILP-Problem für die Verzögerungszeit z kann mit Hilfe von geeigneten ILP-Solvern gelöst werden. Hierzu stehen beispielsweise Pakete wie CPLEX [61] oder lp_solve [5] zu Verfügung. Da die Ermittlung der Verzögerungszeit aber in einen iterativen Scheduling-Algorithmus eingebunden werden soll, dessen Laufzeit stark von der Ermittlung der Verzögerungszeit abhängt, muss eine schnellere Methode gefunden werden. Aus diesem Grund soll hier auf die exakte Lösung verzichtet werden und eine Heuristik zur Ermittlung der Verzögerungszeit eingesetzt werden. Um die Deadlines der Nachrichten in jedem Fall einhalten zu können, muss die Heuristik in jedem Fall größer als das exakte Ergebnis sein. Entsprechende Berechnungsverfahren sind in [98] und [124] zu finden.

Zur Vereinfachung des Verfahrens werden zunächst einige Umformungen und Vereinfachungen an den Randbedingungen vorgenommen.

Gleichung (4.21) für die *Load* lässt sich folgendermaßen umformen:

$$\begin{aligned} Load_{i,c} &= \sum_{\forall j \in \mathbb{L}(f_i)} \sum_{n \leq n_j} T_{comm,j} \cdot x_{j,n,c} + \sum_{\forall j \in \mathbb{L}(f_i)} (1 - \sum_{n \leq n_j} x_{j,n,c}) \cdot T_{MS} \\ &= \sum_{\forall j \in \mathbb{L}(f_i)} \sum_{n \leq n_j} T_{comm,j} \cdot x_{j,n,c} + \sum_{\forall j \in \mathbb{L}(f_i)} T_{MS} - \sum_{\forall j \in \mathbb{L}(f_i)} \sum_{n \leq n_j} T_{MS} \cdot x_{j,n,c} \\ &= \sum_{\forall j \in \mathbb{L}(f_i)} \sum_{n \leq n_j} (T_{comm,j} - T_{MS}) \cdot x_{j,n,c} + \sum_{\forall j \in \mathbb{L}(f_i)} T_{MS} \\ &= \sum_{\forall j \in \mathbb{L}(f_i)} \sum_{n \leq n_j} (T_{comm,j} - T_{MS}) \cdot x_{j,n,c} + (FrameID_i - 1) \cdot T_{MS} \end{aligned} \tag{4.27}$$

Hier wurde für $\sum_{\forall j \in \mathbb{L}(f_i)} T_{MS} = (FrameID_i - 1) \cdot T_{MS}$ eingesetzt, da jede Nachricht mit einer niedrigeren Frame-ID als f_i einen Minislot addiert.

Mit Hilfe dieser Umformung lässt sich auch Gleichung (4.20), welche angibt, ob ein Zyklus gefüllt ist, vereinfachen. Unter Verwendung von (4.27) kann (4.20) folgendermaßen ausgedrückt werden:

$$\begin{aligned} \sum_{\forall j \in \mathbb{L}(f_i)} \sum_{n \leq n_j} x_{j,n,c} \cdot (T_{comm,j} - T_{MS}) &\geq (LatestTx_i - (FrameID_i - 1)) \cdot T_{MS} \cdot y_c \\ \sum_{\forall j \in \mathbb{L}(f_i)} \sum_{n \leq n_j} x_{j,n,c} \cdot (T_{comm,j} - T_{MS}) &\geq p_i \cdot y_c \end{aligned} \tag{4.28}$$

Der Wert p_i wurde zur Vereinfachung der Darstellung eingeführt und ist in Gleichung (4.29) definiert.

$$p_i = \big(LatestTx_i - (FrameID_i - 1)\big) \cdot T_{MS} \tag{4.29}$$

Mit Hilfe der oben genannten Änderungen, und unter Vernachlässigung der Nebenbedingungen (4.23) und (4.24), überführen die Autoren in [98] das Optimierungsproblem in ein Bin-Covering-Problem. Dabei stellen die Nachrichten die zu verpackenden Gegenstände dar und die zu füllenden Zyklen die Behälter. Die Kapazität des Behälters entspricht p_i und die Gegenstände haben das Gewicht $(T_{comm,j} - T_{MS})$.

Ungleichung (4.28), die mit Hilfe der oben genannten Umformungen aus Ungleichung (4.20) entstanden ist, legt nach wie vor fest, ob ein Zyklus gefüllt ist oder nicht. Wenn $\sum_{\forall j \in \mathbb{L}(f_i)} \sum_{n \leq n_j} x_{j,n,c} \cdot (T_{comm,j} - T_{MS})$ den Wert p_i überschreitet darf $y_c = 1$ gesetzt werden. Dies entspricht der Formulierung des Bin-Covering-Problems.

Da die obere Grenze der Response-Time ermittelt werden soll, darf der von der Heuristik ermittelte Wert niemals kleiner als der exakte Wert sein. Durch den Wegfall der Nebenbedingungen entstehen lediglich neue Möglichkeiten einen Zyklus zu füllen, wodurch das Ergebnis nur größer als die exakte Lösung werden kann. Durch die Vereinfachungen entsteht somit ein immer noch NP-schweres Bin-Covering-Problem. Dies ermöglicht den Einsatz von Approximationsalgorithmen, die zur Lösung des Bin-Coverings eingesetzt werden können. Als Randbedingung ist dabei zu beachten, dass die Lösung stets größer als die exakte Lösung sein muss.

Der von [98] eingesetzte Algorithmus liefert laut Untersuchungen von [124] sehr viel größere Werte als die exakte Lösung und hat einen sehr komplexen Aufbau. Die Autoren in [124] haben eine weitere Methode entwickelt, die Ergebnisse näher an der exakten Lösung liefert und einen einfacheren Aufbau besitzt. Des weiteren hält diese Methode alle Randbedingungen außer Gleichung (4.24) ein. Der Aufbau des Algorithmus ist in 2 zu sehen.

Hiermit kann die heuristische Lösung der Verzögerungszeit z_i^H berechnet werden. In den Zeilen (4) - (16) findet die Berechnung von c_{cycle} statt. Die darin enthaltene for-Schleife stellt sicher, dass die Randbedingung (4.22) und (4.23) eingehalten wird und nur eine Instanz pro Nachricht und Zyklus berücksichtigt wird. Bei der Berechnung von p_i wurde für jede Nachricht mit höherer Priorität als f_i jeweils ein Minislot von $LatestTx_i$ subtrahiert. Daher ist es ausreichend in Zeile (8) $(T_{comm,j} - T_{MS})$ zur *Load* zu addieren, da für alle nicht gesendeten Nachrichten schon ein Minislot eingeplant wird. Die Differenz aus der aktuellen *Load* minus p_i addiert sich zur *Load* des nächsten Zyklus. Hierdurch braucht jeder Zyklus nur die minimale Kapazität. Bei der Berechnung der exakten Lösung wird nicht nur die minimale Kapazität gefüllt, und die Differenz von *Load* und p_i addiert sich auch nicht zur *Load* des nächsten Zyklus. Aus diesem Grund ist die heuristische Lösung stets größer als der exakte Wert. Der mathematische Beweis für $z_i^H > z_i$ (z_i exakte Lösung für z) kann in [124] nachgelesen werden.

Die Berechnung von r findet schließlich in Zeile (19) statt. Neben dem Anteil des statischen Segments, muss zu r noch die restliche *Load* addiert werden bis der dynamische Slot erreicht wird.

Algorithmus 2: Berechnung von z_i nach [124]

Input : **n**, $\mathbb{L}(f_i)$
Output : z_i^H

```
Load = 0;
c = 0;
stop = false;
Berechnung von p_i;
while stop ≠ true do
    foreach f_j ∈ L do
        if n_j ≠ 0 then
            Load = Load + (T_comm,j − T_MS);
            n_j = n_j − 1
    if Load ≥ p_i then
        c = c + 1;
        Load = Load − p_i
    else
        stop = true;
r = T_static + (FrameID_i − 1) · T_MS + Load;
return z_i^H = (n_i + c) · T_cycle + r
```

Die vorgestellte Heuristik ist sehr performant und somit gut geeignet für den Einsatz innerhalb des Scheduling-Algorithmus (siehe Kapitel 6.1.3).

4.6.4. Scheduling Algorithmus für das dynamische Segment

Das von [112] beschriebe Verfahren zum Scheduling im dynamischen Segment arbeitet iterativ und überprüft für jede Anzahl an Minislots, ob alle Nachrichten ihre Deadline einhalten können. Der Startwert der Iteration N_{MS} wird durch Gleichung (4.30) festgelegt. Er wird so dimensioniert, dass die größte Nachricht mit den meisten Minislots mindestens ins dynamische Segment passt.

$$N_{MS,start} = \max\left(T_{comm_{MS},i}\right) \; ; \; \forall f_i \in \mathbb{F} \tag{4.30}$$

Die Dauer $T_{comm_{MS},i}$ bestimmt hier die Übertragungszeit einer Nachricht f_i in Minislots. Sie berechnet sich zu $T_{comm_{MS},i} = \frac{T_{comm,i}}{T_{MS}}$ für $T_{comm_{MS},i} \in \mathbb{N}$. Die Übertragungsdauer eines dynamischen Frames in Minislots $T_{comm,i}$ oder `aMinislot-PerDynamicFrame` berechnet sich über die Formel (A.2) aus der Spezifikation [42].

Der Maximalwert an Minislots $N_{MS,max}$ ist in der FlexRay-Protokoll-Spezifikation [42] mit 7986 festgelegt und bildet die oberere Grenze für die Iteration über alle Anzahlen von Minislots.

Das Scheduling-Verfahren ist in Algorithmus 3 beschrieben.

Algorithmus 3: Verteilung der FrameIDs festlegen.

Input : $\mathbb{F}$, $N_{MS,max}$
Output : $FrameID_i$

$N_{MS} = N_{MS,start} = \max\left(|\mathbb{F}|, \max\left(T_{comm_{MS},i}\right)\right)$; $\forall f_i \in \mathbb{F}$;
while $N_{MS} \leq N_{MS,max}$ **do**
    $ID = 0$;
    $F = \mathbb{F}$;
    $T_{cycle} = T_{static} + T_{NIT} + T_{Symbol} + N_{MS} \cdot T_{MS}$;
    while $|F| \neq 0$ **do**
        $ID = ID + 1$;
        $indeadline = true$;
        foreach $f_i \in F$ **do**
            $FrameID_i = ID$;
            $R_{worst,i}$ = berechne Worst-Case-Response-Time von f_i;
            if $R_{worst,i} > D_i$ **then**
                $indeadline = false$;
                break;
            else
                Abspeichern der $Laxity_i = d_i - R_{worst,i}$;
        if $indeadline = false$ **then**
            $N_{MS} = N_{MS} + 1$;
            break;
        $FrameID_j = ID$ für Nachricht f_j mit min. $Laxity_j$;
        $\mathbb{F} = \mathbb{F} \setminus f_j$;
        if $|F| = 0$ **then**
            return $FrameID_i$;
return *keine gültiger Schedule gefunden*

Die Verteilung der Frame-IDs wird mit Hilfe der sogenannten *Laxity*, der Differenz zwischen Deadline und Response-Time einer Nachricht vorgenommen ($Laxity = D_i - R_{worst,i}$). Somit werden Nachrichten deren Response-Time nahe an der Deadline liegen, gegenüber anderen Nachrichten bevorzugt. Die Laxity beschreibt somit den Spielraum, den eine Nachricht zur Verfügung hat bis sie gesendet werden muss. Nachrichten mit einem geringen Spielraum bekommen deshalb eine niedrigere Frame-ID zugewiesen (höhere Priorität), um rechtzeitig gesendet zu werden. Wie in Zeile 9–17 ersichtlich wird, bekommen zunächst alle Nachrichten die Frame-ID 1 zugeordnet. Daraufhin wird dann für alle Nachrichten die die Worst-Case-Response-Time berechnet. Wenn alle Nachrichten ihre Deadline einhalten können, wird der Nachricht mit der kleinsten Laxity Frame-ID 1 zugeordnet (Zeile 23). Diese Nachricht wird dann aus der Menge der Nachrichten $\mathbb{F}$ entfernt. Dieser Vorgang wird solange wiederholt, bis keine Nachrichten mehr in der Liste $\mathbb{F}$ enthalten sind. Konnte kein gültiger Schedule ermittelt werden, wird die Anzahl der Minislots um eins erhöht und die Vergabe beginnt wieder mit der Frame-ID 1. Um die Timing-Analyse durchführen zu können muss für jeden Durchlauf die Berechnung der Zykluszeit vorgenommen werden (Zeile 5). Das Verfahren endet, sobald eine gültige Frame-Verteilung ermittelt werden konnte, oder wenn die maximale Anzahl der $N_{MS} > N_{MS,max}$ Minislots überschritten wurde.

Wenn kein gültiger Schedule gefunden werden konnte, muss dies aber nicht zwangsläufig bedeuten, dass es keinen solchen gibt. Aufgrund der Komplexität kann nicht jede beliebige Kombination von Frame-Verteilung ausprobiert werden.

Für N Nachrichten gibt es

$$\binom{N_{MS}}{N} \cdot N! \tag{4.31}$$

Kombinationen pro Anzahl Minislots (N_{MS}). Dies ergibt bei zwölf Nachrichten und 100 Minislots bereits $5{,}03 \cdot 10^{23}$ Möglichkeiten. Im aufwändigsten Fall muss für jede ID-Verteilung die Reponse-Time aller Nachrichten ermittelt werden. Dies wäre der Fall wenn der Algorithmus immer bei der letzten Nachricht eine Deadline-Überschreitung feststellt. Der vorgestellte Scheduling-Algorithmus endet nach spätestens $N_{MS,max} \cdot |N| \cdot \frac{(|N|-1)}{2}$ geprüften Verteilungen [112]. Dies führt bei zwölf Nachrichten schon zu 6600 Aufrufen der Timing-Analyse. Hier zeigt sich die Notwendigkeit einer schnellen Heuristik bei der Berechnung der Timing-Analyse. Schon eine Berechnungszeit der Timing-Analyse von nur einer halben Sekunde führt bei einem Datensatz mit einigen Nachrichten schnell zu einer Rechenzeit von mehreren Stunden.

Falls der vorliegende Scheduling Algorithmus kein Ergebnis liefern kann, ist es möglich durch die Anpassung der Zykluszeiten und Deadlines der Nachrichten Abhilfe zu schaffen.

4.7. Modellierung von FlexRay-Netzwerken in PREEvision

Zur Modellierung von FlexRay Netzwerken werden unterschiedliche Modellierungsebenen in PREEvision eingesetzt. Die notwendigen Schritte und Eingabemöglichkeiten werden im folgenden kurz vorgestellt. Die mit Hilfe des Werkzeuges mögliche Modellierung von FlexRay Netzwerken wird in den folgenden Abschnitten exemplarisch dargestellt und bildet die Daten-Grundlage für die im Rahmen der Arbeit entwickelten Verfahren.

4.7.1. Komponenten und Netzwerk

Zur Modellierung von FlexRay Netzwerken stellt PREEvision verschiedene Hardwarekomponenten bereit. In der Modellpalette stehen Steuergeräte, Busanbindungen, Bussysteme, aktive und passive Sternkoppler zur Verfügung. Einem Steuergerät kann eine Anzahl von Busanbindungen zugeordnet werden. Die Busanbindung entspricht dem FlexRay-CC, also beispielsweise den vorgestellten Controllern E-Ray (Kapitel 3.3.1) oder MFR4310 (Kapitel 3.3.2). Jeder Busanbindung kann ein sogenannter Anbindungstyp zugewiesen werden, der die Eigenschaften der Busanbindung definiert. Im Falle von FlexRay enthält dieser die lokalen Protokollparameter. Die Verbindung der Busanbindungen erfolgt über ein Bussystem, welches wiederum über den Bustyp mit spezifischen Eigenschaften versehen wird. Der Bustyp enthält, im Falle eines FlexRay Busses, die globalen Protokollparameter der Konfiguration. Mehrere Bussysteme können wiederum im Modellbaum einem Cluster zugeordnet werden. Dieser ist allerdings kein Cluster im Sinne der FlexRay Spezifikation, denn er enthält keine Parameter. In Abbildung 4.1 ist beispielhaft ein Netzwerk mit zwei Bussystemen zu dargestellt.

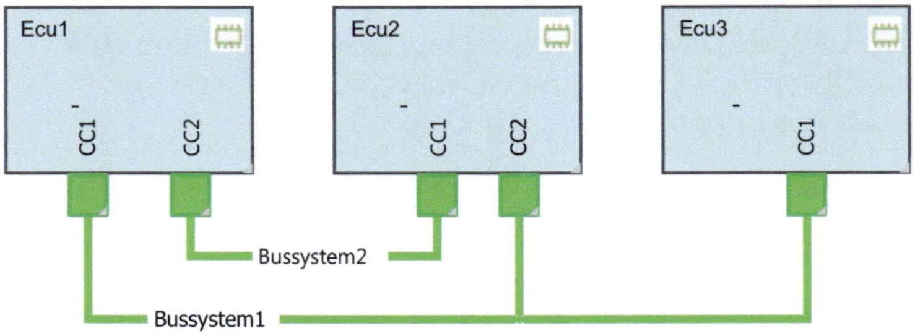

Abbildung 4.1.: Modellierung eines FlexRay Netzwerks mit Steuergeräten und Busanbindungen.

Zur Modellierung verschiedener Controllertypen ist jeweils ein Bustyp mit der Festlegung der lokalen Protokollparameter notwendig. Um zusätzliche Eigenschaften eines FlexRay Knotens, wie die Taktquelle des FlexRay-CC darstellen zu können, ist noch ein weiterer interner Aufbau des Steuergeräts zu modellieren (Abbildung 4.2). Die Modellierung erfolgt mit Hilfe eines ASICs, welcher wiederum über einen CPU-Typ verfügt und mit einer internen logischen Verbindung mit der Busanbindung verbunden wird. Dem CPU-Typ lässt sich eine Frequenz zuweisen, welche als Taktfrequenz des CC verwendet wird. Mit Hilfe dieser Art der Modellierung können alle notwendigen Informationen für die automatische Ermittlung der FlexRay Busparameter zur Verfügung gestellt werden.

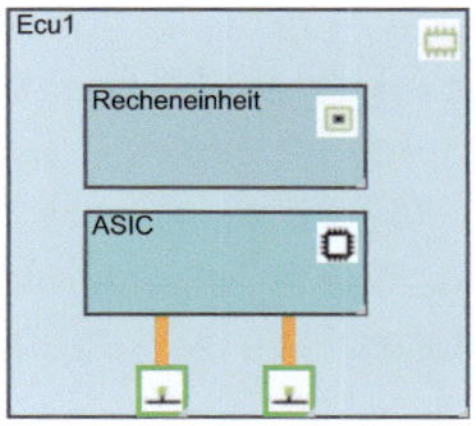

Abbildung 4.2.: Modellierung eines FlexRay Knotens in PREEvision

4.7.2. Steuergeräte-Kommunikation

Die Kommunikation zwischen den Steuergeräten wird mit Hilfe des Funktionstypendiagramms (Kapitel 2.8.2.3) modelliert. Die Kommunikation findet über ein Interface statt, welches die übertragenen Datenelemente enthält. Die Rolle des Senders und Empfängers wird über die Richtung der Port-Prototypen festgelegt. Die Datenelemente können unterschiedliche Größen und Datenformate (Byte, Word, Double etc.) haben. Die modellierten Funktionstypen können nun im Funktionsdiagramm instantiiert und den Anforderungen entsprechend verbunden werden. Die Funktionsblöcke werden wiederum über Mappings den Steuergeräten bzw. den Recheneinheiten der Steuergeräte zugewiesen. Über die Zuordnung der Funktionsblöcke ist somit der Sender und Empfänger der Übertragung festgelegt. Mit Hilfe des in PREEvision enthaltenen Signalrouters können, aus den im Modell vorhandenen Informationen, automatisch Signale und zugehörige Signal-Transmissionen erzeugt werden. Die Signaltransmission enthält zusätzliche Übertragungsinformationen wie Zykluszeit und Sende-Modus. Je nach Sende-Modus wird das Signal in der nachfolgend beschriebenen Methodik zur Konfiguration unterschiedlich behandelt. Tabelle 4.1 zeigt die unterschiedlichen Varianten und ihre Behandlung beim Scheduling in den Kapiteln 6.1 und 6.2.

Sende-Modus	Scheduling
Zyklisch	Statisches Segment
Baf, Spontan, Geändert, Schnell	Dynamisches Segment
Zyklisch und Spontan zur Laufzeit	Statisches + Dynamisches Segment

Tabelle 4.1.: Einfluss der Sende-Modi auf das Scheduling der Signale.

4.7.3. Scheduling von Nachrichten

Die Darstellung eines FlexRay Kommunikationsfahrplans kann in PREEvision über eine tabellarische Ansicht erfolgen. Hierzu stellt Preevision die Kommunikationstabelle mit einer Übersicht der Sender, Frames und Übertragungsdaten zu Verfügung (Abbildung 4.3). Mit Hilfe einer Schedulingtabelle lassen sich alle Frames auf Basis ihres Offsets und der Wiederholrate über den Slots und Zyklen des FlexRay Kommunikationsfahrplans darstellen (Abbildung 4.4).

Abbildung 4.3.: PREEvision Scheduling Tabelle

Auf Basis der in der Funktionsebene modellierten Kommunikationsstruktur und ihrer Zuordnung (Mapping) zu den Steuergeräten werden mit Hilfe des Signalrouters Signale und Signaltranssmission erzeugt. Diese enthalten bereits die feste Zuordnung zu einem Bussystem. Die Signaltransmissionen enthalten die aus dem Funktionsnetzwerk abgeleiteten Daten wie Sendemodus und Zykluszeit. Nach der Erstellung der Signaltransmissionen können diese den FlexRay-Frames manuell in sogenannte Frame-Slots zugeordnet werden. Die Übertragung der Frames erfolgt wiederum über Frametransmissionen. Diese sind einem Frame zugeordnet und enthalten die Übertragungsparameter.

Flexray_Bus_A / -;- (Bussystem) — Sendende Komponente / Empfangende Komponente

Komponente	Frame Transmission	Frame	Framegröße	Kanal	stat. / dyn.	Basiszyklus	Wiederholung	Slot
Ecu1	von Ecu1 S1 S2 slot1	Frame 1.1 mit S1 S2	32/16	Flexray Bus A	s	0	1	1
Ecu1	von Ecu1 S1 S2 slot15	Frame 1.2 mit S1 S2	32/16	Flexray Bus A	s	0	1	15
Ecu1	von Ecu1 S1 S2 slot29	Frame 1.3 mit S1 S2	32/16	Flexray Bus A	s	0	1	29
Ecu1	von Ecu1 S1 S2 slot43	Frame 1.4 mit S1 S2	32/16	Flexray Bus A	s	0	1	43
Ecu1	von Ecu1 S3 slot2	Frame 2.1 mit S3	32/8	Flexray Bus A	s	0	4	2
Ecu1	von Ecu1 S4 S5 slot3	Frame 3.1 mit S4 S5	32/16	Flexray Bus A	s	0	1	3
Ecu1	von Ecu1 S4 S5 slot31	Frame 3.2 mit S4 S5	32/16	Flexray Bus A	s	0	1	31
Ecu1	von Ecu1 S6 slot4	Frame 4.1 mit S6	32/8	Flexray Bus A	s	0	1	4
Ecu2	von Ecu2 S7 S8 slot5	Frame 5.1 mit S7 S8	32/16	Flexray Bus A	s	0	1	5
Ecu2	von Ecu2 S9 S10 slot34	Frame 6.2 mit S9 S10	32/16	Flexray Bus A	s	0	1	34
Ecu2	von Ecu2 S9 S10 slot6	Frame 6.1 mit S9 S10	32/16	Flexray Bus A	s	0	1	6
Ecu3	von Ecu3 S11 S12 S13 slot7	Frame 7.1 mit S11 S12 S	32/24	Flexray Bus A	s	0	1	7
Ecu3	von Ecu3 S14 S15 S16 slot8	Frame 8.1 mit S14 S15 S	32/24	Flexray Bus A	s	0	2	8
Ecu4	von Ecu4 S17 slot9	Frame 9.1 mit S17	32/8	Flexray Bus A	s	0	4	9
Ecu4	von Ecu4 S18 slot10	Frame 10.1 mit S18	32/8	Flexray Bus A	s	0	1	10

Abbildung 4.4.: PREEvision Kommunikationstabelle

5. Steuergerätegruppierung und Auswahl von Bussystemen

Die im Automobilbau bis vor einigen Jahren getrennten Domänen Antriebstrang, Karosserie und Komfortsysteme wachsen immer stärker zusammen. Dies ist bedingt durch hochverteilte Systeme wie beispielsweise Adaptive Cruise Control (ACC), Spurhalteassistent oder intelligente Bremsassistenten. Diesen Systemen ist gemeinsam, dass sie viele unterschiedliche Sensoren, Recheneinheiten und Aktoren im ganzen Fahrzeug verwenden. Auch die gemeinsame Nutzung von Sensoren wie beispielsweise für ESP und Airbag [3] führen zu einer immer größeren Vernetzungsdichte. Daten aus dem Navigationssystem werden beispielsweise verwendet um Fahrwerk und Motorelektronik zu steuern. Um den gestiegenen Kommunikationsanforderungen gerecht zu werden, erhöht sich ständig die Bandbreite und die Anzahl der eingesetzten Bussysteme.

Die bisherige Praxis sieht ein manuelles Anlegen aller Bussysteme sowie die Zuordnung von Steuergeräten zu diesen vor. Um den Entwurf von Bussystemen in der EEA zu unterstützen, wurde in dieser Arbeit ein Verfahren zu automatischen Generierung von Bussystemen entworfen. Dieses basiert auf der vorgestellten Modellierung der Funktions- und Vernetzungsstruktur der EEA Modellierung in PREEvision. Die Zuteilung von Funktionsblöcken zu Steuergeräten, wie das Einlesen von Sensoren, Ansteuern von Aktoren oder das Berechnen der eigentlichen Funktion bildet die Grundlage für dieses Verfahren. Aus den in der Modellierung festgelegten Daten lassen sich die Kommunikationsanforderungen der Steuergeräte ableiten und eine geeignete Vernetzungsstruktur generieren. Die Auswahl der Steuergeräte, für die dieses Verfahren angewendet werden kann, ist dabei nicht festgelegt, vielmehr kann dem Verfahren eine Liste mit gewünschten Steuergeräten übergeben werden. Dies ermöglicht es, auch eine teilweise Vernetzung generieren zu lassen.

Von der Menge der unvernetzen Steuergeräte ausgehend, werden zunächst die Kommunikationsanforderungen erfasst und eine Gruppierung der Steuergeräte durchgeführt. Dies wird mit Hilfe des Hierarchical Clustering (HC) Algorithmus realisiert, der eine Verschmelzung von einzelnen Steuergeräten zu Partitionen ermöglicht. Ausgehend von dieser Startlösung werden nachfolgend weitere Optimierungsschritte ausgeführt, die das Ergebnis des HC Baums weiter verbessern.

5.1. Eingangsdaten

Um eine Partitionierung der Steuergeräte vornehmen zu können, müssen basierend auf der Modellierung einer EEA als erstes die Kommunikationsanforderungen aller Steuergeräte bestimmt werden. Dies geschieht über die Funktionstypenmodellierung mit Hilfe der Funktionsblocktypen, deren Interfaces und Datenelemente (vgl. Abbildung 2.9 in Kapitel 2.8.2.3). Der Informationsaustausch zwischen den Funktionsblocktypen unterliegt einer zeitlichen Anforderung, die mit Hilfe von Portkommunikationsanforderungen festgelegt wird. Die Datenbreite der ausgetauschten Informationen wird über ein oder mehrere Datenelemente in der Interfacebeschreibung bestimmt. Auf Basis der Funktionstypenbibliothek werden innerhalb des Instanzmodells Funktionsblöcke instanziiert (vgl. Abbildung 2.8 in Kapitel 2.8.2.2). Diese werden über Mappings den Recheneinheiten der Steuergeräte zugewiesen. Da die Portkommunikationsanforderungen von den Funktionsblocktypen an die Funktionsblöcke vererbt werden, ist somit der zeitliche Austausch von Datenelementen bekannt. Ebenso ist auch die Datenbreite bekannt, die mit Hilfe der Interfaces in der Funktionstypenbibliothek beschrieben wurde.

Für die Partitionierung der Steuergeräte kommen die folgenden Daten aus der EEA zum Einsatz:

- Zykluszeit von Signalen definiert in den Portkommunikations-Anforderungen (PortCommunicationRequirement)
- Datentyp und Breite aus dem Datenfeld (DataElement)
- Sendendes Steuergerät (Sender)
- Empfangendes Steuergerät (Receiver)

Zur Berechnung des Datenverkehrs kann die Zykluszeit von Signalen herangezogen werden. Diese wird im Modell über die Kommunikationsanforderung *(PortCommunicationRequirement)* festgelegt. Um die Daten aus dem Modell zu extrahieren, wird die in Abbildung 5.1 eingesetzte Modellabfrage auf dem Modell ausgeführt. Die mit einem Haken versehenen Klassennamen werden von der Modellabfrage als Liste zurückgegeben. Die Modellabfrage ruft somit die beiden Steuergeräte (hier *source* und *receiver*) vom Typ *DetailedElectricElectronic* ab, welche über eine *ProcessUnit*, ein *FunctionBlockMapping*, einen *FunctionBlock*, einen *Provided-* bzw. *RequiredPort* und einen *AssemblyConnector* miteinander verbunden sind. Zusätzlich wird über den *PortPrototype* auch das *PortCommunicationRequirement* abgefragt, das die zeitlichen Anforderungen für den Nachrichtenaustausch definiert. Ebenfalls über den *PortPrototype* werden die ausgetauschten Datenelemente (*DataElement*) und die zugehörigen Signale (*Signal*) abgefragt.

Mit Hilfe der aus der Modellabfrage gewonnenen Daten sind alle Informationen bekannt um die Partitionierung der Steuergeräte zu ermöglichen.

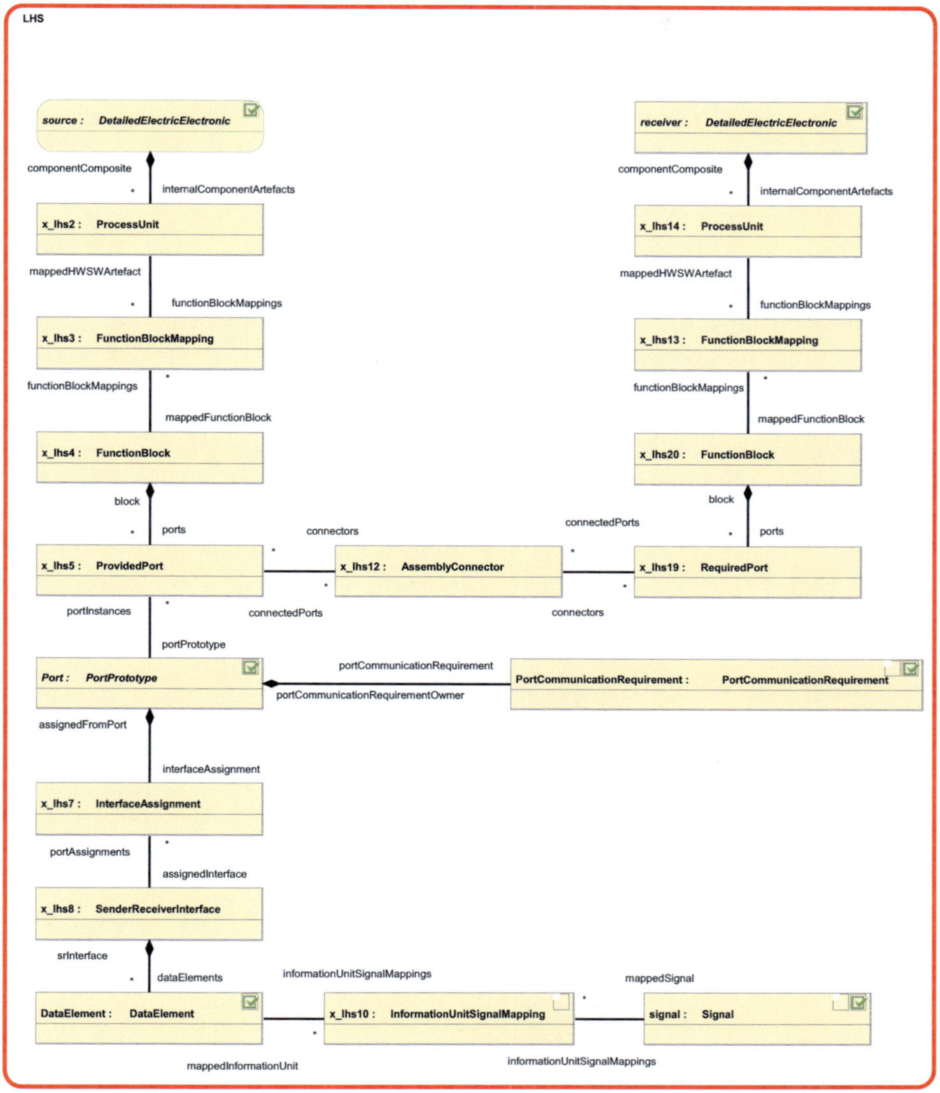

Abbildung 5.1.: Modellabfrage der Kommunikationsbeziehungen zwischen Steuergeräten

5.2. Einsatz des Hierarchical Clustering

Mit Hilfe der Graphentheorie (vgl. Kapitel 2.10) können die Steuergeräte und ihre Kommunikationsbedingungen formal dargestellt werden. Die Knoten eines

Graphen entsprechen den Steuergeräten und die Kanten den vorhandenen Kommunikationsbeziehungen. Da die Richtung der Kommunikation zur Auswahl der Busse keine Rolle spielt, können die Beziehungen durch ungerichtete Kanten dargestellt werden. Die Kommunikationsanforderungen zwischen jeweils zwei Steuergeräten werden somit nur durch eine Kante beschrieben. Das Gewicht der Kante wird über eine Nähefunktion bestimmt. Bei der Ausführung des Hierachical Clusterings werden die Knoten zu Blöcken zusammengefasst.

Die Darstellung der Steuergeräte und ihrer Kommunikationsverbindungen erfolgt über Knoten und Kanten, auf denen die Partitionierung ausgeführt werden kann. Zu Beginn des Verfahrens stehen so viele Blöcke wie Steuergeräte zu Verfügung. Je nach Kantengewicht zwischen den Partitionen werden diese jetzt schrittweise miteinander verschmolzen. Während des Verfahrens entsteht ein Baum mit unterschiedlichen Blöcken. Nach Abschluss des HC Algorithmus ergibt sich ein Block mit allen Steuergeräten (siehe Abbildung 5.2). Dabei ist zu beachten, dass alle Kombinationen von Blöcken, die sämtliche Steuergeräte umfassen, eine gültige Lösung darstellen (siehe Markierung in Abbildung 5.2). Somit kann zwischen unterschiedlichen Lösungen im Baum gewählt werden.

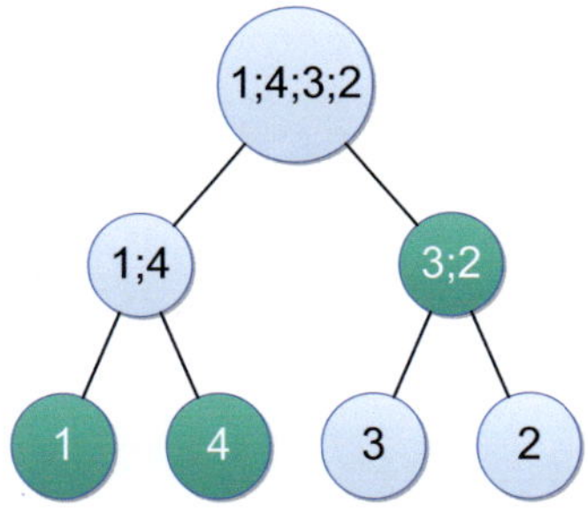

Abbildung 5.2.: Hierarchical Clustering Baum

5.2.1. Auswahl der Bussysteme im Hierarchical Clustering Baum

Um die günstigste Lösung im Baum zu finden, werden für jede Partition die Kosten für alle verfügbaren Bussysteme berechnet und die günstigste Lösung zurückgegeben. Wenn eine Partition über ein größeres Datenaufkommen verfügt als von einem Bussystem bewältigt werden kann, wird vom Auswahl-Algorithmus ein Fehler zurückgemeldet.

5.2.2. Bestimmung der Kosten jeder Partition

Die Kostenberechnung, welche für alle verfügbaren Bussysteme durchgeführt wird, umfasst die folgenden Punkte:

- Kosten pro Verlegung: Dieser Parameter enthält die Kosten für das Anlegen eines Bussystems; beispielsweise können hier die Kosten für die unterschiedlichen Leitungssätze berücksichtigt werden
- Kosten pro Busteilnehmer
- Gatewaykosten (optional): Diese werden berechnet, wenn Datenverkehr mit Elementen eines anderen Blocks einer Partitionen auftritt
- Kosten pro Byte/s für externen Datenverkehr (optional): Dieser Parameter deckt die Kosten ab die entstehen, wenn Daten über das Gateway oder einen Backbone-Bus übertragen werden müssen.

Aus den angegebenen Einzelkosten wird für jedes Bussystem die Summe gebildet. Diese können dann eingesetzt werden um die unterschiedlichen Partitionen im HC Baum zu bewerten.

5.2.3. Berechnung der günstigsten Lösung

Nach dem Abschluss des Hierachical Clustering, liegt ein Baum mit verschiedenen Blöcken vor. In diesem Baum können nun auf verschiedenen Ebenen Blöcke ausgewählt werden, die zusammen die Gesamtlösung bilden. Voraussetzung für die Auswahl ist, dass in der Summe der ausgewählten Blöcke alle Steuergeräte enthalten sind. Jeder Knoten im Baum umfasst dabei die Steuergeräte seiner Kindknoten, die im Baum eine Ebene tiefer dargestellt werden.

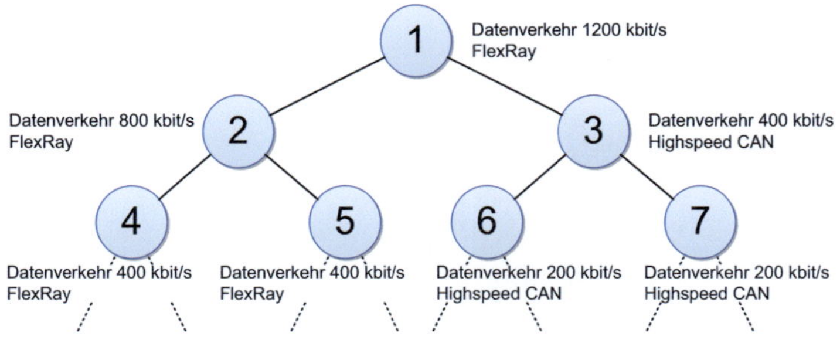

Abbildung 5.3.: Auswahl der günstigsten Lösung im HC Baum

In Abbildung 5.3 sind die drei letzten Ebenen des HC-Baumes zu sehen. Für die Berechnung dieses Beispiels wurden die folgenden fiktiven Kostenwerte angenommen:

- FlexRay: Kosten pro Busteilnehmer: 25, Kosten pro Verlegung: 300, maximale Nettodatenrate: 4MBit/s;
- CAN: Kosten pro Busteilnehmer: 10, Kosten pro Verlegung: 200, maximale Nettodatenrate: 400kBit/s.

Um das Beispiel möglichst übersichtlich zu gestalten, wurden die Gateway-Kosten und die Kosten für den externen Datenverkehr nicht berücksichtigt. Die angenommenen beispielhaften Kosten-Werte orientieren sich an den ungefähren Kosten der Busteilnehmer in der Praxis und dienen nur der Darstellung der Funktion des Algorithmus. Die reellen Kosten sind nur den Fahrzeugherstellern bekannt und müssen dementsprechend konfiguriert werden, um die beste Lösung bei der gegebenen Kostenstruktur zu erhalten.

Um die beste Lösung in Baum zu finden, wird für jede Partition die günstigste Lösung berechnet. Dazu werden für diese Partition die Gesamtkosten für alle Bussysteme berechnet und dann die günstigste technische Realisierung ausgewählt.

Zum Finden der günstigsten Gesamtlösung für den Baum werden die folgenden Schritte durchgeführt: Gestartet wird mit dem Wurzelknoten im Baum, hier Knoten 1 mit Bussystem FlexRay. Im nächsten Schritt werden die Kosten für beide Kindknoten berechnet. Die Summe dieser Kosten wird mit den eigenen Kosten verglichen und an den Elternknoten zurückgegeben. Der Algorithmus läuft somit rekursiv durch den gesamten Baum und bestimmt die günstigste Lösung. Der Pseudocode für die beschriebenen Schritte ist in Algorithmus 4 zu finden.

Algorithmus 4: cheapestSolution

```
Data : Partition part
Result : Kosten c, Liste mit Partitionen list
myCost := costOfPartition(part);
mySolution := part;
childrenCost := 0;
childrenSolution := ∅;
while child := part.nextChild do
    childrenCost += cheapestSolution(child).c;
    childrenSolution := childrenSolution ∪ cheapestSolution(child).list;
if childrencost < mycost||childrenSolution ≠ ∅ then
    return (childrenCost, childrenSolution);
else
    return (myCost, mySolution);
```

Block	Bus	Kosten/ Lösung der Kindpartitionen
1	FlexRay	950/860
2	FlexRay	525/490
3	Highspeed CAN	370/570
4	Highspeed CAN (5 Busteilnehmer)	250/-
5	Highspeed CAN (4 Busteilnehmer)	240/-
6	Highspeed CAN (8 Busteilnehmer)	280/-
7	Highspeed CAN (9 Busteilnehmer)	290/-

Tabelle 5.1.: Berechnete Kosten der Partitionen aus Abbildung 5.3

Für das Beispiel in Abbildung 5.3 ergibt sich die in Tabelle 5.1 dargestellte Kostenberechnung. Den berechneten Werten nach ist somit die Lösung mit Block 4, 5 günstiger als Block 2 und bildet zusammen mit Block 3 die kostengünstigste Lösung.

Um die Laufzeit des Algorithmus für die Ausführung auf dem Rechner abschätzen zu können, muss zunächst dessen Komplexität bestimmt werden. Für jeden Knoten muss das günstigste Bussystem berechnet werden. Für eine Anzahl von n Steuergeräten ergeben sich n initiale Blöcke. In jedem Schritt werden zwei Blöcke verschmolzen, woraus jeweils eine neuer entsteht. Die Anzahl der Blöcke reduziert sich somit in jedem Schritt um eins, bis nur noch ein Block übrig ist. Die Anzahl der Schritte ergibt sich somit zu $n - 1$. Bei jedem Reduktionsschritt wird ein neuer Block erzeugt, es kommen also $n - 1$ neue Blöcke zu den initialen n Blöcken hinzu. Dies ergibt eine Anzahl von $n + n - 1 = 2n - 1$.

Zusammen mit einer konstanten Anzahl vom auszuwählenden Bussystemen ergibt sich eine lineare Laufzeit von $\mathcal{O}(n)$.

5.2.4. Nähefunktion beim Hierarchical Clustering

Um den HC-Algorithmus ausführen zu können, muss zuerst das Kantengewicht zwischen den Knoten bestimmt werden. Um dieses festzulegen muss eine Nähefunktion gefunden werden, mit der sich das Kantengewicht berechnen lässt. Im Kontext der Bussysteme liegt es nahe, den Datendurchsatz zwischen den Blöcken einer Partition als Nähefunktion zu verwenden, um möglichst wenig Daten zwischen den Blöcken über Gateways übertragen zu müssen. Dies führt in Zusammenhang mit dem HC Algorithmus aber zu den im folgenden erklärten Problemen und ist deshalb als ausschließliche Nähefunktion nicht geeignet.

Da es in einem Netzwerk unterschiedlich schnelle Teilnehmer gibt, die auch meist einen größeren Datendurchsatz haben, würde der HC Algorithmus zunächst diese zu Blöcken verschmelzen. Somit entsteht ein großer Block, der viele schnelle Teilnehmer umfasst. Eine großer Block hat aber auch viele Verbindungen zu Knoten, die noch nicht in diesen großen Block aufgenommen wurden. Somit haben diese Teilnehmer eine große Nähe zur diesem großen Block. Dieser Block fängt an den entstehenden HC Baum zu dominieren und führt somit zu einem entarteten unausgeglichenen Baum (siehe Abbildung 5.4). Steuergeräte mit niedriger Geschwindigkeit haben somit keine Chance einen eigenen Block zu bilden. Die langsamen Teilnehmer würden nach und nach an den Block mit schnellen Teilnehmern angeschlossen werden. Dabei wäre es günstiger, wenn sie mit einem langsameren Bussystem miteinander verbunden werden würden.

Ein entarteter Baum ist zur Suche einer Lösung (Abschnitt 5.2.3) schlecht geeignet. Dem Algorithmus stünden letztlich nur zwei Lösungen zu Auswahl. Entweder ein großer Block mit allen ECUs oder jede ECU einzeln in einem Block.

Um eine bessere Vernetzung zu erreichen müssen also die folgenden Punkte beachtet werden:

- Bereits verschmolzene Blöcke müssen von der Nähefunktion benachteiligt werden, damit diese nicht anfangen die Partition zu dominieren.
- Die Nähe darf nicht abhängig sein vom absoluten Datendurchsatz, da dies das Verschmelzen von Blöcken mit langsamen Teilnehmern verhindern würde.

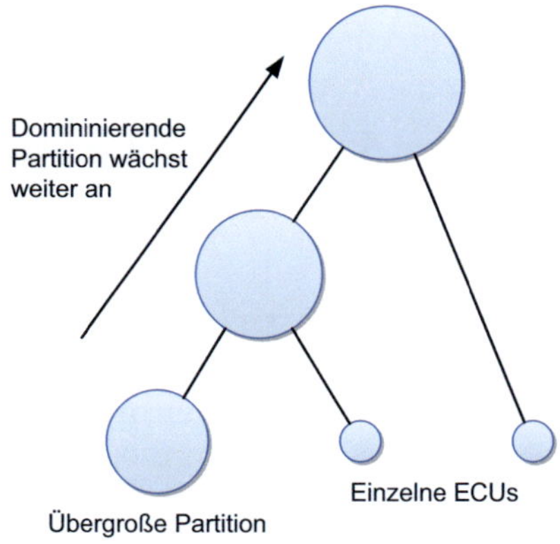

Abbildung 5.4.: Dominante Partition im HC Baum

Im Rahmen dieser Arbeit wurden einige Nähefunktionen entwickelt, die diese Randbedingungen beachten und für die Kantenbewertung in Frage kommen. Diese Nähefunktionen werden in den nächsten Abschnitten nun detailliert vorgestellt. Die Nähefunktion auf Basis des Datendurchsatzes bildet den Eingangswert für diese anderen Bewertungsverfahren und wird als „normale Nähe“ bezeichnet.

5.2.4.1. Relative Nähe

Die relative Nähe wird aus dem Quotienten des Datendurchsatzes zu einem bestimmten Block und dem gesamten Datendurchsatz das aktuellen Blocks errechnet. Als Ergebnis ergibt sich somit der prozentuale Anteil der Kommunikation zu einem bestimmten Block zum gesamten Gesamtdurchsatz. Somit sind zwei langsame Teilnehmer und zwei schnelle Teilnehmer die jeweils ausschließlich miteinander kommunizieren gleichgestellt. Es werden also auch langsame Teilnehmer zum Beginn des Verfahrens mit eingebunden. Auch dem ersten der beiden Punkte aus Abschnitt 5.2.4 wird Rechnung getragen, denn durch das Verschmelzen der Partitionen verfügt diese in der Regel über mehr Verbindungen nach außen, was die Einzelverbindungen jeweils herabstuft.

5.2.4.2. Beidseitige relative Nähe

Für eine Verbindung zwischen zwei Blöcken existieren immer zwei Bewertungen dieser Verbindung, da die Blöcke meist einen unterschiedlichen Gesamtdatendurchsatz haben. Dieser Zusammenhang ist in Abbildung 5.5 dargestellt. Damit ein Steuergerät, dass mit einem schnellen Teilnehmer kommuniziert, nicht sofort mit diesem verschmolzen wird, wird als Ergebnis der Nähefunktion der kleinere der beiden Werte zurückgegeben. Für Abbildung 5.5 bedeutet dies, dass als Ergebnis der beiden Bewertungen 0,66 und 0,02 der Wert 0,02 zurückgegeben wird. Dies hilft den langsameren Teilnehmern eine eigene Partition zu bilden.

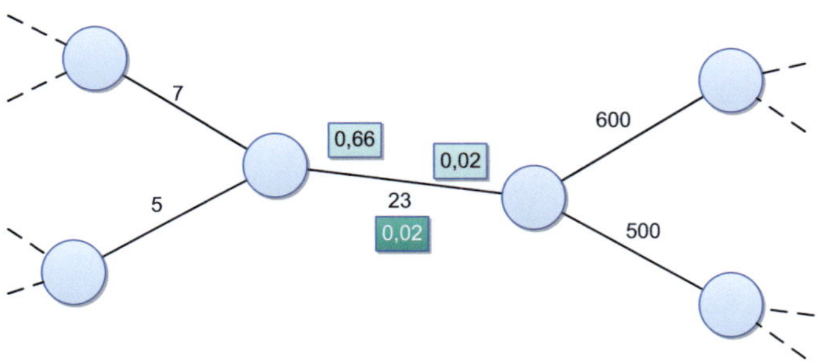

Abbildung 5.5.: Beidseitige relative Nähefunktion

5.2.4.3. Gewichtete Nähe

Besitzt ein Teilnehmer in einer Gruppe mit langsameren Teilnehmern eine Verbindung zu einem schnelleren Teilnehmer, werden bei der beidseitigen relativen Nähe die Verbindungen zu den langsamen Teilnehmern stark abgewertet. In Abbildung 5.6 ist diese Nähefunktion mit einigen fiktiven Beispielwerten dargestellt. Hier bekommt die Verbindung von Knoten K1 zu G1 (5 bit/s) und K2 zu G1 (7 bit/s) eine schlechte Bewertung aufgrund des Gesamtdatendurchsatzes des Knotens von 35 bit/s. Im Ergebnis sind alle Verbindungen dieses Knotens schlecht bewertet. Um dies zu verhindern, ist es sinnvoll die berechnete Nähe mit den anderen Nähen des Knotens in Relation zu setzen. Dadurch werden die langsameren Verbindungen wieder aufgewertet. Dies wird erreicht durch die Bildung der Summe aller beidseitigen relativen Nähen. Dies ergibt für das Beispiel eine Summe von $0,20 + 0,14 + 0.02 = 0,36$. Jede Einzelverbindung wird dann mit dieser Summe ins Verhältnis gesetzt. Das ergibt für die Verbindung K1 zu G1 einen Wert von $0,20/0,36 = 0,56$. Im Beispiel ist zu erkennen, dass dieses Verfahren nicht die minimalen Schnittkosten anstrebt, sondern die Verbindungen zu unterschiedlich schnellen Teilnehmern berücksichtigt. Die Verbindungen zwischen K1 und G1 sowie K2 und G1 haben zusammen nur einen Datendurchsatz von 12 bit/s gegenüber der Verbindung G1 und G2 mit 23 bit/s.

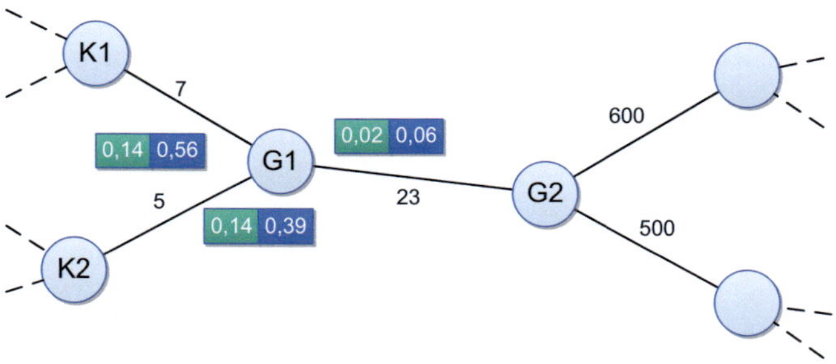

Abbildung 5.6.: Gewichtete Nähefunktion

5.2.4.4. Neue gewichtete Nähe

Diese Nähefunktion berücksichtigt zusätzlich noch stärker die Anzahl der Verbindungen eines Knotens. Dies wird erreicht, indem die gewichtete Nähe zusätzlich noch durch die Anzahl der Verbindungen eines Knotens geteilt wird. Durch diese Dämpfung wird erreicht, dass Knoten, die mit vielen anderen Knoten in Verbindung stehen, erst später in einen Block aufgenommen werden. Hierdurch lassen sich bei der Partitionierung noch bessere Ergebnisse erzielen.

5.2.4.5. Fazit

Da die vorgestellten Nähefunktionen für unterschiedliche Netzwerke unterschiedlich gute Ergebnisse liefern, ist es sinnvoll für eine Vernetzungsstruktur unterschiedliche Nähefunktionen zu testen. Dies wird im Rahmen des in dieser Arbeit vorgestellten Verfahrens dadurch erreicht, dass die Partitionierung für alle vorgestellten Nähefunktionen durchgeführt wird und dann das kostengünstigste Ergebnis ausgewählt wird.

5.3. Verschmelzen von Partitionen

Bei der Ausführung des HC Alogrithmus können aufgrund seines Greedy-Verhaltens ungünstige Blockgrößen entstehen. Dies ist bedingt durch die Nichtbeachtung der Kapazitätsgrenzen der Bussysteme. Abbildung 5.7 soll diesen Zusammenhang verdeutlichen. Hier sind zwei wenig ausgelastete Lowspeed-CAN Partitionen vorhanden. Um eine möglichst gute Lösung zu finden, kann es sinnvoll sein, diese beiden Bussysteme miteinander zu verschmelzen. Dieses Verschmelzen kann als „Rucksackproblem“ betrachtet werden. Hierbei ist das Ziel Objekte auszuwählen und dabei eine festgelegte Schranke nicht zu überschreiten. Die Ausführung dieses Schrittes wird in Kapitel 5.5 betrachtet.

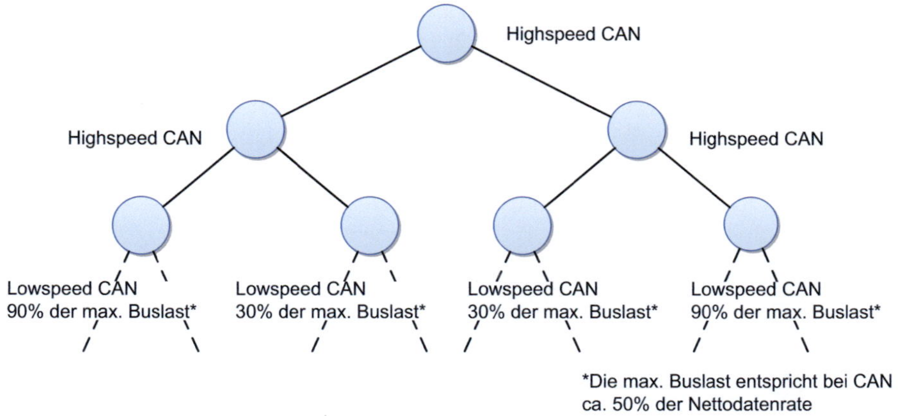

Abbildung 5.7.: Verschmelzen von unterausgelasteten Partitionen

5.4. Fiduccia Mattheyses (FM)-Algorithmus

Um das Ergebnis des HC-Algorithmus weiter zu verbessern lässt sich der FM Algorithmus [41] zur weiteren Optimierung der Blöcke einsetzen. Ziel des Algorithmus ist es, durch Verschieben von Knoten die Schnittkosten zwischen zwei Blöcken zu reduzieren. Dazu werden immer zwei Blöcke ausgewählt und der Algorithmus mit diesen ausgeführt. Das im Rahmen des FM-Algorithmus verwendete Gleichgewichtskriterium muss für den Fall der Buspartitionierung allerdings angepasst werden. Das Ziel die Blockgrößen möglichst gleich zu halten, ist hier nicht unbedingt sinnvoll. Wenn sich ein Block vollends auflösen ließe, würde dies möglicherweise zu einer besseren Gesamtlösung führen. Beim Verschieben der Knoten ist auf jeden Fall deren Kapazitätsgrenze zu beachten. Dies kann somit als Ziel des Gleichgewichtskriteriums angesehen werden. Beim Aufruf des FM Algorithmus mit zwei unterschiedlichen Bussystemtypen ist zusätzlich darauf zu achten, dass nicht alle Teilnehmer dem teureren Bus zugewiesen werden.

Aus diesem Grund müssen die beiden folgenden Punkte eingehalten werden.

- Der Datenverkehr eines Blocks muss kleiner oder gleich der Kapazitätsgrenze des Bussystems sein.
- Des weiteren muss beachtet werden, dass die Teuerung durch die Verschiebung in ein schnelleres Bussystem kleiner oder gleich der eingesparten Verschiebungen in ein langsameres Bussystem sind. Der Gewinn einer Verschiebung zwischen den Blöcken berechnet sich durch den eingesparten Datenverkehr zwischen den Blöcken.

Der FM Algorithmus kann so einerseits die Schnittkosten zwischen zwei Blöcken optimieren, und andererseits auch unterausgelastete Bussysteme zusammenführen, weil dadurch die Schnittkosten zwischen den Blöcken auf null reduziert werden. Das Verbinden von Blöcken funktioniert allerdings nur so lange, wie auch Verbindungen zwischen zwei Blöcken existieren. Ansonsten sind die Schnittkosten bei Aufruf des Algorithmus bereits null. Aus diesem Grunde ist es sinnvoll nach der Ausführung des FM Algorithmus noch einen Rucksack-Algorithmus auszuführen, der evtl. vorhandene niedrig ausgelastete Blöcke verschmelzen kann.

5.5. Rucksackproblem

Das Rucksackproblem *(Knapsack Problem)* beschreibt ein kombinatorisches Optimierungsproblem. Als Eingangsgrößen liegt ein Set von Dingen mit einem bestimmten Wert und Gewicht vor. Ziel ist es, einen Teil der Dinge in einen Rucksack zu verpacken und dabei einen möglichst großen Wert zu erzielen. Das maximale Gewicht des Rucksacks darf dabei nicht überschritten werden.

Das Rucksackproblem ist ein NP-vollständiges Problem und gehört zu der von Richard Karp 1972 veröffentlichen Liste von 21 NP-vollständigen Problemen [65]. Zur Lösung des Problems existiert ein Pseudo-Polynomial-Alogrithmus auf Basis dynamischer Programmierung [83].

Ein Algorithmus wird als Pseudo-polynomial bezeichnet, wenn seine Laufzeit durch die Eingabelänge und den größten in der Eingabe vorkommenden Wert festgelegt wird. Pseudo-polynomiale Algorithmen verhalten sich in der Praxis etwa genauso gut wie polynomiale Algorithmen [51].

Das Zusammenfassen von Buspartitionen kann als Rucksackproblem dargestellt werden. Hier wird allerdings im Gegensatz zum Standardproblem nicht der Wert des Rucksackinhalts, sondern der Füllstand des Rucksacks optimiert. Die Gewinnberechnung zielt somit darauf ab, möglichst viel Gewicht verpackt zu haben. Das Gewicht ist somit mit dem Wert gleichzusetzen.

5.5.1. Dynamische Programmierung

Für die Lösung des Rucksackproblems existieren exakte Algorithmen auf Basis dynamischer Programmierung. Für das verschmelzen von Buspartitionen wird auch ein solches Verfahren eingesetzt. Aufgrund der Problemstellung muss aber nicht immer die optimale Lösung gefunden werden. Dies ist bedingt durch ein mögliches Verändern der Gewichte beim Verpacken der Blöcke in den Rucksack.

Je nachdem welche anderen Blöcke noch im Rucksack verpackt sind, ändern sich die Gewichte der Blöcke einer Partition, die gerade dem Rucksack hinzugefügt wurden. Abbildung 5.8 zeigt diesen Zusammenhang.

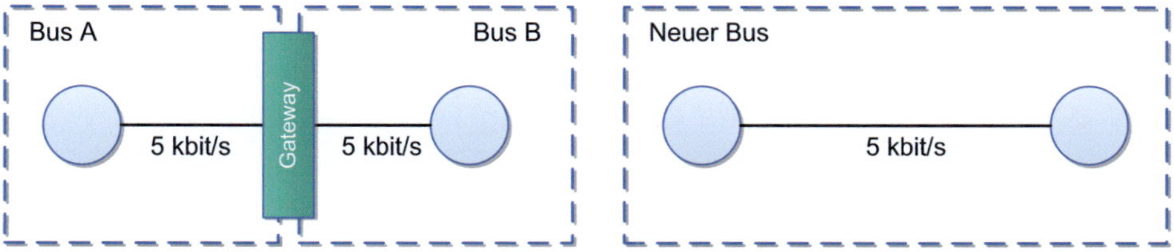

Abbildung 5.8.: Fehlerbehaftete Berechnung des internen Datenverkehrs

Wenn zwei Blöcke miteinander kommunizieren, wird der Datenverkehr vom ersten Bus über das Gateway zum zweiten Bus transportiert. Dies geschieht ebenfalls in die entgegengesetzte Richtung. Somit ist der Datenverkehr für beide Blöcke als externer Datenverkehr zu rechnen. Werden diese Blöcke jetzt in einen

Rucksack verpackt, fällt der Datenverkehr zwischen diesen beiden Blöcken als externer Datenverkehr weg, weil die enthaltenen Steuergeräte über den internen Bus kommunizieren können. Wenn also Blöcke zusammengefügt werden, die fast ausschließlich mit anderen Blöcken extern und kaum intern kommunizieren, können der neuen Zusammenstellung nicht so viele Blöcke hinzugefügt werden, weil sich der für den neuen Bus vorhandene Datentransfer durch das Verschmelzen der Blöcke kaum reduziert. Dies bedeutet, dass der Datentransfer des neuen Busses bei vielen internen Verbindungen nicht der Summe des Datentransfers der ursprünglichen Busse entspricht. Durch die vorherige Ausführung des HC- sowie des FM- Alogrithmus wird dieser Effekt aber abgemildert, da hier schon die externe Kommunikation der Busse zu reduzieren versucht wird.

5.5.2. Anwendung

Für das Zusammenfassen von Blöcken einer Partition ist das Ausführen eines einzelnen Rucksack-Algorithmus nicht ausreichend. Vielmehr ist die Anzahl von benötigten Rucksäcke vorher unbekannt, da es keine Informationen darüber gibt, wie viele Blöcke überhaupt zusammengefasst werden können.

Des weiteren ist es wichtig für jeden Bussystem-Typ einen eigenen Rucksack anzulegen, da nur gleichartige Bussysteme zusammengefasst werden dürfen. Würde man Teilnehmer eines günstigen Bussystems in einen teureres übernehmen, würden die Kosten für diese Teilnehmer zusätzlich steigern. Aus diesem Grunde wird das folgende Verfahren für jeden Bussystem-Typ einzeln ausgeführt.

1. Liste aller Blöcke eines Bussystems-Typs erstellen
2. Leeren Rucksack mit der Kapazität des Bussystems-Typs erstellen
3. Rucksack mit Blöcken aus der Liste befüllen und die verwendeten Blöcke aus der Liste löschen. Wenn mehr als ein Block eingepackt wurde, den Rucksack als Block der Liste hinzufügen.
4. Wenn noch nicht verpackte Bussysteme existieren, wieder mit Schritt 1 fortfahren

Dieses Vorgehen ermöglicht es nach dem Hinzufügen eines Bussystems die Restkapazität des Rucksacks neu zu berechnen. Durch das Hinzufügen zur Liste lässt sich somit diese Restkapazität noch ausnutzen. Somit lassen sich die Folgen der oben beschriebenen Füllstandsungenauigkeit abmildern.

5.5.3. Exakter Algorithmus

Je nach Anzahl der zu vernetzenden Buspartitionen ist es auch möglich eine Lösung für das Problem exakt zu berechnen (Algorithmus 5). Dies hat den Vorteil, dass man die Kapazität zur Ausführungszeit genau berechnen kann. Die exakte Berechnung basiert auf einer rekursiven Lösung des Problems. Auch hier ist wieder zu beachten, dass der Gewinn dem Gewicht der Partition entspricht.

Algorithmus 5: Rucksack

```
Data : Bisher verwendete Blöcke oldlist, Blockliste allparts, Listenposition it,
       eingesetzer Bus bus
Result : Verwendete Blöcke list
part := oldpart ∪ {allparts(it)};
if it = allparts.last then
    if bus = checkBus(part) then          /* Prüfen ob die neue
    Zusammenstellung noch mit dem Bus realisierbar ist */
        return part
    else
        return oldpart
else
    if bus = checkBus(part) then
        return rucksack(oldpart, it + 1, bus);
    else
        return maxInternalTraffic( rucksack(part, it + 1, bus),
        rucksack(oldpart, it + 1, bus));
```

Als Ziel der Befüllung wird hier nicht der gesamte, sondern nur der interne Datenverkehr zwischen den Bussystemen herangezogen. Dies ermöglicht es eine genaue Berechnung der Auslastung durchzuführen. Somit verändert sich der Datenverkehr nach dem Hinzufügen eines Blocks nicht mehr. Im Gegensatz zur Berechnung mit Hilfe der dynamischen Programmierung muss hier der Rucksack nicht nochmals als Gewicht zur weiteren Befüllung zur Verfügung gestellt werden.

5.5.4. Fazit

Für eine kleine Anzahl an Bussystemen ist der rekursive exakte Algorithmus ideal, weil er ein besseres Speicher- und Laufzeitverhalten aufweist, als die Lösung mit der dynamischen Programmierung. Des weiteren hat er durch die nicht vorhandene Vorausberechnung der Gewichte nicht die beschriebene Füllstandsungenauigkeit. Für eine große Anzahl an Bussystemen wird die Rechenzeit allerdings sehr lang. Aus diesem Grunde ist es sinnvoll je nach Anzahl der zu vernetzenden Steuergeräte eines der beiden beschriebenen Verfahren anzuwenden.

5.6. Ergebnisse

Das gesamte Bus-Partitionierungsverfahren umfasst die folgenden Schritte:

1. Hierarchical Clustering
2. Auswahl der Knoten im Hierachical Clustering Baum
3. Optimieren der Schnittkosten der ausgewählten Blöcke mit dem FM-Algorithmus
4. Nicht ausgelastete Bussysteme mit dem Rucksack-Algorithmus zusammenführen
5. Erneute Ausführung des FM-Algorithmus

Ein zweites Ausführen des FM-Algorithmus nach der Ausführung des Rucksack-Algorithmus ist aufgrund von Änderungen an den Blöcken sinnvoll. In Abbildung 5.9 ist diese Situation dargestellt. Vor der Ausführung des Rucksack Algorithmus ist ein Verschieben der weißen Partition nicht sinnvoll und würde zu einer Erhöhung der Schnittkosten um 1 führen. Nach der Ausführung des Rucksack Algorithmus wurden die beiden rechten Blöcke verschmolzen und eine Verschiebung führt zu einer Senkung der Schnittkosten um 3.

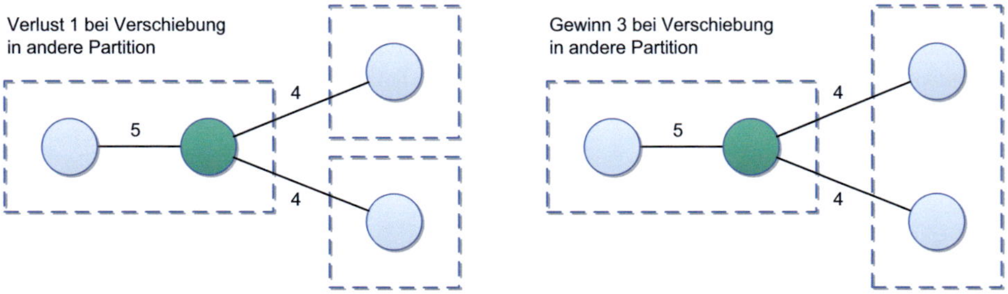

Abbildung 5.9.: Beispiel: Zweite Ausführung FM-Algorithmus

5.6.1. Entworfene Softwareumgebung

Das entworfene Konzept zur Generierung von Bussystemen wurde auf zwei verschiedene Arten realisiert. Es entstand eine eigenständig lauffähige Software, die einen Import und Export der notwendigen Daten auf Basis von XML-basierten Dateien erlaubt. Des weiteren wurde ein Plugin für PREEvision entworfen, welches es erlaubt, die notwendigen Daten direkt aus dem Modell abzufragen, die Bussynthese durchzuführen und die Ergebnisse in Form von Bussystemen wieder im Modell abzuspeichern. Da die eigenständig lauffähige Version des Programms in der Sprache Java entwickelt wurde, war es möglich eine weitere Klasse hinzuzufügen, welche die Ausführung des Verfahrens als Plugin in PREEvision ermöglicht.

5.6.2. Software-Architektur

Die Ausgangsbasis für die Verarbeitung der Daten bildet die Klasse „RawNetwork" (Abbildung 5.10). Von dieser wird entweder die Klasse „XmlRawNetwork" zur Nutzung der XML-basierten Ein- und Ausgabe oder „PVRawNetwork" zur direkten Nutzung in PREEvision abgeleitet.

Im Rohnetzwerk liegen dann alle notwendigen Informationen zur Durchführung der Bussynthese bereit. Es werden Listen mit Referenzen auf die zur Berechnung notwendigen Netzwerkelemente, wie ECUs, Verbindungen und Datenelemente gespeichert. Die weitere Konkretisierung von „RawNetwork" namens „CachedNetwork" hält sogenannte „HashMaps" bereit, um Netzwerkelemente schnell finden zu können. Zudem werden Verbindungen zwischen dem gleichen Sender und Empfänger zu „AdvancedConnections" zusammengefasst und der ECU bekannt gemacht.

Die Umsetzung des Algorithmus als PREEvision Plugin ist in Abbildung 5.11 zu sehen. Als Kontext werden dem Plugin eine Liste der zu vernetzenden Steuergeräte und ein Container mit den erlaubten Bussystemtypen übergeben.

5.6.3. Test

Da ein Test mit einer realem Funktionsvernetzung nicht möglich ist, weil bisher kein OEM seine Funktionsvernetzung veröffentlicht hat, musste eine andere Lösung zum Test des Verfahrens gefunden werden. Um alle möglichen Fälle abdecken zu können wurde ein konfigurierbarer Netzwerkgenerator zum Entwurf von Funktionsvernetzungen entworfen. Dieser erzeugt auf Basis der Eingangswerte eine zufällige Signalstruktur zwischen den Steuergeräten. Die folgenden Einstellungen können dabei ausgewählt werden:

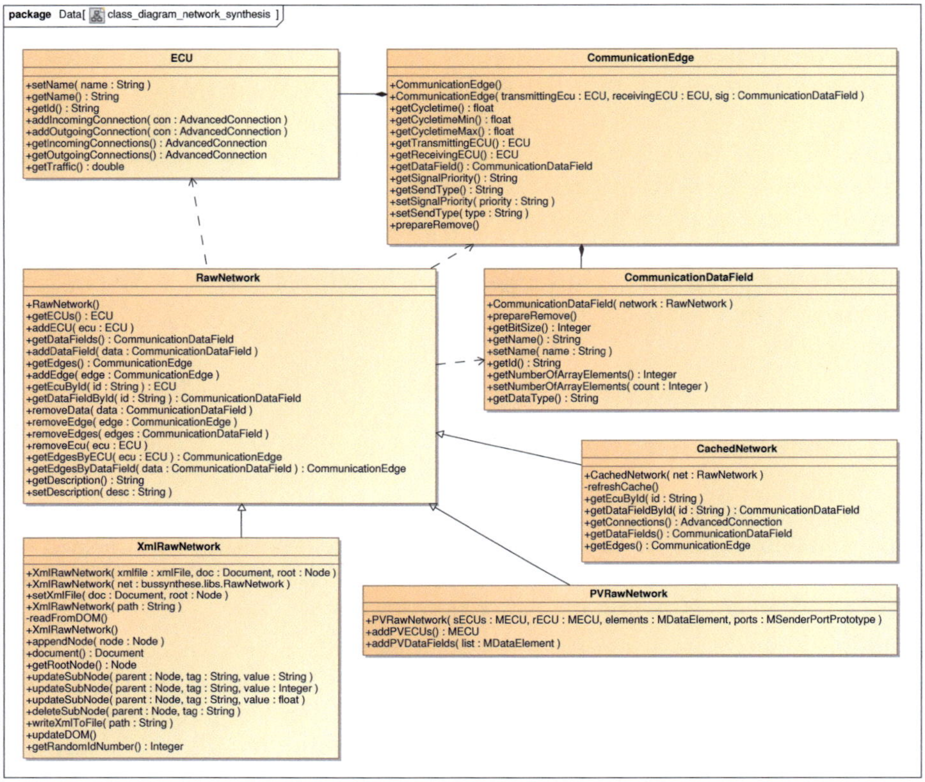

Abbildung 5.10.: Klassendiagramm der Bussynthese-Datenstruktur

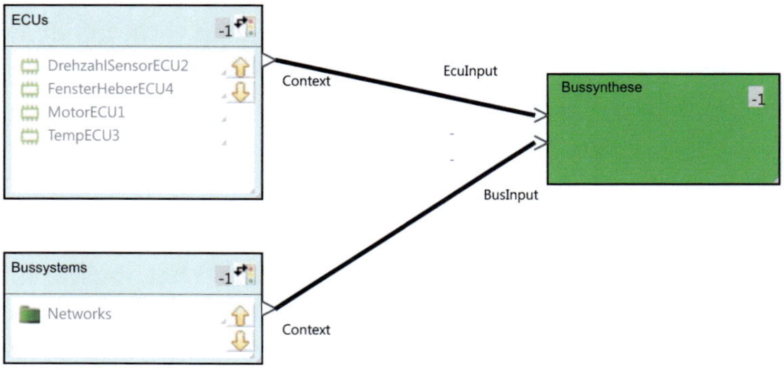

Abbildung 5.11.: PREEvision block plugin implementation

- min/max Anzahl von Steuergeräten
- min/max Anzahl von Verbindungen
- min/max Abstand zwischen kleinsten und größten Anzahl an Verbindungen
- min/max der kleinsten Datenrate der Verbindungen
- min/max der größten Datenrate der Verbindungen

Des weiteren kann zur gezielten Bildung von Gruppen noch eine Wahrscheinlichkeit angegeben werden, mit der sich ECUs mit anderen ECUs verbinden. Hierbei werden die ECUs durchnummeriert und die Wahrscheinlichkeit gibt die Vernetzungshäufigkeit mit anderen ECUs aus der selben Zehnergruppe an. Des weiteren kann die gewünschte Datenrate für den Zehnerblock angegeben werden. Hiermit können gezielt Gruppen mit unterschiedlicher Geschwindigkeit erzeugt werden um den Algorithmus zu testen.

Als Basis für die durchgeführten Tests wurden 100 unterschiedliche Netzwerke generiert. Mit diesen wurde die Netzwerksynthese durchgeführt und die Ergebnisse ausgewertet. In Abbildung 5.12 sind die Ergebnisse des Tests zusammengefasst. Dabei wird die Abweichung eines Ergebnisses in Prozent gegenüber der besten gefundenen Lösung angegeben. Es ist zu erkennen, dass die „geteilte gewichtete Nähefunktion" durchschnittlich das beste Ergebnis für die Testdaten liefert. Da dies aber für einzelne Fälle nicht gilt, werden bei der Ausführung des Algorithmus alle Nähefunktionen berechnet und nur das günstigste Ergebnis zurückgeliefert. Die Rechenzeit für die unterschiedlichen Testnetzwerke lag mit einem Standard Desktop-PC bei unter 3min.

5.7. Zusammenfassung

Mit der entwickelten Methode ist es möglich, auf Basis einer vorliegenden Menge von Steuergeräten, welche über eine Funktionsvernetzung verbunden sind, eine Vernetzungsstruktur zu entwerfen. Dazu wurden verschiedene Nähefunktionen entwickelt, um eine möglichst gute Blockbildung zu ermöglichen. Mit Hilfe von Nachoptimierungen ist es möglich das initiale Ergebnis weiter zu verbessern.

Mit Hilfe des Ansatzes wurde erreicht, verschiedene Funktionsverteilungen zu testen und die daraus resultierenden Vernetzungsstrukturen automatisch zu erzeugen. In der Entwurfsphase der Automobilentwicklung lassen sich so viele Realisierungsalternativen unkompliziert erzeugen und bewerten. Das entwickelte Verfahren liefert auch einen Beitrag zum Thema Systemoptimierung in der Automobilentwicklung [6].

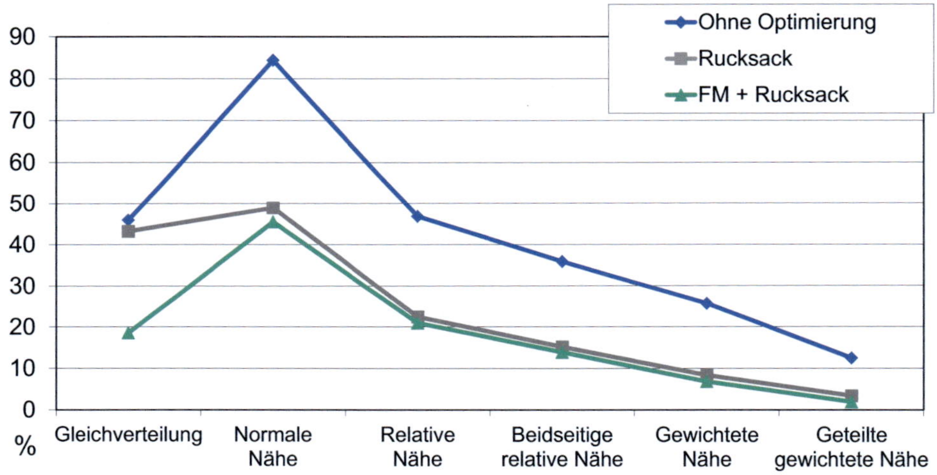

Abbildung 5.12.: Ergebnisse der Nähefunktionen und Algorithmen

6. Konfiguration und Überprüfung von FlexRay Parametern

In den folgenden Kapiteln werden die in dieser Arbeit entwickelten Methoden zur Konfiguration von FlexRay Parametern, zu Überprüfung und zum Auslesen aus bestehenden Bussystemen vorgestellt. Des weiteren wird die zur Überprüfung von FlexRay Topologien entworfene Methode präsentiert.

Während sich die Konfiguration des CAN-Busses auf wenige Parameter wie den die Taktung der Systemuhr (CAN system clock), die Synchronisationsabweichung (Synchronization Jump Width) und den Abtastzeitpunkt (Sample point) beschränkt [93], müssen für den zeitgesteuerten FlexRay Bus wesentlich mehr Parameter gesetzt werden. Neben der Konfiguration des zeitgesteuerten statischen FlexRay Segments, ist auch die Auswahl der Parameter für das optionale dynamische Segment sehr aufwändig.

Um die Konfiguration zu vereinfachen und an die jeweilige Applikation anzupassen wurde eine Methode entwickelt um die zur Konfiguration notwendigen Daten aus der EEA zu verwenden und für die Berechnung einzusetzen.

6.1. Konfiguration des statischen FlexRay Segments

6.1.1. Parameterabhängigkeiten und Berechnungsreihenfolge

Die im Abschnitt 3.2 vorgestellten lokalen und globalen Parameter sollen mit Hilfe von Daten aus der Architekturmodellierung berechnet werden. Dazu ist es zunächst notwendig, ein Set von Werten zu identifizieren, die als Eingangsdaten für die Berechnung dient.

Diese initialen Werte werden aus der Architekturmodellierung ausgelesen. Alle abhängigen Parameter können aus den technischen Randbedingungen des Systems (Leitungslängen und Verzögerung, Eigenschaften der FlexRay Communication Controller (CC) und Bustreiber) und den bereits berechneten Protokollparametern berechnet werden. Aus den Abhängigkeiten der Parameter untereinander ergibt sich die in Abbildung 6.1 und 6.2 dargestellte Abhängigkeitsstruktur.

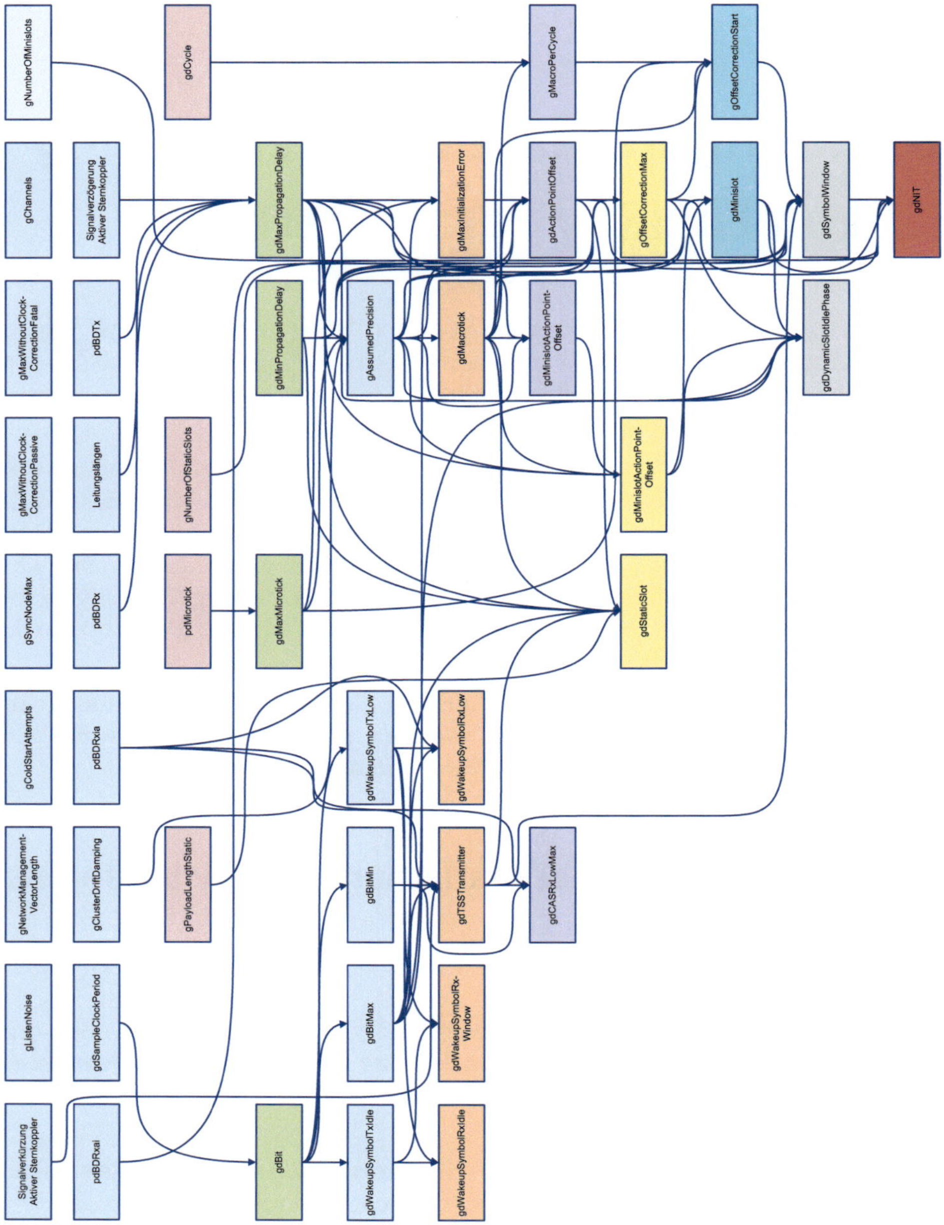

Abbildung 6.1.: Abhängigkeiten bei der Dimensionierung globaler Protokollparameter.

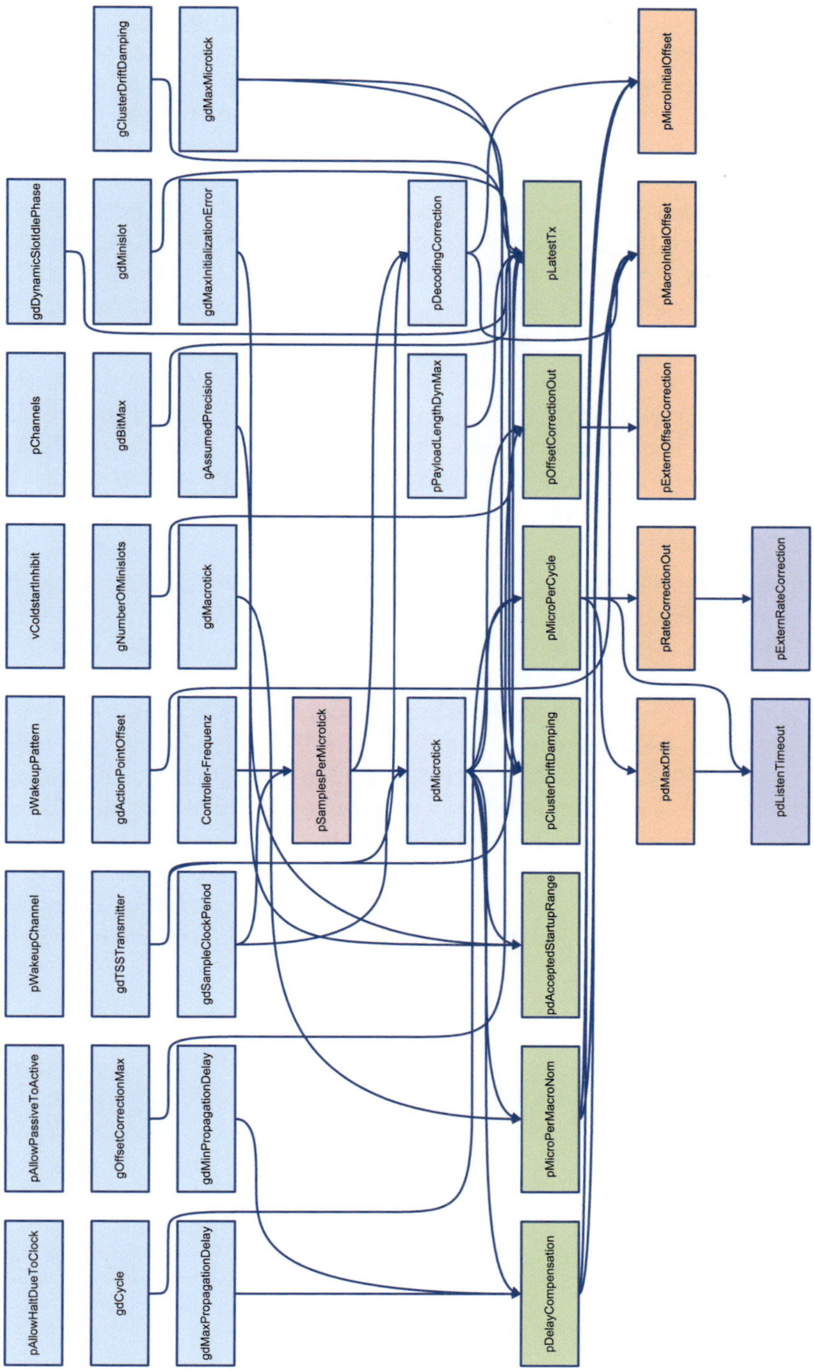

Abbildung 6.2.: Abhängigkeiten bei der Dimensionierung lokaler Protokollparameter.

Aus dieser Abhängigkeitsstruktur lässt sich eine Berechnungsreihenfolge für die Parameter ableiten. Neben der Bruttodatenrate, die über (`gdSampleClockPeriod`) bestimmt wird, ist die lokale Einstellung der Zeitdauer eines Microticks `pdMicrotick` für die Dimensionierung aller Protokollparameter essentiell. Für die Berechnung der globalen Parameter muss zunächst der maximale Microtick aller Knoten `gdMaxMicrotick` bestimmt werden (siehe Kapitel A.1.1.23). Dieser ist für die Präzision (`gAssumedPrecision`, siehe Kapitel A.1.1.24) des gesamten Cluster maßgeblich. Auch für die Berechnung der lokalen Parameter ist die Bestimmung des lokalen Microticks notwendig. Somit ist die Berechnung von anderen lokalen und globalen Parametern erst möglich, wenn dieser Wert berechnet wurde.

Nach der Bestimmung der Microticks werden als nächstes die Parameter bestimmt, die zur Ausführung des Message Schedulings notwendig sind. Dazu gehört die Länge der TSS (`gdTSSTransmitter`), die Länge eines Bits (`gdBit`) und die entsprechenden Toleranzbereiche (`gdBitMin` und `gdBitMax`). Aus diesen Werten kann der Kommunikations-Overhead berechnet werden. Dieser muss für die Berechnung des Schedulings bekannt sein, da er die Ausnutzung der Brutto-Datenrate beeinflusst.

Vor der weiteren Berechnung der übrigen Parameter wird zunächst das Frame-Packing und Message-Scheduling durchgeführt. Mit Hilfe der Signal Transmissionen der einzelnen Knoten werden zunächst Frames generiert und dann ein Nachrichten-Fahrplan zusammenstellt, der die Bruttodatenrate des Busses bestmöglich ausnutzt. Durch diese Berechnung können anschließend weitere essentielle Parameter des Busses bestimmt werden. Dazu gehört beispielsweise die Zykluslänge (`gdCycle`), die Anzahl der statischen Slots (`gNumberOfStaticSlots`) und die Payload-Länge eines statischen Slots (`gPayloadLengthStatic`). Nach der Festlegung dieser grundlegenden Parameter können schließlich weitere globale und lokale Parameter berechnet werden. Anschließend werden sämtliche berechneten Parameter noch auf ihre Randbedingungen in der Spezifikation überprüft. Der in Abbildung 6.3 dargestellte Ablauf zeigt die Vorgehensweise bei der Parameter Berechnung.

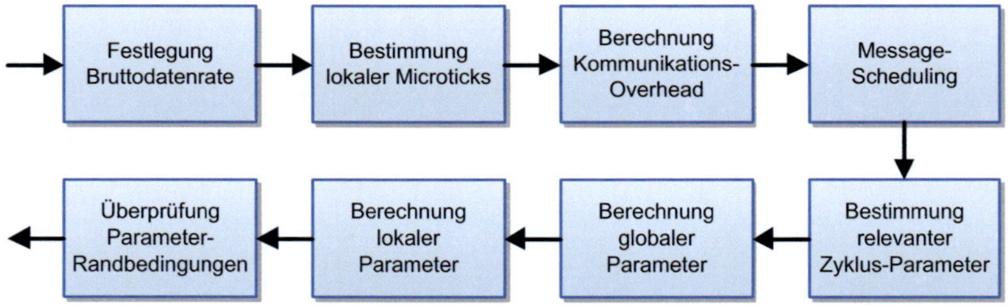

Abbildung 6.3.: Vorgehensweise bei der Berechnung der FlexRay-Protokollparameter.

Im folgenden soll nun auf die Berechnung der globalen und lokalen Parameter näher eingegangen werden.

6.1.1.1. Eingabewerte und Berechnungsreihenfolge für globale Protokollparameter

Abbildung 6.4 zeigt die entwickelte Berechnungsreihenfolge der globalen Parameter. Die verschiedenen Berechnungsebenen sind durch horizontale Ebenen abgetrennt. In der obersten Ebene befinden sich die Initialwerte die als Grundlage für die Berechnung der weiteren Ebenen verwendet werden. Die Parameter am unteren Ende stellen die Werte mit der längsten Abhängigkeitskette dar und werden als letztes berechnet. Die für die Berechnung notwendigen Eingangswerte auf der obersten Ebene werden aus der EEA abgeleitet und werden im folgenden nochmals kurz erläutert.

Der Parameter `gdSampleClockPeriod` ist einer der wichtigsten Parameter des Systems und bestimmt die Bruttodatenrate des gesamten Bussystems. Er ist von den Anforderungen des Anwenders abhängig und befindet sich somit in der obersten Ebene. Von der Anwendung abhängig ist der Parameter `gClusterDriftDamping`. Er bestimmt das Verhalten der Knoten bei Frequenzkorrekturen, ist nicht von anderen Parametern abhängig und wird aus der EEA ausgelesen.

Ebenfalls mit in die Konfiguration einbezogen werden die Signallaufzeiten auf dem physikalischen Bus. Hierzu müssen die minimalen und maximalen Leitungslängen sowie die Signal-Verzögerungen bzw. -Verkürzungen durch den Einsatz von aktiven Sternkopplern beachtet werden. Informationen, über die im Bus vorhandenen Leitungslängen, lassen sich mit Hilfe der in der EEA Modellierung hinterlegten topologischen Daten bestimmen. Des weiteren sind die physikalischen Eigenschaften der Bustreiber zu berücksichtigen. Hier spielen die Verzögerungen beim Senden und Empfangen (`dBDTx` bzw. `dBDRx`) und die Übergänge zwischen aktivem und passivem Zustand der Treiber (`dBDRxai` bzw. `dBDRxia`) eine Rolle. Diese Werte sind den Datenblättern der Bauteile zu entnehmen und werden ebenfalls aus der EEA übernommen.

Um die Parameterwerte in der ersten Berechnungsebene `gdCycle`, `gNumberOfStaticSlots` und `gPayloadLengthStatic` bestimmen zu können muss zuerst das Busscheduling durchgeführt werden (siehe Kapitel 6.1.3). Auf die Festlegung der Anzahl der Minislots `gNumberOfMinislots`, wird in Kapitel 6.2 ausführlich eingegangen. Die Anzahl der Sync Knoten `gSyncNodeMax` wird aus der Architekturmodellierung bestimmt. Hierzu werden die Steuergeräte ermittelt, die für das Senden von Sync-Nachrichten konfiguriert ausgesucht.

Der Wert `gdMaxMicrotick` in der zweiten Berechnungsebene kann bestimmt werden, wenn alle `pdMicrotick` im Netzwerk bekannt sind. Diese lässt sich mit Hilfe

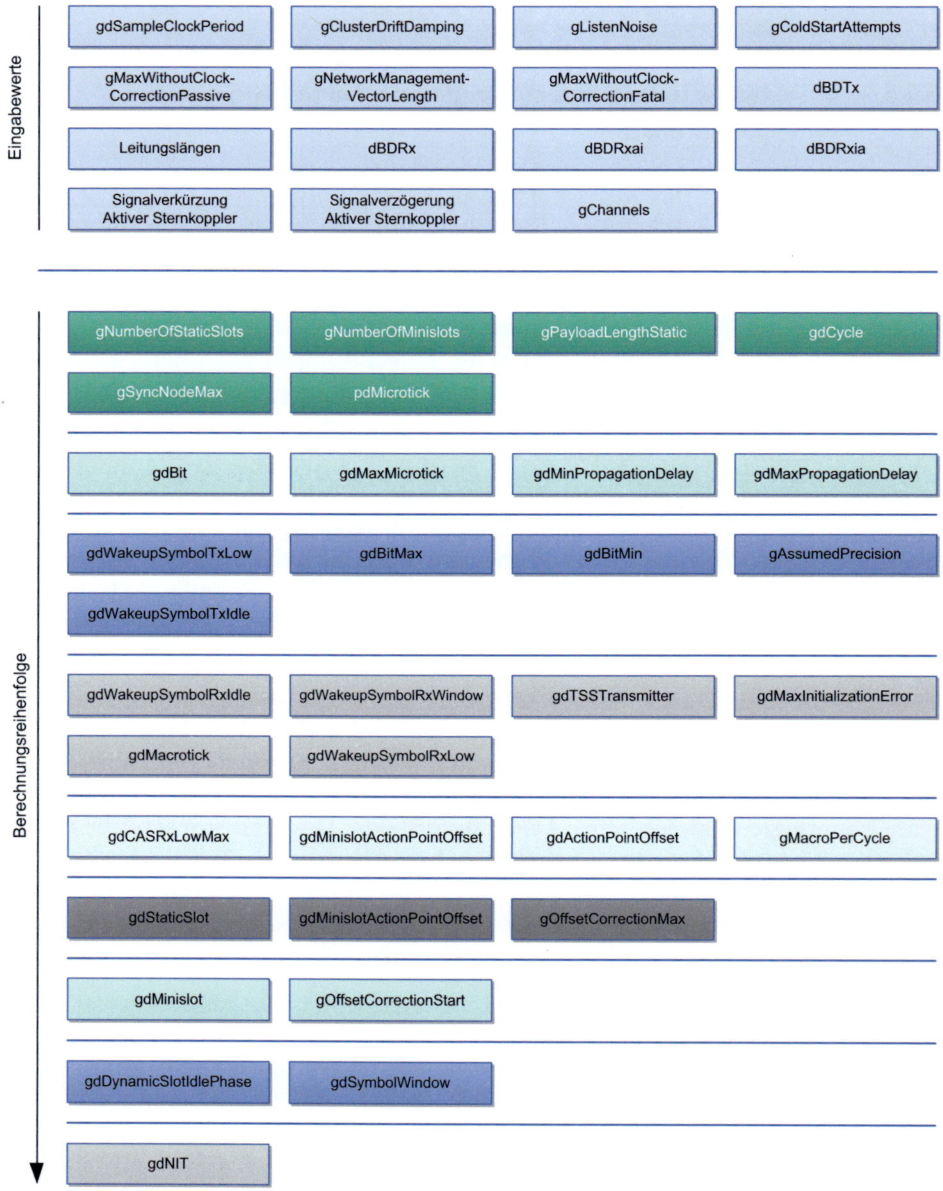

Abbildung 6.4.: Berechnungsebenen der globalen FlexRay-Protokollparameter.

der Taktfrequenz des FlexRay CC und `gdSampleClockPeriod` aus der EEA bestimmen. Alle weiteren Werte in den Ebenen 2 bis 10 können in Abhängigkeit der darüber gelegenen Schichten berechnet werden. Ihre Reihenfolge ist durch die horizontale Aufteilung vorgegeben.

Um die Konfiguration eines FlexRay CC vorzunehmen, sind neben den zur Parameterberechnung notwendigen Werten noch zusätzliche Parameter vonnöten. Die folgenden Werte werden direkt zur Konfiguration des Controllers eingesetzt.

Der Parameter `gListenNoise` beschreibt einen Faktor der mit dem Parameter `pdListenTimeout` multipliziert wird und das Verhalten des Knotens beim Starten des Clusters beschreibt. Dieser Wert ist stark vom Einsatzzweck des Busses und den Umgebungsstörungen abhängig und muss somit vom Anwender festgelegt werden. Die Länge der Netzwerk Management Nachrichten wird mit Hilfe von `gNetworkManagementVectorLength` festgelegt. Bei einem Wert von 0 wird die Netzwerk Management Nachrichtenfunktion deaktiviert. Die Länge der Nachrichten ist Teil des Netzwerk Managements Konzepts beim Entwurf der EEA.

Die Anzahl gColdStartAttempts gibt an, wie oft ein Knoten den Versuch unternimmt den Cluster zu starten. Im Falle eines Defekts kann so verhindert werden, dass der Knoten weiterhin Startup-Frames sendet und so den Bus stört.

Die Werte `gMaxWithoutClockCorrectionFatal` und `gMaxWithoutClockCorrectionPassive` beschreiben das Verhalten des Knotens, falls dieser mehrere Zyklen keine Synchronisationsnachrichten erhalten hat. Diese Werte sind von der über dem Bus kommunizierenden Anwendung abhängig, da ein zu großer Wert zu Störungen des Systems führen kann. Die Anzahl der nicht möglichen Korrekturversuche der Uhr ist vom Fehlerbild und den Anforderungen der Anwendung abhängig [100]. Dieser Wert wird aus der EEA ausgelesen.

Abschließend muss noch der Wert `gChannels` aus der EEA bestimmt werden, welcher die im Netzwerk vorhandenen Kanäle festlegt.

6.1.1.2. Dimensionierung der Länge eines Macroticks

Laut der FlexRay Protokollspezifikation ist die Auswahl des Macroticks `gdMacrotick` zwischen 1 µs und 6 µs frei wählbar. Es empfiehlt sich jedoch den Macrotick unter Berücksichtigung verschiedener Randbedingungen auszuwählen. Ein kleiner Wert hat den Vorteil, dass abhängige Protokollparameter feinerer Granularität gewählt werden können. Ein größer gewählter Macrotick kann aber auch Vorteile bei der Ausnutzung der Brutto-Bandbreite bringen.

In einem beispielhaften FlexRay Cluster müsste bei einer `gAssumedPrecision` von 2,1 µs die Wahl eines Macroticks von 1 µs dazu führen, dass der ActionPoint-Offset `gdActionPointOffset` 3 µs betragen würde [100]. Hierdurch würden 0,9 µs durch die Granularität des Macroticks verloren gehen. Ein längerer Macrotick

Parameter	Einsatz
gdSampleClockPeriod	Parameter-Berechnung
gClusterDriftDamping	Parameter-Berechnung
Leitungslängen	Parameter-Berechnung
dBDTx	Parameter-Berechnung
dBDRx	Parameter-Berechnung
dBDRxai	Parameter-Berechnung
dBDRxia	Parameter-Berechnung
Signalverkürzung Aktiver Sternkoppler	Parameter-Berechnung
Signalverzögerung Aktiver Sternkoppler	Parameter-Berechnung
gListenNoise	Konfiguration CC
gColdStartAttempts	Konfiguration CC
gMaxWithoutClockCorrectionPassive	Konfiguration CC
gMaxWithoutClockCorrectionFatal	Konfiguration CC
gNetworkManagementVectorLength	Konfiguration CC
gSyncNodeMax	Konfiguration CC
gChannels	Konfiguration CC

Tabelle 6.1.: Eingangswerte für globale Parameterberechnung

von 1,1 µs würde einen ActionPoint-Offset von 2,2 µs ermöglichen und somit ein besseres Ergebnis liefern.

Aus diesem Grunde wurde ein Verfahren entwickelt, dass die Dimensionierung des Macroticks im Hinblick auf eine geringe Differenz zwischen dem ActionPoint-Offset und der Cluster-Präzision optimiert.

Im folgenden Algorithmus 6 ist das Verfahren zur Dimensionierung von `gdMacrotick` beschrieben.

6.1.1.3. Berechnung von globalen Protokollparametern

gdCycle Für die Festlegung der Zykluslänge werden in Kapitel 6.1.4 verschiedene Algorithmen vorgestellt.

gPayloadLengthStatic Die Wahl der Größe der Payload-Sektion ist abhängig von den zu übertragenden Signalen der Steuergeräte. Um eine möglichst gute Ausnutzung der Bruttodatenrate zu erreichen, muss die Payload-Länge an die zu übertragenden Signale der Steuergeräte angepasst werden. In Kapitel 6.1.2 wird ein Algorithmus vorgestellt, der aus der Liste der verfügbaren Signale die

Algorithmus 6: Dimensionierung von gdMacrotick

```
aActionPrecDiff := 9999;
aActionPrecDiff_old := 9999;
for double i = 1; i < 6; i += 0.001 do
    gdActionPointOffset = ceil((2 * gAssumedPrecision -
    gdMinPropagationDelay + 2 * gdMaxInitializationError) / (i * (1 -
    cClockDeviationMax)));
    if (gdActionPointOffset - gAssumedPrecision) >= 0 then
        aActionPrecDiff = min(aActionPrecDiff_old, gdActionPointOffset -
        gAssumedPrecision);
        if aActionPrecDiff < aActionPrecDiff_old then
            gdMacrotick = i;
            if aActionPrecDiff == 0 then
                return;
        aActionPrecDiff_old = aActionPrecDiff;
```

optimale Payloadlänge ermittelt.

gNumberOfStaticSlots Aufgrund der minimalen Anzahl von zwei Synchronisations- und Startup-Knoten beträgt die minimale Anzahl im statischen Segment zwei Slots. Zwischen diesen beiden Knoten sollten aber aus Sicherheitsgründen mindestens zwei Frames Abstand vorhanden sein [100], woraus sich eine größere Zahl von Slots ableitet (siehe Kapitel 6.1.3.1). Die Anzahl der statischen Slots lässt sich aus der Anzahl der Knoten und deren zu übertragenden Nachrichten berechnen. Die notwendigen Berechnungsschritte werden ausführlich in Kapitel 6.1.4 vorgestellt.

gNumberOfMinislots Die Anzahl der Minislots ist von der Applikation der im dynamischen Segment übertragenden Daten abhängig. Es muss darauf geachtet werden, dass auch Nachrichten mit einer niedrigen Priorität eine Möglichkeit haben übertragen zu werden. In Kapitel 6.2 wird detailliert auf die Konfiguration des dynamischen Segments eingegangen.

ActionPointOffset Zu Berechnung des ActionPointOffset existieren zwei Berechnungsvorschriften. Bei Formel (A.16) wird der Actionpointoffset unter der Berücksichtigung einer möglichen Cliquenbildung berechnet. Spielt diese keine Rolle, weil Clicquenbildung durch andere Maßnahmen verhindert wird, kann auch Formel (A.15) zur Berechnung eingesetzt werden. Für die automatische Parameterberechnung wurde die Formel für eine sicherere Übertragung (A.16) ausgewählt, weil diese die Anforderungen in jedem Fall erfüllt. Zur Ermittlung des Wertes wurde $\geq$ durch $=$ ersetzt.

gSyncNodeMax Gemäß der Spezifikation [42] wird sie maximale Anzahl an Synchronisationsknoten manuell gesetzt. Im Rahmen der automatischen Parameterberechnung kann dieser aber auch aus der Architektur hergeleitet werden. Dazu muss die Anzahl der Teilnehmer summiert werden, die einen Key-Slot belegen und somit als Sync-Knoten konfiguriert sind. Mit der Hilfsvariable $aKeySlotUsed_k$ werden zunächst alle Teilnehmer markiert die einen Key-Slot belegt. Daraufhin kann mit Formel (6.1) die Anzahl `gSyncNodeMax` der Synchronisationsknoten innerhalb aller Knoten $nNodes$ ermittelt werden.

$$aKeySlotUsed_k = \begin{cases} 1, & \text{falls } pKeySlotId \text{ gesetzt} \\ 0, & \text{sonst} \end{cases}$$

$$gSyncNodeMax = \sum_{k \in \{nNodes\}} aKeySlotUsed_k \tag{6.1}$$

pDelayCompensation[Ch] Gemäß der Beschreibung in [100] muss das Produkt aus lokalem Microtick und der konfigurierten Laufzeitkompensation inmitten der minimalen und maximalen Signallaufzeit liegen (vgl. Formel (A.52)). Aus diesem Grund wird für die automatische Berechnung mit Hilfe von Formel (6.2) für `pDelayCompensation[Ch]` ein Wert in der Mitte des Wertebereiches bestimmt.

$$\begin{aligned} &pDelayCompensation[Ch]\ [\mu T] = \\ &\text{floor}\left(\frac{adPropagationDelayMax\ [\mu s] + adPropagationDelayMin\ [\mu s]}{2 \cdot pdMicrotick\ [\mu s/\mu T]}\right) \end{aligned} \tag{6.2}$$

pExternRateCorrection und pExternOffsetCorrection Für die automatisierte Berechnung der FlexRay Parameter wurde eine externe Uhrenkorrektur vorerst nicht berücksichtigt. Bei Nichtbenutzung der externen Uhrenkorrektur werden die zugehörigen Werte zu Null gesetzt (siehe Formel (6.3)).

$$
\begin{aligned}
pExternRateCorrection\ [\mu T] &= 0 \\
pExternOffsetCorrection\ [\mu T] &= 0
\end{aligned}
\tag{6.3}
$$

Weitere Parameter Für alle weiteren Berechnungsformeln, die nicht explizit aufgeführt wurden, berechnen sich die Parameter laut den Formeln in Kapitel 3.2. Falls zur Berechnung nur Ungleichungen zur Verfügung standen wurde $\geq$ bzw. $\leq$ durch $=$ ersetzt. Die Einhaltung aller Parameter-Randbedingungen wurde zusätzlich nochmal nach der Berechnung überprüft.

6.1.1.4. Eingabewerte und Berechnungsreihenfolge für lokale Protokollparameter

Die Berechnung der lokalen FlexRay Parameter erfolgt nach Abschluss der Berechnung der globalen Parameter. Um die Abhängigkeiten der Parameter aufzulösen, wurde wie bei den globalen Parametern eine Berechnungsreihenfolge aufgestellt (siehe Abbildung 6.5). Als Eingangswerte dienen die Menge der globalen Parameter und `pdMicrotick`, welcher bereits für die Berechnung des globalen Parameters `gdMaxMicrotick` für alle Knoten im Netzwerk berechnet wurde. Der Wert `pPayloadLengthDynMax` wird aus der längsten zu versendenden Nachricht im dynamischen Segment bestimmt und steht nach der Generierung der dynamischen Nachrichten zur Verfügung.

Wie bei den globalen, gibt es auch bei den lokalen Parametern Werte die ausschließlich zur Konfiguration der Hardware CC eingesetzt werden. Hierzu gehören die Werte `pAllowHaltDueToClock` und `pAllowPassiveToActive`, die wie die globalen Werte `gMaxWithoutClockCorrectionFatal` und `gMaxWithoutClockCorrectionPassive` das Verhalten des Knotens im Falle eines Synchronisationsproblems steuern. Dieser sehr anwendungsabhängige Wert wird in der EEA vom Entwickler festgelegt. Der Wert `pWakeupChannel` gibt die Kanäle an, über die ein Wakeup-Symbol geschickt wird. Dieser lässt sich mit Hilfe der Wakeup Nachrichten des Knotens und dessen zugeordneten Kanal aus der EEA bestimmen. Das `pWakeupPattern` legt die Anzahl der zu sendenden Wakeup Symbole fest und wird aus der EEA ausgelesen. Über die Variable `vColdstartInhibit` kann dem Knoten verboten werden, als erster Coldstarter aufzutreten. Dieser Wert ist von der auf dem Steuergerät laufenden Applikation abhängig und wird eingesetzt, wenn dem Busteilnehmer das Aufwecken des Netzwerkes nicht gestattet werden soll.

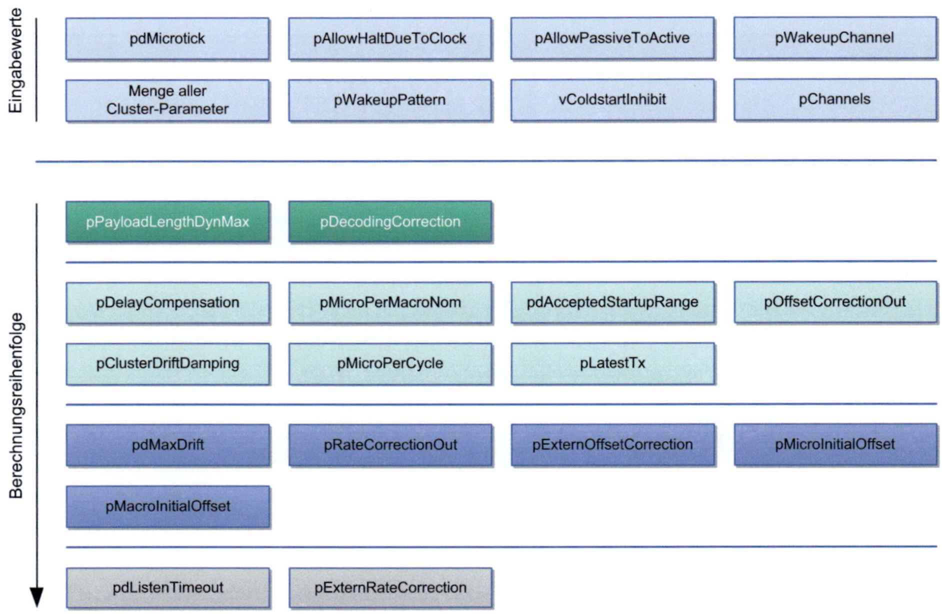

Abbildung 6.5.: Berechnungsebenen der lokalen FlexRay-Protokollparameter.

6.1.2. Gruppierung von Signalen im statischen Segment

Die Übertragung von Daten auf dem FlexRay Bus erfolgt mit Hilfe der in Kapitel 3.1.8 vorgestellten Frames. Die zu übertragenden Daten der Steuergeräte liegen als Signale in der EEA vor. Diese enthalten eine Kommunikationsanforderung, welche die Periodizität, in der die Signale gesendet werden müssen, beschreibt. Um die Daten über den Bus zu übertragen müssen diese Signale in FlexRay Frames verpackt werden. Ein Frame kann in Abhängigkeit der Länge der Signale und der Payload-Sektion im Frame eine unterschiedliche Anzahl an Signalen aufnehmen. Ergänzt wird die Payload Sektion durch einen Header und einen Trailer. Diese als Overhead bezeichneten Teile des Frames sind unabhängig von der Payload-Größe.

6.1.2.1. Einschränkungen bei der Gruppierung

Ziel bei der Gruppierung von Signalen ist es, dass Payload/Overhead Verhältnis zu maximieren. Dazu kann während der Parameter-Konfigurationsphase die Länge der Payload-Sektion durch `gPayloadLengthStatic` festgelegt werden. Die Größe der Payloads kann bis zu 127 2-Byte-Words betragen (siehe Kapitel 3.2.1).

Parameter	Einsatz
gdCycle	Parameter-Berechnung
gOffsetCorrectionMax	Parameter-Berechnung
gdTSSTransmitter	Parameter-Berechnung
gdActionPointOffset	Parameter-Berechnung
gNumberOfMinislots	Parameter-Berechnung
gdBitMax	Parameter-Berechnung
gdMinislot	Parameter-Berechnung
gdMaxInitializationError	Parameter-Berechnung
gAssumedPrecision	Parameter-Berechnung
gdMacrotick	Parameter-Berechnung
gdSampleClockPeriod	Parameter-Berechnung
gdMinPropagationDelay	Parameter-Berechnung
gdMaxPropagationDelay	Parameter-Berechnung
Controller-Frequenz	Parameter-Berechnung
gClusterDriftDamping	Parameter-Berechnung
gdDynamicSlotIdlePhase	Parameter-Berechnung
gdMaxMicrotick	Parameter-Berechnung
pAllowHaltDueToClock	Konfiguration CC
pAllowPassiveToActive	Konfiguration CC
pWakeupChannel	Konfiguration CC
pWakeupPattern	Konfiguration CC
vColdstartInhibit	Konfiguration CC
pChannels	Konfiguration CC

Tabelle 6.2.: Eingangswerte für lokale Parameterberechnung

Da ein Frame immer einem sendenen Steuergerät zugeteilt wird, können nur Signale gruppiert werden, die von einem Steuergerät gesendet werden. Des weiteren ist es sinnvoll nur Signale mit der gleichen Zykluszeit zu gruppieren. Das Einplanen von Nachrichten mit einer größeren Zykluszeit ist zwar möglich, belegt aber unnötig Bandbreite, da die Daten dann öfter übertragen werden als notwendig. Die Zykluszeit des Signals mit der kürzesten Zykluszeit bestimmt die Wiederholrate der Übertragung des Frames innerhalb der 64 FlexRay-Zyklen. Das Gruppieren von Signalen, die an unterschiedliche Teilnehmer adressiert sind, ist ohne Einschränkungen möglich, da alle Teilnehmer auf dem Bus sämtliche Botschaften empfangen können. Die entwickelte Frame-Packing Methode unterstützt das Senden von Nachrichten über die Kanäle A und B. Wenn sich ein Empfänger nur an Kanal A und ein weiterer nur an Kanal B befindet, ist es meist nicht sinnvoll diese Signale für diesen zu einem Frame zu kombinieren, da der Frame ansonsten auf beiden Kanälen übertragen werden müsste. Es wird also versucht nur Nachrichten mit Empfängern auf dem gleichen Kanal zu kombinieren um so nicht unnötig Bandbreite zu verschwenden. Eine Ausnahme bildet hier die Übertragung von sicherheitsrelevanten Nachrichten, die aus Redundanzgründen über beide Kanäle übertragen werden sollen.

6.1.2.2. Optimierungsziel und -verfahren

Das Einordnen von Signalen in Frames kann als ein klassisches Bin-Packing Optimierungsproblem angesehen werden. Ziel ist es die konfigurierte Payload-Länge ideal auszunutzen, das Verhältnis aus Payload zu Overhead zu maximieren und die Anzahl der Frames minimal zu halten.

Da das in Kapitel 4.5.1 vorgestellte Bin-Packing Verfahren nur für eine feste Behältergröße geeignet ist, muss es für den Fall des Frame-Packing noch ergänzt werden. Beim vorliegenden Problem ist die Behältergröße allerdings nicht festgelegt und soll erst ermittelt werden. Dieses variable Behälterproblem (engl. Variable Size Bin-Packing Problem) lässt sich hier durch eine Iteration über die fixe Anzahl an möglichen Behältergrößen lösen. Die vorgestellte Heuristik wird dann für alle erlaubten Behältergrößen durchgeführt.

Zum Beginn des Verfahrens liegt eine sortierte Liste mit der Menge n aller Signale S vor, die sich im gleichen Cluster C befinden. Für diese soll nun die optimale Payload-Länge ermittelt werden. Die Breite des Signals S_j wird mit S_j^b bezeichnet. Der Startwert für die minimale Payload-Länge ergibt sich aus dem Maximum der Menge aller S_j^b. Dieser wird auf den nächsten 2 Byte Wert aufgerundet, definiert die minimal notwendige Größe und bildet den Startwert für die Iteration über die möglichen Payload-Längen. Danach wird aufsteigend über alle gültigen Payloadlängen iteriert und mit Hilfe der Heuristik die jeweils beste Frame-Zusammenstellung ermittelt. Dabei entsteht eine Anzahl m von Frames F, die aus einer Menge von M Signalen erzeugt wird, wobei M_j die Menge aller Signale im Frame F_j repräsentiert. Dabei darf kein Signal in zwei Frames gleichzeitig vorkommen. Somit ist M_j eine überschneidungsfreie Teilmenge der aller Signale S.

Nach der Generierung wird jeder Frame auf seine Effizienz hin untersucht. Dabei ist F_j^e die Effizienz des Frames F_j. Diese berechnet sich unter Verwendung der Payload L und des Kommunikations-Overhead O laut Formel (6.4).

$$F_j^e = \frac{\sum_{i=0}^{n-1} S_i^b \text{ [gdBit]}}{L \text{ [gdBit]} + O \text{ [gdBit]}}, S_i \in M_j \tag{6.4}$$

Die Berechnung des Overheads ergibt sich laut Formel (6.5). Die optimale Effizienz eines Frame ergibt sich dann, wenn die Summe der Signalbreiten S_i^b gleich der konfigurierten Payloadlänge L ist. Mit Hilfe des konstanten Overheads O kann die Effizienz in Abhängigkeit von der Payload-Länge bestimmt werden.

$$\begin{aligned} O\,[\text{gdBit}] &= gdTSSTransmitter\,[\text{gdBit}]+ \\ cdFSS\,[\text{gdBit}] &+ 80\,\text{gdBit} + cdFES\,[\text{gdBit}]+ \\ gPayloadLengthStatic\,&[\text{Words}] \cdot 4\,\text{gdBit} \end{aligned} \tag{6.5}$$

Aus dem arithmetischen Mittel aller berechneten Frame-Effizienzen ergibt sich die Gesamteffizienz E der Konfiguration. Ist diese besser als die bisher erreichte beste Lösung, wird sie mit den zugehörigen Parametern zwischengespeichert.

Der gesamte Ablauf für die Berechnung der optimalen Frame-Länge ist in Abbildung 6.6 zu sehen.

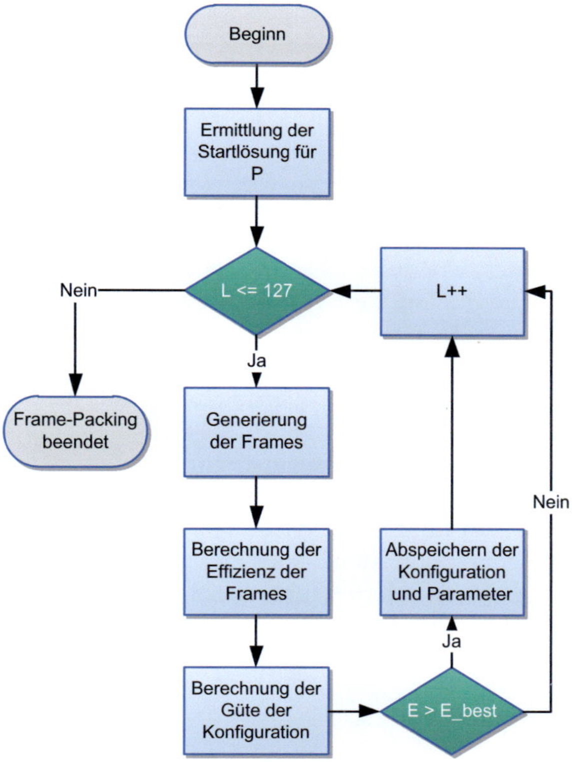

Abbildung 6.6.: Verfahren zur Ermittlung eines optimalen Frame-Packing

6.1.3. Scheduling im statischen Segment

Die Datenübertragung im statischen FlexRay Segment orientiert sich an einem zu Designzeit festgelegten statischen Fahrplan. Für die Übertragung von Nachrichten stehen eine konfigurierbare Anzahl an statischen Slots `gNumberOfStaticSlots` zur Verfügung, die für alle Zyklen konstant ist. (siehe Kapitel 3.1.6). Insgesamt gibt es 64 solcher Zyklen deren Nummerierung von 0 bis 63 reicht (vgl. Abbildung 3.7). Nach Vollendung des 63 Zyklus beginnt die Zählung wieder bei 0. Jeder Slot wird somit 64 Mal wiederholt bis die Zählung von neuem beginnt.

Da jedoch nicht alle Nachrichten in jedem Zyklus übertragen werden müssen, gibt es die Möglichkeit eine sogenannte Zyklus-Maske (Cycle-mask) zu definieren. Diese erlaubt es die Periode eines Frames in Bruchteilen der Zykluszeit festzulegen. Die Cycle-Mask kann in Schritten von $2^n : n \in \{0..6\}$ festgelegt werden. Diese Wiederholungszeit (Repetition) ermöglicht es, einen Slot in unterschiedlichen Zyklen mit verschiedenen Nachrichten zu belegen. Dazu steht ein sogenannter Offset zu Verfügung, mit dem man die Nachrichten zeitlich versetzt übertragen kann. Ein Offset von 0 bedeutet eine Übertragung im Zyklus 0, während ein Frame mit Offset 1 im Zyklus 1 zum ersten Mal übertragen wird. Mit einer Repetition von 64 lassen sich somit 64 verschiedene Frames im gleichen Slot übertragen.

6.1.3.1. Randbedingungen bei der Belegung der Slots

Bei der Erstellung eines Schedules für das statische Segment, sind noch einige Randbedingungen einzuhalten, die von der Spezifikation vorgeschrieben werden. Diese schreibt vor, dass ein Slot immer exklusiv einem Sender zugeordnet werden muss. Es dürfen mit Hilfe der Cycle-Mask und dem Offset zwar unterschiedliche Nachrichten in einem Slot übertragen werden, aber der Sender einer Nachricht ist für alle 64 Zyklen immer gleich. Des weiteren sind für die Synchronisation und den Startup des Clusters sogenannte Key-Slots definiert, die aus Robustheitsgründen immer einen Abstand von zwei Slots aufweisen sollen [100]. Dieser Sicherheitsabstand trägt Sorge dafür, dass beim Starten selbst bei völlig unsynchronisierten Teilnehmeruhren keine Überlagerung der Frames stattfinden kann. Bei Einhaltung des definierten Sicherheitsabstands ist diese Möglichkeit auf jeden Fall ausgeschlossen.

6.1.3.2. Szenarien beim Scheduling

In Abhängigkeit von Typ der Signale sind für die Festlegung eines Fahrplans unterschiedliche Strategien notwendig. Für diese unterschiedlichen Szenarien wurden getrennte Lösungsansätze entwickelt, die an die unterschiedlichen Anforderungen angepasst sind.

Beim Erstellen eines Schedules wird man immer bestrebt sein eine möglichst Jitter-freie Übertragung von Nachrichten zu ermöglichen. Unter Jitter versteht man hier die Abweichung zwischen der Periodendauer eines Signals und der im Schedule vorhandenen Zykluszeit des Frames. Die im Schedule möglichen Zykluszeiten ergeben sich aus der Länge der Zykluszeit und dem Raster der Cycle-Mask. Nur wenn für alle Signalperioden eine gemeinsame Zykluslänge gefunden werden kann, ist es möglich einen Jitter-freien Schedule zu erstellen. Ist dies aufgrund der Kombination von Signalperioden nicht möglich, muss diese für den entsprechenden Anwendungsfall entweder toleriert werden, oder es muss eine Überarbeitung der Signalperioden vorgenommen werden.

Mit eine Repetition von 1, ist es auch möglich Signalperioden außerhalb der Zweierpotenzen von Signalen zu erstellen, falls es sich um ein ganzzahliges Vielfaches der Zykluszeit handelt. Hierdurch wird aber dann ein Teil der Bandbreite verschwendet, da die Nachricht öfter übertragen wird als notwendig.

Ein anderer Fall ergibt sich, wenn Nachrichten vorhanden sind, die eine sehr kurze Periodendauer erfordern. Hier kann es sein, dass es Signale gibt, die eine kürzere Periodendauer haben als der Kommunikationszyklus. Dies kann bei einem großen Datenaufkommen im statischen Segment passieren, weil hier eine große Zykluszeit zum Übertragen aller Nachrichten notwendig werden kann. Auch bei der Konfiguration eines langen dynamischen Segments ist es möglich, dass die Zykluszeit von kurzen Signalperioden nicht mehr eingehalten werden kann.

6.1.3.3. Berechnung der Periodendauer des Kommunikationszyklus

Da das Einplanen der Nachrichten in den Schedule von der Zykluszeit abhängig ist, muss diese vor der Erstellung eines Fahrplans ermittelt werden. Zur Bestimmung eines Jitter-freien Schedulings berechnet sich die Zyklusdauer aus dem größten gemeinsamen Teiler ggT aller Signalperioden [111]. Liefert das Ergebnis keine laut Spezifikation gültige Zykluszeit zwischen (10 µs - 16 ms) zurück, kann kein Jitter-freies Scheduling durchgeführt werden. Alternativ kann die kleinste Signalperiode als Zykluszeit verwendet werden. Diese ermöglicht zwar kein Jitter-freies Scheduling, kann aber die Einhaltung der Zeitbedingungen aller anderen Signale garantieren, wenn diese in den Zyklus passen.

Können in der durch die beiden ersten Verfahren ermittelten Zykluszeit nicht alle Nachrichten eingeplant werden, gibt es einen weiteren Ansatz. Angefangen bei der kleinsten Signalperiode, wird die Zykluszeit immer weiter vergrößert, bis alle Nachrichten im Zyklus Platz finden. Alle Signale deren Periodendauer durch die Verlängerung jetzt verletzt werden, müssen nun mehrfach im Zyklus untergebracht werden.

Im Falle eines langen dynamischen Segments, ist es aber möglich, dass auch dieses Verfahren nicht zum Erfolgt führt. Wenn ein Signal mit kurzer Periodendauer oft innerhalb eines Zyklus wiederholt werden muss, kann unter Umständen keine gültige Lösung gefunden werden. In diesem Fall kann nur eine Veränderung der Eingangsdaten Abhilfe schaffen.

6.1.3.4. Bewertung der Güte eines Ergebnisses

Nach der Berechnung der Frame-Länge und des Message-Schedulings, stehen oft mehrere gültige Lösungen zur Auswahl. Um diese Ergebnisse bewerten zu können, wurde in dieser Arbeit eine Metrik entworfen, mit der sich das beste Ergenbnis für den aktuellen Eingangsdatensatz ermitteln lässt. Diese Metrik bewertet die möglichst gute Ausnutzung der zur Verfügung stehenden Brutto-Datenrate. Es wird also das Verhältnis von Nutzdaten zu Overhead der Übertragung ermittelt. Da die spätere Ausnutzung des dynamischen Segments nicht vorhergesagt werden kann und Symbol Window (SW) und NIT keinen Beitrag zur Nutzdatenübertragung leisten, wird für die Bewertung nur das statische Segment herangezogen.

Die folgenden Faktoren müssen bewertet werden, um die Effizienz beurteilen zu können:

1. Effizienz (E) der Frames innerhalb der statischen Slots (siehe Formel (6.4)).
2. Auslastung (C) der statischen Slots über alle der 64 FlexRay-Zyklen.
3. Prozentualer Anteil (U) des statischen Segments, bezogen auf den Gesamtzyklus.

Die Bewertung der Effizienz eines Frames wurde bereits für die Frame-Packing Bewertung benötigt und ist in Kapitel 6.1.2.2 in Formel (6.4) beschrieben. Sie beschreibt das Verhältnis der Payload-Länge L zum Overhead O. Zur Bestimmung der Effizienz E aller m Frames F im statischen Segment, wurde eine Formel entwickelt, die das arithmetische Mittel über alle F_j^e bildet (6.6).

$$E = \frac{\sum_{j=0}^{m-1} F_j^e}{m} \tag{6.6}$$

Die Auslastung der statischen Slots über die gesamten 64 Zyklen wird ebenfalls bewertet und hier als Faktor C bezeichnet. Zur Berechnung der Ausnutzung wurden die beiden Hilfsvariablen a_{ij} und b_{ij} definiert, die eine Belegung des entsprechenden Slots für Kanal A und B anzeigen.

$$a_{ij} = \begin{cases} 1, & \text{falls Frame in Slot } i \text{ und Zyklus } j \\ 0, & \text{sonst} \end{cases}$$

$$b_{ij} = \begin{cases} 1, & \text{falls Frame in Slot } i \text{ und Zyklus } j \\ 0, & \text{sonst} \end{cases}$$

Die Summe der, mit den Hilfsvariablen bestimmten, belegten Slots wird zur Berechnung der gesamten Auslastung C herangezogen. Dazu wird diese durch die Anzahl der verfügbaren statischen Slots n und die Anzahl der Zyklen geteilt. Die Berechnung ergibt sich mit Hilfe von Formel (6.7).

$$C = \frac{\sum_{i=0}^{n-1} \sum_{j=0}^{63} a_{ij} + \sum_{i=0}^{n-1} \sum_{j=0}^{63} b_{ij}}{64 \cdot n} \tag{6.7}$$

Der dritte Faktor beschreibt den Anteil des statischen Slots, an der gesamten Zykluszeit. Dies ist deshalb sinnvoll, da die Reduzierung von statischen Slots bei gleicher Zykluslänge beispielsweise der NIT zufallen könnte. Formel (6.8) beschreibt dieses Verhältnis mit Hilfe der globalen Protokollparameter (siehe Kapitel 3.2.1).

$$U = \frac{gdStaticSlot\,[\mathrm{MT}] \cdot gNumberOfStaticSlots}{gMacroPerCycle\,[\mathrm{MT}]} \tag{6.8}$$

Mit Hilfe des Produktes aus allen drei Faktoren lässt sich jetzt der prozentuale Anteil an der FlexRay Bruttodatenrate bewerten und gibt Aufschluss über die Güte der berechneten Lösung. Dazu werden die genannten Faktoren E, C und U verwendet (siehe Formel (6.9)).

$$N = E \cdot C \cdot U \tag{6.9}$$

6.1.3.5. Berechnung von Modell- und Nettodatenrate

Um eine bessere Einordnung der im vorigen Kapitel bestimmten Nettodatenrate zu ermöglichen ist es sinnvoll, diese mit der Datenrate des ursprünglichen

Datenmodells ins Verhältnis zu setzen. Diese Datenrate wird im folgenden als Modelldatenrate bezeichnet.

Da die Modelldatenrate, die sich aus der Datenrate, der aus der EEA importieren Signale zusammengesetzt, nicht unbedingt mit der Nettodatenrate des Systems übereinstimmen muss, ist es sinnvoll die jeweiligen Abweichungen zu betrachten.

Dies ist immer dann der Fall, wenn ein Signal auf dem FlexRay Bus mit einer größeren Frequenz übertragen wird, als dies ursprünglich in der Signalperiode festgelegt wurde. Dieser Fall tritt dann auf, wenn ein Signal nicht jitterfrei in den Schedule eingepasst werden kann. Dann muss das Signal öfter übertragen werden, als im der Funktionsmodell vorgesehen. Daraus ergibt sich ein Verhältnis von Netto- zu Modell- Datenrate von ungleich eins.

Die Modelldatenrate eines Systems ergibt sich aus der Summe der Datenrate der Signale S_i. Diese wiederum berechnet sich aus dem Produkt der Breite des Signal Vektors S_i^b und dessen Übertragungs-Frequenz S_i^f. Für die Anzahl der Signale n ergibt sich somit der Zusammenhang in Formel (6.10). Mit dieser kann sowohl die Modell- als auch die Netto-Datenrate berechnet werden.

$$Datenrate\,[\text{Bit/s}] = \sum_{i=0}^{n-1} S_i^b\,[\text{Bit}] \cdot S_i^f\,[\text{Hz}] \tag{6.10}$$

6.1.4. Berechnungsverfahren und Algorithmen

Im Folgenden werden die zur Berechnung des gesamten Verfahrens notwendigen Schritte und Algorithmen vorgestellt. Dazu zählt die Berechnung der Zykluszeit für die in Kapitel 6.1.3.3 vorgestellten unterschiedlichen Anforderungen und die Berechnung der globalen und lokalen FlexRay Parameter.

6.1.4.1. Berechnung ausgehend vom ggT der Signalperioden

Mit Hilfe des hier vorgestellten Verfahrens lässt sich die gesamte Berechnung mit Frame-Packing, Scheduling und Parameter- Berechnung auf Basis der mit Hilfe des größter gemeinsame Teiler (ggT) berechneten Zykluszeit durchführen. Das Scheduling kann entweder, je nach Konfigurationseinstellung, Jitter-frei oder Jitter-behaftet durchgeführt werden. Das gesamte folgende Verfahren ist in Abbildung 6.7 als Zustandsautomat dargestellt.

Zu Beginn werden die Protokollparameter `pSamplesPerMicrotick` und `pdMicrotick` gemäß Kapitel A.1.2.12 berechnet. Ausgehend von der Liste aller zu

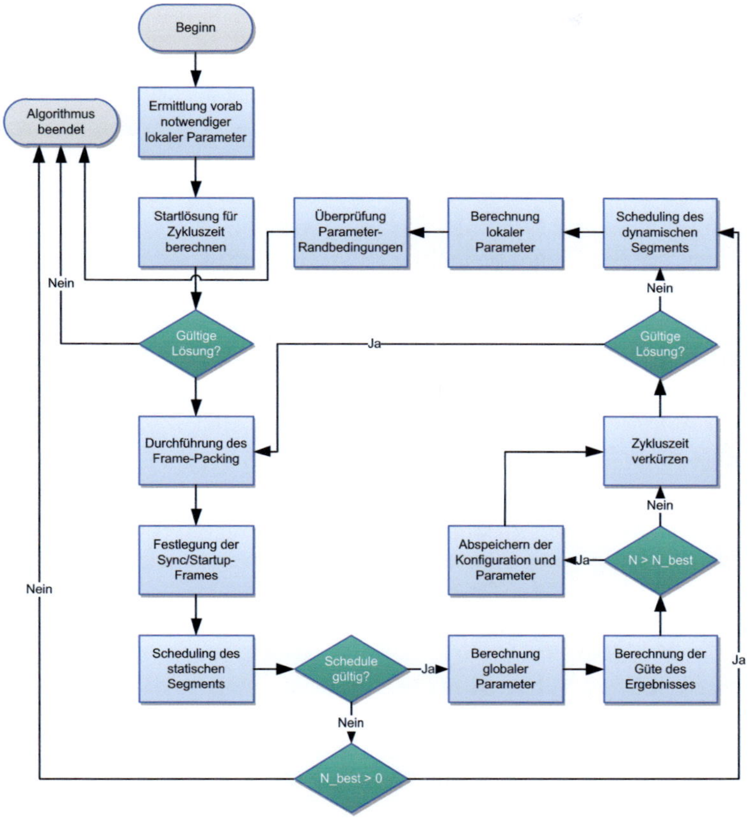

Abbildung 6.7.: Verfahren für ggT und kürzeste Signalperiode als Zustandsmaschine.

übertragenden zyklischen Signale S, wird zunächst der ggT für alle Signale bestimmt. Falls ein gültiger ggT bestimmt werden konnte, dient dieser als Startlösung für die Periodendauer. Mit Hilfe dieser ersten Lösung kann nun das Frame-Packing durchgeführt werden. Dazu werden die vorliegenden Signale in Frames verpackt. Dazu sind die Randbedingungen, wie in Kapitel 6.1.2 beschrieben, zu beachten. Die Anzahl der notwendigen Frames F und die optimale Payloadlänge L wird durch das in Kapitel 6.1.2 vorgestellte Verfahren ermittelt. Für Startup- und Synchronisationsknoten sind noch zusätzliche Randbedingungen zu beachten, die im Rahmen des Verfahrens gesondert behandelt werden. Falls ein Controller Key-Frames versenden soll und keine Nachricht mit einer Repetition von 1 besitzt, wird ein Frame des Controllers mit einer geringen Cycle-Mask modifiziert. Dieser erhält dann eine Repetition von 1, um den Anforderungen eines

Key-Frames gerecht zu werden. Da die häufigere Übertragung auf Basis einer zweier Potenz vervielfacht wird, entsteht weiterhin auch kein Jitter für diese Nachricht.

Nach der Bildung der Frames, kann das eigentliche Scheduling erfolgen. Dazu werden alle erzeugten Frames F_j im statischen Segment platziert. Die Repetition des Frames F_j wird als F_j^r bezeichnet. Der Algorithmus beginnt die Platzierung im ersten Slot, in dem er F_1 gemäß der notwendigen Repetition F_1^r platziert. Als nächstes wird für F_2 ein Slot gesucht. Der Algorithmus versucht stets so wenige Slots wie möglich zu verwenden. Falls $F_1^r > 1$ und $F_2^r > 1$ ist und beide vom selben Controller übertragen werden, platziert er die Frames im gleichen Slot und vergibt dem zweiten Frame einen Offset (siehe Abbildung 6.8). Falls der zweite Frame keinen Platz findet, wird ein weiterer Slot belegt. Auf diese Weise arbeitet der Algorithmus alle F_j ab und platziert sie im statischen Segment. Abschließend wird die Anzahl der belegten Slots ermittelt und gespeichert.

Im darauf folgenden Schritt werden gemäß Kapitel A.1.1 die restlichen globalen Parameter berechnet. Mit den ermittelten Parametern kann nun die Güte des Ergebnisses N mit Hilfe von Formel (6.9) bestimmt werden. Ist das Ergebnis besser als die bisher beste Lösung, wird die gesamte Konfiguration inklusive dem Schedule gespeichert. Um ein nach N optimales Ergebnis zu ermitteln, wird der Algorithmus anschließend versuchen die Zykluszeit zu verkürzen. Im Falle des Jitter-freien Schedulings, versucht er die Zykluslänge zu halbieren und erreicht so, falls dies möglich ist, einen größeren Anteil des statischen Segments am Gesamtzyklus. Dadurch wird der Bewertungsfaktor U (siehe Formel (6.8)) maximiert. Wird das Entstehen von Jitter vom Benutzer toleriert, kann die Periodendauer auch schrittweise verkürzt werden. Die einstellbare Schrittweite ermöglicht es die Granularität der Verkürzung anzupassen. Auf diese Weise kann, auf Kosten des entstehenden Jitters, eine bessere Auslastung des Übertragungsmediums erreicht werden. Die neue berechnete Zykluszeit wird danach auf Konformität zur Spezifikation überprüft.

Das beschriebene Verfahren wird nun so oft wiederholt, bis die Periodendauer nicht mehr gültig ist, die Parameterberechnung fehlerhafte Werte zurückliefert oder der Kommunikationszyklus zu kurz wird, um alle Frames einzuplanen. Anschließend werden notwendige Berechnungen für das dynamische Segment durchgeführt. Die Länge des dynamischen Segments wurde bereits in den Berechnungen berücksichtigt.

Darauf folgend wird mit der Berechnung der lokalen Parameter fortgefahren (siehe Kapitel A.1.2) und abschließend nochmals alle Parameter auf ihre Randbedingungen geprüft. Wenn diese Schritte erfolgreich durchgeführt wurden, wird die Ausführung des Algorithmus beendet.

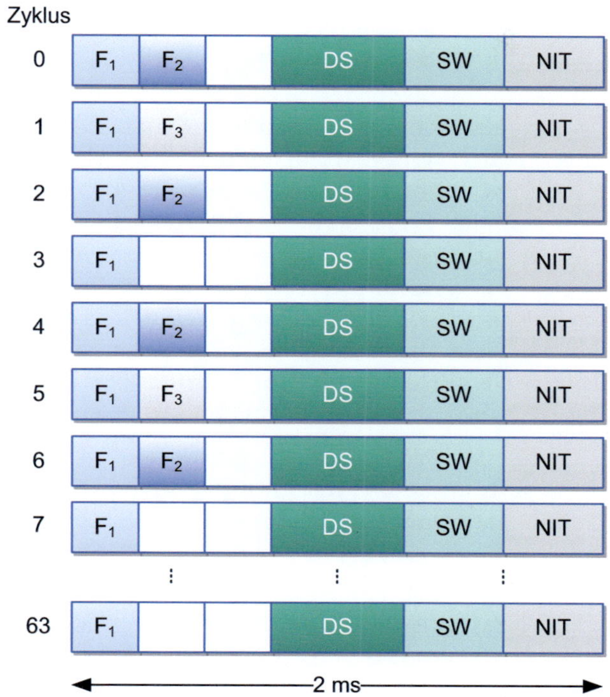

Abbildung 6.8.: Beispielhaftes Scheduling im statischen Segment für F_1, F_2 und F_3 mit den Zykluszeiten $F_1^t = 2$ ms, $F_2^t = 4$ ms und $F_3^t = 8$ ms. Der Algorithmus bestimmt eine Zykluszeit von 2 ms, bestimmt die Repetion zu $F_1^r = 1$, $F_2^r = 2$ und $F_3^r = 4$ und platziert die Frames mit Offset.

6.1.4.2. Berechnung ausgehend von der kleinsten Signalperiode

Falls mit dem im vorigen Kapitel 6.1.4.1 vorgestellten Verfahren zur Berechnung der Zykluszeit kein gültiger ggT ermittelt werden konnte, kann das zweite Lösungsverfahren angewandt werden. Hier wird die kürzeste Periodendauer aller Signale als Zykluszeit ausgewählt. Dieses Verfahren kann nicht Jitter-frei durchgeführt werden, da ansonsten bereits ein gültiger ggT hätte bestimmt werden können. Aus diesem Grund wird auch bei der Optimierung des Gütefaktors U eine iterative Verkürzung der Zykluszeit durchgeführt. Das weitere Vorgehen ist identisch zur Lösung mit dem ggT. Es unterscheidet sich also nur bei der Ermittlung der Zyklusdauer und der Optimierung von U. Das gesamte Vorgehen ist bereits in Abbildung 6.7 zu sehen.

6.1.4.3. Berechnung von Signalen mit kürzerer Signalperiode als die Zykluszeit

Dieses dritte Lösungsverfahren ist als Zustandsautomat in Abbildung 6.10 zu sehen und kann angewendet werden, wenn mit den ersten beiden Verfahren keine gültige Lösung ermittelt werden konnte. Als Startlösung wird hier wiederum die kleinste Zykluszeit aller Signale verwendet. Allerdings ist diese hier keine gültige Zykluszeit, da nicht genügend statische Slots zur Verfügung stehen, um alle Frames einplanen zu können. Um mehr Frames im Zyklus unterbringen zu können, wird die Zykluszeit schrittweise verlängert. Dies geschieht so lange bis alle Frames im Zyklus Platz finden. Die Überprüfung der gültigen Länge der Zykluszeit findet bei der Überprüfung der Parameter-Randbedingungen statt. Falls diese nicht gültig ist, kann mit den vorliegenden Daten kein Ergebnis ermittelt werden.

Da nach der Verlängerung der Zykluszeit nun Signale existieren, deren Periodendauer kürzer als die gefundene Periodendauer ist, müssen diese mehrfach im Zyklus untergebracht werden (siehe Abbildung 6.9). Dazu werden sie beim Scheduling gesondert behandelt. Die Mehrfacheinplanung von Nachrichten muss bei der Ermittlung der Zykluslänge zusätzlich beachtet werden.

Nach der Ermittlung einer gültigen Periodendauer, werden die Signale mit kurzer Periodendauer mehrfach in Frames verpackt. Danach erfolgt die Festlegung der Synchronisations- und Startup-Frames. Hierzu werden, wie bei dem vorhergehenden Verfahren Frames mit einer Repetition von 1 ausgewählt, bzw. die Repetition von Frames modifiziert. Nach der Aufbereitung der Frames folgt das Scheduling. Hier werden die mehrfach einzuplanenden Frames mit größerer Priorität behandelt, da sie auf bestimmte Slots im Zyklus angewiesen sind. Aufgrund der Granularität der Slots, ist es sehr wahrscheinlich, dass die Nachrichten nicht Jitter-frei eingeplant werden können. Nach der Einplanung dieser Nachrichten werden alle übrigen Nachrichten im Schedule untergebracht. Dazu sind wiederum die in Kapitel 6.1.3.1 beschriebenen Randbedingungen einzuhalten. Ein Beispiel für das Vorgehen ist in 6.9 zu sehen.

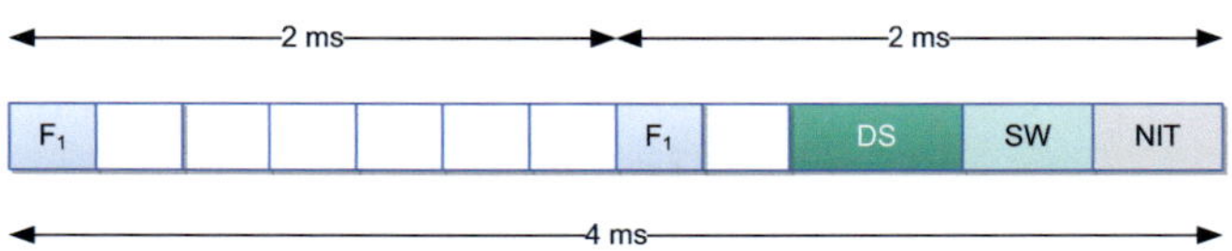

Abbildung 6.9.: Beispiel für mehrfaches Scheduling. Einplanung eines Signals S_1 von 2ms in einen Frame F_1 bei einer Zykluszeit von 4ms.

Nach dem Scheduling folgt die Berechnung der globalen Protokollparameter und eine Bewertung der Konfiguration. Diese geschieht über die Berechnung der Gesamtgüte der Konfiguration N (siehe Kapitel 6.1.3.4). Abgeschlossen wird die Konfiguration durch Berechnungen für das dynamische Segment, die Berechnung der lokalen Protokollparameter und eine abschließende Überprüfung aller Protokollparameter.

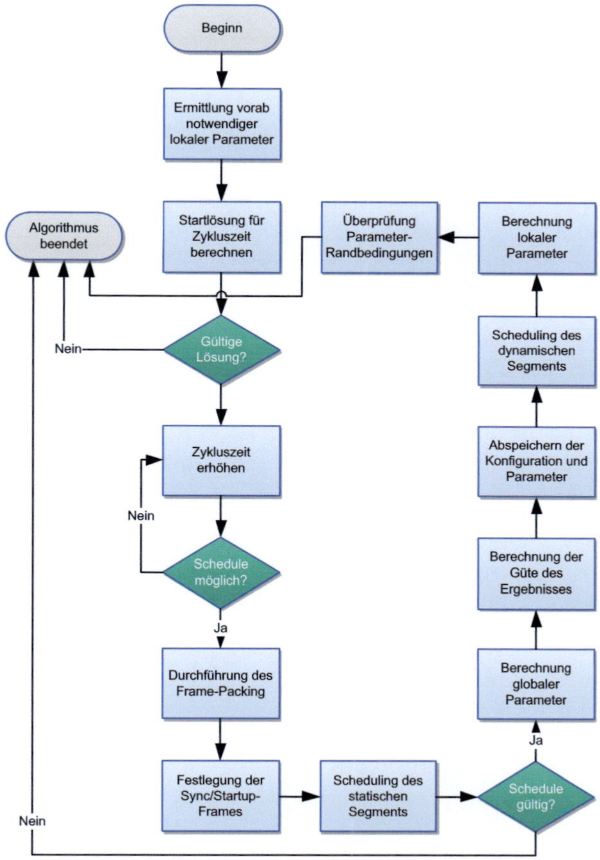

Abbildung 6.10.: Verfahren für Signale mit kürzerer Signalperiode als die gewählte Zykluszeit

6.1.5. Implementierung der Konfigurations- und Parameterberechnung für das statische Segment

Um die beschriebenen Verfahren der Parameterberechnung mit den Daten eines EEA Modells durchführen zu können, wurden zwei unterschiedliche Ansätze verfolgt. Zum einen wurde eine eingenständige Konfigurationssoftware entworfen, welche eine Eingabe der Daten über ein applikationsspezifisches XML-Datenformat erlaubt und einen Export im FIBEX Standard bereitstellt. Zusätzlich ist ein Export von Konfigurationsdateien für FlexRay CC Hardware möglich. Eine PREEvision basierte Plugin-Lösung wird im nachfolgenden Kapitel 6.1.6 beschrieben.

6.1.5.1. XML-basiertes Datenaustauschformat für Modellimport

Um die Parameterberechung mit den notwendigen Eingangsdaten zu versorgen, wurde eine applikationsspezifische Datenschnittstelle für den Austausch entworfen.

Das zum Austausch von Bus-Konfigurationsdaten von der ASAM spezifizierte FIBEX Datenformat ist für den Austausch von FlexRay Parametersätzen weit verbreitet. Neben den Parametern kann es alle Signal- und Frame-spezifischen Informationen aufnehmen, allerdings enthält es nicht alle notwendigen Informationen, die zur automatisierten Konfiguration notwendig sind. Beispielsweise lassen sich keine die Topologie betreffenden Daten hinterlegen, welche allerdings für die Parameterberechnung erforderlich sind.

Das XML-basierte Datenaustauschformat wurde entworfen um alle notwendigen Daten zur Verfügung zu stellen, die zur Konfiguration notwendig sind. In Abbildung 6.11 sind die enthaltenen Informationen in einem Klassendiagramm zu dargestellt.

Die folgenden Informationen können mithilfe des Datenformats ausgetauscht werden:

- Beschreibung der vorhandenen FlexRay-Cluster. Hierzu gehören bereits festgelegte Protokollparameter und Informationen über die möglichen Kommunikationskanäle
- Eine Liste der in den Clustern enthaltenen Steuergeräte und deren FlexRay-Busanbindungen. Zusätzlich werden noch Informationen über den verwendeten FlexRay CC und die Bustreiber mit abgelegt.
- Sämtliche FlexRay-spezifischen Kommunikationsinformationen. Hierzu zählen den Signaltransmissionen über den Bus als auch Informationen zu deren Übertragungsmodus.
- Die zur Berechnung der physikalischen Eigenschaften notwendigen Topologie-Informationen werden ebenfalls gespeichert. Diese enthält alle enthaltenen aktiven Sternkoppler, sowie die Leitungssegmente zwischen den einzelnen Steuergeräten.

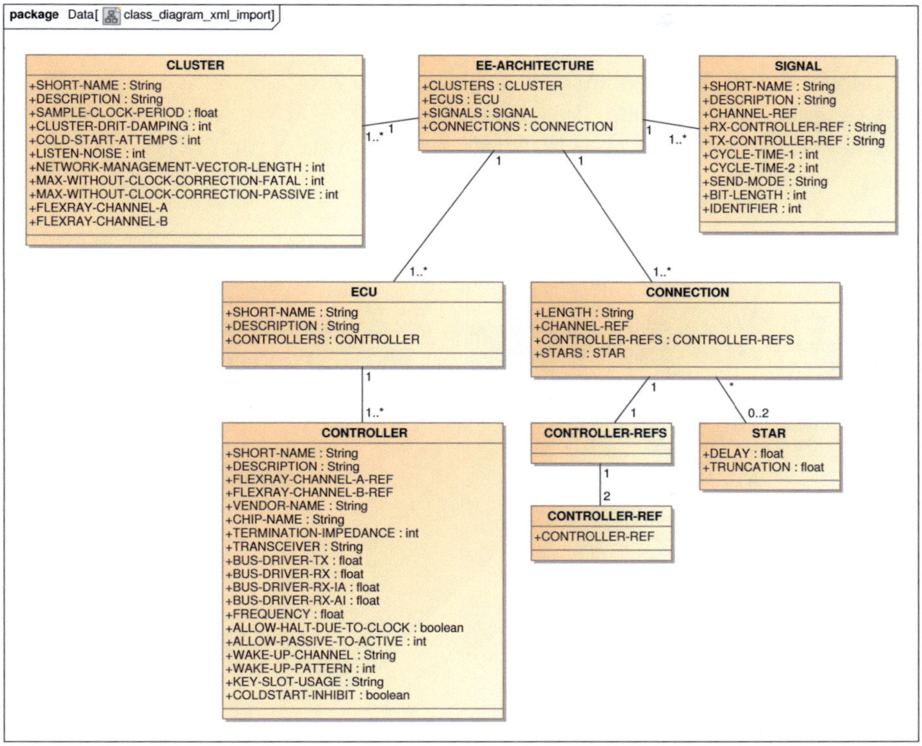

Abbildung 6.11.: Struktur des Austauschformats als UML-Klassendiagramm

6.1.5.2. Formate für den Export der Berechnungsergebnisse

Der Export der FlexRay Konfigurationsdaten nach der Berechnung erlaubt die Weiterverarbeitung in anderen Software-Werkzeugen. Hierzu wurde auf das standardisierte FIBEX Datenformat zurückgegriffen. Die oben erwähnten Nachteile diese Schnittstelle sind durch die bereits durchgeführte Konfiguration nicht mehr gegeben, da die Eingangsdaten in der Konfiguration komplett aufgegangen sind.

Des weiteren ist mit Hilfe der Software-Applikation eine direkte Konfiguration von FlexRay Hardware Bausteinen möglich. Dazu können die zur direkten Konfiguration notwendigen CHI Dateien erzeugt werden. Da diese spezifisch für den verwendeten Controller sind, müssen hier die Anforderungen in die vorhandenen Registerbreiten, der Adressierung und Initialisierung beachtet werden. Der CHI Export wurde für die beiden FlexRay CC Bosch E-Ray (Kapitel 3.3.1) und Freescale MFR4310 (Kapitel 3.3.2) implementiert.

6.1.5.3. Software-Implementierung des Konfigurationswerkzeugs

Der Import der EEA Daten zur Durchführung der Konfiguration erfolgt mithilfe einer Eingabemaske, welche die Auswahl einer XML-Datei nach dem oben beschriebenen Datenformat erlaubt. Nach dem Import werden alle vorhandenen Daten in eiem Übersichtsfenster angezeigt (6.12).

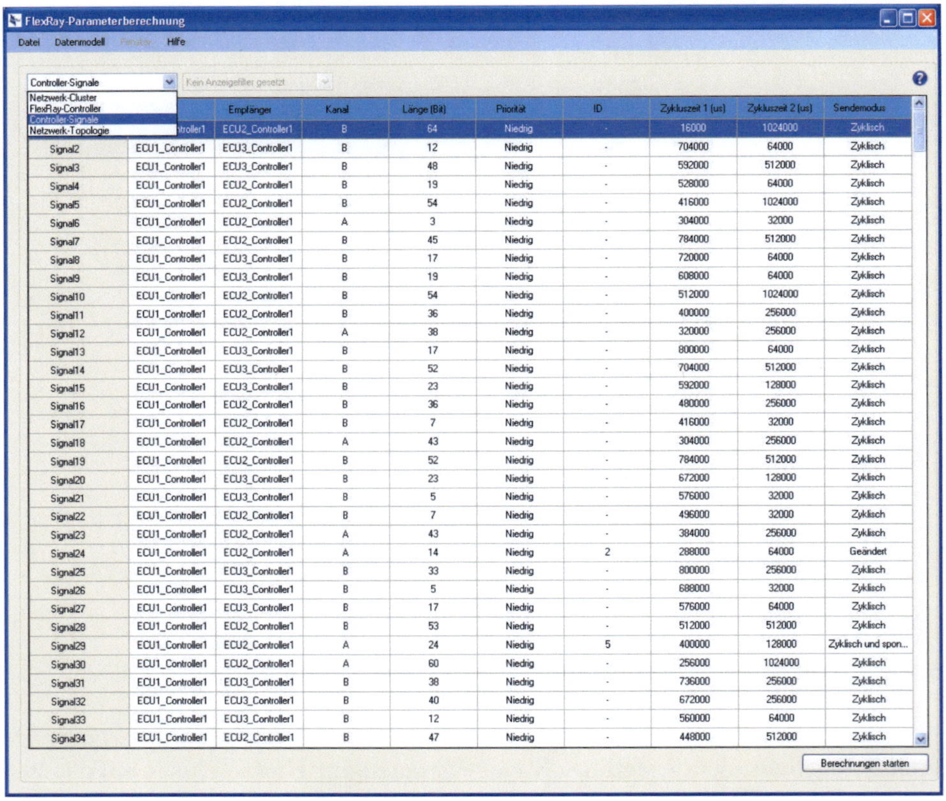

		Empfänger	Kanal	Länge (Bit)	Priorität	ID	Zykluszeit 1 (us)	Zykluszeit 2 (us)	Sendemodus
	...troller1	ECU2_Controller1	B	64	Niedrig	-	16000	1024000	Zyklisch
Signal2	ECU1_Controller1	ECU3_Controller1	B	12	Niedrig	-	704000	64000	Zyklisch
Signal3	ECU1_Controller1	ECU3_Controller1	B	48	Niedrig	-	592000	512000	Zyklisch
Signal4	ECU1_Controller1	ECU2_Controller1	B	19	Niedrig	-	528000	64000	Zyklisch
Signal5	ECU1_Controller1	ECU2_Controller1	B	54	Niedrig	-	416000	1024000	Zyklisch
Signal6	ECU1_Controller1	ECU2_Controller1	A	3	Niedrig	-	304000	32000	Zyklisch
Signal7	ECU1_Controller1	ECU2_Controller1	B	45	Niedrig	-	784000	512000	Zyklisch
Signal8	ECU1_Controller1	ECU3_Controller1	B	17	Niedrig	-	720000	64000	Zyklisch
Signal9	ECU1_Controller1	ECU3_Controller1	B	19	Niedrig	-	608000	64000	Zyklisch
Signal10	ECU1_Controller1	ECU2_Controller1	B	54	Niedrig	-	512000	1024000	Zyklisch
Signal11	ECU1_Controller1	ECU2_Controller1	B	36	Niedrig	-	400000	256000	Zyklisch
Signal12	ECU1_Controller1	ECU2_Controller1	A	38	Niedrig	-	320000	256000	Zyklisch
Signal13	ECU1_Controller1	ECU3_Controller1	B	17	Niedrig	-	800000	64000	Zyklisch
Signal14	ECU1_Controller1	ECU3_Controller1	B	52	Niedrig	-	704000	512000	Zyklisch
Signal15	ECU1_Controller1	ECU3_Controller1	B	23	Niedrig	-	592000	128000	Zyklisch
Signal16	ECU1_Controller1	ECU2_Controller1	B	36	Niedrig	-	480000	256000	Zyklisch
Signal17	ECU1_Controller1	ECU2_Controller1	B	7	Niedrig	-	416000	32000	Zyklisch
Signal18	ECU1_Controller1	ECU2_Controller1	A	43	Niedrig	-	304000	256000	Zyklisch
Signal19	ECU1_Controller1	ECU2_Controller1	B	52	Niedrig	-	784000	512000	Zyklisch
Signal20	ECU1_Controller1	ECU3_Controller1	B	23	Niedrig	-	672000	128000	Zyklisch
Signal21	ECU1_Controller1	ECU3_Controller1	B	5	Niedrig	-	576000	32000	Zyklisch
Signal22	ECU1_Controller1	ECU2_Controller1	B	7	Niedrig	-	496000	32000	Zyklisch
Signal23	ECU1_Controller1	ECU2_Controller1	A	43	Niedrig	-	384000	256000	Zyklisch
Signal24	ECU1_Controller1	ECU2_Controller1	A	14	Niedrig	2	288000	64000	Geändert
Signal25	ECU1_Controller1	ECU3_Controller1	B	33	Niedrig	-	800000	256000	Zyklisch
Signal26	ECU1_Controller1	ECU3_Controller1	B	5	Niedrig	-	688000	32000	Zyklisch
Signal27	ECU1_Controller1	ECU3_Controller1	B	17	Niedrig	-	576000	64000	Zyklisch
Signal28	ECU1_Controller1	ECU2_Controller1	B	53	Niedrig	-	512000	512000	Zyklisch
Signal29	ECU1_Controller1	ECU2_Controller1	A	24	Niedrig	5	400000	128000	Zyklisch und spon...
Signal30	ECU1_Controller1	ECU2_Controller1	A	60	Niedrig	-	256000	1024000	Zyklisch
Signal31	ECU1_Controller1	ECU3_Controller1	B	38	Niedrig	-	736000	256000	Zyklisch
Signal32	ECU1_Controller1	ECU3_Controller1	B	40	Niedrig	-	672000	256000	Zyklisch
Signal33	ECU1_Controller1	ECU3_Controller1	B	12	Niedrig	-	560000	64000	Zyklisch
Signal34	ECU1_Controller1	ECU2_Controller1	B	47	Niedrig	-	448000	512000	Zyklisch

Abbildung 6.12.: Übersicht der importierten Daten

Mit Hilfe einer Eingabemaske kann das Schedulingverfahren sowie weitere Konfigurationsparameter gewählt werden (Abbildung 6.13). Das Konfigurationsfenster erlaubt die Auswahl des importierten Clusters und die Wahl für eines der drei möglichen Schedulingverfahren (Kapitel 6.1.4). Weitere Einstellungen ermöglichen die Auswahl der Anzahl an Minislots und Freigabe für ein Jitter-behaftetes Scheduling. Wird die Entstehung von Jitter nicht toleriert und erlauben die Eingangsdaten kein jitterfreies Scheduling, wird das Verfahren während der Berechnung mit Hinweis auf den entstehenden Jitter abgebrochen. Für den Jitter-behaften Fall ist zusätzlich die Einstellung der Granularität der Verkürzung bzw. Verlängerung des Zyklus möglich. Bei der Auswahl der Zykluszeit kann zusätzlich noch zwischen zwei Optimierungskriterien gewählt werden. Die „Optimierung auf minimalen Zykluszeitjitter der Signale“ versucht den Jitter durch eine möglichst günstige Verteilung im Zyklus klein zu halten. Dies geht zu lasten einer längeren Zykluszeit. Die zweite Option „Optimierung auf minimale Anzahl statischer Slots“ versucht die Zykluszeit möglichst kurz zu halten und erlaubt einen größeren Jitter der Signale. Da das Eingabeformat zwei verschiedene Zyluszeitangaben erlaubt, kann zusätzlich zwischen diesen beiden ausgewählt werden. Die weiteren Einstellungen erlauben das Einplanen einer Symbol-Window, und die Mischung von Signalen in einem Frame an unterschiedliche Empfänger bzw. auf unterschiedlichen Kanälen.

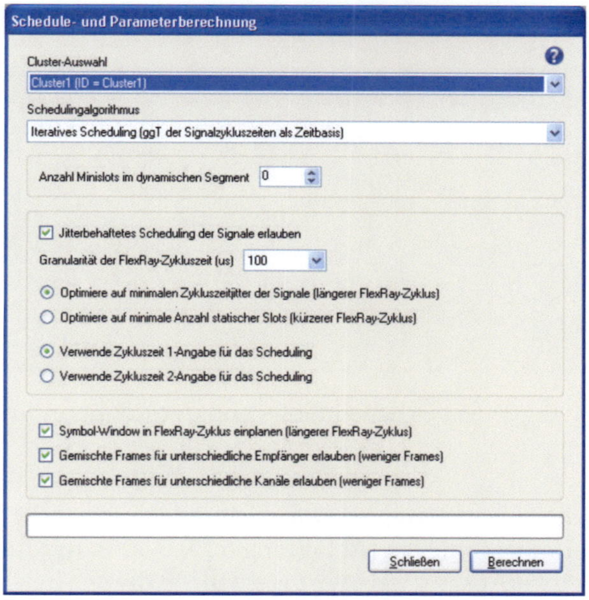

Abbildung 6.13.: Einstellungen für Konfiguration und Scheduling

Nach Durchführung des Scheduling- und Konfigurationsverfahrens werden die Ergebnisse in einer Übersicht dargestellt. Diese enthält im oberen Bereich nochmals die Einstellungen, mit denen das Scheduling durchgeführt wurde und darunter die Übersichtsdaten der Berechnung. Im unteren Bereich des Ergebnisblocks, ist die mittlere Auslastung aller statischen Slots zu sehen. Die Modelldatenrate zeigt die Summe der Übertragungsrate aller Signale im Modell an. Zusätzlich wird Nettodatenrate angeben. Diese berücksichtigt zusätzlich alle wegen Jitter oder unzureichener Zykluslänge mehrfach eingeplanten Signale.

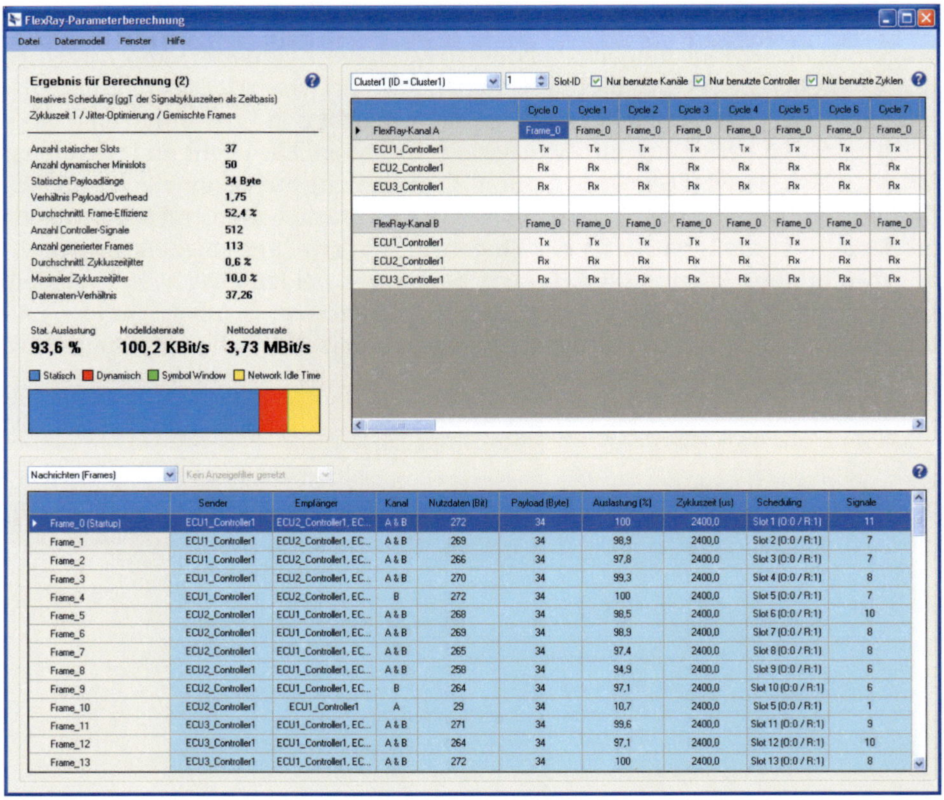

Abbildung 6.14.: Ergebnis des Schedulings und der Konfiguration

Mit Hilfe der Exporteinstellungen lassen sich die Parameter für die Erstellung der FIBEX Exportdatei festlegen (Abbildung 6.15). Neben der Angabe der Version und des Dateipfades kann festgelegt werden, ob die aus den Signalen erstellten Frames exportiert werden sollen. Weiterhin kann das berechnete Scheduling abgespeichert werden. Alle weiteren Informationen wie beispielsweise Cluster, Steuergeräte und Parameter werden grundsätzlich immer abgespeichert. Der Export von FIBEX Konfigurationsdateien erlaubt einen standardisierten Austausch von Konfigurationsdaten für einen weiterführenden Werkzeugeinsatz.

Der Export von CHI Daten erlaubt die Konfiguration von FlexRay Controllern, auf Basis der in den Eingangsdaten hinterlegten Informationen über deren Typ (Abbildung 6.16). Für welche Controller ein Export durchgeführt werden soll, kann mittels des Auswahldialoges festgelegt werden. Neben dem Dateipfad kann zusätzlich noch das Überspringen von nicht kompatiblen Controllern und das Senden des `POC: Default Config` Kommandos geregelt werden. Die Auswahl

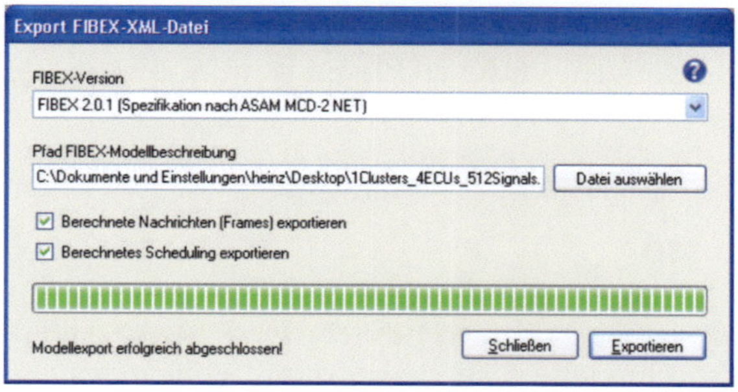

Abbildung 6.15.: Einstellungen für FIBEX Export

des Übertragungsmodus lässt ein kontinuierliche oder einmalige Übertragung von Nachrichten zu. Mit Hilfe des CHI Exports kann eine sofortige Konfiguration von FlexRay Controllern erfolgen welche den sofortigen Test der Konfiguration auf der Hardware erlauben.

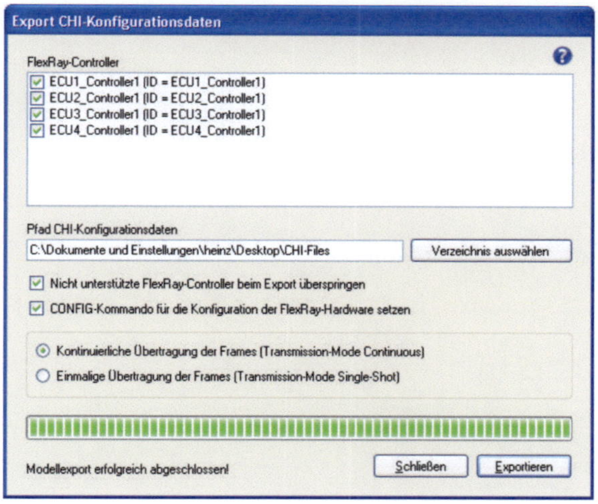

Abbildung 6.16.: Einstellungen für CHI Export

6.1.6. Konfigurations- und Scheduling-Plugin für PREEvision

Neben der Stand-Alone Version wurde als weiteres Verfahren eine Plugin-Lösung für PREEvision entwickelt, welche direkt in einem Metrik-Diagramm angewendet werden kann. Diese erlaubt die Konfiguration direkt innerhalb des EEA Tools, hat direkten Zugriff auf alle Artefakte und benötigt so keine Daten Ein- und Ausgabe. Das Metrikdiagramm mit Modellabfrageblöcken, Kontextblöcken, Berechnungsblöcken und dem entworfenen Plugin ist in Abbildung A.6 im Anhang zu sehen.

6.1.7. Ergebnisse

Um das Verhalten der Algorithmen für verschiedene Anzahlen von Signalen zu testen, wurden verschiedene Testnetzwerke mit Hilfe eines eigens entworfenen Modellgenerierungswerkzeugs automatisch generiert.

Die dem Test zugrunde gelegten Daten enthielten jeweils fünf automatisch generierte Testnetzwerke pro Signalanzahl aus deren Ergebnis das arithmetische Mittel gebildet wurde. Die enthaltenen Signale hatten eine maximale Breite von 64 bit und ein vielfaches von 5 ms als Zykluszeit. Für die Berechnung wurde das erste Verfahren angewandt und die Entstehung von Jitter nicht erlaubt.

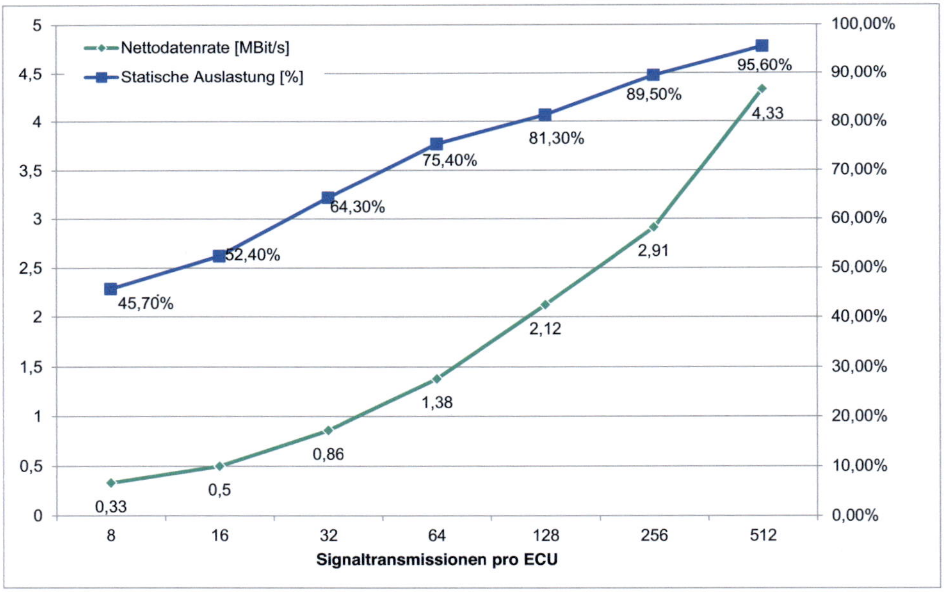

Abbildung 6.17.: Nettodatenrate und Auslastung des statischen Segments

Abbildung 6.17 zeigt den Anstieg der Nettodatenrate und gleichzeitig die Auslastung des statischen Segments. Hier ist zu erkennen, dass mit zunehmender Anzahl an Signalen, das Frame-Packing effizienter arbeiten kann und so die Frames im statischen Segment besser ausgenutzt werden können. Gleichzeitig ergibt sich durch mehr Signale auch eine größere Payloadlänge, was zusätzlich zu einem besseren Payload zu Overhead Verhältnis führt und die Nettodatenrate langsamer ansteigen lässt.

Das Payload zu Overhead Verhältnis sowie die durchschnittliche Effizienz der Frames ist in Abbildung 6.18 aufgetragen. Wie im Schaubild zu erkennen, nähert sich die Frame Effizienz (Formel (6.4)) asymptotisch ihrem Maximum an. Dieses liegt je nach Randbedingungen durch die weiteren Parameter bei 77,4 %. Zum Vergleich ist zusätzlich noch das direkte Payload zu Overhead Verhältnis angegeben. Es ist zu beachten, dass in die Overhead Berechnung zusätzlich noch der Übertragungs Overhead durch TSS und die Codierung mit eingerechnet wurde (Formel (6.5)).

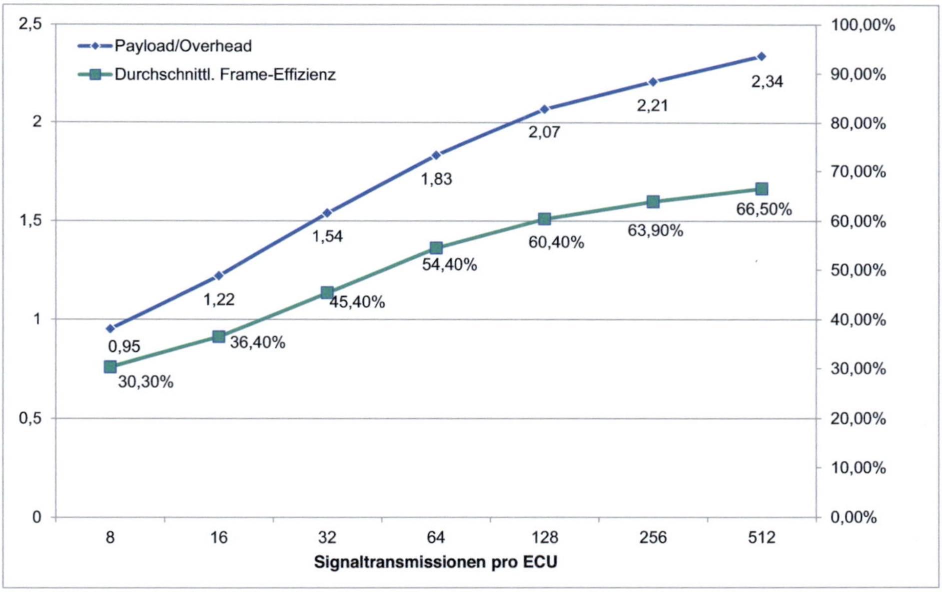

Abbildung 6.18.: Payload zu Overhead Verhältnis und durchschnittliche Frame Effizienz

6.1.8. Bewertung des Ergebnisses

Mit Hilfe der in Kapitel 6.1 vorgestellten Verfahren kann die Generierung von FlexRay-Frames, das Scheduling des statischen Segments und die Berechnung für globale und lokale Parameter durchgeführt werden. Durch unterschiedliche Verfahren zur Bestimmung der Zykluslänge und Einplanung von Nachrichten kann auf die unterschiedlichen Randbedingungen des vorliegenden Datensatzes Rücksicht genommen werden. Mit Hilfe des PREEvision Plugins ist es möglich, die Berechnungen direkt in einem EEA Werkzeug vorzunehmen und so schnell ein Ergebnis für die zugrunde liegende Struktur zu ermitteln.

6.2. Konfiguration des dynamischen Segments

Für die Konfiguration des dynamischen Segments, muss durch den Anwender die Anzahl an Minislots gesetzt werden. Diese hat unter anderem einen Einfluss auf die Festlegung der Zykluslänge. Des weiteren muss eine Frame-ID Verteilung für alle dynamischen Nachrichten gefunden werden. Um diese ermitteln zu können, muss eine Timing-Analyse für alle dynamischen Nachrichten durchgeführt werden.

Für die Konfiguration des dynamischen Segments werden zwei verschiedene Konfigurations-Verfahren vorgestellt. Diese erlauben je nach Randbedingungen der Problemstellung unterschiedliche Lösungen. In Kapitel 6.2.1 wird ein Verfahren zur Ermittlung der Minislotzahl auf Basis des Worst-Case-Timings vorgestellt. Dieses legt eine zyklische Übertragung von Nachrichten im dynamischen Segment zu Grunde. Mit Hilfe einer angegebenen Zykluszeit für jede Nachricht lässt sich somit die Länge des dynamischen Segments ermitteln, in der die Deadlines aller Nachrichten eingehalten werden.

Im zweiten Verfahren welches in Kapitel 6.2.4 erklärt wird, wird eine zufälliges Auftreten der Nachrichten angenommen. Für jede Nachricht wird ein Zeitfenster definiert, in welchem diese auftritt. Um nun die notwendige Länge für das dynamische Segment zu bestimmen, wird dieses Zeitfenster mit einer gleichverteilten Zufallszahl multipliziert und eine Liste mit zu sendenden Nachrichten generiert. Daraufhin wird für die zufällig auftretenden Nachrichten mit Hilfe eines Scheduling-Verfahrens die Übertragung auf dem Bus simuliert. Dabei wird über alle möglichen Anzahlen an Microticks iteriert und die Einhaltung der Nachrichten-Deadlines beobachtet.

6.2.1. Worst-Case-Timing-Analyse

Zur Durchführung der Worst-Case-Timing-Analyse müssen für alle Nachrichten die zeitlichen Randbedingungen bekannt sein. Zum einen ist dies eine Zykluszeit, mit der die Nachricht auftritt. Hier wird die minimale Zeit, des für jede Nachricht angegebenen Zeitintervalls, verwendet. Des weiteren muss die Payload, also die Länge der Nutzdatensektion jeder dynamischen Nachricht zur Verfügung stehen, um die Länge der Nachricht bestimmen zu können. Im dynamischen Segment ist die Nachrichtenlänge nicht fest, sondern kann für jede Nachricht unterschiedlich festgelegt werden. Weiterhin muss für jede Nachricht eine Deadline angegeben werden, also der Zeitraum, bis wann eine Nachricht spätestens bei Empfänger angekommen sein muss. Mit Hilfe aller dynamischen Nachrichten eines FlexRay-CC lässt sich der lokale Protokollparameter `pLatest-TX` ermitteln. Dieser beschreibt den letztmöglichen Zeitpunkt, zu dem ein CC eine Nachricht auf dem Bus senden darf und orientiert sich an der längsten dynamischen Nachricht des Controllers.

6.2.1.1. Randbedingungen der Analyse

Um ein Scheduling in dynamischen Segment durchführen zu können, muss zuerst eine Response-Time-Analyse durchgeführt werden. Diese bestimmt, wie viel Zeit vom Auftreten einer Nachricht bis zur Ankunft beim Empfänger vergeht. Die Analyse der Reponse-Times ist die Basis für den Scheduling-Algorithmus in Abschnitt 6.2.3.

Zur Bestimmung der Response-Zeiten ist es notwendig die Eigenschaften der zu versendenden Nachrichten vorher festzulegen. In dieser Arbeit wurden dafür die folgenden Informationen innerhalb der EEA festgelegt.

Minimale Zykluszeit: Diese bestimmt den minimalen Zeitraum in dem eine Nachricht erneut auftritt

Maximale Zykluszeit: Dieser Zeitraum beschreibt den maximalen zeitlichen Abstand in dem eine Nachricht erneut gesendet wird

Deadline: Dieser Zeitraum beschreibt die Zeitspanne, in der eine Nachricht nach ihrem Auftreten gesendet werden muss.

Payload: Diese bestimmt die Datenbreite der zu übertragenden Nachricht, bei FlexRay ein Vielfaches von 2-Byte Wörtern. Diese wird automatisch aus dem Funktionsnetzwerk ermittelt.

Mit Hilfe dieser Informationen kann die Response-Time für jede Nachricht bestimmt werden. Die beiden gegebenen Zykluszeiten bestimmen den Zeitraum, in dem eine Nachricht erneut auftritt. Betragen die Zeiten beispielsweise 2 und 10 ms, bedeutet dies, dass die Nachricht nach ihrem Auftreten im Zeitraum 2-10 ms erneut auftritt. Für die Worst-Case-Timing Analyse ist nur die kleinere, der beiden Zykluszeiten von Belang. Die Payload beschreibt die übertragenen Nutzdaten und wird für FlexRay immer auf $Payload = \lceil \frac{Nutzdaten[bit]}{16bit} \rceil$ festgelegt.

Jede der verwendeten Nachrichten bekommt bei den folgenden Verfahren eine Frame-ID zugeordnet. Prinzipiell ist auch die abwechselnde Zuordnung mehrerer Nachrichten zu einem Frame möglich, wenn dies auf einer höheren Protokollschicht ausgeführt wird. Die Zuordnung welche Nachricht wann gesendet werden muss, liegt allerdings nicht mehr im Aufgabenbereich des FlexRay Protokolls, da dieses nur die Bitübertragungs- und Sicherungsschicht beschreibt. Die vorgestellten Verfahren sollen unabhängig von einer höheren Protokollschicht sein, weshalb hier die Festlegung einer Nachricht zu einem Frame angenommen wird.

Für die im folgenden vorgestellten Verfahren werden die Frames mit f_i bezeichnet, für die $f_i \in \mathbb{F}$ gilt, wobei $\mathbb{F}$ die Menge aller dynamischen Frames darstellt. Des weiteren kommen die in der unten stehenden Liste aufgeführten Variablen in den folgenden Kapiteln zur Beschreibung des Verfahrens zum Einsatz.

$T_{comm,i}$: Zeit, die der Bus zum Senden der Nachricht f_i benötigt. Diese ist immer ein Vielfaches der Dauer eines Minislots. $T_{comm,i}$ ist abhängig von der Payload und der Bus-Geschwindigkeit.

$T_{i,min}$: Die kleinere der zwei angegebenen Zykluszeiten.

$T_{i,max}$: Die größere der zwei angegebenen Zykluszeiten.

T_i: Die kleinere der zwei Zykluszeiten wird zusätzlich auch mit T_i bezeichnet, da diese in den weiteren Formeln häufig eingesetzt wird.

D_i: Deadline, maximale Zeit bis zu der die Übertragung abgeschlossen sein muss (relativ zur Auftrittszeit von f_i).

R_i: Response-Time der Nachricht f_i. Die Response-Time ist die Differenz zwischen Auftrittszeit und der Zeit bei der die Nachricht ihre Übertragung beendet, siehe auch Abbildung 6.19. Diese ist nicht auf einen Zyklus begrenzt.

$R_{worst,i}$: Worst-Case-Laufzeit.

$LatestTx_i$: `pLatestTx` von f_i (Kapitel A.1.2.9)

$FrameID_i$: Die Funktion $FrameID_i$ ordnet jeder Nachricht f_i eine Frame-ID zu.

Zur Ausführung der folgenden Verfahren müssen zusätzlich einige Busparameter bekannt sein. Die im folgenden aufgeführten Parameter werden in den Berechnungsverfahren eingesetzt:

T_{MT}: Dauer eines Macrotick (MT) `gdMacrotick`[µs].

N_{MS}: Anzahl Minislots im dynamischen Segment. Abkürzung für `gNumberOfMinislots`.

T_{MS}: Dauer eines Minislot. Abkürzung für `gdMinislot` · `gdMacrotick`.

$T_{dynamic}$: Länge des dynamischen Segments, $T_{dynamic} = N_{MS} \cdot T_{MS}$.

N_{SS}: Anzahl Slots im statischen Segment. Abkürzung für `gNumberOfStaticSlots`.

T_{SS}: Dauer eines statischen Slot. Abkürzung für `gdStaticSlot` · `gdMacrotick`.

T_{static}: Länge des statischen Segment, $T_{static} = N_{SS} \cdot T_{SS}$.

T_{cycle}: Länge des Kommunikationszyklus insgesamt. $T_{cycle} = \texttt{gdCycle}$.

T_{NIT}: Länge der Network Idle Time $\texttt{gdNIT} \cdot \texttt{gdMacrotick}$.

T_{Symbol}: Dauer des Symbol Window $\texttt{gdSymbolWindow} \cdot \texttt{gdMacrotick}$.

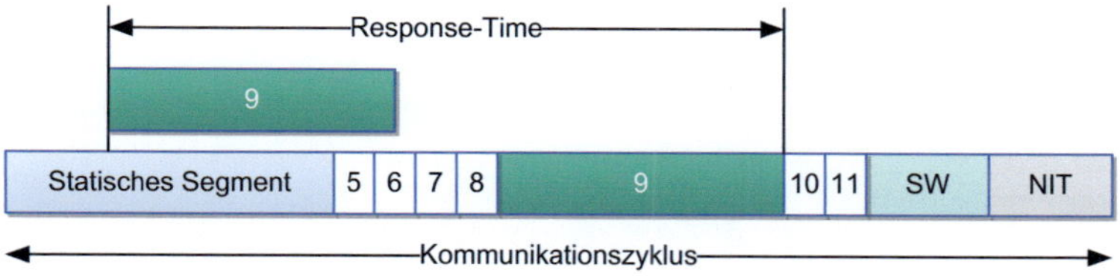

Abbildung 6.19.: Laufzeit einer Nachricht

6.2.2. Berechnungsverfahren

Mit Hilfe der Worst-Case-Response-Time $R_{worst,i}$ aller Nachrichten $\mathbb{F}$, kann die maximale Verzögungszeit aller Nachrichten auf dem Bus berechnet werden. Diese ist notwendig um die Verteilung der Frame-IDs und die Länge des dynamischen Segments zu bestimmen. Ist die Worst-Case-Response-Time kürzer als die Deadline, siehe Gleichung (6.11), können alle Nachrichten rechtzeitig über den Bus übertragen werden. Dies gilt allerdings nur für die hier gemachte Annahme, dass alle Nachrichten streng periodisch auftreten. Grundlage für dieses Verfahren ist die Verwendung der minimalen Zykluszeit $T_{i,min}$, um die maximale Belastung für den Bus zu erzeugen. Bei dieser wird die maximale Anzahl an Nachrichten erzeugt.

$$R_i \leq D_i\,, \quad \forall f_i \in \mathbb{F} \tag{6.11}$$

Die nun folgende mathematische Beschreibung des Problems und die Verfahren zur Lösung folgen weitestgehend den in [98] und [124] beschriebenen Ansätzen und Algorithmen. Zur Bestimmung der Verzögerung einer Nachricht müssen die FlexRay spezifischen Randbedingungen beachtet werden. So ergeben sich die folgenden Gründe für eine Verzögerung:

1. Nachrichten mit einer niedrigeren Frame-ID (höheren Priorität) als $FrameID_i$ von f_i füllen so viele Minislots, dass der Minislot-Zähler $LatestTx_i$ überschreitet. Wird kein Frame gesendet verstreicht trotzdem die Dauer eines Minislots. Die Menge $\mathbb{L}(f_i)$ beschreibt alle Nachrichten f_j für die gilt $FrameID_j < FrameID_i$.

2. Eine frühere Instanz der Nachricht f_i wartet noch auf ihre Übertragung. Eine neue Instanz der Nachricht f_i muss warten, bis alle früheren Instanzen ihren Sendevorgang beendet haben.
3. Eine Nachricht wird nach ihrer zugehörigen Slot-ID erzeugt, verpasst somit ihren Slot im aktuellen Zyklus und muss daher bis zum nächsten Bus-Zyklus warten.
4. Eine Nachricht kann in ihrem Slot gesendet werden, dieser ist aber noch nicht erreicht.

Treten die ersten beiden Verzögerungen 1 und 2 auf, wird die Übertragung der Nachricht um mindestens einen Kommunikationszyklus hinausgezögert. Für den Punkt 3 vergeht maximal die Zeit vom Auftreten des Slots, der gerade verpasst wurde, bis zum Beginn des nächsten Zyklus. Sobald dieser beginnt, muss noch gewartet werden, bis der richtige Slot innerhalb des Kommunikationszyklus erreicht wird (Punkt 4).

Bei der Betrachtung der Worst-Case-Response-Times aller Nachrichten, ist es nicht ausreichend nur eine Instanz einer Nachricht zu betrachten. Aufgrund der unterschiedlichen Zykluszeiten der Nachrichten, kann es dazu kommen, dass eine Nachricht in einem Zyklus übertragen werden kann, aber beim nächsten Auftreten durch Nachrichten höherer Priorität verdrängt wird und warten muss. Um den Worst-Case zu bestimmen ist es somit notwendig mehrere Instanzen einer Nachricht f_i zu betrachten.

6.2.3. Scheduling-Algorithmus

Die in den Abschnitten 4.6.1 bis 4.6.3 beschriebenen Verfahren bilden die Grundlage zu Berechnung eines Schedulings des dynamischen Segments. Unter Erstellung eines Schedulings versteht man hier die Zuteilung einer Frame-ID zu einer Nachricht sowie die Festlegung der Länge des dynamischen Segments.

Die Anforderungen an einen Scheduling-Algorithmus können wie folgt beschrieben werden:

- Die Berechnung soll mit angemessenen Hardwareressourcen (Desktop-PC) in angemessener Zeit (<1h) durchführbar sein.
- Als Eingabe stehen nur die Nachrichten und die Bus-Parameter zur Verfügung. Die Länge des statischen Segments, SW und die NIT müssen bereits bekannt sein.
- Der fertige Schedule muss $D_i \leq R_{worst,i}\,;\ \forall f_i \in \mathbb{F}$ erfüllen, d. h. es müssen alle Deadlines eingehalten werden.

- Die Verteilung der Frame-IDs auf die einzelnen Knoten und deren Nachrichten muss durch das Scheduling-Verfahren festgelegt werden.
- Die Frames bekommen durchgehende Frame-IDs. Bei vier Frames werden also immer die IDs 1,2,3 und 4 vergeben.
- Der Algorithmus berechnet die Länge des dynamischen Segments auf Basis der vorliegenden zyklisch auftretenden Nachrichten.

Die gemachten Vorgaben stellen keine Anforderungen an eine höhere Protokollschicht womit der Algorithmus universal einsetzbar ist.

Der von [112] vorgestellte Algorithmus erfüllt die oben formulierten Anforderungen und lässt sich somit für das Scheduling von dynamischen Nachrichten einsetzen. In Kapitel 4.6.4 ist das Verfahren im Detail erklärt.

Der Algorithmus iteriert über alle möglichen Anzahlen an Minislots und überprüft dabei jeweils, ob alle Deadlines der gegebenen Nachrichten eingehalten werden können. Der durch [112] vorgegebene Startwert für die Anzahl der Minislots wurde um eine weitere Möglichkeit ergänzt und enthält nun neben der Anzahl der Minislots der längsten Nachricht zusätzlich die Anzahl der Nachrichten. Dadurch ergibt sich der neue Startwert in Gleichung (6.12).

$$N_{MS,start} = \max\left(|\mathbb{F}|, \max\left(T_{comm_{MS},i}\right)\right) \; ; \forall f_i \in \mathbb{F} \tag{6.12}$$

Die minimale Anzahl an Minislots ermittelt sich somit aus der Übertragungsdauer der längsten Nachricht in Minislots oder ist gleich der Anzahl der dynamischen Nachrichten $|\mathbb{F}|$. Eine geringere Anzahl an Minislots kann keinen gültigen Schedule ermöglichen, da entweder die längste Nachricht nicht übertragen werden kann oder die Anzahl der Frame-IDs nicht für alle Nachrichten ausreicht.

6.2.4. Timing-Analyse mit zufälligen Nachrichten

Der Nutzen des dynamischen FlexRay Segments liegt unter anderem darin, die Übertragung von ereignisgesteuerten Nachrichten zu ermöglichen. Diese müssen entgegen den streng deterministischen Nachrichten im statischen Segment keine Echtzeitanforderungen erfüllen. Um das Verhalten von ereignisgesteuerten Nachrichten und deren Auswirkungen auf die Länge des dynamischen Segments zu untersuchen, wurde eine Methode entwickelt, die ein zufälliges Auftreten der Nachrichten simuliert. Ziel ist, die Einhaltung der Nachrichten-Deadlines bei verschiedenen Minislot-Anzahlen zu untersuchen. Effekte, die durch das nicht zyklische Auftreten von Nachrichten entstehen, z.B. Häufung von Nachrichten zu einem bestimmten Zeitpunkt, haben so auch Auswirkung auf die Einhaltung der Deadlines. Mit Hilfe einer grafischen Ausgabe ist es schließlich möglich den

Anteil der erfolgreich innerhalb der Deadline übertragenen Nachrichten über die verschiedenen Minislot Anzahlen (N_{MS}) anzuzeigen.

Die Methode kann dabei auf die, auf der Laxity basierende Frame-ID Verteilung aus Kapitel 6.2.3 zurückgreifen, da diese unabhängig von der maximalen Zykluszeit ist. Das stochastische Auftreten der Nachrichten wird mit Hilfe einer gleichverteilten Zufallszahl aus dem, jeder Nachricht zugewiesenen, Zeitintervall ($T_{i,min}$ - $T_{i,max}$) erzeugt. Diese bestimmt den Zeitraum, nach dem eine Nachricht nach ihrer vorhergehenden Nachricht erneut auftritt.

Innerhalb des Simulations-Zeitraums von 64 Zyklen werden so lange zufällig Nachrichten erzeugt, bis die Ankunftszeit der Nachricht diesen Zeitraum überschreitet. Die Zykluszeit, nach der eine Nachricht erneut auftritt, wird mit Hilfe von Formel (6.13) bestimmt.

$$T_{i,random} = (T_{i,max} - T_{i,min}) \cdot Random_{0,1} + T_{i,min} \tag{6.13}$$

Dabei ist $Random_{0,1}$ ist eine im Intervall $[0,1]$ gleichverteilte Zufallszahl. Mit Hilfe von Algorithmus 7 wird eine Liste von Ankunftszeiten über den Zeitraum von 64 Zyklen erzeugt und in $Ankunftszeiten_i$ gesichert.

Algorithmus 7: Ermittlung der Ankunftszeiten

Input : $\mathbb{F}$
Output : Liste der Ankunftszeiten $Ankunftszeiten_i$ für jede Nachricht f_i

foreach $f_i \in \mathbb{F}$ **do**
  $t = 0$;
  while $t \leq 64 \cdot (T_{static} + T_{NIT} + T_{Symbol} + N_{MS,max} \cdot T_{MS})$ **do**
    $T_{i,random} = (T_{i,max} - T_{i,min}) \cdot Random_{0,1} + T_{i,min}$;
    $t = t + T_{i,random}$;
    speichere t in $Ankunftszeiten_i$;
return $Ankunftszeiten_i$

Mit der Liste der Ankunftszeiten aller Nachrichten wird anschließend eine Timing-Analyse durchgeführt. Aus dieser wird die Response-Time der Nachrichten ermittelt. Die Analyse wird für alle sinnvollen Minislot Anzahlen N_{MS} durchgeführt ($N_{MS,start}$ bis $N_{MS,max}$). Kann eine Nachricht beim Scheduling ihre Deadline nicht einhalten, wird diese Verletzung gespeichert und die Simulation weiter fortgesetzt. Als Ergebnis entsteht eine Liste, in der gespeichert wird, wie viel Prozent der Nachrichten bei einer bestimmten Minislot Zahl ihre Deadline eingehalten haben. Diese wird zur besseren Übersicht in einem Diagramm grafisch aufbereitet.

Das entstandene Diagramm bildet somit eine Entscheidungshilfe für die Auswahl an Minislots. Da die Simulation nur über einen festen Zeitraum durchgeführt wird, ist sie zwangsläufig mit einer gewissen Unsicherheit behaftet. Die Simulation des zufälligen Auftretens kann somit auch nur eine Abschätzung des tatsächlichen Timing-Verhaltens wiedergeben. Dies sollte bei der Auswahl der Minislot Anzahl immer beachtet werden.

Der für die Timing-Analyse mit zufälligen Nachrichten entstandene Algorithmus 8 ist im Folgenden dargestellt.

Das in Algorithmus 8 dargestellte Verfahren simuliert das Verhalten im dynamischen FlexRay Segment. Dazu werden zwei Slot-Zähler eingesetzt, Minislot-Zähler ($MSCnt$) und dynamischer Slot-Zähler ($DSCnt$), die während der Simulation eines Zyklus inkrementiert (if-Anweisung Zeile 10) bzw. nach Beendigung wieder zurückgesetzt werden (Zeile 24).

Wenn eine Nachricht keine kleinere Auftrittszeit als die aktuelle Simulationszeit t besitzt ist diese sendebereit. Sobald $FrameID_i = DSCnt$ gilt, ist ihre Frame-ID erreicht. Wenn zusätzlich $MSCnt$ den Wert $LatestTx_i$ der Nachricht nicht überschreitet, kann diese gesendet werden. Ist dies der Fall wird t um die Übertragungsdauer der Nachricht und $MSCnt$ um die Übertragungsdauer in Minislots erhöht (Zeile 11 und 12). Der dynamische Slot Zähler ($DSCnt$) erhöht sich gemäß Protokoll um eins. Nach dem Senden einer Nachricht wird die Response-Time $R_i = t - Ankunftszeit$ bestimmt. (Zeile 15) Falls eine Nachricht ihre Deadline nicht einhalten kann ($R_i > D_i$) wird die Variable für Deadline-Verletzungen um eins inkrementiert (Zeile 16). Liegt für die aktuelle Frame-ID keine sendebereite Instanz vor, wird $MSCnt$ und $DSCnt$ um jeweils einen Minislot inkrementiert und die Zeit t um die Dauer eines Minislots erhöht (Zeile 18–22). Bis zum Beginn des nächsten dynamischen Segments, vergeht zusätzlich noch die Zeit $T_{static} + T_{Symbol} + T_{NIT}$ (Zeile 23–26). Die Simulation wird so lange fortgesetzt, bis alle Nachrichten übertragen sind. Nach der Beendigung wird die Anzahl der Minislots um eins erhöht und der Vorgang erneut gestartet.

Der vorgestellte Algorithmus kann in einer Schleife ausgeführt werden, um die Simulationsdauer beliebig zu erhöhen. Der Algorithmus 8 erzeugt jeweils neue, zufällig auftretende Nachrichten. Diese werden bei mehrmaligem Aufruf des Algorithmus gemittelt.

6.2.5. Der Programmablauf

Die vorgestellten Methoden zur Worst-Case-Timing-Analyse, das Scheduling und die Timing-Analyse für zufällige Nachrichten wurden in einem kombinierten Programmablauf integriert. Dies ermöglicht zum einen die automatische Frame-Verteilung vorzunehmen, sowie die Länge des dynamischen Segments zu be-

Algorithmus 8: Laufzeit-Analyse für zufällige Nachrichten

Input : $FrameID_i$, $Ankunftszeiten_i$, T_{NIT}, T_{Symbol}, T_{static}
Output : Liste *Diagramm*, der erfolgreich gesendete Nachrichten in Prozent für jedes N_{MS}

Zufällige Instanzen mit Algorithmus 7 erzeugen;
while $N_{MS} \leq N_{MS,max}$ **do**
    $t = T_{static}$;
    $DeadlineVerletzung = 0$;
    Minislot-Zähler $MSCnt = 1$;
    Dynamischer Slot-Zähler $DSCnt = 1$;
    $AnzahlNachrichten = \sum_{\forall f_i \in \mathbb{F}} |Ankunftszeiten_i|$;
    while $AnzahlNachrichten > 0$ **do**
        f_i ist die Nachricht mit $FrameID_i = DSCnt$;
        if *Es existiert eine noch nicht gesendete Instanz von f_i für die $LatestTx_i \geq MSCnt$ und $Ankunftszeit \leq t$ erfüllt ist* **then**
            $t = t + T_{comm,i}$;
            $MSCnt = MSCnt + T_{comm_{MS},i}$;
            $DSCnt = DSCnt + 1$;
            $AnzahlNachrichten = AnzahlNachrichten - 1$;
            if $t - Ankunftszeit > Deadline_i$ **then**
                $DeadlineVerletzung = DeadlineVerletzung + 1$;
        else
            $t = t + T_{MS}$;
            $MSCnt = MSCnt + 1$;
            $DSCnt = DSCnt + 1$;
        if *Ende des dynamischen Segment erreicht* **then**
            $MSCnt = DSCnt = 1$;
            $t = t + T_{Symbol} + T_{NIT} + T_{static}$
    $N_{MS} = N_{MS} + 1$;
    $(1 - \frac{DeadlineVerletzung}{AnzahlNachrichten}) \cdot 100\%$ in *Diagramm* abspeichern;
return *Diagramm*

stimmen. Die Anzahl der Minislots wird dabei durch den Anwender bestimmt, der als Entscheidungsgrundlage die Vorgabe der Worst-Case-Response-Time Analyse sowie das auf Basis der zufälligen Nachrichten erzeugte Minislotzahlen Diagramm zur Verfügung hat.

Der gesamte Programmablauf ist in Abbildung 6.20 dargestellt. Die Analyse teilt sich dabei in die beiden Blöcke Analyse des Worst-Case-Schedulings auf Basis

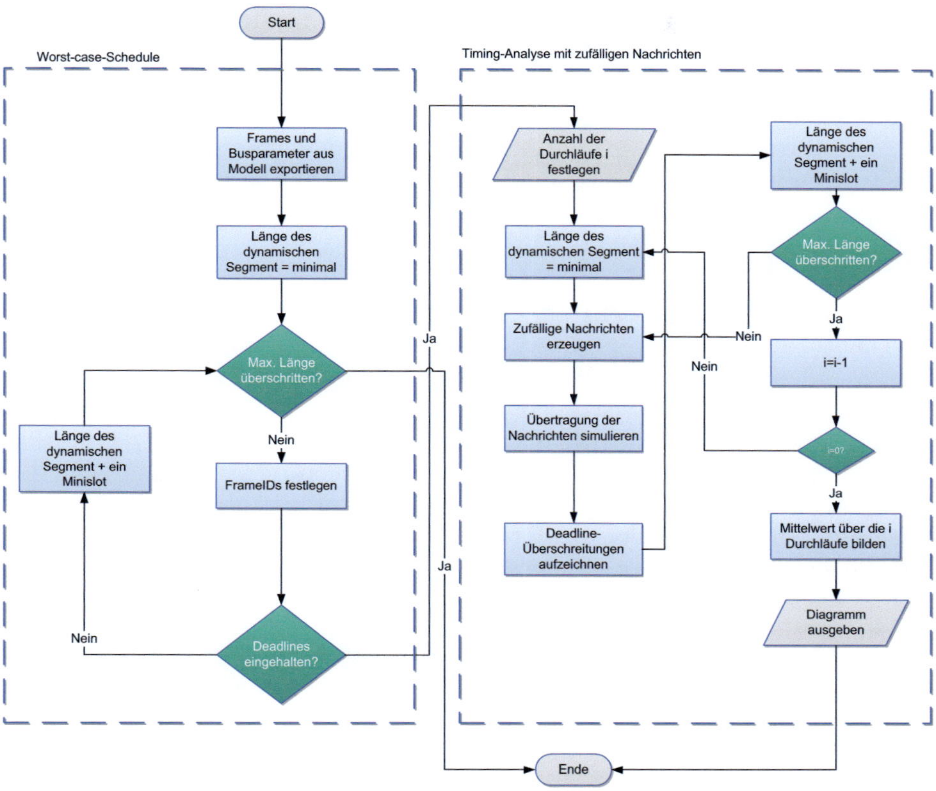

Abbildung 6.20.: Programmablauf Konfiguration dynamisches Segment

der zyklischen Nachrichten und in die Timing-Analyse für zufällige Nachrichten auf. Zu Beginn werden alle für die Analyse notwendigen Informationen mittels Modellabfragen aus dem EEA-Modell ermittelt. Mit diesen wird zunächst die Festlegung der Frame-IDs ermittelt. Das Vergabe-Verfahren startet bei der minimalen sinnvollen Länge für das dynamische Segment und verlängert das dynamische Segment so lange, bis eine gültige Lösung gefunden ist. Lässt sich für die maximale Länge des dynamischen Segments keine Frame-Verteilung ermitteln, wird der Algorithmus an dieser Stelle abgebrochen. Konnte eine gültige Verteilung ermittelt werden, wird mit der Analyse der zufälligen Nachrichten fortgefahren. Mit Hilfe der äußeren Schleife wird die Anzahl der Durchläufe bestimmt, die nachher zur Mittelwert-Bildung herangezogen werden. Das Verfahren beginnt wiederum mit der kleinsten sinnvollen Länge des dynamischen Segments. Daraufhin wird die Übertragung der Nachrichten auf dem Bus simuliert und die Verletzungen der Nachrichten-Deadlines aufgezeichnet. Danach erfolgt die

Verlängerung des dynamischen Segments um einen Minislot und einer erneuten Simulation des Bustransfers. Die Anzahl an Minislots wird solange vergrößert, bis die maximale Länge des dynamischen Segments erreicht ist. Danach wird die innere Schleife beendet und mit den Wiederholungen des Verfahrens fortgefahren. Sind diese beendet wird der Mittelwert über alle Durchläufe gebildet und eine Diagramm erzeugt. Dieses stellt die Ergebnisse des Verfahrens grafisch zur Verfügung und beendet die Untersuchung des dynamischen Segments.

6.2.6. Implementierung als PREEvision Plugin

Der im vorherigen Abschnitt beschriebene Programmablauf wurde zur Ausführung innerhalb des PREEvision EEA Modells als Plugin implementiert. Dessen Ausführung beginnt mit der Modellabfrage aller passenden Frames des FlexRay Bussystems. Hier werden die übertragungsrelevanten Informationen wie minimale und maximale Zykluszeit, die Verzugszeit (Deadline) und der Sendemodus abgefragt. Danach folgt die Ausführung der beschriebenen Berechnungsschritte und die Ausgabe des Ergebnisfensters. Das entworfene Plugin ist in Abbildung 6.21 zu sehen.

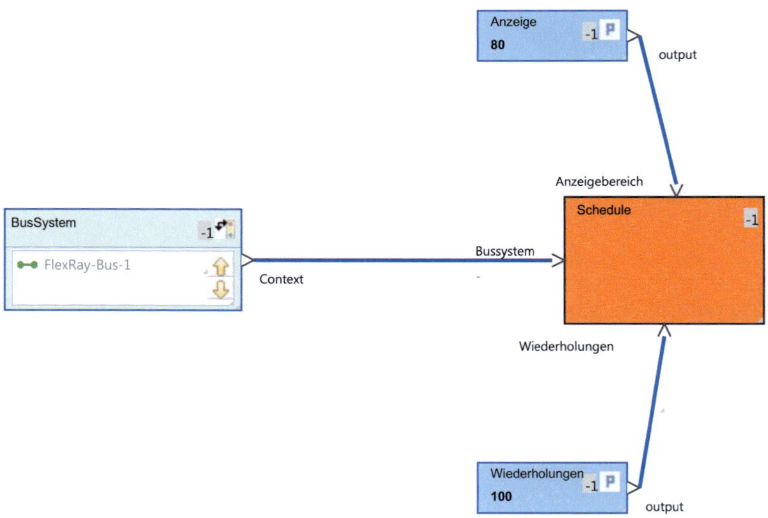

Abbildung 6.21.: PREEvision Plugin zur Ermittlung der Minislotzahl

In einem Kontextblock wird dem Plugin das zu untersuchenden Bussystem übergeben. Zusätzlich kann die Anzahl der Durchläufe, über die eine Mittelung des Ergebnisses stattfindet, spezifiziert werden. Mit Hilfe des Anzeigebereiches kann der Ausgabebereich des Diagramms auf den für den Benutzer interessanten Bereich eingeschränkt werden. Wird hier beispielsweise der Wert 80 übergeben, werden in der Diagrammausgabe nur Minislotwerte angezeigt, bei denen mindestens 80% aller Nachrichten ihre Deadline einhalten.

6.2.7. Ergebnisse

Zur Überprüfung der Eignung des Verfahrens, wurden Tests mit unterschiedlichen Testnetzwerken durchgeführt. Abbildung 6.22 zeigt beispielhaft das Ergebnis einer Analyse mit 20 Frames. Neben der Anzeige des Ergebnisses der zufälligen Timing-Analyse ist im oberen rechten Teil auch die ermittelte Anzahl der Minislots bei Verwendung des Scheduling Algorithmus auf Basis von zyklischen Nachrichten abgebildet.

Zur Ermittlung der Leistungsfähigkeit des Verfahrens wurden Tests mit 70 und 100 Frames durchgeführt. Um den Einfluss der Mittelwertbildung zu untersuchen wurde das Verfahren mit jeweils 100 und 1000 Wiederholungen durchgeführt. Als Testsystem wurde ein PC mit 3GHz Core2Duo Prozessor mit 4GB Arbeitsspeicher verwendet. Die zugrunde liegenden Testdaten besaßen Zykluszeiten zwischen 3 – 10000 ms, Deadlines von 6 – 1000 ms und einen Payload von 16 – 128 bit. Die maximale Zykluszeit wurde für den Test doppelt so groß wie die minimale Zykluszeit gewählt. Dieser Wert kann sich in der Praxis durchaus unterscheiden, ändert aber nichts an der Funktions- oder Leistungsfähigkeit des Verfahrens und ermöglichte so die einfache Erstellung von Testdaten.

Im Anhang sind die Simulationsergebnisse für 100 Frames mit jeweils 100 Wiederholungen (Abbildung A.4) und 1000 Wiederholungen (Abbildung A.5) zu sehen. Es ist zu erkennen, dass die Mittelwertbildung ab 100 Wiederholungen keine Auswirkungen auf das Ergebnis mehr hat, da die Ergebnisdiagramme nahezu identisch sind. Bei einem Vergleich der Zahlenwerte konnte nur für 70 Frames im unteren Bereich zwischen 70-106 Minislots ein Unterschied festgestellt werden.

In Abbildung 6.23 ist die Vergabe der Frame-IDs für 100 Nachrichten abgebildet (niedrigere Frame-IDs werden im Test durch das statische Segment belegt). Die Vergabe der IDs ist stark von der Deadline abhängig, da die Frameverteilung auf Basis der Laxity stattfindet (vgl. Kapitel 4.6.4). Diese bestimmt sich aus Deadline abzüglich der Worst-Case-Response-Time einer Nachricht.

Bei den Rechenzeiten für die zufällige Nachrichtenverteilung ergab sich für 70 Nachrichten eine einmalige Durchlaufzeit von 3,49 s und für 100 Nachrichten eine Zeit von 4,98 s. Es ist zu beachten, das diese Zeit noch mit der Anzahl der Wiederholungen von 100 bzw. 1000 zu multiplizieren ist, um die gesamte Rechenzeit zu erhalten. Für die Ermittlung des Schedulings ergab sich eine Rechenzeit von 26,98 s für 70 Nachrichten und 541,7 s für 100 Nachrichten. Obwohl die einmalige Durchführung der Worst-Case-Timing-Analyse mit 2 ms konstant bleibt, erhöht

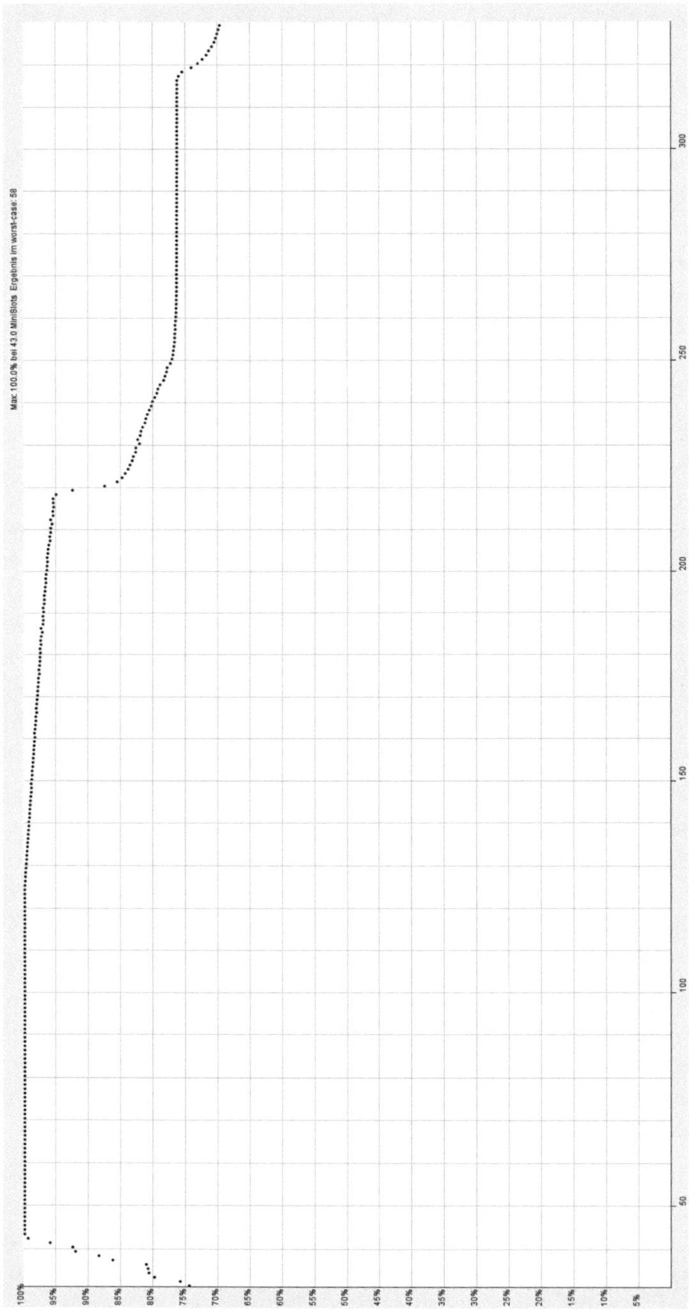

Abbildung 6.22.: Ergebnis der Analyse von 20 Frames. Die Ordinate gibt die Anzahl der erfolgreich gesendeten Nachrichten in Prozent an. Die Anzahl der Minislots N_{MS} ist über die Abszisse aufgetragen. Ergebnis für zufällig auftretende Nachrichten 43 Minislots, Worst-Case Analyse 58 Minislots

sich für eine größere Anzahl an Nachrichten die Anzahl der Durchläufe für jede Frame-ID Verteilung stark.

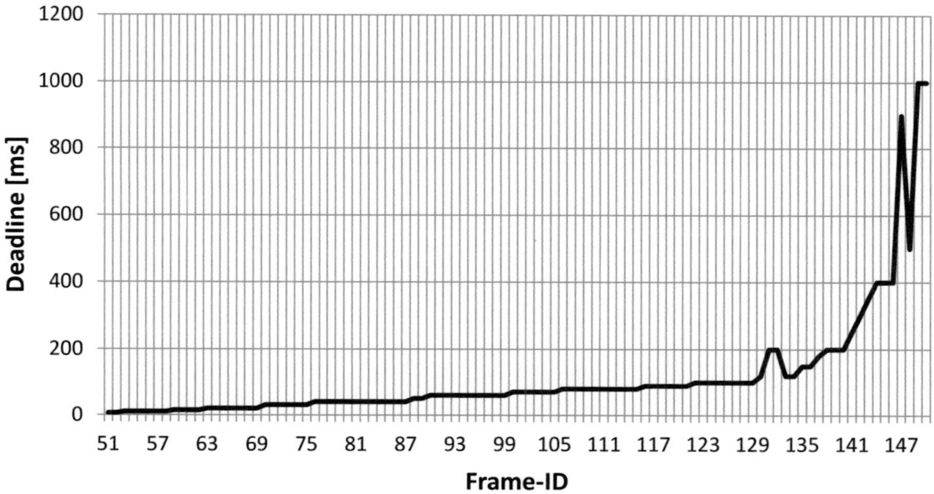

Abbildung 6.23.: Verteilung der Frame IDs für 100 Nachrichten

6.2.8. Zusammenfassung

Mit Hilfe des vorgestellten Verfahrens ist es möglich die Anzahl an notwendigen Minislots aufgrund der Daten des EEA Modells auszuwählen. Dazu kommt ein zweistufiger Algorithmus zu Einsatz, der die notwendige Minislotlänge auf Basis eines zyklischen und eines zufälligen Auftretens von Nachrichten berechnen kann. Aufgrund der Komplexität des Problems wurde für die Ermittlung der Worst-Case-Response-Times eine Heuristik eingesetzt. Mit Hilfe von Testdatensätzen konnte gezeigt werden, dass beide Verfahren ein ähnliches Ergebnis liefern, obwohl die minimale Übertragungszeit der zyklischen Übertragung nur die untere Grenze für die zufällige Übertragung der Nachrichten darstellt.

6.3. Parameter Konfiguration auf Basis von Benutzervorgaben

Die Berechnung von FlexRay Parametern ist, durch die in der Spezifikation vorgegebenen Gleichungen und Ungleichungen vorgegeben. Um eine gültige Konfiguration zu ermitteln, ist es notwendig alle Parameter zu berechnen. Dazu ist ein Satz von Eingangswerten notwendig, von denen die Berechnung abhängig ist. Ist eine Vorgabe von abhängigen Werten wie z.B. der Zykluszeit, oder die Ermittlung der maximalen Verzögerungszeit unter bestimmten Randbedingungen erforderlich, macht dies eine Umkehrung der Berechnungsreihenfolge der Formeln in der Spezifikation erforderlich.

Zur schnellen Ermittlung aller Parameterwerte wurde eine Berechnungsmethode entworfen, die eine Berechnung unabhängig von der, durch die Formeln vorgegebenen Berechnungsreihenfolge und und von spezifischen Eingangswerten erlaubt.

6.3.1. Abhängigkeiten zwischen Parametern

Die Berechnungsvorschriften der Spezifikation [42] teilen sich in Gleichungen und Ungleichungen auf. Des weiteren existieren noch Werte die zur Konfiguration von FlexRay Controllern und von der jeweiligen Applikation abhängig sind und nicht mathematisch beschrieben werden können. Hierzu zählt beispielsweise der Parameter `gColdStartAttempts`. Diese werden bei dem vorgestellten Verfahren lediglich auf ihren gültigen Wertebereich überprüft. Während die durch Gleichungen ausgedrückten Zusammenhänge der Berechnung dienen, werden die Ungleichungen hier zur Überprüfung der Werte eingesetzt.

Neben den arithmetischen Operatoren für die Grundrechenarten werden für die Berechnung auch die Funktionen $round(x)$, $ceil(x)$, $floor(x)$, $max(x,y)$ und $modulo$ eingesetzt.

Die Abhängigkeit von Konstanten wird bei der Betrachtung der Relation der Parameter nicht berücksichtigt, da diese stets vorliegen und nicht berechnet werden müssen.

6.3.1.1. Darstellung mit Hilfe der Graphentheorie

Mit Hilfe von Graphen ist eine übersichtliche und einfache Darstellung der Zusammenhänge der FlexRay Parameterabhängigkeiten möglich. Des weiteren ermöglicht diese eine einfache Darstellung und Verarbeitung der Werte mit Hilfe eines Rechners.

Anhand eines Beispiels sollen die Abhängigkeiten der beiden Parameter `pdMicrotick` und `pMicroPerMacroNom` mit Hilfe eines Graphen dargestellt werden. Die im Anhang vongestellten Berechnungsformeln (A.51) und (A.53) werden über einen gerichteten Graphen in Abbildung 6.24 gezeigt.

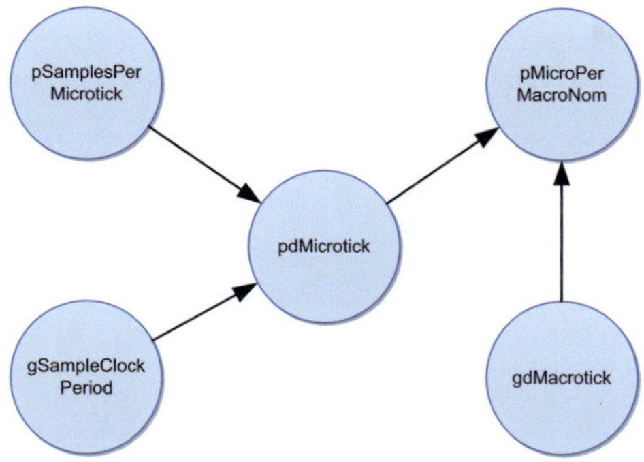

Abbildung 6.24.: Abhängigkeit der Parameter pdMicrotick und pMicroPerMacroNom

Die dargestellten Knoten stehen für die Parameter, während die Kanten eine Abhängigkeit zwischen den Parametern anzeigt. Die Darstellung der Beziehungen erfolgt anhand der in der FlexRay Spezifikation angegebenen Formeln. Würde man die Formeln nach allen verschiedenen Parametern auflösen, entstünde ein ungerichteter Graph. Dieser würde aber keinen Rückschluss auf die Abhängigkeiten mehr zulassen, da so alle Kanten zu einem Knoten als Abhängigkeiten gewertet werden müssten.

Die Abhängigkeiten aller Parameter, die durch Gleichungen in [42] und [100] dargestellt werden, sind in Abbildung 6.25 zu finden. Hier sind sowohl die lokalen als auch die globalen Parameter in Beziehung gesetzt. Auf die Darstellung der Konstanten wurde der Übersichtlichkeit wegen verzichtet.

Für die Darstellung der Abhängigkeiten in einem Graphen können entweder Adjazenzlisten oder Adjazenzmatrizen verwendet werden. Für den vorliegenden Fall ist die Verwendung einer Adjazenzmatrix besser geeignet, da diese schneller durchsucht werden kann und der Vorteil der einfacheren Erweiterbarkeit einer Adjazenzliste hier nicht notwendig ist. Die aus der Darstellung entstandene Abhängigkeitsmatrix ist im Anhang in Abbildung A.7 bis A.9 zu sehen. Der Speicherung einer logischen „1" in der Matrix wird die Bedeutung einer ankommenden Kante zugeordnet. Somit wird hier die Abhängigkeit von einem anderen Parameter angezeigt.

Um die Parameter auf Konsistenz zu Überprüfen werden neben den Gleichungen auch alle Ungleichungen aus [42] und [100] ausgewertet. Die Überprüfungsmatrix ist ebenfalls im Anhang, in Abbildung A.10 bis A.12 zu finden. Die Abhängigkeiten sind wiederum als logische „1" abgespeichert und stellen einen gerichteten Graphen dar.

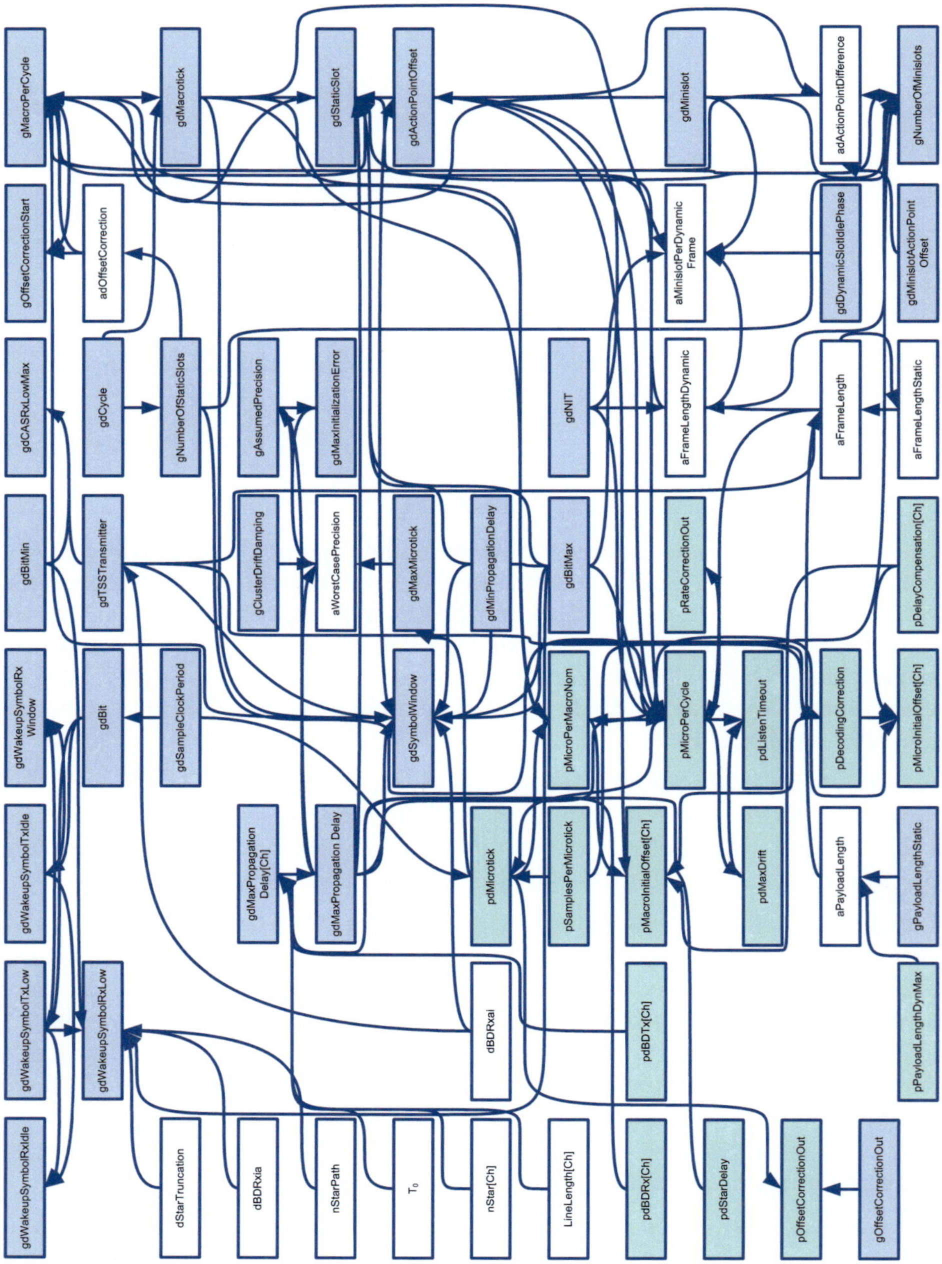

Abbildung 6.25.: Globale und Lokale Parameterabhängigkeiten auf Basis der Gleichungen von [42] und [100]

6.3.2. Algorithmus zur Berechnung unbekannter Parameter

Für die Berechnung der Parameter wurde ein Verfahren entwickelt, das auf den klassischen Suchverfahren für die Durchsuchung von Graphen, der Breiten- und Tiefensuche (vgl. Kapitel 2.10.3 und 2.10.4) basiert .

Um alle Parameter bestimmen zu können, muss das angewandte Suchverfahren die folgenden Randbedingungen erfüllen:

- Keine unentdeckten Knoten erlaubt, es müssen alle Knoten gefunden werden.
- Abbruch der Suche an einem Knoten, wenn zwei Parameter unbekannt sind. In diesem Fall kann keine explizite Lösung bestimmt werden
- Bei Berechnung eines Parameters ist ein erneuter Durchgang erforderlich, da basierend auf den neuen Ergebnissen evtl. weitere Parameter berechnet werden können
- Vorgehen ähnlich der Breitensuche, es müssen zunächst alle Kanten gesucht werden, bevor der nächste Knoten bearbeitet wird

Der in Abbildung 6.26 als Flussdiagramm dargestellte Algorithmus wurde zur Berechnung der Parameter entworfen um alle der oben genannten Randbedingungen zu erfüllen.

Die Suche und Berechnung von unbekannten Parametern gestaltet sich wie folgt: Zu Anfang werden alle Knoten $WEISS$ eingefärbt. Der Parameter i, welcher als Zeilenzähler eingesetzt wird, wird mit dem Wert 1 initialisiert. Dann wird mit der Untersuchung der Zeile i begonnen. Die Anzahl der unbekannten Parameter für diese Zeile *Unbekannte Parameter* wird zu null gesetzt. Zunächst wird überprüft, ob der Parameter, dem die aktuelle Zeile zugeordnet ist, schon bekannt ist. Falls dies der Fall ist, wird dieser $SCHWARZ$ eingefärbt. Ist er nicht bekannt, wird er $GRAU$ eingefärbt und der Zähler für *Unbekannte Parameter* um eins inkrementiert. Daraufhin wird mit Hilfe des Zeilenzählers j die Matrix nach Kanten zu anderen Knoten durchsucht.

Wird in der Zeile eine Kante gefunden, wird der zugehörige Knoten untersucht. Ist dieser bekannt, wird er $SCHWARZ$ eingefärbt. Falls er unbekannt ist, wird der $GRAU$ eingefärbt und der Zähler *Unbekannte Parameter* um eins erhöht. Ist der Zähler *Unbekannte Parameter* nun größer als eins, wird die Suche abgebrochen, da zu viele Unbekannte vorhanden sind. Daraufhin wird die Suche in der Zeile fortgesetzt bis das Zeilenende erreicht ist.

Ist bei Erreichen des Zeilenendes der Wert der unbekannten Parameter ≤ 1, wird die Gleichung gelöst und der zugehörige Parameter berechnet und $SCHWARZ$ eingefärbt. Die Variable *something changed* dient der Überprüfung, ob sich beim Durchlaufen der Matrix eine Änderung ergeben hat und wird bei Berechnung

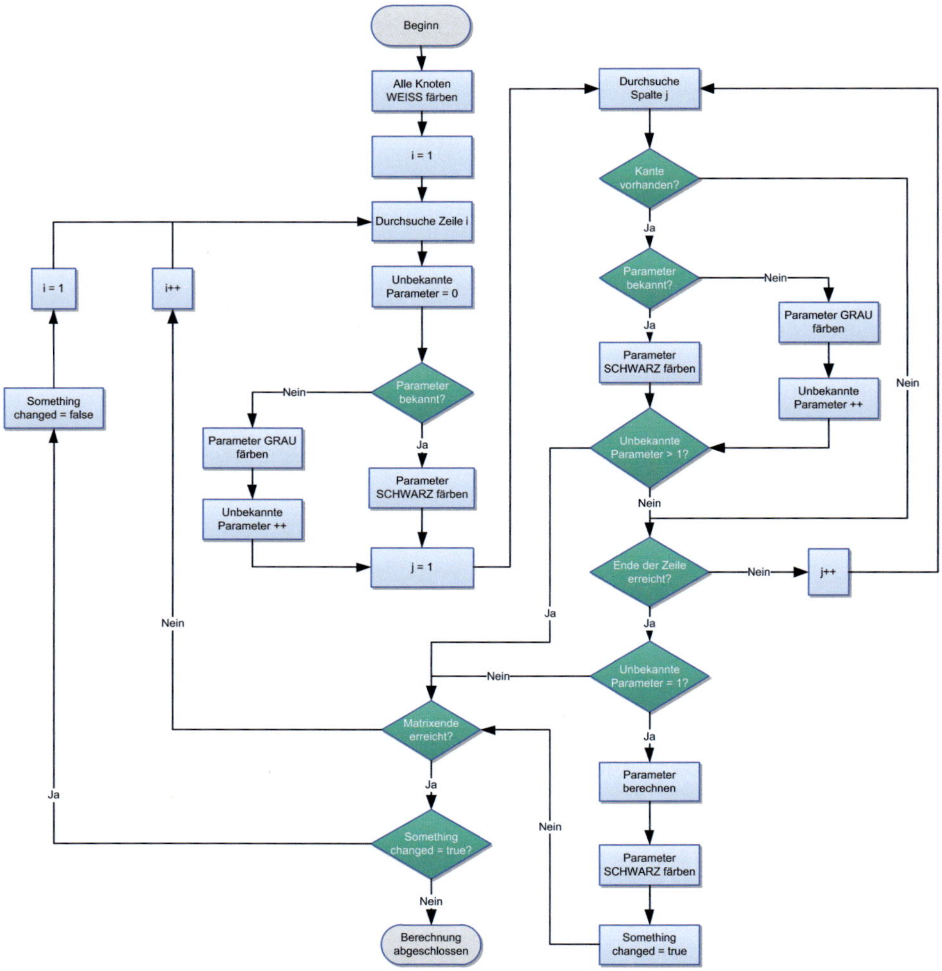

Abbildung 6.26.: Algorithmus zur Berechnung der Parameter-Matrix

eines Parameters auf „wahr" gesetzt.

Nach Erreichen des Zeilenendes wird die Zeilenvariable um eins inkrementiert und die Untersuchung in der nächsten Zeile fortgesetzt. Sobald das Matrixende erreicht ist, wird die Variable *something changed* überprüft und die Suche am Matrixanfang wieder begonnen, falls diese „wahr" ist.

Zur Berechnung der Gleichung wurde die Berechnungsmatrix um eine Spalte erweitert, die einen Link zur Berechnungsformel enthält. Diese wird für die Suche nach Kanten nicht berücksichtigt und geht deshalb nicht mit in die Laufzeitberechnung mit ein. Die Laufzeit des vorgestellten Algorithmus weicht von der Komplexität der Tiefen- und Breitensuche ab, weil die Suche die Matrix mehrmals durchlaufen muss. Im schlechtesten Fall muss die Matrix $|V|$-mal durchlaufen werden um alle Parameter zu berechnen. Die maximale Laufzeit ergibt sich somit bei einer $|V| \times |V|$-Matrix zu $\mathcal{O}(|V|^3)$

6.3.3. Algorithmus zur Überprüfung der berechneten Parameter

Nach der Eingabe der Ausgangs-Parameter durch den Benutzer, muss zunächst eine Überprüfung aller Randbedingungen durchgeführt werden. Eine Verletzung würde ansonsten zu einem ungültigen Parametersatz führen. Diese Überprüfung wird zu Beginn und nach der Berechnung aller möglichen Parameter ein weiteres Mal durchgeführt, um die Ergebnisse der Berechnung auf Korrektheit zu überprüfen.

Die Überprüfung der Parameter verwendet ein ähnliches Verfahren wie die Berechnung, allerdings werden hier alle vorhandenen Gleichungen und Ungleichungen zu Grunde gelegt. Des weiteren müssen nur Formeln berechnet werden, bei denen alle Parameterwerte bekannt sind. Das einmalige Durchlaufen der Matrix ist somit ausreichend. Das Flussdiagramm des Überprüfungsalgorithmus ist in Abbildung 6.27 dargestellt.

Begonnen wird die Überprüfung in der i-ten Zeile, welche zu Beginn zu eins initialisiert wird. Zunächst wird getestet, ob der Parameter dem die Zeile zugeordnet ist, bekannt ist. Falls dies nicht der Fall ist kann die zugeordnete Gleichung bzw. Ungleichung nicht überprüft werden und der Algorithmus setzt seine Suche in der nächsten Zeile fort. Ist dieser bekannt, werden alle Kanten des Knotens durchsucht und untersucht, ob dessen Parameterwerte gegeben sind. Ist einer der Werte nicht bekannt, wird die Suche ebenfalls in der nächsten Zeile fortgesetzt. Sind alle Werte der Zeile gesetzt, wird anschließend die Berechnung der Zeile aufgerufen. Erfüllen die gegebenen Werte die Formel nicht, wird dieser Fehler dem Benutzer signalisiert.

Die Laufzeit zur Überprüfung der Matrix ist linear zur Zahl ihrer Elemente, da jeder Eintrag nur einmal verarbeitet werden muss. Somit ergibt sich die Komplexität zu $O(|V^2|)$.

Neben der Überprüfung der Randbedingungen wird zusätzlich jeder Parameter bei der Eingabe auf seinen in der Spezifikation angegebenen korrekten Wertebereich getestet. So kann eine Falscheingabe von Seiten des Benutzers verhindert werden.

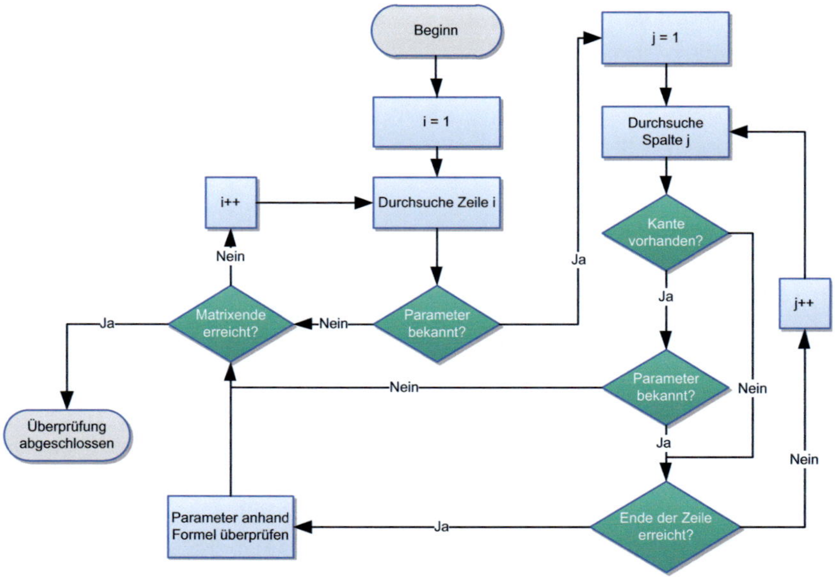

Abbildung 6.27.: Algorithmus zur Überprüfung der Parameter-Matrix

6.3.4. Berechnung der Parameter

Ermittelt der oben beschriebene Algorithmus eine Zeile, in der nur ein Parameter unbekannt ist, wird dieser einer Berechnungsfunktion übergeben.

Der fehlende Parameter kann dann mit Hilfe der zugehörigen Formel aus der Spezifikation gelöst werden. Dazu wird der unbekannte Parameter, sowie die zugehörige Berechnungsformel an die Berechnungsfunktion weitergeleitet. Um die Berechnung für alle Eingangswerte durchführen zu können, muss die jeweilige Berechnungsformel, nach jeder Unbekannten aufgelöst, zur Verfügung stehen. Die Umstellung der Berechnungsformeln ist aber nicht in jedem Fall möglich. Teilweise enthalten die Gleichungen $ceil()$, $floor()$, $round()$, $max()$ oder $modulo()$ Funktionen. Um diese Formeln dennoch berechnen zu können, wird die Unbekannte über ihren Wertebereich iteriert und in die zu lösende Formel eingesetzt.

Da bei diesem Verfahren oft mehrere Werte zur Lösung der Gleichung ermittelt werden können, ergibt sich eine Menge an gültigen Lösungen. Da eine Abfrage des Benutzers für jeden zu lösenden Parameter unpraktikabel ist, wurden die zu lösenden Formeln näher untersucht und für jeden Parameter die geeignetste Lösung ausgewählt. Für jede Formel wurde somit entweder Minimum, Maximum oder der Mittelwert innerhalb des ermittelten Lösungsraumes ausgewählt.

Im nachfolgenden Abschnitt werden die einzelnen Lösungen und deren Auswahl aus der Menge der möglichen Lösungen näher vorgestellt.

aFrameLengthDynamic [gdBit] Dieser Wert wird zu Berechnung in Formel (A.2) eingesetzt. Hier wird der kleinste gültige Lösungswert ausgewählt, weil dieser Wert ohnehin einer 2 Byte Grabularität unterliegt. Diese 2 Byte Stufen liegen außerhalb des Rundungsbereiches der in (A.2) eingesetzten *ceil*() Funktion.

aFrameLengthStatic [gdBit] Ebenso wird mit der Länge des statischen Slots verfahren. Hier wird ebenfalls die minimale gültige Anzahl an Bits ausgewählt. Auch dieser Wert unterliegt der 2 Byte Granularität und liefert so eine eindeutige Lösung. Bestimmt werden kann dieser Wert mit Hilfe von Gleichungen (A.39) und (A.56).

dBDRxai [µs] Dieser Parameter beschreibt die Signalverlängerungszeit für den Active-to-Inactive Übergang und ist abhängig von der eingesetzten FlexRay Hardware. Um den erlaubten Wert für die Hardware zu berechnen, wurde hier der Mittelwert des Lösungsbereiches ausgewählt. Über die Gleichungen (A.40) und (A.41) kann dieser aus den anderen Parametern berechnet werden.

dBDRxia [µs] Auch für die Signalverkürzung, also den Inactive-to-Active Übergang, gilt der selbe Zusammenhang wie für `dBDRxai`. Auch hier wird der Mittelwert der gültigen Lösungen übernommen. Falls alle weiteren Werte bekannt sind lässt sich dieser durch Gleichung (A.45) bestimmen.

dStarTruncation [µs] Mit Gleichung (A.45) lässt sich auch die erlaubte Verzögerung eines aktiven Sterns bestimmen. Für diesen Wert wird ebenfalls der Mittelwert übernommen.

gdBit [µs] Falls die Länge der Idle oder Low Phase des WakeupSymbols vorgegeben wird, lässt ich hieraus die auch die Bitzeit berechnen. Für diese stehen aufgrund der aktuell drei vorhandenen Datenraten die Werte 0.1, 0.2 und 0.4 µs zur Verfügung. Aufgrund dieser Granularität kann trotz der Anwendung der *ceil*() Funktion in Gleichung (A.42) und (A.43) dieser Wert exakt bestimmt werden.

gdBitMax [µs] Die maximale Länge eines Bits wird mit diesem Parameter bestimmt. Bei Auswahl des Lösungswertes ist es somit sinnwoll den größten errechnete Wert zu übernehmen. Mit Hilfe der Gleichungen (A.39), (A.40), (A.56), (A.2) und (A.45) kann dieser Parameter berechnet werden.

gdBitMin [µs] Wie für die maximale Bitdauer wird äquivalent die minimale Bitdauer mit dem kleinsten gültigen Lösungswert belegt. Enthalten ist dieser Wert in den Gleichungen (A.41) und (A.45).

gdCycle [µs] Wenn die Anzahl der Microticks pro Zyklus bekannt ist, kann mit Hilfe der Microticklänge in Gleichung (A.54) auch die Zykluslänge bestimmt werden. Hierzu wird der kleinste gültige Wert übernommen um die Zykluslänge nur so lang wie nötig zu halten.

gdMacrotick [µs] Für die Berechnung des Macroticks wird der kleinste mögliche Wert übernommen. Dies ermöglicht eine feinere Granularität bei der Parametierung abhängiger Parameter und so eine bessere Ausnutzung der Brutto-Datenrate. Dieser Wert kann mit Gleichung (A.2) berechnet werden.

gdMaxPropagationDelay [µs] Da dieser Wert die größte Verzögerungszeit im Netzwerk angibt, wird der größte gefundene Lösungswert übernommen. Er kann beispielsweise über die Gleichungen (A.39) und (A.56) berechnet werden.

gdMaxPropagationDelay Ch [µs] Für den kanalabhängigen Verzögerungswert gilt der gleiche Zusammenhang wie für den kanalunabhängigen. Somit wird hier ebenfalls der größte Wert ausgewählt. Dieser Wert ist enthalten in Gleichung (A.22) und (A.40).

gdMinislot [MT] Die Länge eines Minislots wird in Macroticks angegeben. Bei der Bestimmung des Lösungswertes wird der kleinste mögliche Wert ausgewählt. Hierdurch wird der Minislot nur so lange wie notwendig und ermöglicht unter Umständen eine bessere Ausnutzung der Bandbreite. Iterativ bestimmt werden kann dieser Wert in Gleichung (A.2).

gdMinPropagationDelay [µs] Dieser in den Gleichungen (A.39) und (A.40) verwendete Wert beschreibt die minimale Verzögerungszeit im Netzwerk und wird mit dem kleinsten Lösungswert belegt.

gdTSSTransmitter [gdBit] Soll die Länge der TSS mit Hilfe der Gleichungen Gleichungen (A.40), (A.63) oder (A.41) bestimmt werden, wird hierfür der Mittelwert der Lösungen übernommen. Während eine kurze TSS die korrekte Übertragung beeinträchtigen könnte, wird bei einer langen TSS unnötig Bandbreite verbraucht.

gdWakeupSymbolTxIdle [gdBit] Da die Idle-Phase Wakeup Symbols am Empfänger unter Umständen verkürzt werden kann, wird hier der minimale Wert eingesetzt, den der Empfänger noch als gültigen Wert akzeptiert. Dieser lässt sich mit Hilfe von Gleichung (A.44) oder (A.45) berechnen.

gdWakeupSymbolTxLow [gdBit] Wie für die Idle-Phase gilt auch für die Low-Phase eine mögliche Verkürzung aufgrund von Uhrenabweichungen. Somit wird für die gültige Erkennung ebenfalls der kleinste gültige Wert übernommen. Bestimmen lässt sich dieser Wert ebenfalls über Gleichungen (A.44) oder (A.45).

gOffsetCorrectionMax [µs] Für diesen Parameter wird der maximale gültige Wert für die Offset Korrektur bestimmt. Somit wird auch der größte gültige Lösungswert übernommen. Berechnet werden kann er mit Gleichung (A.58).

nStarPath Dieser einheitenlose Wert beschreibt die Anzahl der aktiven Sterne in einem Signalpfad des Netzwerkes. Da es sich um einen ganzzahligen Wert handelt, sind keine Ungenauigkeiten bei der Lösung der $floor()$ Funktion in Gleichung (A.45) möglich.

pDecodingCorrection [µT] Diesen Wert verwendet der CC zur Bestimmung des Primary Time Reference Point (TRP1) in Abhängigkeit vom gemessenen Second Time Reference Point (TRP2). Für die Berechnung mit Gleichung (A.64) wird der Mittelwert aller Lösungen übernommen. Des weiteren kann `pDecodingCorrection` auch mit Hilfe von Gleichung (A.65) berechnet werden.

pDelayCompensation[Ch] [µT] Die Spezifikation empfiehlt für diesen Parameter den kleinsten Verzögerungswert aller Sync-Nodes zu verwenden. Für die Berechnung mit Gleichung (A.64) oder (A.65) wird somit der kleinste gültige Wert übernommen.

pdMicrotick [µs] Für die Berechnung des Microticks mit Hilfe von Gleichungen (A.54), (A.56) oder (A.58) wird der kleinste gültige Lösungswert übernommen. Dies garantiert die größte erreichbare Präzision im Cluster.

pMicroPerCycle [µT] Für die Berechnung der Microticks pro Zyklus wird der Mittelwert des Lösungsbereiches ausgewählt. Iterativ bestimmen lässt sich dieser Wert mit Hilfe der Gleichungen (A.57) und (A.61).

pMicroPerMacroNom [µT] Da dieser Wert den nominalen Macrotick für alle Konten beschreibt, handelt es sich um einen Mittelwert aller Macroticks aller Knoten. Somit wird dieser Wert mit dem Mittelwert der Lösung belegt. Berechnen lässt er sich mit Hilfe von Gleichungen (A.55), (A.56), (A.64) oder (A.65).

pSamplesPerMicrotick Die Anzahl der Abtastwerte pro Microtick kann laut der Spezifikation lediglich die ganzzahligen Werte 1, 2 und 4 annehmen. Wird dieser Parameter mit Hilfe von Gleichung (A.63) berechnet, kann somit nur eine gültige Lösung bestimmt werden.

6.3.5. Implementierung der Berechnungssoftware

Der in Abschnitt 6.3.2 zur Berechnung der Parameter beschriebene Algorithmus sowie die Überprüfung der Parameterwerte in Abschnitt 6.3.3 wurden in eine PC-Applikation integriert. Diese ermöglicht die Eingabe der gewünschten Parameterwerte und dient gleichzeitig der Ausgabe der berechneten Werte. Zur Daten Ein- und Ausgabe stehen drei unterschiedliche Fenster zu Verfügung. Diese sind für die Erfassung der Hilfsparameter (Abbildung 6.28), der globalen Parameter (Abbildung 6.29) und der lokalen Parameter (Abbildung 6.30) vorgesehen. Da die Berechnung auch auf den Einstellungen der unterschiedlichen Steuergeräte basiert, kann zum einen deren Anzahl ausgewählt werden sowie deren Parameter individuell festgelegt werden.

6.3.6. Zusammenfassung

Die entwickelte Software erlaubt die Berechnung von FlexRay Parametern auf Basis der in der Spezifikation vorgegebenen Berechnungsvorschriften. Dabei erlaubt sie die Berechnung von Parametern, ohne dabei die vorgegebene Reihenfolge der gegebenen Formeln einhalten zu müssen. So ist es möglich Werte vorzugeben, die von diversen Eingabewerten abhängen. Gleichzeitig findet eine Überprüfung der eingegebenen und der berechneten Werte statt, um die Konsistenz des ermittelten Parametersatzes zu verifizieren.

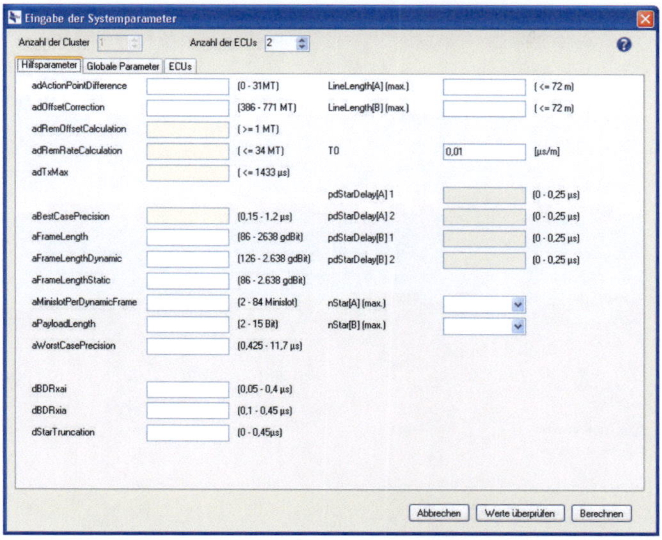

Abbildung 6.28.: Software zur Berechnung von FlexRay Parametern (Ansicht Hilfsparameter)

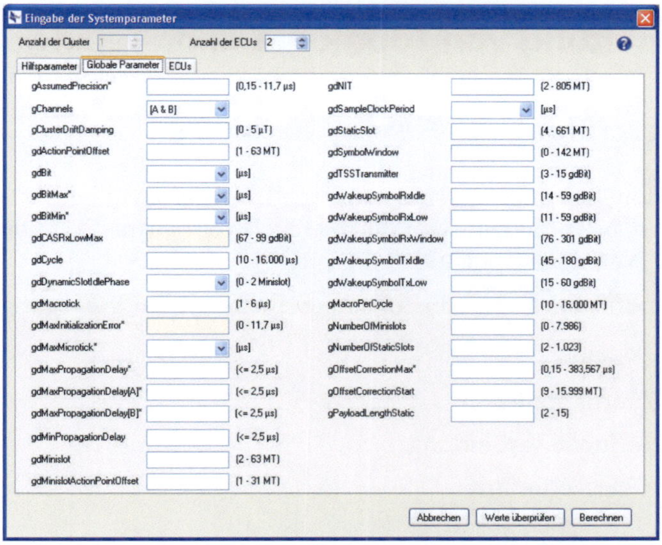

Abbildung 6.29.: Software zur Berechnung von FlexRay Parametern (Ansicht Globale Parameter

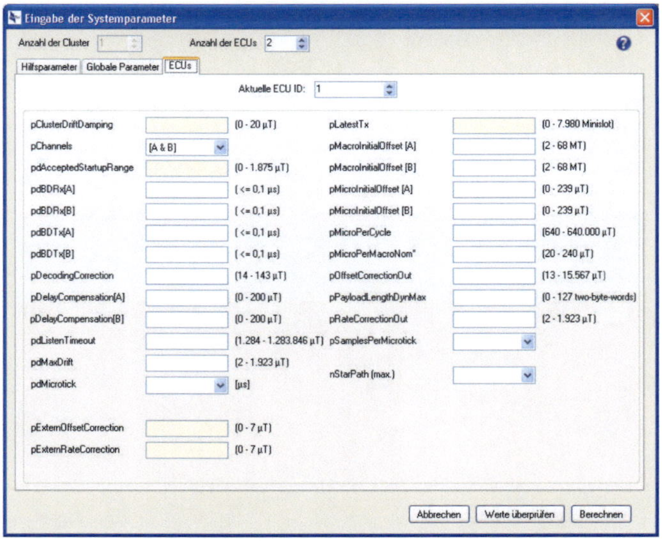

Abbildung 6.30.: Software zur Berechnung von FlexRay Parametern (Ansicht Lokale Parameter

6.4. Einhaltung von Topologie Randbedingungen

6.4.1. Überprüfung der FlexRay Topologie

In einer FlexRay Bustopologie sind prinzipiell drei verschiedene Arten von Strukturen möglich. Nachfolgend wird die in [100] beschriebene Definition von gültigen FlexRay-Netzwerktopologien vorgestellt.

Als Buskomponenten stehen die folgenden Elemente zur Verfügung:

A: FlexRay Knoten

A°: Aktiver Sternkoppler

P: Punkt-zu-Punkt-Verbindung

P°: Passiver Stern oder Bus

Dies führt zu den drei folgenden gültigen Netzwerkstrukturen.

$$A_M + (P \vee P^\circ) + A_N \text{ mit } M \neq N \tag{6.14}$$

$$A_M + (P \vee P^\circ)_\alpha + A^\circ + (P \vee P^\circ)_\beta + A_N \text{ mit } M \neq N \text{ und } \alpha \neq \beta \tag{6.15}$$

$$A_M + (P \vee P^\circ)_\alpha + A^\circ{}_1 + P + A^\circ{}_2 + (P \vee P^\circ)_\beta + A_N \text{ mit } M \neq N \text{ und } \alpha \neq \beta \quad (6.16)$$

Eine mit $^\circ$ bezeichnete aktive Komponente hat dabei mehr als einen Busanschluss und eine passive Komponente mehr als zwei Anschlüsse. Formel (6.14) beschreibt eine Verbindung von FlexRay Knoten über eine Bus-Struktur, einen passiven Sternkoppler, oder die Punkt-zu-Punkt Verbindunge zweier Knoten. Die zweite Gleichung (6.15) beschreibt den Einsatz eines aktiven Sternkopplers und daran angeschlossene Busse, passive Sterne oder Punkt-zu-Punkt Verbindungen. Als dritte mögliche Vernetzung wird in Formel (6.16) noch die Verwendung zweier aktiver Sterne beschrieben.

6.4.1.1. Aktive Sternkoppler

In einer gültigen Netzwerktopologie dürfen null bis zwei aktive Sternkoppler verbaut werden. Beim Einsatz von zwei aktiven Sternkopplern dürfen diese nur über eine Punkt-zu-Punkt Verbindung miteinander vernetzt werden (Abbildung 6.31).

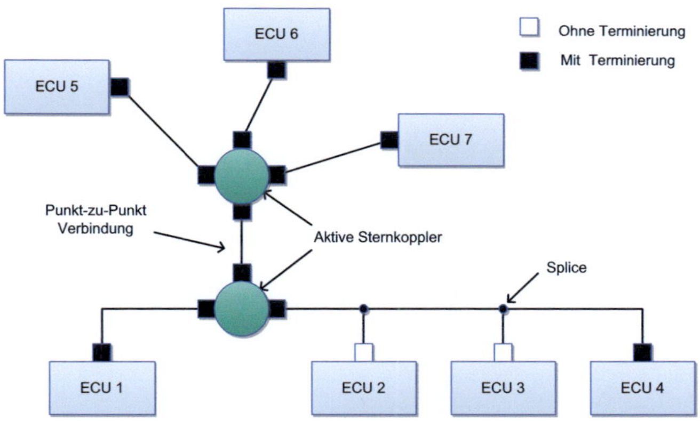

Abbildung 6.31.: Verbindung von zwei aktiven Sternkopplern über eine Punkt-zu-Punkt Verbindung

6.4.1.2. Terminierung von Buskomponeten

Jeder Zweig eines Busses muss an beiden Enden terminiert werden. Beim Einsatz von passiven Sternen ist auch eine verteilte Terminierung möglich, die aus mehr als zwei Abschlusswiderständen besteht.

6.4.1.3. Ungültige Unter- und Doppelabzweigungen

An einer Abzweigung vom Bus dürfen keine weiteren Unterabzweigungen angeschlossen werden. Ebenso darf an einer Abzweigung des Busses nicht direkt eine weitere Abzweigung vorhanden sein. Dies würde einem passiven Stern entsprechen, welcher nicht mit der Busstruktur kombiniert werden darf (Abbildung 6.32).

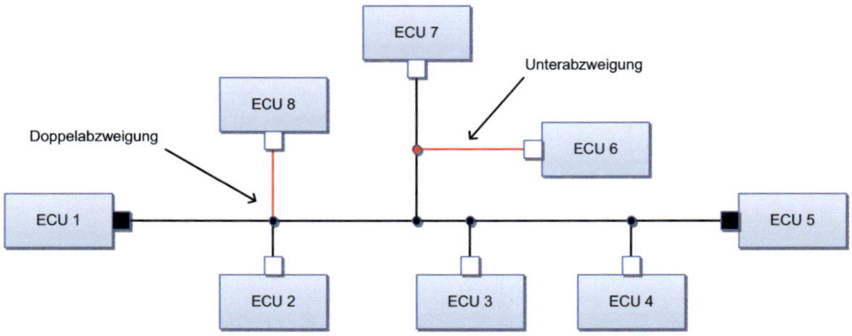

Abbildung 6.32.: Flexray Topologie mit ungültiger Doppel- und Unterabzweigung

6.4.1.4. Sternkoppler sendet Signal doppelt auf Bus

Wird ein Sternkoppler an zwei Anschlüssen mit einem Bus verbunden kann dies zu einem nichtdeterministischen Verhalten führen. Würde ein Teilnehmer des Busses senden, empfinge der aktive Stern an zwei Anschlüssen ein Signal (Abbildung 6.33). Dies ist aber nicht zulässig und führt zu einem Fehler in der Übertragung.

6.4.1.5. Zwei Verbindungen zwischen zwei aktiven Sternkopplern

Zwischen zwei aktiven Sternkopplern darf nur eine Verbindung bestehen. Ansonsten werden Signale eines Sternkopplers an zwei Anschlüssen des anderen Sternkopplers empfangen was zu einem ungültigen Zustand führt. Ebenso dürfen auch zwischen den aktiven Sternkopplern keine passiven Sterne oder Buszweige angeschlossen sein, wenn schon eine Punkt-zu-Punkt Verbindung dazwischen besteht (Abbildung 6.34).

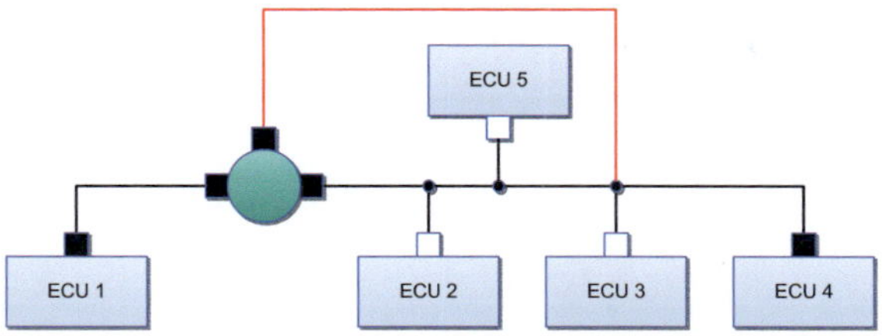

Abbildung 6.33.: Sternkoppler ist doppelt mit dem gleichen Bus verbunden

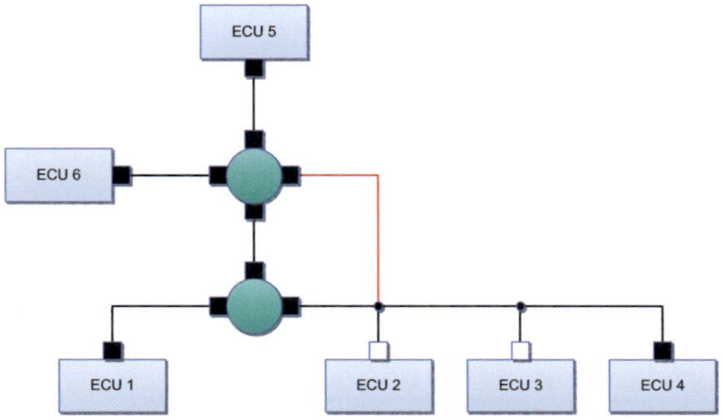

Abbildung 6.34.: Zwei Verbindungen zwischen aktiven Sternkopplern

6.4.2. Überprüfungsmethode

Die Überprüfung der Topologie beginnt mir dem Einlesen des zur Verfügung gestellten Bussystems (Abbildung 6.35). Mit Hilfe einer Abfrage wird dann ein Satz aller notwendigen Topologiesegmente ermittelt. Dazu werden drei unterschiedliche Listen erstellt.

Splice | Wire | Splice : Diese Liste enthält alle Kabelstücke (Wires) die an beiden Enden mit einem Splice verbunden sind. Ein Splice bezeichnet dabei den Verbindungspunkt von zwei oder mehr Kabelstücken.

ECU | Wire | Splice : Hier werden alle Wires gespeichert, die an einem Ende eine ECU und am anderen Ende einen Splice haben.

Aktive Sterne : Liste aller aktiven Sterne im Bussystem

Wurden alle relevanten Topologieelemente ermittelt, wird jetzt nach null, einem oder zwei aktiven Sternkopplern unterschieden. Wird kein Aktiver Stern gefunden, kann mit der Methode „CheckOneBranch“ der Bus überprüft werden. Dabei werden die Terminierungen überprüft (Abschnitt 6.4.1.2) und Fehler durch ungültige Unter- und Doppelabzweigungen ausgegeben 6.4.1.3.

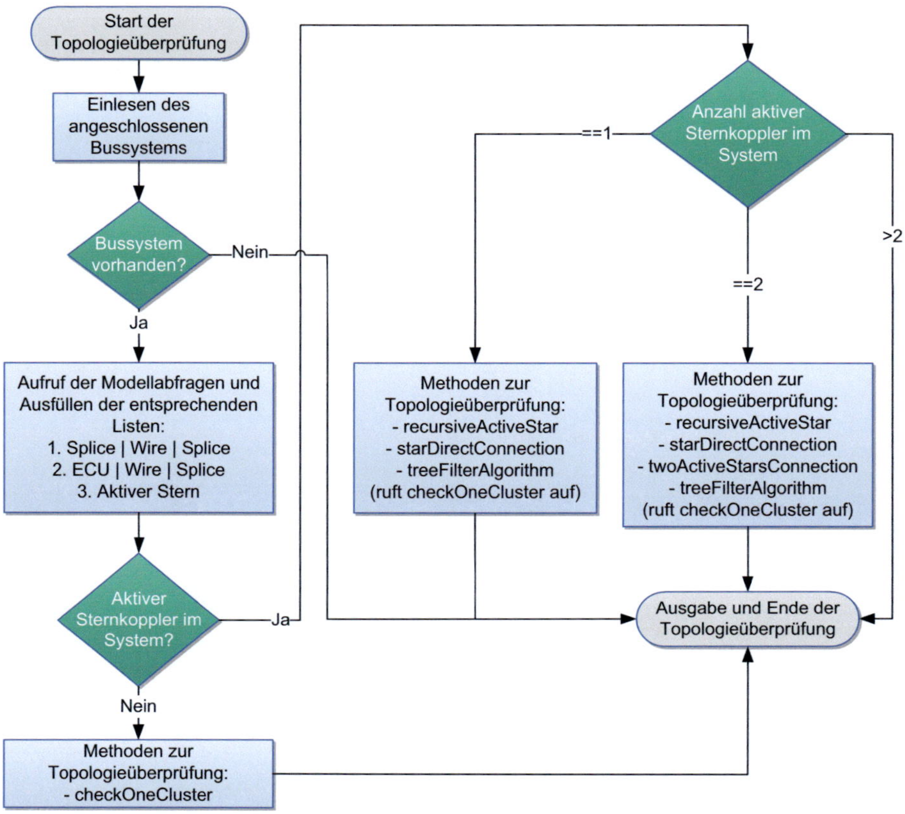

Abbildung 6.35.: Topologieüberprüfung Flussdiagramm

Bei einem oder zwei aktiven Sternen sind zusätzliche Überprüfungen notwendig. Hier wird zusätzlich die Methoden „RecursiveActiveStar" aufgrufen. Diese überprüft, ob es zwischen zwei Anschlüssen des aktiven Sterns eine Ringverbindung gibt (Abschnitt 6.4.1.4). Mit der Methode „StarDirectConnection", werden alle Punkt-zu-Punkt Verbindungen, von direkt an den Stern angeschlossenen ECUs überprüft. Die Methode „TreefilterAlgorithm" finden die an den aktiven Stern angeschlossenen Zweige mit mehr als einer ECU. Diese werden dann einzeln an die Methode „CheckOneBranch" übergeben und dort weiter überprüft.

Bei zwei vernetzten aktiven Sternen wird die Methodik für einen Stern für jeden der beiden Sterne getrennt durchgeführt. Zusätzlich wird noch „TwoActiveStarsConnection" aufgerufen. Diese testet, ob nur eine Verbindung zwischen den beiden aktiven Sternkopplern besteht (Abschnitte 6.4.1.5).

6.4.3. Abfrage von Topologiesegmenten und Überprüfung der Struktur

6.4.3.1. ECU – Wire – Splice

Diese Abfrage liefert alle Kabelsegmente, die an einem Ende an einer ECU und am anderen Ende an einen Splice angeschlossen sind.

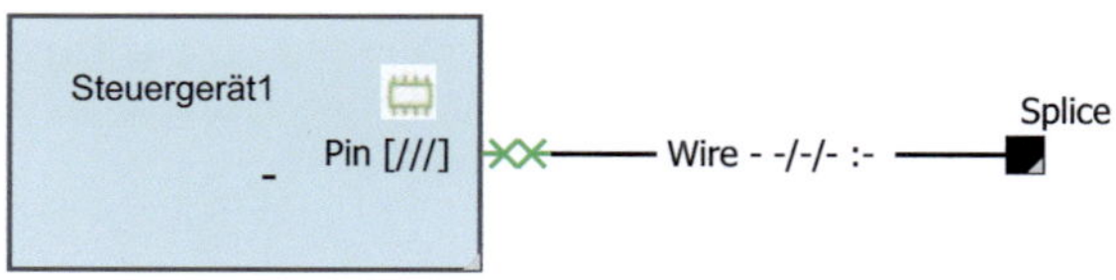

Abbildung 6.36.: Abfrage ECU-Wire-Splice

Diese Abfrage liefert insgesamt vier Listen als Resultat. Dafür ist eine jeweils für die ECUs, die Kabel (Wires), die Splices und für die FlexRay Schnittstellenbeschreibung (FlexRayConnectorDescriptors), welche Informationen zur Terminierung enthält. Über den Index der Liste sind die Elemente miteinander verknüpft. Somit lassen sich über den Listenindex aus jeder Liste die zueinander gehörenden Elemente auslesen.

6.4.3.2. Splice – Wire – Splice

Mit Hilfe dieser Abfrage werden alle Kabelstücke ermittelt, die an beiden Enden einen Splice angeschlossen haben. Hier werden ebenfalls Listen mit den Ergebnissen zur Verfügung gestellt. Dies ist jeweils eine Liste mit dem ersten Splice, dem Kabel und dem zweiten Splice.

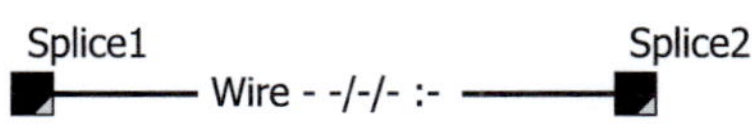

Abbildung 6.37.: Abfrage Splice-Wire-Splice

6.4.3.3. Aktiver Sternkoppler

Die dritte Abfrage erstellt eine Liste aller im Bussystem vorhandenen aktiven Sternkoppler. Anhand der Anzahl der Listenelemente wird auch die Auswahl des Algorithmus zur Topologieüberprüfung beeinflusst. Zusätzlich werden noch Listen mit den Anschlusspins der aktiven Sternkoppler erzeugt. Dazu werden die Anschlüsse für die vorhandenen aktiven Sterne jeweils in einer eigenen Liste hinterlegt.

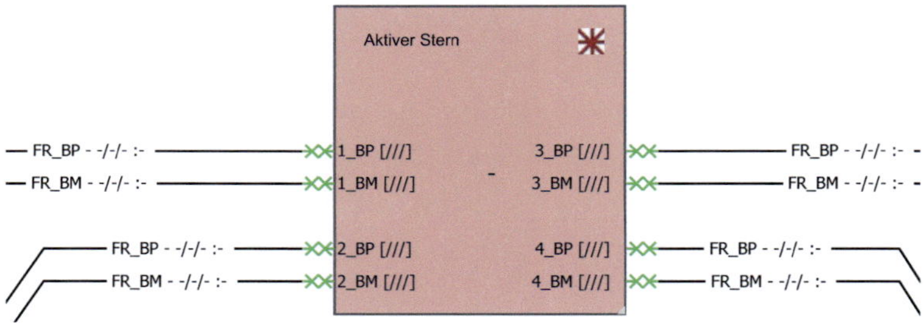

Abbildung 6.38.: Abfrage aktiver Sternkoppler

6.4.3.4. Überprüfung von Bus und passivem Stern „CheckOneBranch"

Mit dieser Methode werden Fehler in der Terminierung und ungültige Abzweigungen aufgedeckt. Angewendet wird die Methode entweder auf eine Bus- oder passive Sternstruktur. Sind aktive Sterne im Netz vorhanden, werden die an den Stern angeschlossenen Zweige mit mehr als einer ECU ebenfalls durch diese Methode überprüft. Dazu werden die Zweige beginnend mit dem Pin am aktiven Sternkoppler herausgefiltert und dieser Methode zur Überprüfung übergeben

Als Eingangsdaten werden die Listen zur Abfrage ECU-Wire-Splice und zur Abfrage Splice-Wire-Splice übergeben. Falls im Bus aktive Sternkoppler vorhanden sind, werden die an den Sternkoppler angeschlossenen Buszweige einzeln überprüft und nur die Liste der relevanten Topologieelemente übergeben.

Die Untersuchung beginnt an einer ECU, welche mit einer Terminierung ausgestattet ist. Der daran angeschlossene Splice wird in einer Liste der zu untersuchenden Elemente gespeichert. Daraufhin wir überprüft, ob weitere ECUs mit Terminierung mit diesem Splice verbunden sind. Bereits abgearbeitete Splices werden in einer schwarzen Liste abgelegt und so von der weiteren Untersuchung ausgeschlossen. Wenn ein Splice mehr als zwei Abzweigungen enthält wird dieser als passiver Stern gespeichert. Kommt ein solcher Splice in der Abfrageliste Splice-Wire-Splice vor, liegt ein Fehler vor, da an einen passiven Stern keine weiteren Splices angschlossen werden dürfen.

Sind an einem Splice, der sich nicht an einem der Anfangs- oder Endknoten (terminierter Knoten) des Busses befindet, mehr als eine ECU angeschlossen, liegt eine ungültige Doppelabzweigung vor.

Findet sich in der Topologie ein Splice, an den mehr als zwei Splice-Wire-Splice-Verbindungen angeschlossen sind, liegt eine ungültige Unterabzweigung vor.

6.4.3.5. Rekursive Verbindung an einem aktiven Sternkoppler „RecursiveActiveStar"

Bei diesem Überprüfungsverfahren wird auf die nicht erlaubte Verbindung zwischen zwei Pins des aktiven Sternkopplers geprüft. Dazu wird ausgehend von jedem Pin des aktiven Sterns eine Tiefensuche (vgl. Kapitel 2.10.4)durchgeführt. Finded der Alogrithmu dabei einen Pin, der ebenfalls dem Sternkoppler gehört, liegt eine rekursive Verbindung vor. Werden zwei solche Pins ermittelt, wird ein Fehler gemeldet und die Pins in einer Blacklist gespeichert. Abbildung 6.39 zeigt das Vorgehen von Algorithmus 9.

Algorithmus 9: RecursiveActiveStar

```
Data : PinStarList
Result : Blockedlist
WhiteList := ∅;
BlackList := ∅;
BlockedList := ∅;
foreach Startpin ∈ PinStarList do
    WhiteList += Startpin;
    while WhiteList ≠ ∅ do
        foreach Node ∈ WhiteList do
            foreach Neighbor ∈ Neighbors(Node) do
                if (Neighbor ∉ WhiteList) ∧ (Neighbor ∉ BlackList) then
                    WhiteList += Neighbor;
                if (Neighbor ∈ PinStarList) ∧ (Neighbor ≠ PinStarList) then
                    BlockedList += Neighbor;
            BlackList += Node;
            WhiteList -= Node;
if BlockedList ≠ ∅ then
    return (Error, BlockedList);
else
    return (Success);
```

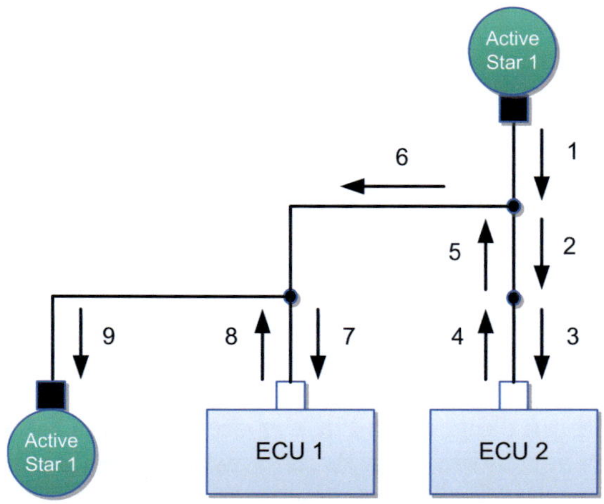

Abbildung 6.39.: Suchvorgang für rekursiv verbundene Sternkoppler

6.4.3.6. Direktverbindung zwischen ECU und aktivem Stern „DirectStarConnection"

Diese Methode überprüft alle Verbindungen des aktiven Sterns, an denen kein Splice angeschlossen ist, sondern direkt eine ECU oder ein weiterer aktiver Stern. Bei diesen direkten Verbindungen wird die Terminierung überprüft und zusätzlich werden sie einer Liste der abgearbeiteten Verbindungen hinzugefügt, damit sie nicht weiter betrachtet werden müssen (Algorithmus 10).

6.4.3.7. Aufteilung der Zweige an aktiven Sternkopplern „TreeFilterAlgorithm"

Diese Methode überprüft die einzelnen Zweige eines aktiven Sterns. Die direkten Verbindungen zu Steuergeräten wurden bereits vom Algorithmus im vorherigen Kapitel ermittelt und müssen hier nicht mehr berücksichtigt werden. Es werden somit nur noch Zweige überprüft, die mindestens einen Splice besitzen (graue Rahmen in Abbildung 6.40). Zusätzlich dürfen die Pins keine rekursive Verbindung haben, also nicht in der *Blockedlist* stehen. Algorithmus 11 zeigt das beschriebene Verfahren.

Algorithmus 10: DirectStarConnection

```
Data : PinStarList
Result : IncorrectTermination, DirectConnection
DirectConnection := ∅;
IncorrectTermination := ∅;
foreach Startpin ∈ PinStarList do
    foreach Wire ∈ ConnectedWires(Startpin) do
        foreach Node ∈ ConnectedNodes(Wire) ∧Node ≠ Startpin do
            if Type(Node) ≠ „Splice“ then
                DirectConnection += Startpin;
                if Termination(Startpin) ≠ „True“ then
                    IncorrectTermination += Startpin;
                if Termination(Node) ≠ „True“ then
                    IncorrectTermination += Node;
if IncorrectTermination == ∅ then
    return (Success, DirectConnection);
else
    return (Error, DirectConnection, IncorrectTermination, „Termination
    Error“);
```

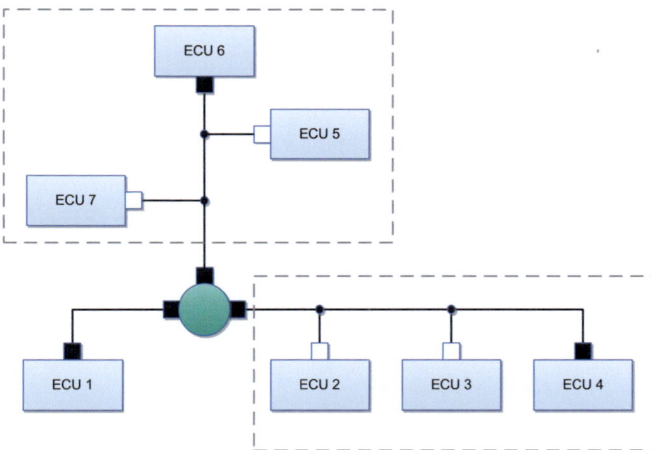

Abbildung 6.40.: Bussysteme an aktivem Stern

Algorithmus 11: TreeFilterAlgorithm

```
Data : updatedPinStarList, ECUWireSpliceList, SpliceWireSpliceList,
       BlockedList
Result :
WhiteList := ∅;
BlackList := ∅;
TempECUWireSpliceList := ∅;
TempSpliceWireSpliceList := ∅;
foreach Startpin ∈ updatedPinStarList do
    WhiteList += Startpin;
    while WhiteList ≠ ∅ do
        foreach Node ∈ WhiteList do
            foreach Neighbor ∈ Neighbors(Node) do
                if (Neighbor ∉ WhiteList) ∧ (Neighbor ∉ BlackList) then
                    WhiteList += Neighbor;
                if (Neighbor ≠ Startpin) ∧ (Neighbor ∉ BlockedList) ∧
                (Type(Node) = „Splice“) then
                    foreach Entry ∈ ECUWireSpliceList do
                        if Neighbor ∈ Entry then
                            TempSpliceWireSpliceList += Entry;
                            ECUWireSpliceList -= Entry;
                    foreach Entry ∈ SpliceWireSpliceList do
                        if Neighbor ∈ Entry then
                            TempSpliceWireSpliceList += Entry;
                            SpliceWireSpliceList -= Entry;
            BlackList += Node;
            WhiteList -= Node;
    if (TempSpliceWireSpliceList ≠ ∅) ∨ (TempSpliceWireSpliceList ≠ ∅)
    then
        CheckOneBranch(TempSpliceWireSpliceList,
        TempSpliceWireSpliceList);
    TempSpliceWireSpliceList := ∅;
    TempSpliceWireSpliceList := ∅;
```

6.4.3.8. Verbindung zwei aktiver Sternkoppler „TwoActiveStarsConnection“

Wurden in einem Bussystem zwei aktive Sterne ermittelt, wird mit Hilfe dieser Methode überprüft, ob die beiden mit einer Punkt-zu-Punkt Verbindung vernetzt werden. Andere Verbindungen sind nicht zulässig. Da der FlexRay Bus eine Zweidraht Leitung besitzt, darf es nur genau zwei Verbindungen zwischen den Pins der beiden Sternkoppler geben (Algorithmus 12).

Algorithmus 12: TwoActiveStarsConnection

```
Data : PinStar1List, PinStar2List
Result : PinsDirectConnection
foreach Startpin ∈ PinStar1List do
    foreach Wire ∈ ConnectedWires(Startpin) do
        foreach Node ∈ ConnectedNodes(Wire) ∧Node ≠ Startpin do
            if Node ∈ PinStar2List then
                PinsDirectConnection += Startpin;
                PinsDirectConnection += Node;
if PinsDirectConnection == 4 then
    return (Success, PinsDirectConnection);
else
    return (Error, PinsDirectConnection, „ActiveStars Connection Fault“);
```

6.4.4. Zusammenfassung

Mit Hilfe der beschriebenen Algorithmen kann die Konformität einer FlexRay Topologie zu den in der Spezifikation vorgeschriebenen Randbedingungen überprüft werden. Hierzu werden alle Topologiesegmente, ECUs und aktiven Sterne abgefragt. Je nach Anzahl an aktiven Sternen im Bussystem, werden unterschiedliche Überprüfungsalgorithmen aufgerufen.

Die Überprüfung der Terminierung erfolgt aktuell nur für das klassische Terminierungskonzept mit zwei Widerständen am Ende eines Busses oder einer Punkt-zu-Punkt-Verbindung. Der Test einer Mehrfachterminierung mit entsprechend angepassten Widerstandswerten ist aktuell noch nicht implementiert.

6.5. Parameter Extraktion

Dieses Kapitel beschreibt ein Field Programmable Gate Array (FPGA) basiertes System-on-Chip, welches die Analyse und Auswertung von FlexRay Parametern auf einer aktiven Datenübertragung erlaubt. Dazu wurde eine FPGA-Prototyping-Plattform mit einer FlexRay Transceiver Platine erweitert, um die

Datenübertragung direkt vom Bus lesen zu können. Die Konzeption des Systems in Form von Hardware-Modulen auf einem FPGA ermöglicht eine exakte detaillierte Analyse des empfangenen Datenstroms unabhängig von den zeitlichen Anforderungen eines Prozessors.

6.5.1. Architektur des Analyse-Systems

Das System zur Analyse der FlexRay-Parameter besteht aus dem Altera DE2 FPGA-Prototyping Board und einer externen Transceiver Platine (Abbildung 6.41). Das FPGA-Board enthält einen Altera Cyclone II FPGA, der als Basis für das enthaltene NIOS II System dient. Die Busankopplung geschieht über zwei TJA1080 FlexRay Transceiver [94], welche mit dem FPGA-Board verbunden werden.

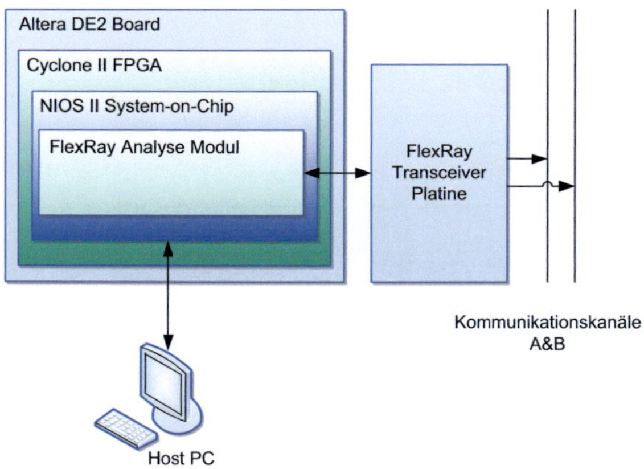

Abbildung 6.41.: Architektur FPGA-System

Innerhalb des NIOS II Systems-on-Chip befindet sich neben dem eigentlichen NIOS II Softcore Prozessor jeweils ein FlexRay Analyse-Modul für Kanal A&B (Abbildung 6.42). Des weiteren sind diverse Register zur Aufnahme der gewonnenen Daten und Ansteuerung des Analysemoduls vorhanden. Mit Hilfe eines Zeitgebers (timestamp-counter) wird die Zeitbasis zur Erfassung der Daten generiert.

6.5.2. Konzeption des Analysemoduls

Den Kern des Systems bildet das Analysemodul zur Erkennung der Parameter. Hier erfolgt die Ansteuerng der externen Transceiver und der Empfang der Daten. Diese werden daraufhin abgetastet und an ein Decodierungsmodul weiter-

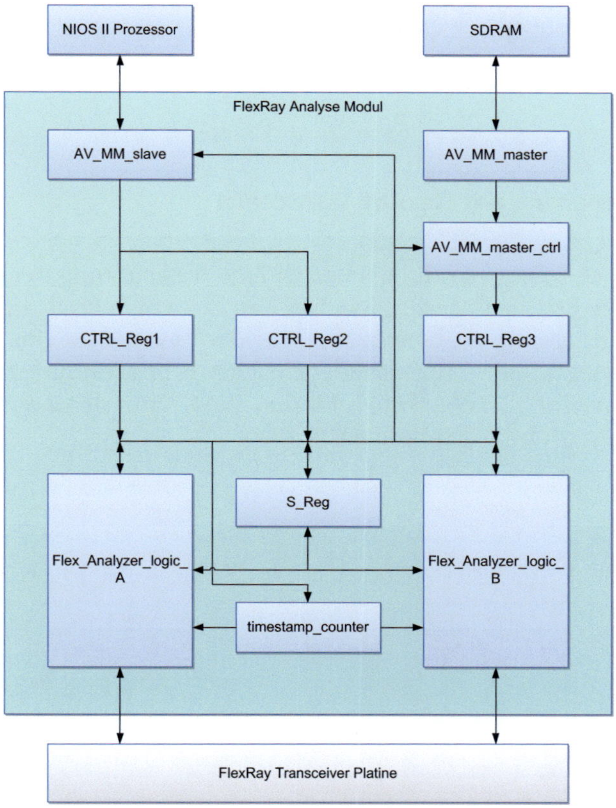

Abbildung 6.42.: Architektur des Analysemoduls

gegeben, wo die Nachrichtenframes bzw. Symbole erkannt werden. Die Decodierung erfolgt gemäß des in der Spezifikation [42] angegebenen Verfahrens. Eine weitere Aufgabe des Decodierungsmoduls besteht darin, die Datenrate auf dem Bus zu erkennen. Aktuell ist die Erkennung von Datenraten von 10, 5, 2,5MBit/s möglich. Nach der erfolgreichen Erkennung wird der Taktteiler der Abtasteinheit entsprechend angepasst. Nach dem Starten wird mit einer Abtastrate von 80MHz begonnen, um eine achtfache Abtastung bei 10MBit/s zu ermöglichen. Nach der Decodierung das Datenstroms erfolgt die Erkennung der Parameter. Hierfür wird jeweils ein eigenes Modul in der Analyselogik bereitgestellt. Für die Weiterverarbeitung von Header- und Payload-Bytes wird ein First In - First Out (FIFO) Speicher zur Verfügung gestellt. Die in der Trailer-Sektion enthaltene CRC-Prüfsumme wird nach der erfolgreichen Überprüfung verworfen. Zu den Frames wird zusätzlich noch ein Zeitstempel in einem weiteren FIFO-Speicher abgelegt.

In den folgenden Kapiteln werden die einzelnen Komponenten der Parametererkennung und deren Funktion vorgestellt.

6.5.2.1. Ansteuerung der FlexRay Transceiver

Um den Datenempfang zu ermöglichen ist eine Ansteuerung der externen FlexRay Transceiver Platine unabdingbar. Um den Bus vor Schreibzugriffen und somit einer Beeinflussung zu bewahren, wird der Transceiver nur für den Empfangsmodus freigeschaltet und ermöglicht kein Schreiben auf dem Bus. Dazu werden die Pins TxD, TXEN, STBN, EB und WAKE mit den notwendigen Werten beaufschlagt (siehe Abbildung 6.43).

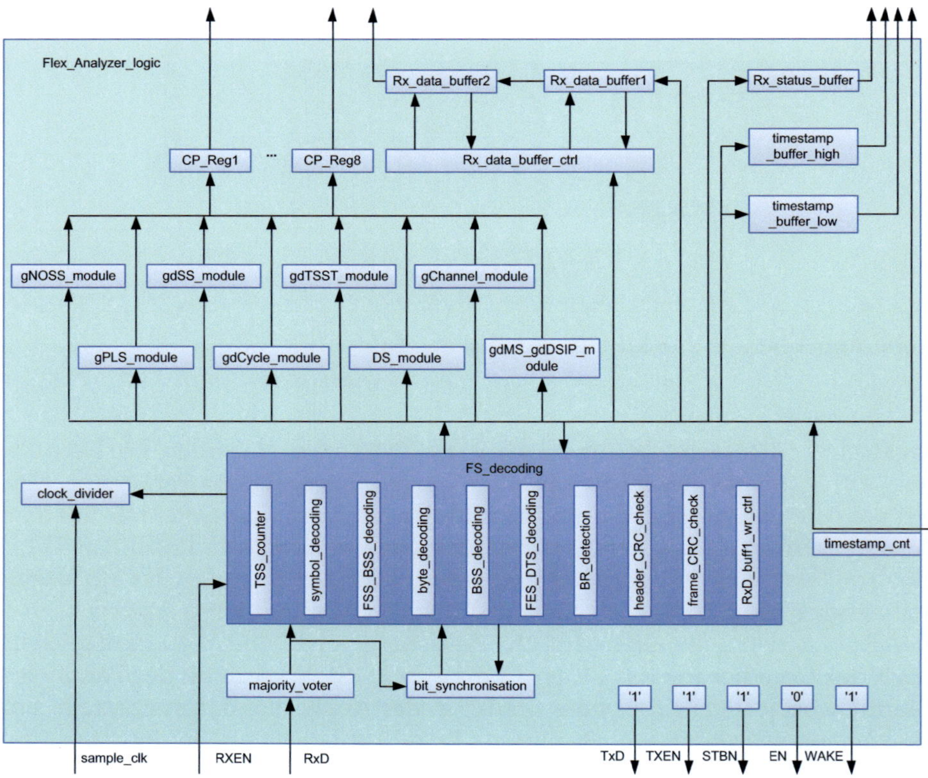

Abbildung 6.43.: Architektur der Analyse-Logik

6.5.2.2. Abtasten des FlexRay-Datenstroms

Das für das Abtasten des Datenstromes verwendete Verfahren wird von der Spezifikation beschrieben und besteht aus dem sogenannten „Majority Voting" und der Bitsynchronisation (siehe Abbildung 6.43). Das vom Modul majority_-voter implementierte Verfahren dient der Unterdrückung von Glitches durch eine Mehrheitsentscheidung. Zunächst wird der empfangene Datenstrom mit der Abtastfrequenz (sample_clk) achtfach überabgetastet. Aus den letzten fünf empfangenen Werten wird dann eine Mehrheitsentscheidung getroffen. Das aus diesem Verfahren hervorgehende Signal wird als „Voted-Value" bezeichnt. Die weitere Verarbeitung erfolgt duch das Modul bit_synchronisation. Dieses nummeriert die empfangenen Werte der Voted-Value und gibt jeweils den aktuellen Bitwert bei einem Zählerstand von fünf zurück. Um die korrekte Abtastung zu ermöglichen wird der Zähler an sogenannten Syncronisationsflanken immer neu ausgerichtet. Nach erfolgreicher Erkennung der Synchronisationsflanke wird der Zähler dazu immer auf den Wert zwei zurückgesetzt (siehe Abbilung 6.44).

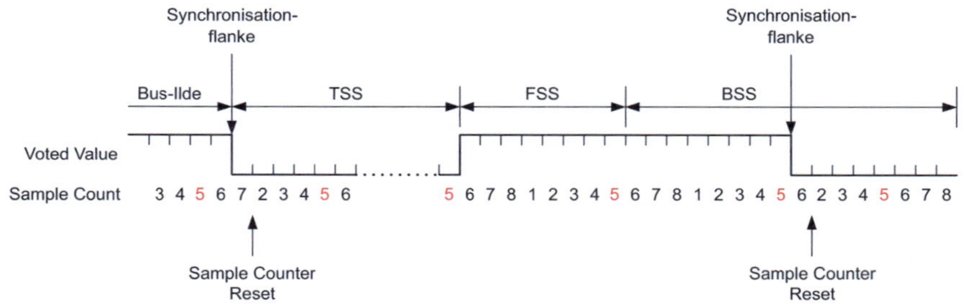

Abbildung 6.44.: Bitsynchronisation

6.5.2.3. Decodieren des FlexRay-Datenstroms

Nach der Abtastung und der Erkennung des Bitwertes erfolgt die eigentliche Decodierung des Datenstromes mit Hilfe des Moduls „FS_decoding". Nach der erfolgreichen Detektion des Beginns, wird überprüft, ob es sich um ein Symbol der einen Frame handelt. Handelt es sich beim empfangenen Datenstrom um einen Frame, werden die weiteren Teile durch Submodule auf ihre korrekte Bitabfolge ausgewertet. Dazu gehört auch die Überprüfung der korrekten Header und Trailer Checksumme. Die Header- und Payload-Bytes werden nach erfolgreicher Erkennung in einem FIFO-Speicher abgelegt. Bei Empfang eines Symbols wird dessen Länge ermittelt und dessen Wert ebenfalls im FIFO abgelegt. Mit Hilfe des Sub-Moduls „BR_detection" wird die Erkennung der Datenrate durchgeführt.

6.5.2.4. Beginn eines Communication Elements detektieren

Der Beginn eines Datenelements kann über den Zustandsübergang zwischen Bus-Idle und einer Low Phase detektiert werden. Die Idle-Phase des Busses wird vom Transceiver nicht direkt weitergegeben, sondern erfolgt laut Spezifikation über die Detektion von mindestens elf aufeinanderfolgenden High-Bits. Um den Idle-Zustand erkennen zu können, wird ein Zähler eingesetzt der nach elf High-Bits diesen Zustand signalisiert. Wird jetzt eine fallende Flanke der Voted Value empfangen und der Bus befindet sich im Idle-Zustand, beginnt ein neues Kommunikationselement. Da dieser Zustandsübergang gleichzeitig eine Synchronisationsflanke darstellt, wird die Erkennung im Modul „bit_synchronisation“ durchgeführt.

6.5.2.5. Typ des Communication Elements feststellen

Um den Typ eines Kommunikations-Elements feststellen zu können, muss die Länge der Low-Phase zu Beginn ausgewertet werden. Während bei einem Frame die Low-Phase nur aus der TSS besteht, besteht ein Symbol ausschließlich aus einer langen Low-Phase. Zu Beginn des Verfahrens steht allerdings die Übertragungsrate des Busses noch nicht fest, was die Erkennung erschwert. Im Startzustand wird zunächst mit einer Abtastrate von 80MHz begonnen.

Die Länge der TSS beträgt je nach Konfiguration bei 10MBit/s zwischen 6-15Bit (600-1500ns), bei 5MBit/s zwischen 4-8Bit (800-1600ns) und bei 2,5MBit/s zwischen 3-5Bit (1200-2000ns). Da die Messung zunächst unter der Annahme erfolgt, dass die Übertragungsrate bei 10MBit/s liegt (Abtastsrate 80MHz) und die Bitlänge somit 100ns beträgt, ergibt sich für die TSS ein maximaler Wert von 2000ns/(100ns/Bit) = 20Bit.

Bei den Symbolen liegen drei unterschiedliche Typen vor, es wird unterschieden zwischen Collision Avoidance Symbol (CAS), Media Test Symbol (MTS) und Wakeup Symbol (WUS). CAS und MTS bestehen aus einer TSS und weiteren 30 Low-Bits. Ein WUS ist immer 6μs lang. Werden somit 20 oder weniger Low-Bits empfangen, handelt es sich bei den empfangenden Daten um einen Frame. Bei einer längeren Low-Phase muss somit noch geprüft werden ob es sich um gültiges Symbol handelt. Minimal müssen für ein CAS oder MTS 29 Low-Bits empfangen werden. Die obere Grenze liegt laut Spezifikation bei 99 Low-Bits bei 10MBit/s (9900ns), 81 bei 5MBit/s (16200ns) und 73 bei 2,5MBit/s (29200ns). Unter Berücksichtigung der Abtastung mit 80MHz ergibt sich somit ein gültiges CAS bzw. MTS wenn die Anzahl der Low-Bits zwischen 29 und 29200ns/100ns = 292 liegt. Handelt es sich bei dem empfangenen Symbol dagegen um ein WUS, müssen laut Spezifikation mindestens 46 Low-Bits bei 10MBit/s gemessen werden (4600ns), 23 bei 5MBit/s (4600ns) und 11 bei 2,5MBit/s (4400ns). Unter Berücksichtigung der Messung bei 10 MBit/s ergeben sich mindestens 4400ns/100ns = 44 Low-Bits. Da ein WUS aber 6µs lang sein sollte ergeben sich 60 Bit bei 10MBit/s.

Somit liegt bei einer Low-Phase zwischen 29 und 292 ein gültiges Symbol vor. Die Berücksichtigung der Verlängerung der Bits für niedrigere Übertragungsfrequenzen bei 80MHz Abtastung gilt nur für den Fall, dass die Übertragungsrate noch nicht bekannt ist. Diese kann erst bestimmt werden, wenn ein gültiger Frame empfangen wurde (vgl. Kapitel 6.5.2.6).

Nach dem Empfang des ersten Frames ist dieser gültig, wenn die Low-Phase bei 10Mbit/s kleiner als 16Bit, bei 5MBit/s kleiner als 9Bit oder bei 2,5MBit/s kleiner als 6Bit ist. Das einzige Symbol, dass nach dem ersten Frame noch empfangen werden kann ist das MTS, da zu diesem Zeitpunkt das Cluster bereits aufgeweckt worden ist. Die Gültigkeit dieses Symbols erstreckt sich somit über mindestens 29 Low-Bits, aber höchstens über 99 Bit bei 10MBit/s, 81 Bit bei 5MBit/s bzw. 73 Bit bei 2,5MBit/s.

6.5.2.6. Bestimmen der Übertragungsrate

Für die Bestimmung der Übertragungsrate wird das Modul „BR_detection“ innerhalb der Komponente „FS_decoding“ eingesetzt. Dieses führt die Erkennung über die Länge der auf die TSS folgende High-Phase durch. Diese besteht zum einen aus der FSS und dem High-Bit der BSS (siehe Abbildung 6.45). Durch die Anfangsabtastrate von 80MHz wird somit eine High-Phase von 16 Takten bei 10MBit/s, 32 Takten bei 5MBit/s und 64 Takten bei 2,5 MBit gemessen werden. Um Uhrenabweichungen und Verlängerungen bzw. Verkürzungen der übertragenen Bits tolerieren zu können, werden Abweichungen von ±4 Takten als gültig akzeptiert. Das Ergebnis der Messung wird schließlich zu Einstellung der Abtastfrequenz mittels eines Taktteilers (Modul clock_divider) eingesetzt.

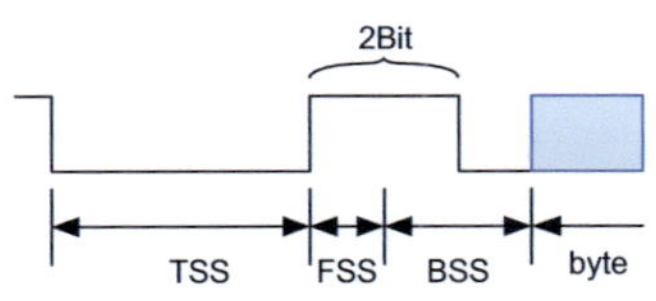

Abbildung 6.45.: Detektion der Übertragungsrate

6.5.2.7. Decodieren der einzelnen Elemente eines Frames

Auf die in Kapitel 6.5.2.5 beschriebene Erkennung der TSS folgt die weitere Auswertung der verbleibenden Frame-Teile. Das im Modul FSS_BSS_decoding wird der korrekte Empfang der FES bestehend aus einem High-Bit und der BSS bestehend aus einem High- und einem Low-Bit überprüft. Ist dies der Fall, werden die nächsten acht empfangenen Bits im Modul byte_decoding als Datenbyte übernommen. Nach dem Empfang des Datenbytes wird im Submodul FES_DTS_decoding die FES und das erste Bit der DTS überprüft. Handelt es sich hier um ein High-Bit wurde ein statischer Frame, ansonsten ein dynamischer Frame enpfangen.

6.5.2.8. Prüfen des Header- und Frame-CRC

Während des Empfangs eines Frames, müssen die Header- bzw. die Frame-CRC-Prüfsumme mit der erwarteten Sequenz verglichen werden. Um die erwartete Prüfsumme zu berechnen, stehen die Module header_CRC_check und frame_-CRC_check zur Verfügung. Diese vergleichen bitweise den empfangenen mit dem zuvor errechneten Wert. Der Algorithmus zur Errechnung der Prüfsumme ist in der Protokoll-Spezifikation [42] als Pseudocode angegeben.

6.5.2.9. Ablegen der eingelesenen Daten im Datenpuffer

Um die auf dem Bus empfangenen Daten später auslesen zu können, werden diese zunächst in einem FIFO-Speicher abgelegt. Dafür sorgt das Modul RxD_-buff1_wr_ctrl welches für das Schreiben auf dem Rx_data_buffer1 zuständig ist. Dieses überprüft zunächst, ob es sich um ein Header- oder Payload-Byte handelt, da die Bytes des Trailers nur zur Überprüfung der Checksumme dienen und danach verworfen werden. Bei Empfang eines Symbols wird dessen Länge ebenfalls im Speicher abgelegt. Ebenfalls abgelegt werden die zur Identifizierung notwendigen Informationen wie die Anzahl der Bytes. Der Typ des empfangenen Datenelements, also statischer oder dynamischer Frame oder Symbol, wird zur späteren Ausgabe ebenfalls abgespeichert. Um den Empfang zeitlich zuordnen zu können, wird schlussendlich noch ein 64 Bit Zeitstempel in timestamp_-buffer_high und timestamp_buffer_low abgelegt.

6.5.2.10. Bestimmen der Anzahl der statischen Slots

Zur Bestimmung des Clusterparameters `gNumberOfStaticSlots` durch das Modul gNOSS_module müssen bestimmte Vorraussetzungen erfüllt sein. Da sich ein freier statischer Slot auf dem Bus nicht von der NIT unterscheidet und es sich somit auch um eine längere NIT handeln könnte, muss zur sicheren Bestimmung entwender ein beliebiger dynamischer Slot oder ein Symbol gesendet werden. Für den Fall, dass kein dynamischer Frame oder Symbol gesendet wird, gibt das Verfahren die Slot ID des letzten statischen Slots zurück. Dies ermöglicht einen Rückschluss auf die Mindestlänge des statischen Segments.

Statischer Frame gefolgt von dynamischen Frame Berechnet man die Differenz zwischen dem Beginn des letzten statischen Frames und dem Beginn des ersten empfangenen dynamischen Frames und ist diese kürzer als zwei statische Frames, handelt es sich bei diesem statischen Frame notwendigerweise um den letzten statischen Frame, da kein weiterer dazwischen Platz findet. Hier entspricht die Slot-ID des letzten statischen Slots um die Anzahl `gNumberOfStaticSlots`.

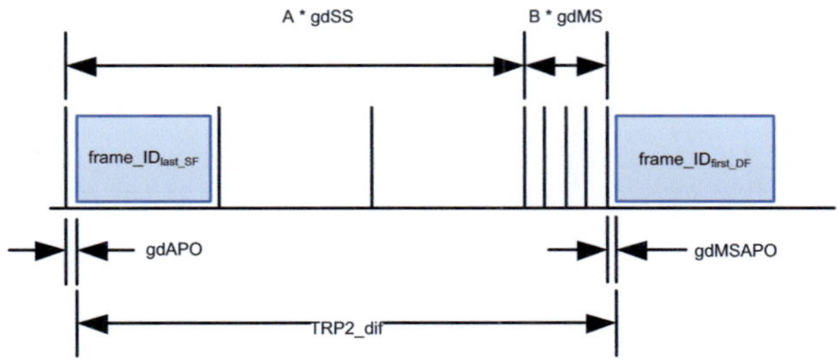

Abbildung 6.46.: Statischer Frame gefolgt von dynamischem Frame

Falls der Abstand zwischen letztem statischen und dynamischen Frame größer als zwei statische Slots ist, kann die Anzahl berechnet werden. Durch die fortlaufende Nummerierung der Frames entspricht die Differenz der Frame-IDs „Frame_ID_dif" der Anzahl der Frames, die dazwischen liegen (Abbildung 6.46). Diese setzen sich aus einer Anzahl A an statischen und einer Anzahl B an Mini-slots zusammen (Formel (6.17)).

$$Frame\_ID\_dif = Frame\_ID_{first\_DF} - Frame\_ID_{last\_SF} = A + B \qquad (6.17)$$

Der Abstand der beiden Frames kann weiterhin bestimmt werden durch den zeitlichen Abstand „TRP2_dif" zwischen dem zweiten Referenzpunkt (Second Time Reference Point = TRP2) des letzten statischen „TRP2last_SF" und dem des ersten dynamischen Slots „TRP2first_DF". Der TRP2 wird an der fallenden Flanke der ersten BSS eines Frames gesetzt (Abbildung 6.47).

Der Abstand „TRP2_dif" zwischen den beiden Referenzpunkten setzt sich zusammen aus der Anzahl der statischen Slots A multipliziert mit der Länge des statischen Slots gdSS und der Anzahl B an Minislots multipliziert mit der Länge eines Minislots gdMS. Zusätzlich muss der unterschiedliche Wert der Abstände gdAPO des Action Points im statischen Segment und dessen Abstand gdMSA-

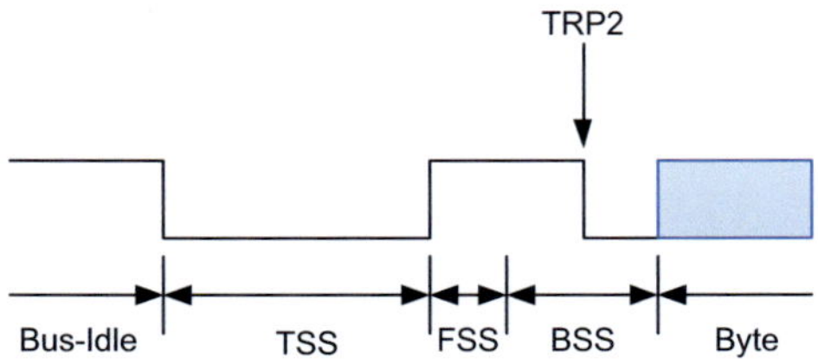

Abbildung 6.47.: Lage des Second Time Reference Point

PO im dynamischen Segment berücksichtigt werden. Formel (6.18) beschreibt diesen Zusammenhang.

$$\begin{aligned} TRP2\_dif &= TRP2_{first\_DF} - TRP2_{last\_SF} \\ &= A * gdSS + B * gdMS + (gdMSAPO - gdAPO) \end{aligned} \tag{6.18}$$

Der Action Point Offset und der Minislot Action Point Offset werden als Sicherheitsabstand zu den Slotgrenzen eingesetzt. Diese ist notwendig um die Präzision im Cluster einhalten zu können. Die Parameter sind unabhängig voneinander einstellbar, da im statischen Segment ein größerer Wert auf den Sicherheitsabstand gelegt wird als im eher Datendurchsatz-orientierten dynamischen Segment. Da die Differenz zwischen Action Point Offset und Minislot Action Point Offset aber sehr gering ist, wird für die Berechnung die Annahme getroffen, dass deren Größe im Verhältnis zur Länge des statischen Slots vernachlässigt werden kann. Somit folgt mit Hilfe von Formel (6.17) und (6.18) der folgende Zusammenhang:

$$\begin{aligned} gNumberOfStaticSlots &= frame\_ID_{last\_SF} + A - 1 \\ &\approx Frame\_ID_{last\_SF} + \frac{(TRP2\_dif - Frame\_ID\_dif * gdMS)}{(gdSS - gdMS)} - 1 \end{aligned} \tag{6.19}$$

Die Berechnung in Formel (6.19) setzt sich zusammen aus dem letzten statischen Frame und der Anzahl A an statischen Slots, beginnend mit dem letzten statischen Frame. Aus diesem Grund muss die Gesamtzahl um den Wert eins reduziert werden, da der letzte statische Frame sonst doppelt gezählt werden würde (siehe auch 6.46). Für die Berechnung des Wertes muss die Länge eines Minislots bekannt sein. Dazu müssen die in Kapitel 6.5.2.17 genannten Voraussetzungen erfüllt sein. Die Länge gdSS ist auf jeden Fall bekannt, da ein statischer Slot immer schon zum Starten des Clusters benötigt wird.

Statischer Frame gefolgt von Symbol Folgt auf den letzten Frame im statischen Segment ein Symbol anstatt eines dynamischen Frames, kann die Anzahl der statischen Slots ähnlich zum bereits in Kapitel 6.5.2.10 gezeigten Verfahren bestimmt werden. Da ein Symbol im Gegensatz zum dynamischen Frame keinen TRP2 besitzt wird zur Berechnung der TRP1 herangezogen (Abbildung 6.48). Dieser wird an der fallenden Flanke der TSS gesetzt und ist entgegen dem TRP2 daher auch abhängig von der möglichen unterschiedlichen Verkürzung der TSS während der Übertragung im Netzwerk. Der bei der Messung Abstand entstehende Fehler entspricht somit dem Unterschied der TSS Verkürzung zwischen dem letzten statischen Frame und dem Symbol. Dieser Fehler ist im Verhältnis zur Länge eines statischen Slots aber sehr klein und kann bei der Berechnung vernachlässigt werden.

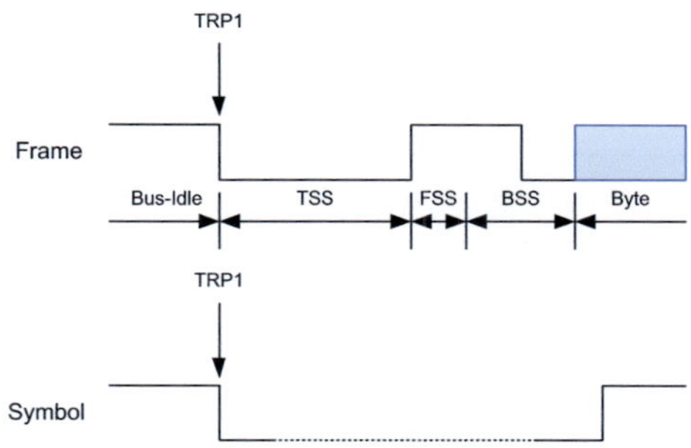

Abbildung 6.48.: Lage des Primary Time Reference Points

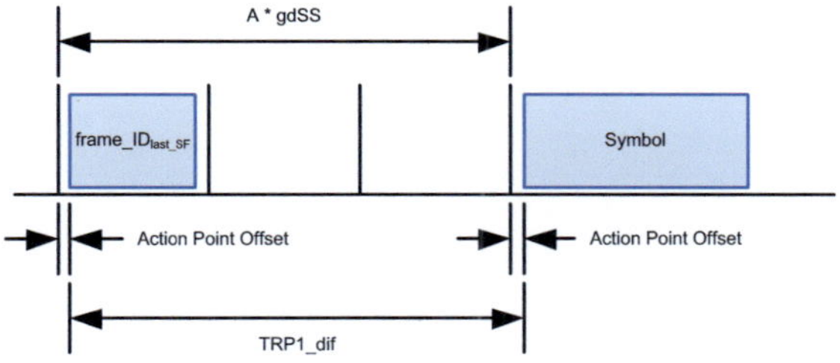

Abbildung 6.49.: Statischer Frame gefolgt von Symbol

Wie in Abbildung 6.49 muss die Anzahl der statischen Slots A zwischen dem letzten belegten statischen Slot und dem Symbol berechnet werden. Der Abstand „TRP1_dif" laut Formel (6.20) zu:

$$TRP1\_dif = TRP1_{symbol} - TRP1_{last\_SF} = A * gdSS \qquad (6.20)$$

Da die Frame-ID des letzten statischen Frame bekannt ist, ergibt sich für die Anzahl der statischen Slots somit folgender Zusammenhang:

$$gNumberOfStaticSlots = Frame\_ID_{last\_SF} + \frac{TRP1\_dif}{gdSS} - 1 \tag{6.21}$$

6.5.2.11. Bestimmen der Payloadlänge im statischen Segment

Die Länge der Payload ist im Feld Payload Length jedes Frames eingetragen. Die Erfassung des Parameters wird im Modul gPLS_module ausgeführt. Dort wird nach dem Empfang eines als gültig markierten Frames überprüft ob es sich um einen statischen Frame handelt. Falls dies zutrifft kann die Länge aus dem Frame Header direkt dem Parameter `gPayloadLengthStatic` zugewiesen werden.

6.5.2.12. Bestimmen der Länge eines statischen Slots

Innerhalb des Moduls „gdSS_module“ wird die Länge des statischen Slots `gdStaticSlot` bestimmt. Dies erfolgt über die Auswertung des Abstandes zwischen zwei statischen Frames (siehe Abbildung 6.50). Über die Auswertung der Frame-IDs kann die Anzahl der dazwischen liegenden Slots bestimmt werden. Für die Bestimmung der Start-Zeitpunkte wird jeweils der TRP2 herangezogen, da dieser unabhängig von evtl. vorhandenen Verkürzungern der TSS ist. Über die Messung des Abstandes zwischen den statischen Frames und die Anzahl der dazwischen liegenden Slots kann schließlich der Parameter `gdStaticSlot` bestimmt werden (6.22).

$$gdStaticSlot = \frac{TRP2_{SF2} - TRP2_{SF1}}{Frame\_ID_{SF2} - Frame\_ID_{SF1}} \tag{6.22}$$

Bei der Berechnung des Abstandes zwischen den statischen Frames wird zusätzlich überprüft, dass sich beide Frames im selben Zyklus befinden. Die Möglichkeit zur Berechnung dieses Parameters ist in jeden Fall gegeben, da sich in jedem statischen Segment mindestens zwei Synchronisations-Frames befinden.

6.5.2.13. Bestimmen der Zykluslänge

Zur Bestimmung des Parameters `gdCycle`, welcher die Länge des Kommunikationszyklus in µs bestimmt, wird das Modul „gdCycle_module“ eingesetzt.

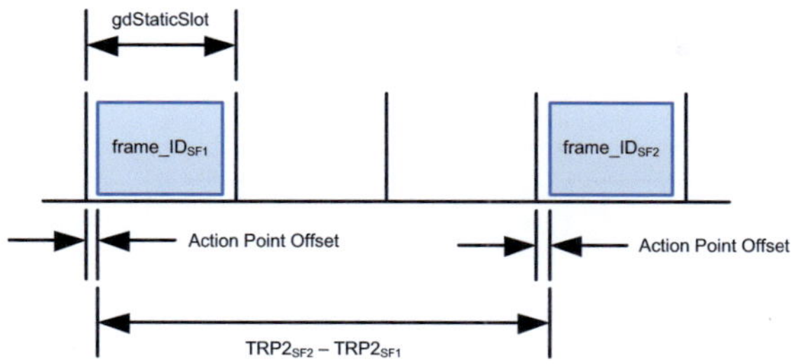

Abbildung 6.50.: Berechnung der Länge eines statischen Slots

Über den TRP2 eines statischen Frames in zwei aufeinanderfolgenden Zyklen kann der zeitliche Abstand bestimmt werden. Dieser Frame muss nicht zwangsläufig im ersten statischen Slot übertragen werden, allerdings muss dieser eine Cycle Mask von eins aufweisen, also in jedem Zyklus übertragen werden. Diese Voraussetzung ist beispielsweise für die obligatorischen Sync-Frames erfüllt. Die Differenz zwischen den beiden ersten Frames mit der gleichen Frame-ID welche diese Anforderungen erfüllen, können zur Kalkulation der Zykluslänge herangezogen werden (Formel (6.23)).

$$gdCycle = TRP2_{first\_SF}(cycle_x) - TRP2_{first\_SF}(cycle_{x-1}) \tag{6.23}$$

6.5.2.14. Bestimmen der Länge der TSS

Bei der Bestimmung der TSS muss beachtet werden, dass diese durch aktive Komponenten im Netzwerk verkürzt wird (*TSS-Truncation*). Aufgrund des Einsatzes von aktiven Komponenten im Netzwerk ist die Verkürzung unterschiedlich groß, je nach dem welchen Weg die Nachricht im Netzwerk zurückgelegt hat. Muss eine Nachricht beispielsweise zwei aktive Sterne passieren, wird dort ein größerer ein Teil der TSS abgeschnitten als bei dem Weg über eine Busstruktur. Um diesem Umstand Rechnung zu tragen wird durch das Analysemodul „gdTSST_module“ die empfangene TSS Sequenz abgespeichert und nur durch eine längere empfangene Sequenz ersetzt. Um die Größe des Parameters `gdTSSTransmitter` zu bestimmen, wird der Zeitpunkt des TRP1 und das Ende der TSS abgespeichert (Abbildung 6.51).

Die Berechnung des Parameters erfolgt über die Formel (6.24). Das Schreiben des Parameters in das interne Parameterregister „CP_Reg[x]“ erfolgt erst, wenn sichergestellt wurde, dass der analysierte Frame vollständig und korrekt empfangen wurde.

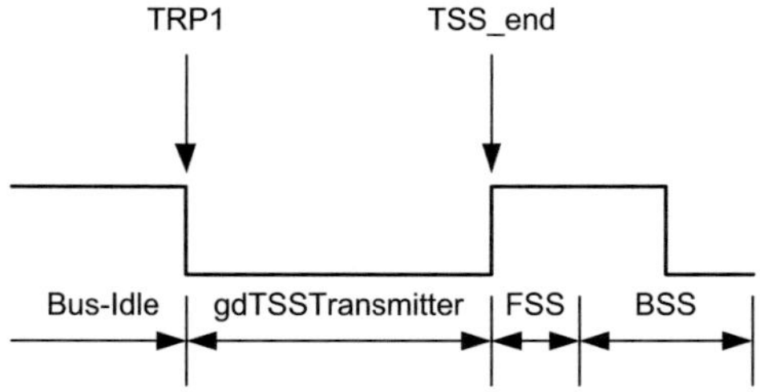

Abbildung 6.51.: Berechnung der Länge der TSS

$$gdTSSTransmitter = TSS_{end} - TRP1 \tag{6.24}$$

6.5.2.15. Bestimmen des ersten und letzten dynamischen Frames

Da die exakte Bestimmung der Größe des dynamischen Segments aufgrund des Übertragungsprinzips nicht exakt möglich ist, wird als Orientierungsgröße die Frame-ID des ersten und des letzten empfangenen Frames des dynamischen Segments ermittelt. So ist es möglich die Ausdehnung des dynamischen Segments überschlagsmäßig zu erfassen. Da eine Datenübertragung im dynamischen Segment nur auf Anforderung stattfindet, wird zur Ermittlung die Frame-ID dann in den Speicher übernommen, wenn diese kleiner als die bereits empfangenen Frame-IDs im dynamischen Segment ist. Gleichermaßen wird eine größere Frame-ID nur gespeichert wenn diese größer als die bisher empfangene ist. Zur Erfassung des letzten dynamischen Frames wird als Bedingung vorgegeben, dass auf diesen ein Symbol oder ein statischer Frame folgt.

6.5.2.16. Bestimmen der verwendeten Kanäle

Über den Parameter `gChannels` wird angezeigt, welche Kanäle im Cluster aktiv sind. Da die Analyse der Parameter für jeden Kanal im einem eigenen Modul erfolgt, wird über ein weiteres Modul „gChannels_module" die Aktivität bestimmt. Sobald auf einem Kanal ein gültiger Frame oder ein gültiges Symbol empfangen wurde, wird diese Information durch ein Aktivitäts-Bit im Parameterregister notiert.

6.5.2.17. Bestimmen der Länge eines Minislots und der Dynamic Slot Idle Phase

Mit Hilfe des Moduls „gdMS_gdDSIP_module" werden die Parameter `gdMinislot` und `gdDynamicSlotIdlePhase` bestimmt, welche die Länge eines Minislost, bzw. die Länge der Dynamic Slot Idle Phase angeben. In Abbildung 6.52 sind zwei aufeinander folgende dynamische Frames abgebildet. Die steigende Flanke der DTS soll hier in Anlehnung an die Bezeichnungen TRP1 und TRP2 mit TRP3 bezeichnet werden. Diese steigende Flanke TRP3 fällt genau wie TRP1 direkt auf einen Minislot Action Point. Der Abstand zwischen diesen beiden Action-Points soll als „MSAP_dif" bezeichnet werden. Er setzt sich auf der null bis zwei Minislots großen Dynamic Slot Idle Phase und den ungenutzten Minislots zusammen. Die Anzahl der leeren Minislots kann über den Unterschied der Frame-IDs der dynamischen Frames $Frame\_ID_{DF1}$ und $Frame\_ID_{DF2}$ ermittelt werden (6.25).

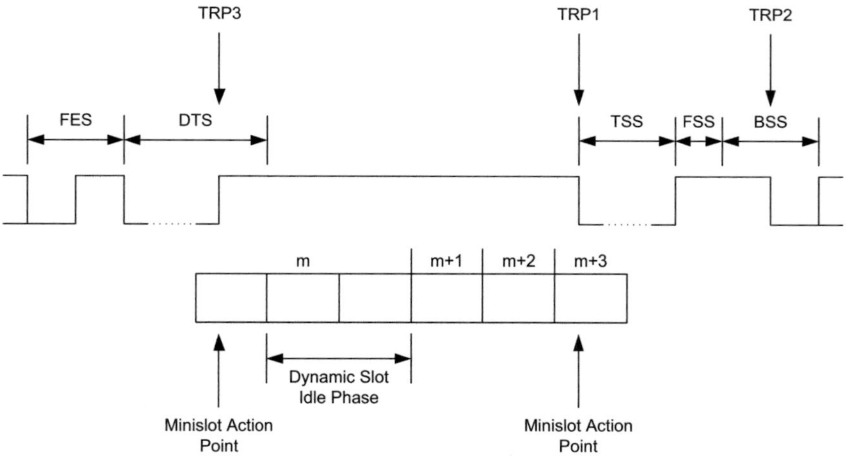

Abbildung 6.52.: Berechnung der Länge eines Minislots und der Dynamic Slot Idle Phase

$$\begin{aligned}MSAP\_dif &= TRP1_{DF2} - TRP3_{DF1}\\ &= (frame\_ID_{DF2} - frame\_ID_{DF1} + gdDynamicSlotIdlePhase) * gdMinislot\\ &= (frame\_ID\_dif + gdDynamicSlotIdlePhase) * gdMinislot\end{aligned} \tag{6.25}$$

Um die beiden Parameter ermitteln zu können, ist es notwendig zwei unterschiedliche Paare an dynamischen Frames für die Berechnung zu verwenden.

Um einen unterschiedlichen Wert zu haben, darf der Abstand der Frame-IDs der beiden Paare nicht gleich sein. So kann die Gleichung mit zwei unterschiedlichen Werten aufgestellt und ineinander eingesetzt werden. Der Wert MSAP_dif_1 bezeichnet den Abstand des ersten und MSAP_dif_2 den Abstand des zweiten Wertepaares. Die Unterscheidung des Abstandes der unterschiedlichen Frame-IDs erfolgt über frame_ID_dif_1 und frame_ID_dif_2. Mit Hilfe dieser Werte ergibt sich schließlich der in Formel (6.26) und (6.27) beschriebene Zusammenhang.

$$gdDynamicSlotIdlePhase = \frac{MSAP\_dif\_2 * frame\_ID\_dif\_1 - MSAP\_dif\_1 * frame\_ID\_dif\_2}{MSAP\_dif\_1 - MSAP\_dif\_2} \tag{6.26}$$

$$\begin{aligned} gdMinislot &= \frac{MSAP\_dif\_1}{frame\_ID\_dif\_1 + gdDynamicSlotIdlePhase} \\ &= \frac{MSAP\_dif\_2}{frame\_ID\_dif\_2 + gdDynamicSlotIdlePhase} \end{aligned} \tag{6.27}$$

Da der für TRP1 gemessene Zeitpunkt aufgrund der TSS-Truncation vom gesendeten Zeitpunkt abweicht, und je nach Frame unterschiedlich sein kann, wird dieser durch den Hilfsterm $TRP1 = TRP2 - 2gdBit - gdTSSTransmitter$ ersetzt. So ist es möglich für `gdTSSTransmitter` den maximalen Wert einzusetzen und so den besten Wert für TRP1 zu erhalten. Aus diesem Grund ermittelt das Modul „gdMS_gdDSIP_module“ für den Abstand der Minislot Action Points MSAP_-dif_1 und MSAP_dif_2 die Werte $TRP2_{DF2} - 2gdBit - TRP3DF1$ und die Differenzen der Frame-ID Paare. Die endgültige Berechnung wird mit dem finalen Wert für `gdTSSTransmitter` nachträglich in Software ausgeführt.

6.5.3. Konzept des NIOS II Systems

Zur Vervollständigung des FlexRay Analyse-Systems wird das beschriebene FlexRay Analysemodul „Flex_Analyzer“ zur weiteren Datenverarbeitung in ein System-on-Chip (SoC) eingebettet (Abbildung 6.53). Aufgrund der Verwendung eines FPGAs der Firma Altera wird hierfür das Nios II System eingesetzt. Der Hauptbestandteil dieses Systems ist der Softcore-Prozessor Nios II, der für Verarbeitung der gewonnenen Daten und zur Ausgabe an den Benutzer benötigt wird. Notwendig ist ebenfalls eine Phase-Locked-Loop (PLL), welche die Taktversorgung für den Prozessor und das Analysemodul zur Verfügung stellt. Zur Ausgabe der Parameter ist zudem ein UART-Modul vorhanden, welches die Übertragung der berechneten Parameter und Datenframes ermöglicht. Des weiteren wird für den Hardware Abstraction Layer des NIOS Prozessors ein System Clock Timer benötigt, um eine einheitliche Schnittstelle für alle Peripherie-Geräte zur Verfügung zu stellen. Für den NIOS II Prozessor muss notwendigerweise ein Programm- und Datenspeicher zur Verfügung gestellt werden. Dieses Synchronous Dynamic Random Access Memory (SDRAM) wird auch für die Speicherung der empfangenen Datenframes und Symbole verwendet. Das FlexRay Analyse Modul enthält neben einer Slave-Buszugriffskomponente auch eine Master-Komponente, da neben dem Zugriff des Prozessors auf das Modul auch ein direkter Zugriff des „Flex_Analyzer" auf das SDRAM zum Ablegen von Frames und Symbolen notwendig ist.

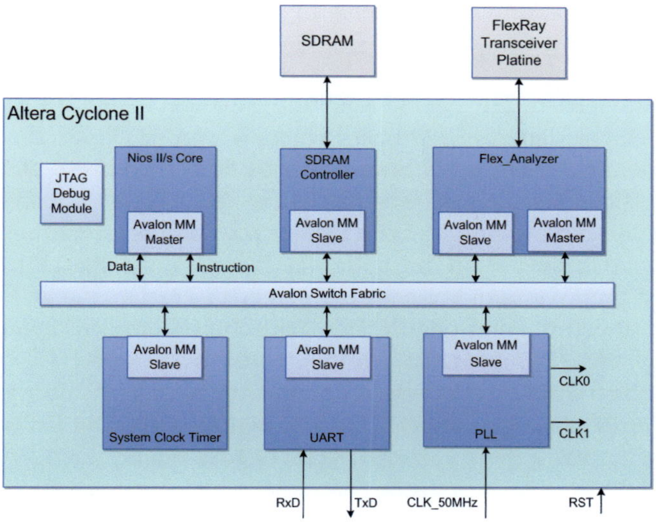

Abbildung 6.53.: Architektur des Nios II Systems-on-Chip

6.5.4. NIOS II Software Module

Die Software Applikation des NIOS II Prozessors muss je nach Benutzer-Anforderung verschiedene Aufgaben erfüllen. Zu Beginn steht die Initialisierung des FlexRay Analysemoduls. Diese setzt alle Parameterregister, Zähler und Logikmodule zurück. Des weiteren wird die Initialisierung des UART-Blocks vorgenommen. Danach verzweigt der Prozessor in eine Dauerschleife, die auf Befehle seitens der seriellen Schnittstelle wartet.

Wird seitens des Host-Rechners der aktuelle Parametersatz angefordert, müssen diese zunächst aus den Hardware-Modulen gelesen und entsprechend aufgearbeitet werden.

Zur Berechnung der Länge eines Cycles `gdCycle` und der Länge eines statischen Slots `gdStaticSlot` müssen die eingelesenen Werte durch die Frequenz der Abtastrate geteilt werden. Deren Werte basieren beide auf der Differenz der gesicherten Zeitstempel und müssen somit in µs umgerechnet werden. Die Länge der TSS wird ebenfalls über die gesicherten Zeitstempel bestimmt, allerdings wird diese in bit ausgegeben. Um den Effekt der TSS-Verkürzung abzumildern wird `gdTSSTransmitter` automatisch auf den nächsten ganzen Bit-Wert aufgerundet, sobald ein ganzer Bit-Wert überschritten ist.

Zur Berechnung von `gdMinislot` und `gdDynamicSlotIdlePhase` kommen die in Kapitel 6.5.2.17 beschriebenen Gleichungen zum Einsatz. Zur finalen Berechnung muss hier noch die Länge der TSS abgezogen werden. Da die Länge eines Minislot in µs angegeben wird, muss hier ebenfalls durch die Frequenz der Abtastrate geteilt werden. Zur Berechnung von `gNumberOfStaticSlots` muss zwischen drei verschiedenen Fällen unterschieden werden. Folgt dem letzten statischen Frame ein dynamischer Frame und ist dessen Abstand geringer als die Länge eines statischen Frames, entspricht die Anzahl der statischen Slots der des letzten statischen Frames. Ist die Differenz zwischen statischem und dynamischem Frame größer, kann mit Hilfe des Parameters `gdMinislot` die Anzahl ebenfalls bestimmt werden. Voraussetzung hierfür ist, dass dieser Parameter berechnet werden kann. Folgt dem letzten statischen Frame ein Symbol, kann im dritten Fall `gNumberOfStaticSlots` immer berechnet werden. Alle weiteren Parameter benötigen keine weitere Berechnung oder Nachbearbeitung und können direkt aus dem Parameter-Register ausgegeben werden. Die Parameter `gdBit`, `gdBitMax`, `gdBitMin`, `gdWakeupSymbolRxIdle`, `gdWakeupSymbolRxWindow`, `gdWakeupSymbolTxIdle`, `gdWakeupSymbolTxLow` lassen sich direkt aus der Datenrate ableiten und stehen somit ebenfalls als Ausgabewerte zur Verfügung.

Um die letzten empfangenen Frames und Symbole aus dem FIFO-Speicher auszulesen wird zunächst der Zugriff des FlexRay-Analysemoduls gestoppt. Sobald das Modul den Zugriff abgeschlossen hat, kann auf den Inhalt des SDRAMs zugegriffen werden. Für jedes Kommunikationselement wird der gesicherte Zeitstempel und der Inhalt ausgelesen. Im Falle eines Frames werden die Headerinformationen aufgeschlüsselt und neben der Payload mit übertragen. Für Symbole wird neben dem Zeitstempel noch die Länge in µs berechnet und über die serielle Schnittstelle übertragen.

6.5.5. Test des Systems

Die Integration und der Test des entworfenen Analyse Systems wurde mit Hilfe eines Altera DE2 Evaluationsboards ausgeführt. An dieses wurde eine Platine mit zwei FlexRay Transceiver-Bausteinen vom Typ TJA1080 [94] angeschlossen. Zu Kommunikation stand die FlexRay Evaluationsplattform FlexEntry [38] zur Verfügung. Da diese nur eine Übertragungsrate von 10 Mbit/s unterstützt, wurden zusätzlich noch zwei im Rahmen der Diplomarbeit [Adl08] entwickelte Platinen mit einem MB88121 FlexRay CC [48] eingesetzt, um auch die niedrigeren Datenraten von 2,5 und 5 Mbit/s testen zu können.

Zu Testen der verschiedenen Konfigurationsparameter wurde eine Reihe von Konfigurationen erzeugt und die FlexRay Konten damit konfiguriert.

Die Erfassung der Zykluslänge `gdCycle` wurde mit 2000 und 5000 µs getestet. Dabei wurde eine Schwankung von maximal 37,5 ns zwischen den gemessenen Zykluslängen ermittelt. Diese Abweichung ist auf das verwendete Uhrenkorrekturverfahren und evtl. vorhandene Oszillatorungenauigkeiten zurückzuführen. Für die Erkennung der Anzahl der statischen Slots wurden gemäß der unterschiedlichen Erkennungsverfahren 6.5.2.10 jeweils eine Testkonfiguration erzeugt. Für die Erkennung der TSS wurden ebenfalls verschiedene Konfigurationen mit unterschiedlichen Längen erzeugt. Bei der Ermittlung der TSS wurde stets ein um ein Bit verkürzter Wert für die TSS ermittelt. Da die Messung nur die Länge der TSS am Empfänger ermitteln kann, unterliegt diese der TSS-Truncation durch die Bustreiber. Da das Testnetzwerk in Bustopologie ohne aktiven Stern aufgebaut wurde und kein aktiver Stern im Netzwerk vorhanden war, ergibt sich lediglich eine Verkürzung durch den Bustreiber am Empfänger. Die Abweichung zwischen der konfigurierten und der gemessenen TSS ist auf den Inactive-to-Active-Delay `dBDRxia` des empfangenden TJA1080 von laut Datenblatt [94] mindestens 100 ns zurückzuführen.

Die Ausgabe der Nachrichten und Symbole wurde mit Hilfe der seriellen Schnittstelle des DE2 Boards zum Host Computer überprüft. Nach der Analyse des Netzwerkes wurden diese auf den PC übertragen und mit der Konfiguration des Testnetzwerkes verglichen. Während einige Datenbytes mit festen Werten übertragen wurden, enthielten andere eine Datenrampe die von 0 bis 50000 hochgezählt wurde und dann erneut bei 0 startete. Die Überprüfung der Daten auf dem PC ergab, dass alle übertragenen Werte korrekt ermittelt werden konnten.

6.5.6. Zusammenfassung

Das entworfene System erlaubt die Ermittlung von FlexRay Clusterparametern auf Basis eines physikalischen Datenstromes eines aktiven FlexRay Busses. Dazu werden durch ein FPGA-basiertes Erkennungsmodul die erforderlichen Informationen abgetastet und mit einem Zeitstempel versehen. Auf diesen Daten wird eine erste Auswertung von Parametern durchgeführt. Die weitere Verarbeitung der Daten erfolgt mit Hilfe eines Softcore Prozessors innerhalb des FPGA. Zusätzlich werden die übertragenen Nutzdaten in einem Ringpuffer abgelegt. Diese können zusammen mit den erfassten Parametern über eine serielle Schnittstelle an einen Host Computer übertragen werden.

Das entworfene System bietet die Möglichkeit, schnell und ohne Kenntnis der im Netzwerk eingestellten Parameter, die wichtigsten übertragungsspezifischen Einstellungen zu ermitteln. Dies ist auch möglich, wenn beispielsweise durch falsche Einstellungen eine fehlerhafte Übertragung auf dem Bus stattfindet. Entgegen einem Standard-Hardware CC muss die entwickelte Plattform keine Synchronisation zum Netzwerk aufbauen um Daten aufzeichnen zu können. Aufgrund der genauen Abtastung des Datenstromes können beispielsweise auch Schwankungen in der Zykluslänge erfasst werden. Das automatische Auslesen von FlexRay Parametern mit Hilfe des entworfenen Analysesystems bietet deutliche Geschwindigkeitsvorteile gegenüber den aktuell am Markt verfügbaren Analysesystemen, die eine Erfassung mit Hilfe von Oszilloskopen ermöglichen.

7. Untersuchungen zum Einsatz von FlexRay für industrielle Anwendungen

Im Rahmen des AiF-Projekts „FlexyStage“ wurden Untersuchungen zum Einsatz von FlexRay in industriellen Steuerungssystemen und die speziellen Anforderungen solcher Systeme beleuchtet. Für das Projekt wurde ein prototypisches System entworfen, welches für die Bewegung von Kulissen und Böden in Theatern und anderen Bühnen eingesetzt werden kann. Sämtliche Systeme in diesem Bereich müssen die Deutsches Institut für Normung (DIN) 56950 (Veranstaltungstechnik - Maschinen-technische Einrichtungen - Sicherheitstechnische Anforderungen und Prüfung) erfüllen. Das Gesamtsystem muss laut der Normung Safety Integrity Level (SIL) 3 erfüllen.

Das entworfene System basiert auf zwei Buskanälen. Die Ansteuerung der Motoren und der Bremsen der Seilwinden erfolgt über zwei getrennte Busknoten an der Winde. Für die Ansteuerung der doppelt ausgelegten Sicherheitsbremsen sind beide Busknoten verantwortlich. Die Ansteuerung des Frequenzumrichters zur Steuerung des Motors erfolgt über einen lokalen CAN Bus, an den beide FlexRay Knoten angebunden sind. Die Übertragung der Daten vom Steuerungsrechner erfolgt redundant über beide Kanäle des Busses. Jeweils ein Busknoten ist für die Ansteuerung und einer für die Überwachung der Winde verantwortlich. Im Fehlerfall können so die Bremsen der Winde geschlossen werden und die Winde stilllegen. Das Stillsetzen im Fehlerfall, innerhalb des vorgegebenen Zeitraums, kann mit Hilfe der zeitgesteuerten Übertragung und echtzeitfähigen Rechenkomponenten rechtzeitig ausgeführt werden.

7.1. Kommunikation auf Basis von FlexRay

Der Maximal-Ausbau von Anlagen für die Bühnentechnik beträgt ca. 200 Winden und bis zu 300 m Kabel pro Bussystem. Diese Anforderungen sollten auch von einer Kommunikation über FlexRay erfüllt werden. Bei Verwendung des statischen Segments des FlexRay Busses und dank der hohen Präzision im µs-Bereich kann ein genaues Eintreffen der Datenframes gewährleistet werden. Zum Aufbau einer für die Bühnentechnik geeigneten Topologie müssen pro Kanal (A/B) zwei aktive Sterne eingesetzt werden.

Ein Entwurf der Topologie ist in Abbildung 7.1 zu sehen.

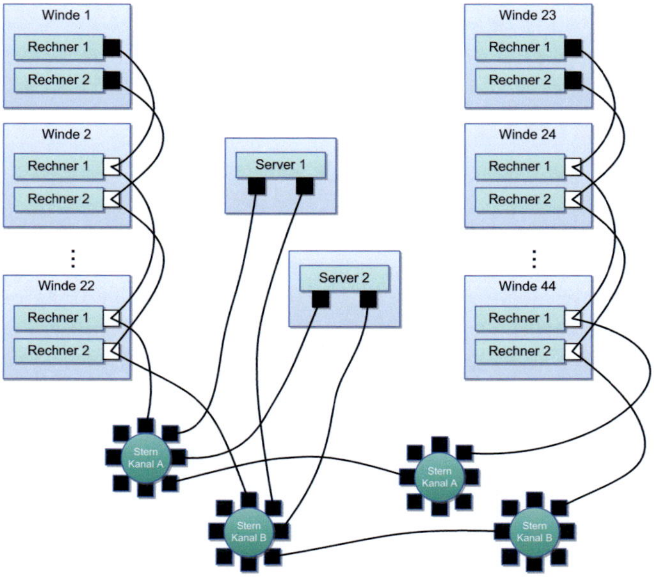

Abbildung 7.1.: Gliederung Bühnentechnik Gesamtanlage

Beim Einsatz von zeitgesteuerten Bussystemen ist es notwendig die maximal erlaubten Verzögerungszeiten einzuhalten. Anderenfalls kann es zum Ausfall der Synchronisation oder der Kollisionen von Nachrichten kommen. Für FlexRay darf laut Spezifikation [42] eine Verzögerung von `cPropagationDelayMax` = 2,5 µs nicht überschritten werden. In die Verzögerungszeit müssen alle aktiven Komponenten sowie die verbauten Kabellängen mit einbezogen werden. Sie berechnet sich laut Formel (A.21) in Kapitel A.1.1.21.

Unter Verwendung der Datenblätter der eingesetzten Hardware, lässt sich somit die maximal erlaubte Kabellänge berechnen. Für den FlexRay Transceiver Baustein TJA1080 von NXP [94] ist ein maximaler Verzögerungswert von 50 ns angegeben. Für ein typisches Twisted-Pair-Kabel kann eine Verzögerung von 4,5 ns/m angenommen werden. Bei Einsatz von zwei aktiven Sternen müssen nochmals 150 ns pro Stern veranschlagt werden. Unter Einsatz der angegebenen Werte und der maximal erlaubten Verzögerungszeit ergibt sich eine Länge von ca. 460 m.

In den FlexRay Electrical-Physical Layer Application Notes [44] ist unabhängig von der Berechnung der Laufzeit eine empfohlene Buslänge von 24 m angegeben. Diese für den Automobil-Bereich ausreichende Beschränkung stellt für andere Applikationen eine erhebliche Restriktion dar. Die Limitierung von 22 Busknoten pro Bus-Strang, stellt bei der Verwendung von zwei aktiven Sternen allerdings keine große Einschränkung dar.

7.2. Prototypische Realisierung

Der Aufbau einen prototypischen Systems zur Windensteuerung erfolgte mit zwei PC-basierten Hauptsteuerungsrechnern und einer auf Basis eines Evaluierungssystems entworfenen Steuerung an der Winde (Abbildung 7.2).

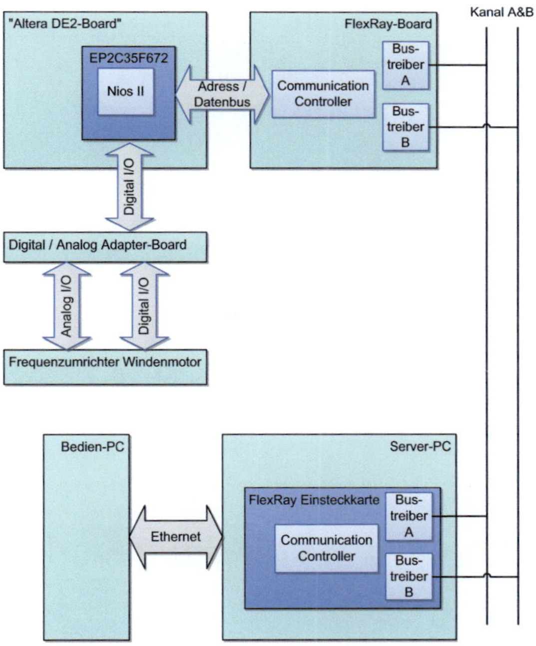

Abbildung 7.2.: Prototypischer Aufbau für Testsystem Bühnentechnik

Der Rechnerknoten an der Winde wurde auf Basis eines Altera FPGA-Evaluations-Boards mit angeschlossener FlexRay Platine realisiert. Als FlexRay CC kommt ein Fujitsu MB88121B [49] zum Einsatz. Dieser basiert auf dem von Bosch entworfenen E-Ray IP-Cores (Kapitel 3.3.1) und bietet so die Möglichkeit noch in den FPGA integriert zu werden. Der FPGA enthält einen 32 Bit Nios II Softcore-

Prozessor, der zu Konfiguration, Parameterierung und Kommunikationssteuerung mit dem FlexRay CC eingesetzt wird (Abbildung 7.3). Für die Kommunikation mit dem FlexRay Controller ist zusätzlich ein Interface zwischen dem Nios Avalon Bussystem und dem FlexRay Controller notwendig. Der prototypische Aufbau wurde bisher nicht redundant ausgeführt. Es kommen aktuell keine zwei Busknoten zum Einsatz, sondern die Ansteuerung und Überwachung wird auf einem Busknoten ausgeführt.

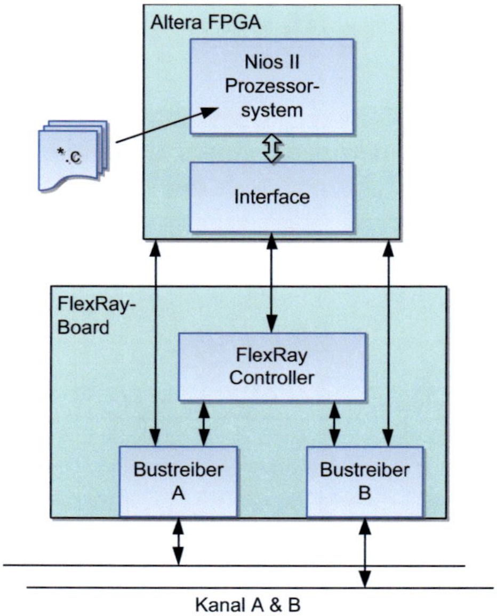

Abbildung 7.3.: Aufbau FlexRay für Windensteuerung

7.3. Auswirkungen der Kabellänge auf die Übertragung

In [59] wurden die Auswirkungen langer Kabel auf die FlexRay-Übertragung untersucht. Bei einer Leitungslänge von 90 m war eine erfolgreiche Übertragung nur noch bei 5 Mbit/s möglich, da der Mindestspannungspegel für ein einzelnes High-Bit bei 10 Mbit/s nicht mehr erreicht wurde. Dies ist auf die Tiefpass-Eigenschaften des verwendeten Kabels zurückzuführen. Im Rahmen eines prototypischen Aufbaus konnte dieses Verhalten bestätigt werden. Eine Kommunikation mit 5 Mbit/s lief erfolgreich. Aufgrund der Beschränkung der Datenrate können aber bisher nur 100 Winden zum Einsatz kommen, da ansonsten die notwendige Übertragungsleistung des Bussystems nicht ausreichend ist.

Auch die Verwendung eines anderen elektrischen Treibers für den physical Layer, beispielsweise den in der Automatisierung verwendeten Treiber für RS485, bringt hier keine Verbesserung. Ein aktuell verfügbarer RS485 Baustein der Firma Linear Technology unterstützt bei einer Datenrate von 10 Mbit/s eine maximale Kabellänge von 60 Fuss $\approx$ 18m (Abbildung 7.4) [78].

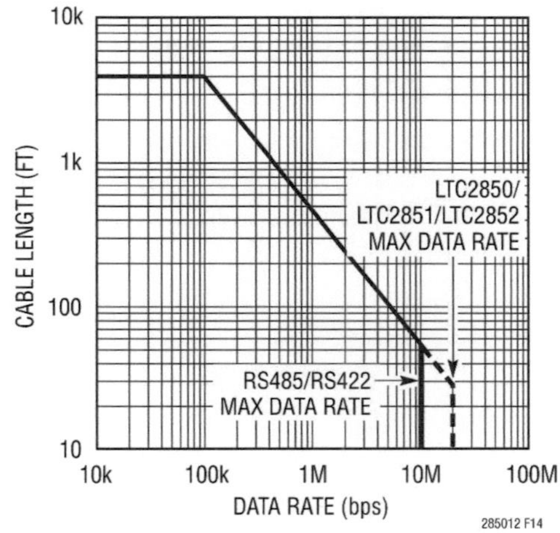

Abbildung 7.4.: RS485 Transceiver LTC2850 - Kabellänge im Verhältnis zur Datenrate [78]

Als Alternative zur elektrischen Übertragung käme der Einsatz eines optischen Übertragungsmediums in Frage. Hierdurch wäre es nach wie vor möglich den lizenzfreien FlexRay Bus einzusetzen, trotz höherer Kosten für die Busvernetzung. Dank der optischen Übertragung sind so auch Datenraten von mehr als 10 Mbit/s denkbar. Die möglichen Kabellängen wären durch Einsatz von geeigneten Laserdioden und Übertragungsfasern auf mehrere 100m ausdehnbar.

Aktuell ist für FlexRay kein optisches Übertragungsmedium spezifiziert und es sind keine Bauelemente am Markt verfügbar. Aktuelle Arbeiten untersuchen aber den Einsatz einer optischen Übertragung über FlexRay im Avionik Bereich [80] [115].

7.4. Zusammenfassung

In den bisher durchgeführten Untersuchungen konnte gezeigt werden, dass FlexRay auch für Anwendungen außerhalb der Automobildomäne genutzt werden kann. Für den Bereich der Bühnentechnik konnte in einer prototypischen Anwendung ein System zur Steuerung von Seilwinden mit zentraler Steuerung umgesetzt werden. Bezüglich der physikalischen Schnittstelle ergeben sich Einschränkungen bei der maximalen Busgeschwindigkeit aufgrund der größeren Kabellängen. Die für den Automobilbereich zugrunde gelegten Ausdehnungen des physikalischen Netzwerkes können die Anforderungen im Automatisierungsbereich nur eingeschränkt erfüllen. Abhilfe könnte hier mit Hilfe eines optischen physical-Layers geschaffen werden. Wie dies realisiert werden könnte zeigen Forschungsvorhaben aus der Avionik, die den FlexRay Bus mit einem optischen Übertragungsmedium untersuchen.

Die Vorteile einer Nutzung von FlexRay gegenüber anderen aktuell eingesetzten Bussystemen lägen in der Lizenzfreiheit und der durch die hohen Stückzahlen in der Automobil-Industrie bedingten niedrigen Preise pro Busknoten. Dies führte bereits beim weit verbreiteten CAN-Bus zu einer großen Verbreitung in der Automatisierungstechnik.

8. Zusammenfassung und Ausblick

Die kontinuierlich gestiegenen Ansprüche der Kunden nach Sicherheit, Komfort und Unterhaltung führen zu einem stetigen Anstieg der Komplexität in der Automobilentwicklung. Diese immer komplexer werdenden Systeme in der Automobil-Elektronik, bei gleichzeitig sehr hohen Qualitätsansprüchen und großem Kostendruck erfordern eine stetige Verbesserung der Methoden und Werkzeuge in der Entwicklung.

Durch den immer größeren Anteil an komplexen, stark vernetzten Funktionen im Fahrzeug hat der Bedarf an zusätzlicher Bandbreite der Kommunikationsstrukturen in der Vergangenheit stark zugenommen. Um diesen Anforderungen gerecht zu werden, wurde von führenden Herstellern das FlexRay Bussystem entworfen. Es bietet gegenüber den bis dato etablierten Bussytemen mehr Bandbreite und zusätzliche neue Funktionen. Die große Flexibilität des Bussystems bietet sehr gute Möglichkeiten zur Anpassung an den Anwendungsfall, führt aber gleichzeitig zu einer großen Anzahl von konfigurierbaren Parametern.

Diese Arbeit liefert einen Beitrag zur Verbesserung der Methoden für die modellbasierte Entwicklung und Konfiguration von FlexRay Bussystemen. Dazu wurden verschiedene Verfahren entwickelt, welche sich mit der Realisierung, Konfiguration, Validierung und Test von FlexRay Bussystemen beschäftigen. Die zu Beginn der Entwicklung anstehende Zuweisung von Steuergeräten zu einzelnen Bussystemen soll durch ein vorgelagertes Verfahren ebenfalls verbessert werden. Dieses liefert dann, je nach Anforderungen der Steuergeräte, den Ausgangspunkt für die Konfiguration von evtl. vorhandenen FlexRay Bussystemen.

In Grundlagenkapitel werden zunächst die wichtigsten Bestandteile und Zusammenhänge in der Fahrzeugkommunikation dargestellt. Hier werden neben den technischen Eigenschaften auch die Randbedingungen und Vorgaben für die Konfiguration vorgestellt. Im Bereich der modellbasierten EE Entwicklungswerkzeuge wird das Werkzeug PREEvision detailliert vorgestellt, welches auch die Basis für die Umsetzung der entwickelten Methoden dieser Arbeit bildet. Um die in den entwickelten Methoden eingesetzten Algorithmen vorstellen und bewerten zu können, werden zusätzlich noch die spezifischen Grundlagen zu Algorithmen kurz eingeführt. Im Anschluss daran folgt noch eine kurze Einführung in die Graphentheorie und die gängigen Suchverfahren.

Nachfolgend wird eine Einführung in die Grundlagen des FlexRay Protokolls und die konfigurierbaren Busparameter gegeben.

Der FlexRay Einführung folgt die Vorstellung des aktuellen Standes der Technik und Forschung. Für die Auswahl eines geeigneten Bussystems und die Partitionierung von Steuergeräten innerhalb der EEA wurden zunächst die gängigen Partitionierungsverfahren auf ihre Eignung untersucht.

Im Anschluss daran werden die momentan erhältlichen Werkzeuge zur FlexRay Konfiguration vorgestellt und deren Funktion kurz dargelegt. Darauf folgt die Abgrenzung von den präsentierten Werkzeugen von den in dieser Arbeit entwickelten Methoden. Gleichzeitig werden die Anforderungen formuliert und mit dem aktuellen Stand der Forschungsarbeiten abgeglichen. Diese werden nach den grundlegenden Übertragungsverfahren in statisches und dynamisches FlexRay Segment aufgeteilt. Die Darstellung der Werkzeugunterstützung zur Modellierung von FlexRay Netzwerken mit Hilfe des EEA Werkzeuges PREEvision und die sich daraus ergebenden Möglichkeiten für einen automatisierten Entwurfsablauf schließt dieses Kapitel ab.

Das folgende Kapitel beschäftigt sich mit der Zuteilung von Steuergeräten zu den im Fahrzeug eingesetzten Bussystemen. Mit Hilfe des vorgestellten Verfahrens können auf Basis der Kommunikationsanforderungen, Steuergeräte gruppiert und den entstandenen Gruppen Bussysteme zugewiesen werden. Hierzu werden die nacheinander durchgeführten Schritte sowie die für die Partitionierung notwendigen entwickelten Nähefunktionen beschrieben. Verschiedene Verfahren zur Optimierung der generierten Strukturen werden im Anschluss ausführlich vorgestellt. Mit der Konfiguration der entstandenen FlexRay Bussysteme beschäftigt sich das darauf folgende Kapitel.

Beginnend mit der Konfiguration für das statische FlexRay Segment, werden zunächst die Parameterabhängigkeiten und das daraus entwickelte Lösungsverfahren vorgestellt. Das entwickelte Verfahren zum optimalen Verpacken von Signalen zu FlexRay-Nachrichten und die bei diesem Vorgang zu beachtenden Einschränkungen werden im Anschluss vermittelt. Auf die Erstellung der Nachrichten folgt das Scheduling im statischen Segment. Hierzu wurden drei unterschiedliche Verfahren entwickelt, die je nach Randbedingung der Eingangswerte eingesetzt werden können. Der gesamte Entwurfsablauf wurden in einem Software-Werkzeug realisiert, das den Konfigurationsfluss vom Einlesen der EEA Daten bis zum Export von FlexRay Konfigurationsdateien unterstützt. Zusätzlich wurde das Verfahren auch innerhalb des Architekturwerkzeugs PREEvision umgesetzt um eine direkte Werkzeugkopplung ohne zusätzlichen Daten Im- und Export zu ermöglichen.

Die Konfiguration des dynamischen Segments beginnt mit der Anwendung der aus der Literatur bekannten Worst-Case-Timing-Analyse und dem Scheduling von sich zyklisch wiederholenden dynamischen Nachrichten. Die darauf aufbauende, in dieser Arbeit entwickelte Methodik, zum Scheduling von zufällig auftretenden Nachrichten und der Analyse für unterschiedliche Anzahlen von Minislots vervollständigt die Konfiguration für das dynamische Segment und erlaubt dem Benutzer eine an die Applikation angepasste Auswahl der Länge des dynamischen Segments.

Für die manuelle Vorgabe von FlexRay Parametern wurde ein Verfahren zur Berechnung der abhängigen Parameter entworfen. Es ermöglicht die Vorgabe von beliebigen Parametern, unabhängig von der in FlexRay durch die Berechnungsformeln vorgegebene Berechnungsreihenfolge. Hierzu wurde ein auf einer Abhängigkeitsmatrix basierendes Verfahren zur schnellen Berechnung entwickelt.

Für die Überprüfung der einzuhaltenden Randbedingungen bezüglich der erlaubten FlexRay Topologien wurde ein Plugin für PREEvision entwickelt. Es erkennt die Missachtung der vorgegebenen Regeln bezüglich aktiver Sterne, Unterabzweigungen, Kabellängen und Terminierungen und ermöglicht so die FlexRay-konforme Modellierung von Topologien. Mit Hilfe des entwickelten Plugins werden die fehlerhaften Modellartefakte direkt im Modell angezeigt und können korrigiert werden.

Mittels eines FPGA-basierten Analyse Systems ist es möglich wichtige Übertragungsparameter aus einer laufenden Busübertragung auszulesen. Dazu wurden eine Reihe von Hardware-Modulen in VHDL implementiert, welche das Bus-Timing erfassen und als Parameterwert zurückliefern. Des weiteren werden auch die konfigurationsspezifischen Werte, wie Payloadgröße und Slotzahl für das statische und dynamische Segment erfasst. Mit Hilfe eines Ringspeichers können auch die in den Frames enthaltenden Daten und Header an den Benutzerrechner ausgegeben werden. Die Vorteile des Systems liegen in der Unabhängigkeit von einem FlexRay CC und erlauben so auch die Busanalyse ohne eine POC. Somit können auch Fehler einer nicht normgerechten Übertragung gefunden werden, ohne eine zeitaufwändige Analyse der physikalischen Bitübertragung auf dem Oszilloskop.

Im abschließenden Kapitel 7 wurden die Möglichkeiten einer Anwendung von FlexRay außerhalb der Fahrzeugdomäne untersucht. Anhand des Beispiels eines Bühnensteuerungssystems wurden die Vor- und Nachteile eines Einsatzes von FlexRay für automatisierungstechnische Anwendungen ermittelt und Maßnahmen zur Verbesserung identifiziert.

Zukünftige Arbeiten sind im Bereich der weiteren Verknüpfung der bestehenden Arbeiten sinnvoll. Die gleichzeitige Ermittlung von statischen und dynamischen Parameter innerhalb eines Werkzeugs ist derzeit nicht umgesetzt, würde aber zu einem einfacheren Entwurfsablauf führen.

Die Überprüfung der FlexRay Topologiestruktur ließe sich zusätzlich um eine Methode zur Erfassung einer verteilten Terminierungstruktur der Busknoten erweitern. Mit den in Preevision vorhandenen Werten für den einzelnen Busabschluss der Knoten könnte so die ohmsche Gesamtlast ermittelt werden. Möglich wäre auch eine Analyse des Verhaltens beim Ausfall von Synchronisationsknoten und Sternkopplern.

Mit Hilfe des Parameter Extraktionsverfahrens wäre es möglich eine Strategie für die Autokonfiguration zur schnellen Einbindung von Busknoten für Prototypingzwecke zu entwerfen. Die aktuelle Methodik kann alle zwingend notwendigen Parameterwerte ermitteln und so eine Einbindung eines weiteren Netzknotens in ein bestehendes System ermöglichen. Ein geeigneter freier statischer Slot kann nach Analyse der 64 Buszyklen ermittelt werden und durch den neuen Busknoten belegt werden.

Für den Einsatz von FlexRay in der Automatisierung wären weitere Untersuchungen bezüglich des physikalischen Layers notwendig. Die Verwendung eines optischen Übertragungsmediums für größere Netzwerke verspricht den größten Erfolg. Hier können wiederum bereits etablierte optische Übertragungssysteme aus dem Automotive Bereich oder Systeme aus der Automatisierung zum Einsatz kommen.

A. Anhang

A.1. Dimensionierung FlexRay Protokoll Parameter

A.1.1. Globale Parameter

Globale oder Cluster Parameter gelten für alle Knoten in einem Cluster und fließen entweder direkt oder indirekt in die Konfiguration der Busknoten mit ein. In den nachfolgenden Abschnitten sind die Berechnung und die Randbedingungen der einzelnen Parameter beschrieben. Die beschriebenen Formeln entstammen der FlexRay Spezifikation [42] und dem Buch FlexRay [100].

A.1.1.1. Verfügbare Übertragungskanäle: gChannels

Über diesen globalen Protokollparameter wird festgelegt über welche Kanäle der Cluster verfügt. Als mögliche Werte für `gChannels` stehen A, B oder A&B zur Verfügung. Unabhängig von den im Cluster verfügbaren Kanälen, dürfen Knoten auch nur an einem Kanal angebunden werden.

A.1.1.2. Konfiguration der Baudrate: gdSampleClockPeriod

Die Abtastrate `gdSampleClockPeriod` ergibt sich direkt aus der Brutto-Datenrate des FlexRay Systems. Jedes Bit wird, wie in der Spezifikation festgelegt, 8-fach abgetastet. Somit ergeben dich die möglichen Werte 12,5 ns (Bitzeit 100ns; 10 Mbit/s), 25 ns (Bitzeit 200 ns; 5 Mbit/s) und 50 ns (Bitzeit 400 ns; 2,5 Mbit/s).

A.1.1.3. Dauer des Kommunikationszyklus: gdCycle

Der Parameter `gdCycle` legt die zeitliche Dauer des Kommunikationszyklus in µs fest (siehe Kapitel 3.1.6). Innerhalb dieser Zeitspanne wiederholen sich die je nach Konfiguration vorhandenen Bereiche statisches Segment, dynamisches Segment, Symbol Window (SW) und Network Idle Time (NIT).

A.1.1.4. Größe des statischen Payload: gPayloadLengthStatic

Die Länge eines statischen Slots ist, entgegen einem dynamischen Slot, für die gesamte Übertragung gleich groß. Dies ist auf die deterministische Übertragung im statischen Segment zurückzuführen. Somit haben alle Frames, die im statischen Segment übertragen werden ebenfalls eine konstante Länge. Da die Länge des Overheads ebenfalls für alle Frames gleich ist, ergibt sich somit eine konstante Payloadlänge `gPayloadLengthStatic` für alle statischen Frames.

A.1.1.5. Anzahl statischer Slots: gNumberOfStaticSlots

Der Parameter `gNumberOfStaticSlots` definiert die Anzahl der verfügbaren Slots im statischen Segment. Die mögliche Anzahl ist in der Spezifikation auf 2 - 1023 festgelegt worden. Die minimale Größe ergibt sich aus der Notwenigkeit von mindestens zwei Startup-Knoten mit je einem Startup-Frame pro Netzwerk.

A.1.1.6. Anzahl dynamischer Minislots: gNumberOfMinislots

Für die Anzahl der Minislots im dynamischen Segment steht der Protokollparameter `gNumberOfMinislots` zur Verfügung. Die minimale Anzahl der Minislots, lässt sich aus der längsten Nachricht im dynamischen Segment herleiten, während die maximale Anzahl durch 2047 - *gNumberOfStaticSlots* vorgegeben ist. Bei der Konfiguration ist darauf zu achten, dass Nachrichten mit einer niedrigen Priorität auch eine Chance haben übertragen zu werden und nicht dauerhaft von Nachrichten mit hoher Priorität verdrängt werden.

Die Anzahl der Minislots muss nach der Berechnung aller Parameter den in der Spezifikation in Formel (A.1) [42] angegebenen Wert einhalten. Hierfür muss die Anzahl der Macroticks pro Zyklus, die NIT sowie `adActionPointDifference` aus Gleichung (A.18) [42] bekannt sein. Weiterhin benötigt wird die Dauer eines Minislots, die Anzahl der statischen Slots sowie deren Dauer und die Dauer der SW.

$$gNumberOfMinislots = \frac{gMacroPerCycle - gdNIT - adActionPointDifference}{gdMinislot}$$
$$\frac{-gNumberOfStaticSlots \cdot gdSataticSlot - gdSymbolWindow}{\ldots} \quad \text{(A.1)}$$

Zur Berechnung der Anzahl an Minislots, die ein dynamischer Frame benötigt, kann Gleichung (A.2) [42] herangezogen werden. Hierzu wird die Größe des dynamischen Slots in Bit benötigt.

$$\begin{aligned} &aMinislotPerDynamicFrame\,[\text{Minislot}] = 1 Minislot \\ &+ceil\left(\frac{(aFrameLengthDynamic\,[\text{gdBit}] + vDTSLow\,[\text{gdBit}])}{gdMacrotick\,[\mu\text{s/MT}] \cdot (1 - cClockDeviationMax)}\right. \\ &\qquad\left.\frac{\cdot gdBitMax\,[\mu\text{s/gdBit}]}{\cdot gdMinislot\,[\text{MT/Minislot}]}\right) \\ &+gdDynamicSlotIdlePhase\,[\text{Minislot}] \end{aligned} \tag{A.2}$$

A.1.1.7. Dämpfung der Uhrenkorrektur: gClusterDriftDamping

Für die Synchronisation der Teilnehmeruhren in einem FlexRay Netzwerk stehen die beiden Korrekturverfahren Offset- und die Steigungskorrektur zur Verfügung. Mit Hilfe der Steigungskorrektur wird die Anzahl der Microticks pro Zyklus verändert und mit den anderen Teilnehmern des Netzwerk abgeglichen. Falls nun alle Teilnehmer aufgrund von Rundungsfehlern ihre Uhr immer zeitlich in die gleiche Richtung korrigieren, wird irgendwann der zulässige Wertebereich überschritten und die Protokoll-Zustandsmaschine des Teilnehmers wechselt nach `POC: Normal passive`. Daraufhin darf der Teilnehmer nicht mehr an der Kommunikation teilnehmen.

Um dieses Driften der Uhren zu verhindern wird für die Uhrenkorrektur ein globaler Dämpfungsfaktor `gClusterDriftDamping` festgelegt. Solange sich der Uhrenkorrekturwert innerhalb dieses Dämpfungsbereiches bewegt, wird keine Uhrenkorrektur durchgeführt. Sobald der Wert die Grenze der festgelegten Dämpfung überschreitet, wird er um den Dämpfungswert reduziert. Ein Wert von 2 µs ist theoretisch ausreichend, um ein Driften des Clusters zu verhindern [100]. Die Spezifikation fordert allerdings eine Konfigurierbarkeit von 0 bis 20 Microticks.

Mit Hilfe von Formel (A.50) in Kapitel A.1.2.11 wird aus dem globalen Dämpfungsfaktor der lokale Dämpfungsfaktor für jeden Knoten bestimmt.

A.1.1.8. Anzahl der Coldstart-Versuche: gColdStartAttempts

Die Anzahl der Coldstart-Versuche eines Knotens wird mit Hilfe von `gColdStartAttempts` definiert. Bei der Dimensionierung sind die folgenden Auswirkungen zu beachten. Eine große Anzahl von Versuchen fördert die erfolgreiche Integration in den Cluster, da für diese vier fehlerfreie Startup-Frames empfangen werden müssen. Bei jedem fehlgeschlagenen Empfang wird ein neuer Versuch benötigt. Andererseits stört ein fehlerhafter Coldstarter die Kommunikation auf dem Medium. Deshalb ist es auch sinnvoll die Anzahl nicht zu groß zu wählen, um die Auswirkungen eines solchen auf die Buskommunikation möglichst gering zu halten.

A.1.1.9. Network-Management: gNetworkManagementVectorLength

Das FlexRay Bussystem unterstützt das Senden von Netzwerk-Management Botschaften. Diese werden durch das PPI-Steuerbit im FlexRay Frame markiert. Die Anzahl der für das Netzwerk-Management vorgesehenden Bytes innerhalb des FlexRay Frames, wird über den Parameter `gNetworkManagementVectorLength` festgelegt. Empfängt ein Controller einen Frame mit gesetztem PPI-Steuerbit, werden die ersten Bytes als Netzwerk-Management Daten interpretiert. Bei einer konfigurierten Länge von null, wird das Netzwerk-Management im gesamten Cluster deaktiviert.

A.1.1.10. Timeout beim Startup: gListenNoise

Der Parameter `pdListenTimeout` beschreibt den Zeitraum, den ein Teilnehmer warten muss, bevor er versucht ein Cluster zu starten. Findet innerhalb dieses Zeitrahmens keine Kommunikation oder ein Start-Versuch eines anderen Knotens statt, kann er versuchen das Cluster zu starten. Die Zeitdauer `pdListenTimeout` muss somit auf jeden Fall abgewartet und die Kommunikation auf dem Medium abgehört werden, bevor ein Teilnehmer versuchen darf das Cluster zu starten.

Um zu verhindern, dass ein Knoten etwa durch Störungen auf dem Medium dauerhaft davon abgehalten wird einen Startversuch durchzuführen, existiert noch ein weiterer Parameter. Das Produkt aus `gListenNoise` und `pdListenTimeout` gibt die Zeitspanne an, nach der ein Knoten sein CAS sendet, wenn das Medium im Idle Zustand ist. Der Wert `gListenNoise` beschreibt somit ein Vielfaches vom `pdListenTimeout` nach dem ein CAS gesendet wird und der Knoten versucht das Cluster zu starten.

A.1.1.11. Verhalten im Fehlerfall: gMaxWithoutClockCorrectionFatal und gMaxWithoutClockCorrectionPassive

Beim Starten und während des Betriebs eines Clusters sind die Empfänger darauf angewiesen Synchronisations-Frames zu empfangen, damit sie ihre Uhren synchronisieren können. Werden diese Sync-Frames durch Störungen auf dem

Medium nicht korrekt empfangen, stehen nicht mehr genügend Messpunkte zur Berechnung der Offset- und Frequenzkorrekturwerte zur Verfügung. Somit können die internen Uhren nicht synchronisiert werden und der Busteilnehmer verliert die Synchronisation zum Cluster.

Über den Parameter `gMaxWithoutClockCorrectionPassive` wird festgelegt nach wie vielen Doppelzyklen der Knoten die Synchronisation wieder hergestellt haben muss. Schafft er dies nicht, wechselt die Protokoll-Zustandsmaschine von `POC: Normal active` nach `POC: Normal passive` und der Knoten darf keine Nachrichten mehr senden. Zusätzlich kann über den Parameter `gMaxWithoutClockCorrectionFatal` der Zustandsübergang in den Zustand `POC: Halt` konfiguriert werden. Diesen Zustand kann der Knoten aus `POC: Normal active` oder `POC: Normal passive` erreichen. Befindet sich der Knoten in `POC: Halt`, kann er sich aus eigener Kraft nicht wieder in einen anderen Zustand begeben und ist von sämtlicher Kommunikation ausgeschlossen. Bei der Konfiguration der Werte `gMaxWithoutClockCorrectionPassive` und `gMaxWithoutClockCorrectionFatal` ist zu beachten, dass ein kleiner Wert bzw. null einen Startup des Clusters verhindern kann. Ein zu großer Wert würde bei einem fehlerhaften Knoten dazu führen, dass dieser ohne Synchronisation weiter Nachrichten auf dem Bus sendet und somit möglicherweise die Kommunikation auf dem Bus stört. Die Konfiguration dieser Parameter ist abhängig vom Fehlerbild und den Anforderungen der Anwendung [100].

A.1.1.12. Länge der Transmission Start Sequence: gdTSSTransmitter

Die Verkürzung der Low-Phase am Anfang von Symbolen und Frames durch aktive Bauelemente wie Bustransceiver und aktive Sterne wurde bereits in Kapitel A.1.2.1 beschrieben. Um keine Informationen zu verlieren, wird der Übertragung die Transmission Start Sequence (TSS) vorangestellt. Die Bestimmung der Länge der TSS ergibt sich aus der Anzahl der aktiven Sterne auf dem Signalpfad, deren Signalverkürzung, sowie der Signalverkürzung der Bustransceiver der beteiligten Knoten. Mit dem Parameter `gdTSSTransmitter` wird die Länge der TSS für den Worst-Case dieser Signalverkürzung dimensioniert. Mit Hilfe von Formel (A.3) [42] wird die Länge in Vielfachen der Länge eines Bits berechnet. Der Wert $nStarPath_{M,N}$ beschreibt die Anzahl der aktiven Sternkoppler auf einem Signalpfad zwischen Knoten M und N. Deren Signalverkürzung wird durch den Parameter `dStarTruncation` in µs ausgedrückt. Zur Berechnung wird $\geq$ durch $=$ ersetzt.

$$gdTSSTransmitter\ [\text{gdBit}] \geq \text{ceil}\left(\frac{gdBitMax\ [\mu s] + dBDRxia\ [\mu s] +}{dStarTruncation\ [\mu s/\text{gdBit}]}\right.$$
$$\left.\frac{\max(\{x|x = nStarPath_{M,N}\}) \cdot dStarTruncation}{\ldots}\right) \tag{A.3}$$

A.1.1.13. Dauer der Network Idle Time: gdNIT

Die Länge der NIT kann berechnet werden aus der Länge des FlexRay Zyklus abzüglich der Teile die für die Datenübertragung genutzt werden, also dem statischen und dynamischen Segment und des Symbol Window (SW). In diesem verbleibenden Zeitraum findet die Offset- und Frequenz-Korrektur der Uhren statt. Aus diesem Grund ist für die `gdNIT` auch eine untere Schranke definiert, dass die für Korrektur-Berechnungen ausreichend Zeit zur Verfügung steht. Dieser Wert muss bei der Gültigkeitsüberprüfung der Parameter ebenfalls auf Einhaltung überprüft werden. Über Formel (A.4) [42] lässt sich die Länge der NIT in der Einheit Macroticks berechnen.

$$\begin{aligned} &gdNIT\ [\text{MT}] = gMacroPerCycle\ [\text{MT}] - gdSymbolWindow\ [\text{MT}] - \\ &gdStaticSlot\ [\text{MT}] \cdot gNumberOfStaticSlots - \\ &gdMinislot\ [\text{MT}] \cdot gNumberOfMinislots \end{aligned} \tag{A.4}$$

Die Berechnung der Mindestzeit, die für die Uhrenkorektur benötigt wird, berechnet sich laut Formel (A.5) [42].

$$\begin{aligned} gdNIT \geq max(&adRemRateCalculation; \\ &adRemOffsetCalculation + adOffsetCorrection) \end{aligned} \tag{A.5}$$

Zur Berechnung der minimalen NIT wird wiederum der Parameter `adRemOffsetCalculation` benötigt, der die Dauer der Offsetberechnung beschreibt. Dessen maximaler Wert berechnet sich laut Formel (A.6) [42] und wird durch Formel (A.7) [42] auf 1 MT nach unten begrenzt.

$$adRemOffsetCalculation \leq max\left(1, ceil\left(\frac{cdMaxOffsetCalculation}{(gdMacrotick \cdot (1 - cClockDeviationMax)}\right.\right.$$
$$\frac{\cdot gdMaxMicrotick \cdot (1 + cClockDeviationMax) - (adActionPointDifference}{\ldots}$$
$$\frac{+gdMinislot \cdot gNumberOfMinislots + gdSymbolWindow)}{\ldots}$$
$$\left.\left.\frac{\cdot gdMacrotick \cdot (1 - cClockDeviationMax)}{\ldots}\right)\right) \tag{A.6}$$

$$adRemOffsetCalculation \geq 1 \tag{A.7}$$

Durch Ungleichung (A.8) [42] wird die minimale Zeitdauer zur Berechnung der Offset Korrektur-Phase bestimmt. Diese ist abhängig von dem maximalen Offsetkorrekturwert, der Dauer eines Macroticks, der maximalen Dauer eines Microticks.

$$\begin{aligned} &adOffsetCorrection\ [\mathrm{MT}] = \\ &ceil\left(\frac{gOffsetCorrectionMax\ [\mu s]}{gdMacrotick\ [\mu s/\mathrm{MT}] \cdot (1 - cClockDeviationMax) -}\right. \\ &\frac{\ldots}{gdMaxMicrotick\ [\mu s/\mu\mathrm{T}] \cdot cMicroPerMacroNomMin\ [\mu\mathrm{T}/\mathrm{MT}] \cdot} \\ &\left.\frac{\ldots}{(1 + cClockDeviationMax)}\right) \end{aligned} \tag{A.8}$$

Für die Berechnung der Steigungskorrektur des CC lässt sich der oberere Grenzwert berechnen durch Formel (A.9) [42] bestimmen.

$$adRemRateCalculation \leq max\left(1, ceil\left(\frac{(cdMaxRateCalculation \cdot gdMaxMicrotick}{gdMacrotick \cdot (1 - cClockDeviationMax)}\right.\right.$$
$$\frac{\cdot(1 + cClockDeviationMax) - (adActionPointDifference}{\ldots}$$
$$\frac{+gdMinislot \cdot gNumberOfMinislots + gdSymbolWindow)}{\ldots}$$
$$\left.\left.\frac{\cdot gdMacrotick \cdot (1 - cClockDeviationMax) + gOffsetCorrectionMax}{\ldots}\right)\right) \tag{A.9}$$

Mit Hilfe der in den Gleichungen (A.6), (A.7), (A.8) und (A.9) angegebenen Hilfvariablen lässt sich nun unter Verwendung von Formel (A.5) die minimal notwendige Zeit für die NIT bestimmen.

A.1.1.14. Maximaler Offset-Korrekturwert: gOffsetCorrectionMax

Während der NIT führt jeder FlexRay Knoten eine Offset-Korrektur seiner internen Uhr durch. Für die maximal auszuführende Korrektur wurde eine maximale Obergrenze `gOffsetCorrectionMax` definiert (Formel (A.10) [42]). Wird dieser Wert bei der Korrektur überschritten, wechselt der CC vom Zustand `POC: Normal Active` nach `POC: Normal Passive`. Eine Überschreitung des Grenzwertes deutet auf eine verlorene Synchronisation des Knotens hin.

$$\begin{aligned} gOffsetCorrectionMax\ [\mu s] \geq & gAssumedPrecision\ [\mu s] + \\ & gdMaxPropagationDelay\ [\mu s] - gdMinPropagationDelay\ [\mu s] \end{aligned} \tag{A.10}$$

Des weiteren muss bei einer Gültigkeitsprüfung des Parameters der obere Grenzwert der maximalen Offsetkorrektur eingehalten werden. Dieser errechnet sich laut (A.11) [42].

$$\begin{aligned} gOffsetCorrectionMax \leq & gdActionPointOffset \cdot gdMacrotick \\ & \cdot (1 + cClockDeviationMax) \\ & + gdMinPropagationDelay + gdMaxPropagationDelay \end{aligned} \tag{A.11}$$

A.1.1.15. Startzeitpunkt der Offsetkorrektur: gOffsetCorrectionStart

Um die Offset-Korrektur eines Knotens während der NIT durchführen zu können, muss dem CC die Startzeit zum Beginnen der Berechnung bekannt sein. Diese wird über den Parameter `gOffsetCorrectionStart` definiert und ergibt sich aus der Dauer des Kommunikationszyklus abzüglich der Zeit, die für die Berechnung benötigt wird. Die Berechnungsdauer (`adOffsetCorrection`) wird in Macroticks angegeben (Formel (A.8) [42]) und von der Zyklusdauer in Macroticks (`gMacroPerCycle`) abgezogen. Für `gOffsetCorrectionStart` ergibt sich somit der in Formel (A.12) [42] dargestellte Zusammenhang.

$$\begin{aligned} &gOffsetCorrectionStart\ [\mu s] = \\ &gMacroPerCycle\ [MT] - adOffsetCorrection\ [MT] \end{aligned} \tag{A.12}$$

A.1.1.16. Ruhephase nach dynamischen Slots: gdDynamicSlotIdlePhase

Nach der Übertragung eines dynamischen Frames, wechselt der Kanal in den Idle-Zustand. Durch die Laufzeit der Nachrichten und der zeitlichen Verschiebung der Minislots zwischen Sender und Empfänger kann es dazu kommen, dass die Übertragung und die anschließende Idle-Phase nicht im selben Minislot beendet wird. Nach der Erkennung der Idle-Phase, welche immer 11 Bit benötigt, erkennt der Empfänger möglicherweise zu spät, dass die Sendung im letzten Minislot zu Ende war und der nächste Teilnehmer bereits begonnen hat zu senden. Um dies zu verhindern, wird eine `gdDynamicSlotIdlePhase` eingeführt, die unabhängig von den Randbedingungen immer eine korrekte Erkennung des Idle-Zustands und damit des Ende-Zeitpunkts ermöglicht. Die `gdDynamicSlotIdlePhase` gibt die Anzahl der Minislots an, die nach dem Frame-Ende mit dem Senden des nächsten Frames gewartet wird. Mit der Hilfsvariablen `aFrameEndDetection` in Formel (A.13) aus [100] lässt sich dann die Anzahl der Minislots der `gdDynamicSlotIdlePhase` in Formel (A.14) [42] berechnen.

$$\begin{aligned} &aFrameEndDetection\ [MT] = \\ &\mathrm{ceil}\left(\frac{cChannelIdleDelimiter \cdot adBitMax\ [\mu s] + gAssumedPrecision\ [\mu s] +}{gdMacrotick\ [\mu s] \cdot (1 - cClockDeviationMax)}\right. \\ &\left.\frac{gdMaxPropagationDelay\ [\mu s] + gdMinPropagationDelay\ [\mu s]}{\ldots}\right) \end{aligned} \tag{A.13}$$

$$gdDynamicSlotIdlePhase\ [\text{Minislot}] \geq \text{ceil}\left(\frac{aFrameEndDetection\ [\text{MT}] - gdMinislot\ [\text{MT}] - gdMinislotActionPointOffset\ [\text{MT}]}{gdMinislot\ [\text{MT/Minislot}] \ldots}\right) \tag{A.14}$$

A.1.1.17. ActionPoint-Offset im statischen Segment: gdActionPointOffset

Der ActionPoint definiert den Zeitpunkt an dem der CC mit den Senden einer Nachricht innerhalb des Slots beginnt. Dieser zeitliche Abstand zwischen dem Beginn des Slots und dem eigentlichen Senden ist notwendig, damit alle Empfänger den Frames trotz Uhrenabweichungen korrekt im richtigen Slot empfangen können. Zu Festlegung des Actionpoint existieren zwei unterschiedliche Berechnungsvorschriften, die den Parameter entweder auf höhere Bandbreite oder auf Sicherheit auslegen.

Zur Verhinderung der Cliquenbildung beim Startup wird bei einer Formel ein Sicherheitsaufschlag (`gdMaxInitializationError`) und die doppelte Präzision hinzugefügt. Sollte die Cliquenbildung im Cluster nicht auftreten können, oder durch andere Maßnahmen verhindert werden, kommt zu Berechnung eine zweite Formel in Frage. Mit Hilfe der beiden Berechnungsregeln (A.15) [42] und (A.16) [42] (ohne Cliquenbildungsaufschlag) kann nun der Protokollparameter `gdActionPointOffset` je nach Anforderungen berechnet werden.

$$gdActionPointOffset\ [\text{MT}] \geq \text{ceil}\left(\frac{gAssumedPrecision\ [\mu\text{s}] - gdMinPropagationDelay\ [\mu\text{s}] +}{gdMacrotick\ [\mu\text{s/MT}] \cdot (1 - cClockDeviationMax)}\right) \tag{A.15}$$

$$gdActionPointOffset\ [\text{MT}] \geq \text{ceil}\left(\frac{2 \cdot gAssumedPrecision\ [\mu\text{s}] - gdMinPropagationDelay\ [\mu\text{s}] + 2 \cdot gdMaxInitializationError\ [\mu\text{s}]}{gdMacrotick\ [\mu\text{s/MT}] \cdot (1 - cClockDeviationMax) \ldots}\right) \tag{A.16}$$

A.1.1.18. ActionPoint-Offset im dynamischen Segment: gdMinislotActionPointOffset

Im dynamischen Segment wird, wie auch im statischen Segment, der zeitliche Abstand zwischen Beginn des Slots und dem Sendebeginn über den Actionpoint definiert. Hier kann allerdings auf den im statischen Segment vorhandenen Sicherheitsaufschlag verzichtet werden. Dies führt dazu, dass die Bandbreite besser ausgenutzt werden kann, da die Abstände kürzer werden. Die Berechnungsregel (A.17) [42] beschreibt die Festlegung des Parameters `gdMinislotActionPointOffset`, der abgesehen vom eingesparten Sicherheitsaufschlag dem im statischen Segment entspricht (siehe Kapitel A.1.1.17).

$$\begin{aligned} &gdMinislotActionPointOffset\ [\mathrm{MT}] \geq \\ &\mathrm{ceil}\left(\frac{gAssumedPrecision\ [\mu s] - gdMinPropagationDelay\ [\mu s]}{gdMacrotick\ [\mu s/\mathrm{MT}] \cdot (1 - cClockDeviationMax)}\right) \end{aligned} \tag{A.17}$$

Mit Hilfe von Gleichung (A.18) [42] lässt sich der Hilfsparameter der Differenz zwischen dem `gdActionpointOffset` des statischen Segments und dem `gdMinislotActionPointOffset` bestimmen. Verfügt ein Zyklus über kein dynamisches Segment ist die Differenze gleich null.

$$\begin{aligned} &adActionPointDifference = 0 \\ &\qquad \textbf{für } gdActionPointOffset \leq gdMinislotActionPointOffset \\ &adActionPointDifference = 0 \\ &\qquad \textbf{für } gNumberOfMinislots = 0 \\ &adActionPointDifference = gdActionPointOffset \\ &\qquad - gdMinislotActionPointOffset\ \textbf{sonst.} \end{aligned} \tag{A.18}$$

A.1.1.19. Dauer eines Minislots: gdMinislot

Der Minislot definiert das Zeitraster des FTDMA Übertragungsverfahrens im dynamischen Segment. Wichtig ist hier die korrekte Erkennung der Minislotendes durch die Teilnehmer. Dieses muss auch bei Signalverzögerungen und Uhrenabweichungen überall korrekt erkannt werden. Aus diesem Grund darf der Minislot nicht zu kurz gewählt werden, weil sonst das Ende eines Frames möglicherweise nicht mehr von allen Teilnehmern dem selben Minislot zugeordnet wird. Mit Hilfe von Formel (A.19) [42] kann die Länge des Minislots unter Berücksichtigung aller Randbedingungen berechnet werden.

$$gdMinislot\ [\text{MT}] \geq gdMinislotActionPointOffset\ [\text{MT}] + \\ \text{ceil}\left(\frac{gdMaxPropagationDelay\ [\mu\text{s}] + gAssumedPrecision\ [\mu\text{s}]}{gdMacrotick\ [\mu\text{s/MT}] \cdot (1 - cClockDeviationMax)}\right) \tag{A.19}$$

A.1.1.20. Maximaler Initialisierungsfehler: gdMaxInitializationError

Während nach dem Startup des Clusters kann es Aufgrund von Abweichungen bei der Uhrensynchronisation dazu kommen, dass ein Knoten Sync-Frames empfängt, die nicht innerhalb des Präzisionsbereiches liegen. Um zu verhindern, dass sich ein Knoten aus diesem Grund nicht mit dem Cluster synchronisieren kann, wurde für den Startup ein erweiterter Akzeptanzbereich für Synchronisationsnachrichten eingeführt. Der globale Protokollparameter `gdMaxInitializationError` gibt den zusätzlichen Sicherheitsaufschlag an, der beim Starten herangezogen wird.

Der Grenzwert für `gdMaxInitializationError` wurde aus [100] entnommen (Formel (A.20)). Gegenüber der Spezifikation ist dabei die Abhängigkeit von `gdMaxMicrotick` entfallen und die Abhängigkeiten von `gAssumedPrecision` und `gdMinPropagationDelay` sind hinzugekommen. Hier wird ein unterer Grenzwert für den maximal erlaubten Initialisierungsfehler angegeben, bestehend aus der minimalen und maximalen Laufzeitverzögerung sowie der angenommenen Genauigkeit der Uhrenkorrektur.

$$gdMaxInitializationError \geq gAssumedPrecision + gdMaxPropagationDelay \\ - gdMinPropagationDelay \tag{A.20}$$

A.1.1.21. Signallaufzeiten: gdMinPropagationDelay und gdMaxPropagationDelay

Die Topologie eines FlexRay Netzwerkes beeinflusst durch ihre Signallaufzeiten diverse FlexRay Protokollparameter. Wichtig für die Berechnung einiger anderer Parameter ist hier beispielsweise die Präzision (`gAssumedPrecision`) welche von der Topologie anhängig ist. Von besonderem Interesse sind die Parameter `gdMinPropagationDelay` und `gdMaxPropagationDelay`, welche die minimale bzw. maximale Signallaufzeit angeben. Um diese zu berechnen müssen nicht nur die

Laufzeiten auf den Leitungen sondern auch die Verzögerungen der Bustreiber und der aktiven Sterne berücksichtigt werden. Mit Gleichung (A.21) [42] lassen sich die Verzögerungszeiten pro Kanal berechnen. Die Teilnehmer M und N bezeichnen den Sender und Empfänger einer Nachricht, wobei zur Berechnung nur $M \neq N$ gültig ist. Über $LineLength[A]_{M,N}$ wird die Leitungslänge zwischen den Teilnehmern M und N beispielsweise für Kanal A angegeben. Die Konstante T_0 bezeichnet die Ausbreitungsgeschwindigkeit auf der Leitung und wird zu 10 ns pro Meter angenommen, wenn keine genaueren Daten über die Leitung vorliegen. Des weiteren müssen die Verzögerungen des Senders $pdBDTx[Ch]_M$ bzw. des Empfängers $pdBDRx[Ch]_N$ berücksichtigt werden. Für den maximalen Verzögerungswert wird schließlich der größere beider Kanäle verwendet (Formel (A.22) [42]).

$$\begin{aligned} &gdMaxPropagationDelay[Ch]\ [\mu s] = \\ &max\left(pdBDTx[Ch]_M\ [\mu s] + LineLength[Ch]_{M,N}\ [m] \cdot T_0\ [\mu s/m] + \right. \\ &\left. \sum_{k \in \{nStar[Ch]_{M,N}\}} pdStarDelay_k + pdBDRx[Ch]_N\ [\mu s] \right)_{M,N} \end{aligned} \tag{A.21}$$

$$\begin{aligned} &gdMaxPropagationDelay\ [\mu s] = \\ &max(gdMaxPropagationDelay[A], gdMaxPropagationDelay[B]) \end{aligned} \tag{A.22}$$

Die Berechnung der minimalen Laufzeit ist äquivalent zur Berechnung maximalen. Hier wird jedoch statt der $max(...)$ Funktion mit $min(...)$ gerechnet.

A.1.1.22. Maximale Anzahl Synchronisations-Knoten: gSyncNodeMax

Der Parameter `gSyncNodeMax` gibt an, wieviele Synchronisationsknoten in einem FlexRay Cluster enthalten sind. Während des Betriebes kann so ein Fehler bei der Anzahl der Synchronisationsframes festgestellt werden. Empfängt ein Teilnehmer während eines Zyklus mehr Synchronisationsnachrichten, als in `gSyncNodeMax` angegeben, liegt offensichtlich ein Fehler vor.

A.1.1.23. Maximaler Microtick: gdMaxMicrotick

Die lokalen Microticks aller Knoten `pdMicrotick` sind entscheidend für die Präzision des FlexRay Clusters. Der Wert `gdMaxMicrotick` trägt dabei den Wert des größten Microticks aller Teilnehmer im Cluster. In der Spezifikation ist die Berechnung des Wertes durch Formel (A.23) [42] definiert.

$$gdMaxMicrotick\ [\mu s] = max\big(x \mid x = pdMicrotick\,\text{jedes Knoten}\big) \qquad \text{(A.23)}$$

A.1.1.24. Angenommene Präzision im Cluster: gAssumedPrecision

Die größte mögliche Abweichung zweier interner Busteilnehmeruhren im FlexRay Cluster wird als Präzision bezeichnet. Vom angenommenen Fehlermodell abhängig, kann eine Best-Case- und Worst-Case-Präzision berechnet werden. Für die praktische Anwendung wird `gAssumedPrecision` mit dem Wert der Worst-Case-Präzision (Formel (A.25) [42]) belegt um einen stabilen Betrieb des Clusters in jeder Situation zu gewährleisten (siehe Gleichung (A.26) [42]). Hier wird beispielsweise das Auftreten von asymmetrischen Fehlern berücksichtigt. Dies bedeutet, dass eine Gruppe von Teilnehmern eine Synchronisationsnachricht empfangen und eine andere Gruppe nicht. Diese stellen dann, je nach dem ob sie die Nachricht empfangen haben, ihre Uhr nach dieser Nachricht. Dies führt dazu, dass die Synchronität im Cluster abnimmt. Bei der Worst-Case-Präzision werden zwei dieser asymetrischen Fehler berücksichtigt. Wenn das Auftreten von Fehlern nicht berücksichtigt wird, kann damit auch die bestmögliche Präzision des Clusters `aBestCasePrecision` berechnet werden (Formel (A.24) [42]).

$$\begin{aligned}&aBestCasePrecision\ [\mu s] \geq\\&(12\ [\mu T] + 6 \cdot gClusterDriftDamping\ [\mu s/\mu T] \cdot gdMaxMicrotick\ [\mu s/\mu T]+\\&gdMaxPropagationDelay\ [\mu s] - gdMinPropagationDelay\ [\mu s]\end{aligned} \qquad \text{(A.24)}$$

$$\begin{aligned}&aWorstCasePrecision\ [\mu s] =\\&(34\ [\mu T] + 20 \cdot gClusterDriftDamping\ [\mu s/\mu T] \cdot gdMaxMicrotick\ [\mu s/\mu T]+\\&2 \cdot gdMaxPropagationDelay\ [\mu s]\end{aligned} \qquad \text{(A.25)}$$

$$gAssumedPrecision\ [\mu s] = aWorstCasePrecision\ [\mu s] \qquad (A.26)$$

Der einzuhaltende Gültigkeitsbereich der `gAssumedPrecision` (Formel (A.27) [42]) beschränkt sich somit auf den Bereich zwischen der besten und der schlechtesten Präzision.

$$aBestCasePrecision \leq gAssumedPrecision \leq aWorstCasePrecision \qquad (A.27)$$

A.1.1.25. Macroticks pro Zyklus: gMacroPerCycle

Mit Hilfe des Parameters `gMacroPerCycle` wird die Anzahl der Macroticks pro Zyklus konfiguriert. Diese ergibt sich aus dem Quotienten der Dauer eines Zyklus und der zeitlichen Dauer eines Macroticks. In der FlexRay Spezifikation ist dieser Wert mit Hilfe von Formel (A.28) [42] definiert.

$$gMacroPerCycle\ [MT] = \frac{gdCycle\ [\mu s]}{gdMacrotick\ [\mu s]} \qquad (A.28)$$

Gleichzeitig muss die Anzahl der Macroticks pro Zyklus auch mit der Summe der Anzahl der Macroticks aller Segmente übereinstimmen. Dieser wird dann über Formel (A.29) [42] beschrieben.

$$\begin{aligned} gMacroPerCycle = {} & gdStaticSlot \cdot gNumberOfStaticSlots + gdSymbolWindow \\ & + adActionPointDifference + gdMinislot \cdot gNumberOfMinislots \\ & + gdNIT \end{aligned} \qquad (A.29)$$

A.1.1.26. Zeitliche Dauer eines Macroticks: gdMacrotick

Die Wahl des Macroticks ist laut der Spezifikation innerhalb der erlaubten Grenzwerte frei wählbar. Ein kleinerer Macrotick erlaubt dabei eine feinere Granularität bei der Dimensionierung abhängiger Werte. Dennoch kann ein größerer Wert eine bessere Ausnutzung der Bandbreite ermöglichen.

In jedem Fall muss die Dauer eines Macroticks die Grenzwerte, definiert durch die beiden Konstanten `cdMinMTNom` und `cdMaxMTNom`, einhalten. Diese beschreiben die untere (1 µs) und obere Grenze (6µs) für die Wahl des Macroticks. Daraus ergibt sich die Begrenzung des Parameters in Ungleichung (A.30) [42].

$$cdMinMTNom\ [\mu s] \leq gdMacrotick\ [\mu s] \leq cdMaxMTNom\ [\mu s] \qquad (A.30)$$

Eine weitere einzuhaltende Grenze für die Dauer eines Macroticks kann aus dem Produkt der Konstanten *cMicroPerMacroNom* und der Dauer eines Microticks, bestimmt werden (Formel (A.31) [42]).

$$gdMacrotick \geq cMicroPerMacroNom \cdot pdMicrotick \qquad (A.31)$$

Ungleichung (A.32) aus [100] entnommen. Diese korrigiert die ursprüngliche Gleichung aus der Spezifikation.

$$\begin{aligned} gdMacrotick \leq & \Big(aFrameLengthStatic - 0{,}5 \cdot cdFES - 0{,}5 \cdot cdBSS \\ & + \frac{cStrobeOffset + cVotingDelay}{cSamplesPerBit}\Big) \cdot \frac{gdBitMin}{1 + cClockDeviationMax} \\ & + gdMinPropagationDelay \end{aligned} \qquad (A.32)$$

A.1.1.27. Dauer eines Bits: gdBit, gdBitMin und gdBitMax

Die Dauer eines Bits wird mit Hilfe des Parameters `gdBit` berechnet. Sie ist direkt abhängig von der Dauer eines Sampleticks (`gdSampleClockPeriod`) und somit unmittelbar abhängig von der Brutto-Datenrate. Da Taktquelle eines Teilnehmers einer gewissen Ungenauigkeit unterliegt erlaubt die Konstante `cClockDeviationMax` eine gewisse Abweichung. Die Parameter `gdBitMin` und `gdBitMax` geben somit die minimale und maximale Bitzeit an. Über die Formel (A.33) [42], (A.34) [42] und (A.35) [42] werden die Parameter laut Spezifikation berechnet.

$$gdBit\ [\mu s] = cSamplesPerBit \cdot gdSampleClockPeriod\ [\mu s] \qquad (A.33)$$

$$gdBitMin\ [\mu s] = gdBit\ [\mu s] \cdot (1 - cClockDeviationMax) \tag{A.34}$$

$$gdBitMax\ [\mu s] = gdBit\ [\mu s] \cdot (1 + cClockDeviationMax) \tag{A.35}$$

A.1.1.28. Zeitliche Dauer eines statischen Slots: gdStaticSlot

Der Parameter `gdStaticSlot` gibt die Länge eines Slots im statischen Segment des FlexRay Zyklus an. Diese ist maßgeblich abhängig von der Länge des Frames im statischen Segment. Dieser berechnet sich über die Hilfsvariable `aFrameLength` laut Formel (A.36) [42]. Darin enthalten sind neben dem eigentlichen Payload, noch 80 Bit für Header und Trailer, die TSS, FSS und FES (zur Frame Codierung siehe Kapitel 3.1.9). Zur Berechnung der Slot-Länge muss zusätzlich noch der ActionPoint-Offset (`gdActionPointOffset`) am Anfang und Ende der Übertragung, eine Zeitspanne zur Erkennung des Idle-Zustands auf dem Bus (`cChannelIdleDelimiter`) sowie die Signallaufzeiten auf dem physikalischen Medium addiert werden. Zusammen ergeben diese die Länge des statischen Slots laut Formel (A.39) [42] in Macroticks.

$$\begin{aligned} &aFrameLength\ [\text{gdBit}] = \\ &gdTSSTransmitter\ [\text{gdBit}] + cdFSS\ [\text{gdBit}] + 80\ \text{gdBit} + \\ &gPayloadLength\ [\text{Words}] \cdot 20\ \text{gdBit} + cdFES\ [\text{gdBit}] \end{aligned} \tag{A.36}$$

Setzt man für das statische Segment die konfigurierte Payloadlänge ein, ergibt sich hieraus der Zusammenhang in Formel (A.37) [42].

$$\begin{aligned} aFrameLengthStatic &= aFrameLength\ \textbf{mit} \\ aPayloadLength &= gPayloadLengthStatic \end{aligned} \tag{A.37}$$

Äquivalent dazu ergibt sich die Länge des längsten dynamischen Frames laut Formel (A.38) [42].

$$aFrameLengthDynamic = aFrameLength \textbf{ mit} \\ aPayloadLength = pPayloadLengthDynMax \quad (A.38)$$

$$gdStaticSlot\,[\text{MT}] = ceil\left(\frac{\frac{(aFrameLengthStatic\,[\text{gdBit}] + cChannelIdleDelimiter\,[\text{gdBit}]) \cdot}{gdMacrotick\,[\mu\text{s/MT}] \cdot (1 - cClockDeviationMax)} \frac{gdBitMax\,[\mu\text{s/gdBit}] + gdMinPropagationDelay\,[\mu\text{s}] +}{\ldots}}{} \frac{gdMaxPropagationDelay\,[\mu\text{s}]}{\ldots}\right) + 2 \cdot gdActionPointOffset\,[\text{MT}] \quad (A.39)$$

A.1.1.29. Zeitliche Dauer des Symbol Window: gdSymbolWindow

Die Dauer der Symbol Window (SW) errechnet sich laut der Spezifikation mit Hilfe von Formel (A.40) [42]. Hier wird entgegen der Länge des statischen Slots, nicht die Länge des Frames, sondern die konstante Länge des Collision Avoidance Symbol (CAS) `cdCAS` und die TSS eingesetzt. Die Länge des CAS und Media Test Symbol (MTS) (`cdCAS`) besteht aus einer Low-Phase von 30 Bit.

$$gdSymbolWindow\,[\text{MT}] = 2 \cdot gdActionPointOffset\,[\text{MT}] + ceil\left(\frac{(gdTSSTransmitter\,[\text{gdBit}] + cChannelIdleDelimiter\,[\text{gdBit}] +}{gdMacrotick\,[\mu\text{s/MT}] \cdot (1 - cClockDeviationMax)} \frac{cdCAS\,[\text{gdBit}]) \cdot gdBitMax\,[\mu\text{s/gdBit}] + dBDRxia\,[\mu\text{s}] +}{\ldots} \frac{gdMinPropagationDelay\,[\mu\text{s}] + gdMaxPropagationDelay\,[\mu\text{s}]}{\ldots}\right) \quad (A.40)$$

A.1.1.30. Länge des CAS beim Empfänger: gdCASRxLowMax

Mit Hilfe des Protokollparameters `gdCASRxLowMax` wird die maximal zu erwartende Länge eines Symbols beim Empfänger definiert. Aufgrund der Verzögerung eines Bustreibers beim Erkennen des Idle-Zustandes auf dem physikalischen Bus kann es vorkommen, dass die Pause zwischen zwei gesendeten Symbolen beim Empfänger nicht erkannt wird. Da die Pause zwischen zwei Symbolen als Low-Phase erkannt wird und sich mit den beiden Symbolen, die ebenfalls aus Low-Bits bestehen verbindet kann so eine lange Low-Phase beim Empfänger entstehen. Diese Obergrenze zur Erkennung eines korrekt empfangenen CAS ist laut FlexRay-Spezifikation durch Gleichung (A.41) [42] definiert und berücksichtigt neben der Uhrenabweichung auch den erwähnten Active-to-Inactive-Delay des Bustreibers `dBDRxai`.

$$\begin{aligned} &gdCASRxLowMax\ [\text{gdBit}] = \\ &ceil\Bigg(2 \cdot (gdTSSTransmitter\ [\text{gdBit}] + cdCAS\ [\text{gdBit}]) \cdot \\ &\frac{1 + cClockDeviationMax}{1 - cClockDeviationMax} + \frac{2 \cdot dBDRxai\ [\mu s]}{gdBitMin\ [\mu s/\text{gdBit}]}\Bigg) \end{aligned} \tag{A.41}$$

A.1.1.31. WUS beim Sender: gdWakeupSymbolTxLow und gdWakeupSymbolTxIdle

Die Dauer von Low- und Idle-Phase eines gültigen WUS ist auf Senderseite fest über die Konstanten `gdWakeupSymbolTxIlde` und `gdWakeupSymbolTxLow` in µs vorgegeben. In Abhängigkeit der (`gdSampleClockPeriod`) besteht diese auf Empfängerseite jetzt aus unterschiedlich vielen Bits (`gdBit`). Um diese korrekt empfangen zu können werden diese in die Parameter `gdWakeupSymbolTxIlde` und `gdWakeupSymbolTxLow` in `gdBit` umgerechnet. Die Regeln zur Berechnung (A.42) und (A.43) entstammen der Spezifikation [42].

$$gdWakeupSymbolTxIlde\ [\text{gdBit}] = ceil\left(\frac{cdWakeupSymbolTxIdle\ [\mu s]}{gdBit\ [\mu s/\text{gdBit}]}\right) \tag{A.42}$$

$$gdWakeupSymbolTxLow\ [\text{gdBit}] = ceil\left(\frac{cdWakeupSymbolTxLow\ [\mu s]}{gdBit\ [\mu s/\text{gdBit}]}\right) \tag{A.43}$$

A.1.1.32. WUS beim Empfänger: gdWakeupSymbolRxLow, gdWakeupSymbolRxIdle und gdWakeupSymbolRxWindow

Aufgrund von Überlagerungen kann ein WUS beim Empfänger zu unterschiedlichen, komplexen Darstellungen führen. Um ein gültiges Pattern zu erkennen, muss der Empfänger eine Low-Phase, gefolgt von einer Idle-Phase, gefolgt von einer weiteren Low-Phase erkennen. Die Low- (`gdWakeupSymbolRxLow`) und Idle-Phasen (gdWakeupSymbolRxIdle) müssen gewisse Randbedingungen einhalten und dürfen eine Mindestlänge nicht unterschreiten. Des weiteren müssen die drei beschriebenen Phasen innerhalb des Zeitfensters (gdWakeupSymbolRxWindow) empfangen werden, um gültig zu sein. Die Formeln (A.44), (A.45) und (A.46) beschreiben die Berechnung der gültigen Zeiträume laut der Spezifikation [42].

$$gdWakeupSymbolRxIdle\ [\text{gdBit}] = floor\left(\frac{gdWakeupSymbolTxIlde\ [\text{gdBit}] \cdot (1 - cClockDeviationMax) -}{2 \cdot (1 + cClockDeviatonMax)}\right. \left.\frac{gdWakeupSymbolTxLow\ [\text{gdBit}] \cdot (1 + cClockDeviatonMax)}{\ldots}\right) \tag{A.44}$$

$$gdWakeupSymbolRxLow\ [\text{gdBit}] = floor\left(\frac{gdWakeupSymbolTxLow\ [\text{gdBit}] \cdot gdBitMin\ [\mu\text{s/gdBit}] -}{gdBitMax\ [\mu\text{s/gdBit}]}\right. \left.\frac{max(\ x \mid nStarPath_{M,N}) \cdot dStarTruncation\ [\mu\text{s}] - dBDRxia\ [\mu\text{s}]}{\ldots}\right) \tag{A.45}$$

$$gdWakeupSymbolRxWindow\ [\text{gdBit}] = ceil\Big((2 \cdot gdWakeupSymbolTxLow\ [\text{gdBit}] + gdWakeupSymbolTxIlde\ [\text{gdBit}]) \cdot \frac{1 + cClockDeviationMax}{1 - cClockDeviationMax}\Big) \tag{A.46}$$

A.1.2. Lokale Parameter

In den folgenden Abschnitten werden die einzelnen lokalen Protokollparameter näher vorgestellt und ihre Dimensionierung detailliert beschrieben. Die für diese Übersicht zusammengestellten Information entstammen der FlexRay Spezifikation [42] und dem Buch FlexRay [100].

A.1.2.1. Signalverkürzung und -verlängerung: dBDRxia und dBDRxai

Beim Wechsel des Kommunikationsmediums vom Idle- in einen aktiven Zustand, bzw. anders herum, benötigt der Busteilnehmer eine gewisse Reaktionszeit, bis er dies erkennt. Diese haben nichts mit der Signalverzögerung auf dem Medium zu tun, sondern sind auf die interne Reaktionszeiten des Bustreibers zurückzuführen.

Bei Sendebeginn aktiviert der CC zunächst seine Ausgangssignale `TxEN` und `TxD`. Der Angeschlossene Bustreiber erkennt diesen Signalwechsel leicht verzögert und aktiviert daraufhin seine Ausgangstreiber für die Übertragung auf dem Bus. Dieser Vorgang nimmt wiederum eine gewisse Zeit in Anspruch und führt so zu einer Summe von Verzögerungen bis das Signal auf dem Bus vorliegt. Diese sorgt für eine Verkürzung der Low-Phase bei der ersten Signalübertragung auf dem Medium nach dem Idle-Zustand.

Um keine Informationen zu verlieren, wird jeder Frame Übertragung eine TSS vorangestellt. Diese sorgt dafür, dass bei einer Signalverkürzung durch das sogenannte Inactive-to-Active-Delay dennoch eine fehlerfreie Erkennung des Signals möglich ist. Die Signalverkürzung beim Übergang vom Idle in den Active-Zustand wird über den Parameter `dBDRxia` charakterisiert. Dieser ist abhängig von der verwendeten Hardware. Die FlexRay Electrical-Physical-Layer Spezifikation [43] gibt 100 bis 450 ns als gültigen Wertebereich an. In Abbildung A.1 ist die Signalverkürzung grafisch dargestellt.

Bei der Übertragung von FlexRay Symbolen spielt neben der Signalverkürzung auch die Signalverlängerung eine Rolle. Das Active-to-Inactive-Delay verursacht eine Verlängerung des Signals bei der Erkennung des Idle Zustands. Dieser Effekt hebt sich im besten Fall mit der Signalverkürzung auf. Da das Bussystem aber auch im Worst-Case problemlos funktionieren muss, werden diese beiden Effekte mit berücksichtigt. Dazu wurde der Parameter `dBDRxai` zur Beschreibung der Verlängerung eingeführt. Der Effekt der Signalverlängerung ist ebenfalls in Abbildung A.1 zu sehen. Hier kompensieren sich die beiden Effekte nicht, da die Signalverlängerung größer ausfällt.

Beim Einsatz von aktiven Sternkopplern müssen diese beiden Effekte zusätzlich berücksichtigt werden, da das Signal zwei weitere Bustreiber pro Stern auf seinem Weg durchlaufen muss.

A.1.2.2. Verzögerungszeit der Bustreiber: pdBDRx und pdBDTx

Zur Bestimmung der maximalen Signallaufzeit zwischen den FlexRay Teilnehmern sind des weiteren die physikalischen Eigenschaften der Bustreiber zu berücksichtigen. Eine wesentliche Rolle spielen hier die Verzögerungszeiten der

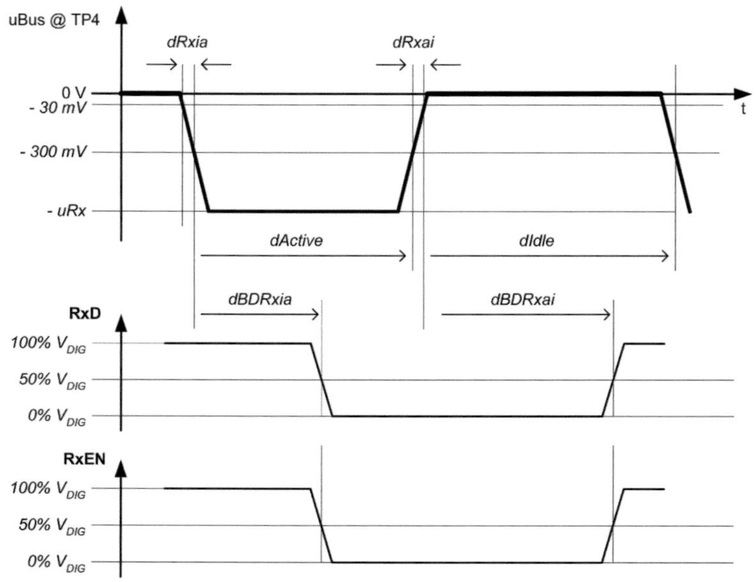

Abbildung A.1.: Effekt der Signalverkürzung und -verlängerung [43]

Bustreiber. Der Wert `dBDRx` gibt die Verzögerung des Bustreibers beim Senden und `dBDTx` die Verzögerung beim Empfangen an. Diese Werte sind dem Datenblatt des eingesetzten Bausteins zu entnehmen und durch die Spezifikation auf 100 ns begrenzt.

Die Verzögerungszeiten für steigende und fallende Flanken (`dBDRx10` und `dBDTx10`) können je nach Bustreiber durchaus unterschiedlich sein, werden aber von der Spezifikation nur durch einen Wert repräsentiert und jeweils für Sender und Empfänger zusammengefasst. Abbildung A.2 zeigt die Verzögerung am empfangenden Knoten.

A.1.2.3. Verhalten im Fehlerfall: pAllowPassiveToActive und pHaltDueToClock

Um das Fehlerverhalten des Systems genau beschreiben zu können wurden die FlexRay Parameter `pAllowPassiveToActive` und `pHaltDueToClock` eingeführt. Diese Beschreiben den Übergang innerhalb der Protokoll-Zustandsmaschine (siehe Kapitel 3.1.10) im Falle eines auftretenden Fehlers.

Mit Hilfe der Parameters `pHaltDueToClock` lässt sich das Verhalten des Knotens bei Auftreten von Synchronisationsfehlern während des Betriebs beschrei-

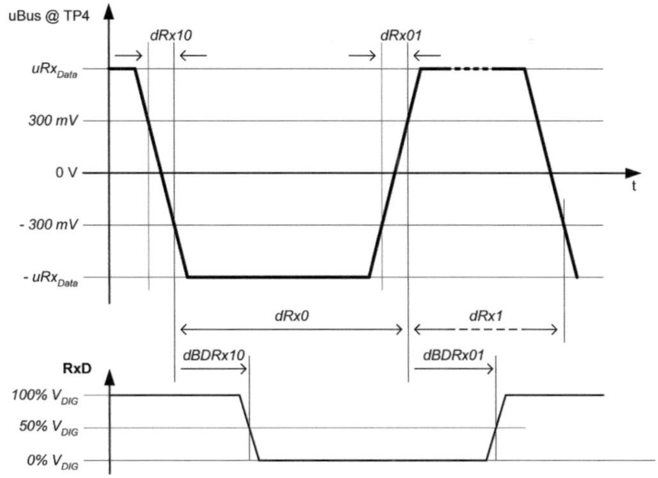

Abbildung A.2.: Verzögerungszeit des Bustreibers am Empfänger [43]

ben. Liegt wer Korrekturwert der internen Uhr beispielsweise außerhalb des in der Spezifikation festgelegten Wertebereiches, hat der Knoten die Synchronisation zum restlichen Cluster höchstwahrscheinlich bereits verloren. Wird der Wert `pHaltDueToClock` während der Konfiguration auf „False" gesetzt, wechselt die Protokoll-Zustandsmaschine des Knotens im genannten Fall in den Zustand `POC: Normal Passive`. Dies ermöglicht dem Knoten weitere Synchronisationsframes zu empfangen und sich wieder zu synchronisieren. Dann darf dieser auch wieder an der Kommunikation im Cluster teilnehmen. Wird `pHaltDueToClock` auf „True" gesetzt, wechselt die Zustandsmaschine in den Zustand `POC: Halt` und kann aus eigener Kraft nicht mehr in den aktiven Zustand wechseln. In diesem Fall kann der Knoten nur über eine Neu-Konfiguration wieder an der Kommunikation teilnehmen. Dieser Wert ist somit stark von der auf dem FlexRay Knoten ausgeführten Applikation abhängig.

Wird der Wert `pHaltDueToClock` = „False" gesetzt, beschreibt der Parameter `pAllowPassiveToActive` den Zustandsübergang von `POC: Normal Passive` nach `POC: Normal Active`. Dieser gibt die Anzahl der Zykluspaare an, in denen ein gültiger Uhrenkorrekturwert empfangen werden muss, bevor sich der Knoten wieder ins Netzwerk integrieren darf. Während ein niedriger Wert für eine schnelle Reintegration sorgt, gewährleistet ein höherer Wert mehr Sicherheit beim Zurückgewinnen der Synchronisation.

A.1.2.4. Aufwecken eines Knotens: pWakeupPattern und pWakeupChannel

Zur Konfiguration des Weckvorgangs im Knoten sind die beiden Protokollparameter `pWakeupPattern` und `pWakeupChannel` von Belang. Durch `pWakeupChannel` wird der Kanal festgelegt, auf welchem der Knoten seine Wakeup-Pattern (engl. Muster) verschickt um andere Knoten aufzuwecken. Die Anzahl der Wiederholungen des gesendeten Wakeup-Symbols wird mit Hilfe von `pWakeupPattern` definiert. Abhängig vom erwarteten Fehlerfall muss die Anzahl entsprechend gesetzt werden. Ein hoher Wert garantiert ein sicheres Wecken aller Knoten, während eine geringe Anzahl bei einer unabsichtlichen Übertragung die Beeinträchtigung für die aktive Kommunikation gering halten. Die Konfiguration des Wakeup-Symbols ist für alle Knoten im Cluster identisch und wird in Kapitel A.1.1 vorgestellt.

A.1.2.5. KeySlot: pKeySlotId, pKeySlotUsedForStartup und pKeySlotUsedForSync

In einem FlexRay Cluster gibt es Knoten, die neben der Übertragung von Nutzdatenn, für das Starten des Clusters und die Übertragung von Synchronisations-Frames zuständig sind. Dazu werden sogenannte Key-Slots festgelegt, in denen der Teilnehmer Startup- und Synchronisations-Frames überträgt. Bei diesem Key-Slot, handelt es sich um einen Slot im statischen Segment, in dem nur Frames mit gesetztem Startup- oder Sync-Bit (siehe Kapitel 3.1.8) übertragen werden. Der Parameter `pKeySlotId` beschreibt die Slot-Nummer, in der ein entsprechender Knoten seine Nachrichten überträgt.

Mit den Parametern `pKeySlotUsedForStartup` und `pKeySlotUsedForSync` wird festgelegt ob ein Key-Slot für Übertragung von Startup bzw. Sync-Frame benutzt wird. Während ein Startup-Frame auch immer ein Sync-Frame sein muss, ist ein Sync-Frame nicht unbedingt auch ein Startup-Frame, da durchaus mehrere Knoten im Netzwerk für die Synchronisation, aber nicht für das Starten zuständig sein können.

A.1.2.6. Verfügbare Übertragungskanäle: pChannels

Der Protokollparameter `pChannels` beschreibt die Anbindung des CC an die physikalischen FlexRay Kanäle. Zur Auswahl stehen die Werte A, B und A&B. Nicht benötigte Kanäle werden im CC entsprechend deaktiviert und steuern beispielsweise auch keine Bustreiber an.

A.1.2.7. Leading Coldstart-Unterdrückung: vColdstartInhibit

In einem Cluster sind mindestens zwei Knoten für den Startup zuständig. Diese als Coldstarter bezeichneten Knoten unterscheiden sich nochmals in Leading Coldstarter und Following Coldstarter. Ein Leading Coldstarter initiiert den Start des Clusters durch das senden von Startup-Frames. Daraufhin senden weitere Knoten ihre Startup-Frames und versuchen eine Synchronisation mit diesem ersten Knoten herzustellen. Diese nachfolgenden Knoten werden als Following Coldstarter bezeichnet. Welcher Konten als Leading Coldstarter in Erscheinung tritt ist dabei nicht festgelegt, da sich dies aus dem Verlauf der Startup-Phase ergibt.

Durch das Setzen der Variablen `vColdstartInhibit` = „True" ist es aber möglich zu konfigurieren, welche Knoten nicht als Coldstarter fungieren dürfen. Somit kann man indirekt festlegen welche Knoten alle für das Starten des Clusters in Frage kommen. Um einen sicheren Start des Clusters zu gewährleisten, wird allerdings empfohlen nicht nur einem Knoten den Leading Coldstart zu erlauben [100].

A.1.2.8. Dynamische Übertragungen: pPayloadLengthDynMax

Der Parameter `pPayloadLengthDynMax` beschreibt die längste Nachricht des FlexRay Knotens im dynamischen Segment. Diese lässt sich einfach aus der Menge aller dynamischen Frames des Knotens gewinnen. Das setzen des Wertes kann also erfolgen, nachdem alle Nachrichten für das dynamische Segment erzeugt wurden. Da die Länge der Nachrichten von der Applikation des FlexRay Teilnehmers abhängig ist, macht die Spezifikation hier keine Vorgaben wie dieser Wert zu setzen ist. Für die Berechnung von `pLatestTx` (siehe Kapitel A.1.2.9) ist dieser Wert zwingend erforderlich.

A.1.2.9. Spätester Frame-Beginn im dynamischen Segment: pLatestTx

Um sicherzustellen, dass ein Knoten das Senden einer begonnenen dynamischen Nachricht auch beenden kann, wird der Parameter `pLatestTx` benötigt. Dazu wird ein Minislot festgelegt `pLatestTx`, in dem das Senden der Nachricht spätestens begonnen werden muss, damit diese auch noch fertiggestellt werden kann. Würde sie zu einem späteren Zeitpunkt begonnen, würden die restlichen Minislots in Zyklus nicht mehr ausreichen um die Nachricht vollständig zu übertragen. Zur Berechnung dieses letzten Sendezeitpunktes wird die maximale dynamische Framelänge des Senderknotens `aFrameLengthDynMax` herangezogen. Diese wiederum besteht aus der größten Payload einer dynamischen Nachricht `pPayloadLengthDynMax` und dem Overhead (siehe Formel (A.47) [100])

Die Länge `pLatestTx` gibt gleichzeitig die Mindestlänge des dynamischen Segments vor. Eine kürzere Länge würde das Übertragen der größten dynamischen Nachricht verhindern. Ein Wert von Null für *pLatestTx* bedeutet, dass der Knoten keine Nachrichten über das dynamische Segment versenden darf. Die Berechnung erfolgt gemäß Formel (A.48) aus [100].

$$\begin{aligned} &aFrameLengthDynMax\ [\text{gdBit}] = \\ &gdTSSTransmitter\ [\text{gdBit}] + cdFSS\ [\text{gdBit}] + 80\ \text{gdBit} + \\ &pPayloadLengthDynMax\ [\text{Words}] \cdot 20\ \text{gdBit} + cdFES\ [\text{gdBit}] \end{aligned} \tag{A.47}$$

$$\begin{aligned} pLatestTx \leq\ & gNumberOfMinislots \\ & - ceil\left(\frac{(aFrameLengthDynamic + vDTSLow)}{gdMacrotick \cdot gdMinislot \cdot} \right. \\ & \left. \frac{\cdot gdBitMax}{(1 - cClockDeviationMax)}\right) \end{aligned} \tag{A.48}$$

A.1.2.10. Toleranzbereich beim Startup: pdAcceptedStartupRange

Beim starten des Clusters können aufgrund der noch nicht vorhandenen Synchronisation einige ungültige Synchronisationsnachrichten eintreffen, die außerhalb der Präzision liegen. Um beim starten eine größere Toleranz zu erreichen, wird beim Integrationsvorgang nicht auf die Präzision geprüft, sondern mit einem erweiterten Toleranzbereich namens `pdAcceptedStartupRange` gearbeitet. Dieser umfasst einen zusätzlichen Initialisierungsfehler `gdMaxInitializationError` (siehe Formel (A.20)), der aus den Signallaufzeiten und der Präzision besteht. Gemäß der Spezifikation [42] wird `pdAcceptedStartupRange` durch Formel (A.49) in einer ganzzahligen Anzahl Microticks konfiguriert.

$$\begin{aligned} &pdAcceptedStartupRange\ [\mu\text{T}] \geq \\ &\text{ceil}\left(\frac{gAssumedPrecision\ [\mu\text{s}] + gdMaxInitializationError\ [\mu\text{s}]}{pdMicrotick\ [\mu\text{s}/\mu\text{T}] \cdot (1 - cClockDeviationMax)}\right) \end{aligned} \tag{A.49}$$

A.1.2.11. Dämpfung der Uhrenkorrektur: pClusterDriftDamping

Für die Uhrenkorrektur werden bei FlexRay zwei Korrekturverfahren eingesetzt, die Offset- und die Steigungskorrektur. Über die Steigungskorrektur werden die

Uhren aneinander angeglichen, so dass deren Differenz nicht weiter zunimmt. Im ungünstigsten Fall könnten aber alle Teilnehmer immer zeitlich in eine Richtung korrigieren und das gesamte Cluster würde anfangen zu driften. In diesem Falle würde die Zykluszeit immer weiter zunehmen, die Konten irgendwann den Grenzwert überschreiten und dann in den Zustand `POC: Normal Passive` wechseln, in dem sie nicht mehr Senden können. Um dies zu verhindern, wurde für die Uhrenkorrektur ein Dämpfungsfaktor integriert. Dieser verhindert die Korrektur der Uhr, sobald der ermittelte Wert unterhalb der Schwelle von `pClusterDriftDamping` liegt. Alle Werte die den Grenzwert überschreiten werden um diesen Wert reduziert. Laut [100] kann theoretisch bewiesen werden, dass ein Dämpfungswert von 2µT ausreichend ist um das Driften des Clusters zu verhindern, praktisch ist aber auch ein Wert von 1µT wohl schon ausreichend.

Der lokale Dämpfungswert `pClusterDriftDamping` wird mit Hilfe von Formel (A.50) [42] aus der globalen Dämpfung (`gClusterDriftDamping`, siehe Kapitel A.1.1.7) ermittelt.

$$pClusterDriftDamping\,[\mu T] \leq \frac{gdMaxMicrotick\,[\mu s]}{pdMicrotick\,[\mu s] \cdot gClusterDriftDamping\,[\mu T]} \tag{A.50}$$

A.1.2.12. Lokale Zeitbasis: pdMicrotick und pSamplesPerMicrotick

Die kleinste Zeiteinheit eines Knotens ist der Microtick (siehe Kapitel 3.1.7). Er ist durch die Spezifikation auf die Werte 100, 50, 25 und 12,5 ns beschränkt. Bei der Wahl des Microtick ist es sinnvoll einen möglichst kleinen Wert zu nehmen, weil dieser die Präzision im Cluster beeinflusst. Der Microtick berechnet sich laut Formel (A.51) [42] aus dem Produkt von `pSamplesPerMicrotick` und `gdSampleClockPeriod`.

$$pdMicrotick\,[\mu s] = pSamplesPerMicrotick \cdot gdSampleClockPeriod\,[\mu s] \tag{A.51}$$

Die `gdSampleClockPeriod` wird direkt aus der eingestellten Datenrate abgeleitet. Diese beträgt wahlweise 10, 5, oder 2,5 MBit/s und führt somit zu Bitzeiten von 100, 200 oder 400 ns. In Abbildung A.3 ist dieser Zusammenhang zur Verdeutlichung dargestellt. Gemäß der spezifizierten 8-fach Abtastung ergibt sich die `gdSampleClockPeriod` aus einem Achtel der konfigurierten Bitzeit. Über die Taktquelle des Controllers und den zugehörigen Microtick lässt sich jetzt der

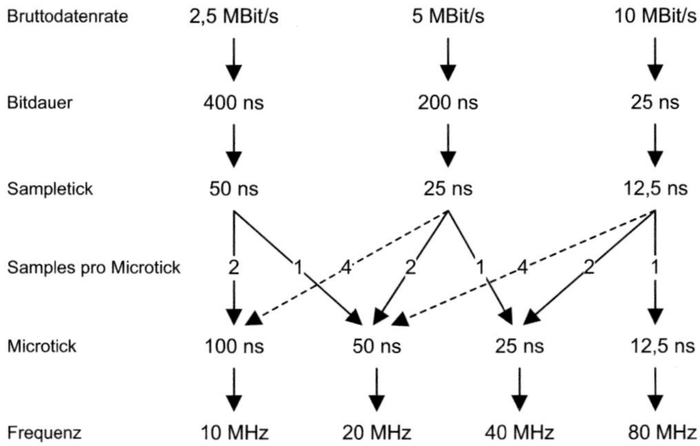

Abbildung A.3.: Zusammenhang zwischen Baudrate, Frequenz und Microtick [100]

Faktor `pSamplesPerMicrotick` bestimmen. Dieser ist auf die Werte 1, 2 oder 4 beschränkt.

Für den Sonderfall einer Zyklusdauer von mehr als 8 ms und einer Baudrate von 10 Mbit/s ist ein Microtick von 12,5 ns ungültig da `pMicroPerCycle` (siehe Kapitel A.1.2.15) sonst außerhalb des gültigen Wertebereichs liegt. Hier ist ein Microtick von mindestens 25 ns zu verwenden.

A.1.2.13. Laufzeitkompensation: pDelayCompensation[Ch]

Mit Hilfe der minimalen und maximalen Signallaufzeiten im Cluster ist es möglich, die Auswirkungen der Laufzeit auf den Korrektur-Algorithmus der Uhrensynchronisation zu minimieren. Die Signallaufzeiten auf dem Medium können dadurch selbstverständlich nicht beeinflusst werden. Über `pDelayCompensation[Ch]` (Formel (A.52) [42]) kann für jeden Kanal ein Wert für die Kompensation der Laufzeiten vorgegeben werden.

$$\begin{aligned} adPropagationDelayMin[Ch]\ [\mu s] \leq\ & pDelayCompensation[Ch]\ [\mu T] \\ & \cdot pdMicrotick\ [\mu s/\mu T] \\ & \leq adPropagationDelayMax\ [\mu s] \end{aligned} \tag{A.52}$$

A.1.2.14. Länge eines nominalen Macroticks: pMicroPerMacroNom

Über den Parameter `pMicroPerMacroNom` wird die Länge eines Macroticks bezogen auf die Länge eines Microticks angegeben. Da sich der Microtick zwischen den Knoten unterscheiden kann, wird dieser Hilfswert immer je Knoten bestimmt. Er berechnet sich laut Formel (A.53) [42].

$$pMicroPerMacroNom\ [\mu T/MT] = \text{round}\left(\frac{gdMacrotick\ [\mu s/MT]}{pdMicrotick\ \mu s/\mu T}\right) \tag{A.53}$$

A.1.2.15. Microticks pro Kommunikationszyklus: pMicroPerCycle

Mit Hilfe des Wertes `pMicroPerCycle` wir die Anzahl der Microticks in einem Zyklus festgelegt. Diese kann nach der Bestimmung der Zykluslänge und der Länge eines Microticks berechnet werden und ist Basis für die Berechnung weiterer Parameter. Dieser knotenabhängige Wert wird mittels Formel (A.54) aus der FlexRay-Spezifikation [42] berechnet.

$$pMicroPerCycle\ [\mu T] = \text{round}\left(\frac{gdCycle\ [\mu s]}{pdMicrotick\ \mu s/\mu T}\right) \tag{A.54}$$

Der untere Grenzwert für `pMicroPerCycle` lässt sich mit Hilfe von Formel (A.55) [42] bestimmen.

$$pMicroPerCycle = (2 \cdot gdStaticSlot + gdNIT) \cdot pMicroPerMacroNom \tag{A.55}$$

Löst man Formel (A.55) weiter auf, ergibt sich der Zusammenhang in Formel (A.56) [42].

$$\begin{aligned} pMicroPerCycle = \Bigg(& 4 \cdot gdActionPointOffset + gdNIT \\ & + 2 \cdot ceil\left(\frac{(aFrameLengthStatic + cChannelIdleDelimiter)}{pdMicrotick \cdot pMicroPerMacroNom}\right. \\ & \left.\frac{\cdot gdBitMax + gdMaxPropagationDelay}{\cdots}\right)\Bigg) \cdot pMicroPerMacroNom \end{aligned} \tag{A.56}$$

A.1.2.16. Maximaler Steigungs-Korrekturwert: pRateCorrectionOut

Da die Taktquelle eines FlexRay Knotens immer einer gewissen Ungenauigkeit unterliegt kann sie von der angegebenen Taktfrequenz abweichen. Die maximal erlaubte Abweichung wird dabei durch `cClockDeviationMax` definiert. Dieser Faktor gibt die erlaubte prozentuale Abweichung vom Normwert an und gibt damit den erlaubten Frequenzbereich der Taktung des CC an. Um diese erlaubten Abweichungen während des Betriebs kompensieren zu können, wird mit Hilfe der Uhrensynchronisation in jedem zweiten Taktzyklus eine Steigungskorrektur durchgeführt. der Wert `pRateCorrectionOut` definiert den Wert, der bei der Steigungskorrektur maximal noch korrigiert werden kann. Falls dieser überschritten wird, ist die verendete Taktquelle vermutlich defekt oder zu ungenau. In diesem Fall wechselt die FlexRay Protokollmaschine in den Zustand `POC: Normal Passive` und trennt den Knoten von der aktiven Kommunikation.

Parameter `pRateCorrectionOut` berechnet sich laut Formel (A.57) der FlexRay Protokollspezifikation [42].

$$pRateCorrectionOut\,[\mu\mathrm{T}] = \mathrm{ceil}\left(\frac{pMicroPerCycle\,[\mu\mathrm{T}]\cdot 2\cdot cClockDeviationMax}{1 - cClockDeviationMax}\right) \tag{A.57}$$

A.1.2.17. Maximaler Offset-Korrekturwert: pOffsetCorrectionOut

Wie für den im vorigen Kapitel bestimmten Grenzwert für die Steigungskorrektur, existiert auch für die Offsetkorrektur ein maximaler Grenzwert, der nicht überschritten werden darf. Dieser richtet sich nach dem größten globalen Korrekturwert im Cluster `gOffsetCorrectionMax` (siehe Formel (A.10)). Auch bei der Offsetkorrektur wechselt der Teilnehmer bei Überschreitung des Grenzwertes in den passiven Modus und darf keine Frames mehr senden. Formel (A.58) [42] gibt die Berechnungsvorschrift für den lokalen Parameter `pOffsetCorrectionOut` in Microticks an.

$$pOffsetCorrectionOut\,[\mu\mathrm{T}] = \mathrm{ceil}\left(\frac{gOffsetCorrectionMax\,[\mu\mathrm{s}]}{pdMicrotick\,[\mu\mathrm{s}/\mu\mathrm{T}](1 - cClockDeviationMax)}\right) \tag{A.58}$$

A.1.2.18. Externe Uhrenkorrektur: pExternRateCorrection und pExternOffsetCorrection

Um die Uhren mehrerer FlexRay Cluster untereinander abstimmen zu können, gibt es die Möglichkeit die Uhrensynchronisation eines Knotens zusätzlich extern zu beeinflussen. Die Protokollparameter `pExternRateCorrection` und `pExternOffsetCorrection` legen die Werte zur Beeinflussung der Steigungs- bzw. Offsetkorrektur fest. Die in Formel (A.57) und (A.58) bestimmten Grenzwerte dürfen bei Einsatz der externen Korrektur nicht überschritten werden. Der für die Praxis relevante Wertebereich liegt allerdings deutlich unter den Grenzwerten [100]. Ob die Korrektur zum Einsatz kommt und mit welchem Vorzeichen, wird vom Host während des laufenden Betriebs ermittelt.

Falls eine externe Uhrenkorrektur eingesetzt wird, muss deren Steigungskorrekturwert kleiner oder gleich dem maximalen lokalen Wert für die Steigungskorrektur sein (Formel (A.59) [42]). Ansonsten kann dieser auch zu Null gesetzt werden und ist somit deaktiviert. Gleiches gilt auch für die Offsetkorrektur.

$$pExternRateCorrection \leq pRateCorrectionOut \tag{A.59}$$

Analog zum Steigungskorrekturwert für die Uhrensynchronisation mit anderen Clustern gibt es auch einen Maximalwert für die Offsetkorrekturwert. Dieser Wert wird in durch Parameter $pExternOffsetCorrection$ beschrieben und darf den maximalen lokalen Offsetkorrekturwert nicht überschreiten. Formel (A.60) [42].

$$pExternOffsetCorrection \leq pOffsetCorrectionOut \tag{A.60}$$

A.1.2.19. Maximaler Zykluszeit-Drift: pdMaxDrift

Der Parameter `pdMaxDrift` gibt die maximale zeitliche Abweichung zwischen zwei Knoten an. Die Abweichung eines Knotens von der nominalen Zykluszeit wird über die Konstante `cClockDeviationMax` auf 1500ppm festgelegt [100]. Kommen andere Taktgeber zum Einsatz kann dieser auch durch den tatsächlichen, aus dem Datenblatt ermittelten Wert ersetzt werden. Die sich daraus ergebende maximale Differenz zwischen den Zykluslängen in Microticks, berechnet sich laut Formel (A.61) [42].

$$pdMaxDrift\ [\mu T] = \\ \text{ceil}\left(\frac{pMicroPerCycle\ [\mu T] \cdot 2 \cdot cClockDeviationMax}{1 - cClockDeviationMax}\right) \tag{A.61}$$

A.1.2.20. Wartezeit für Wakeup und Startup: pdListenTimeout

In jedem Cluster sendet in der Zeitspanne `pdListenTimeout` mindestens ein Teilnehmer eine Nachricht oder versucht den Cluster zu starten. Findet also in dieser Zeitspanne keine Kommunikation statt bzw. versucht kein anderer Teilnehmer das Cluster zu starten kann ein Knoten versuchen selbst den Startvorgang einzuleiten. Er muss also mindestens diese Zeitspanne abwarten um sicher zu sein, dass er durch seinen Startversuch keine anderen Teilnehmer stört. Mit Hilfe von Formel (A.62) [42] kann diese Wartezeit ermittelt werden.

$$pdListenTimeout\ [\mu T] = \\ 2 \cdot (pMicroPerCycle\ [\mu T] \cdot pdMaxDrift\ [\mu T]) \tag{A.62}$$

A.1.2.21. Korrektur der Ankunftszeiten: pDecodingCorrection

Das Senden eines Frames beim Sender beginnt mit immer der TSS. Diese wird bei der Übertragung zum Teil abgeschnitten (`TSS Truncation`). Dies geschieht aufgrund die Richtungserkennung der Bustreiber und wirkt sich nur auf den Beginn des Frames aus. Diese Verkürzung kann je nach Weg des Frames unterschiedlich lang sein, falls z.B. ein aktiver Sternkoppel auf dem Signalweg lag, oder nicht. Zusätzlich wird der gesamte Frame auf seinem Weg noch verzögert. Um bei der Uhrenkorrektur nicht auf die unterschiedlich verkürzte TSS angewiesen zu sein wird auf die fallende Flanke der BSS getriggert. Diese unterliegt nur der zeitlichen Verzögerung, aber keiner Verkürzung.

Da für die Uhrenkorrektur aber der eigentliche Beginn des Frames, also der Beginn der TSS relevant ist, wird von der fallenden Flanke der BSS auf den theoretischen Beginn der zurückgerechnet. Diese Differenz wird als `pDecodingCorrection` bezeichnet. Die Berechnungsvorschrift in Formel (A.63) [42] legt diesen lokalen Parameter fest.

$$pDecodingCorrection\ [\mu T] = \mathrm{round}\left(\frac{(gdTSSTransmitter\ [\text{gdBit}] + cdFSS\ [\text{gdBit}] + 0,5 \cdot cdBSS\ [\text{gdBit}]) \cdot}{pSamplesPerMicrotick\ [\text{samples}/\mu T] \cdot} \frac{cSamplesPerBit\ [\text{Samples}/\text{gdBit}] + cStrobeOffset\ [\text{Samples}] +}{\ldots} \frac{cVotingDelay\ [\text{Samples}]}{\ldots} \right) \tag{A.63}$$

A.1.2.22. Startzeitpunkt der Uhr: pMacroInitialOffset[Ch] und pMicroInitialOffset[Ch]

Beim Start eines Clusters sendet zunächst der Leading Coldstarter basierend auf seiner lokalen Uhr seine Startup-Frames gemäß des vorher festgelegten Schedulings. Alle nachfolgenden Knoten müssen jetzt seine Zeit übernehmen um sich an der Kommunikation beteiligen zu können. Nach dem Empfang des ersten Frames, kennt der Emfänger die aktuelle Slotnummer und den Zyklus. Dazu muss er aber den Empfang vollständig abwarten um die CRC-Checksumme überprüfen zu können. Ein synchroner Start der Uhren ist somit mit dem Empfang des ersten Sync-Frames nicht möglich. Nach dem ersten Frame kann der Empfänger aber die theoretische Ankunfszeit des zweiten Startup-Frames bestimmen. Dieser erfolgt im selben Slot einen Zyklus später. Der Empfänger synchronisiert nun seinen Macrotick-Zähler auf die die fallende Flanke der BSS, die als Secondary Time Reference Point (STRP) bezeichnet wird. Der Abstand zwischen dem Beginn des Slots (Actionpoint) und der fallenden Flanke und dem STRP wird als `pMacroInitialOffset` bezeichnet. Auf diesen Wert wird der Macrotick-Zähler voreingestellt und startet seine Zählung mit dem Empfang des STRP. Gemäß Formel (A.64) [42] berechnet sich der `pMacroInitialOffset` in Marcoticks.

$$pMacroInitialOffset[Ch]\ [\text{MT}] = gdActionPointOffset\ [\text{MT}] + \mathrm{ceil}\left(\frac{pDecodingCorrection\ [\mu T] + pDelayCompensation[Ch]\ [\mu T]}{pMicroPerMacroNom\ [\mu T/\text{MT}]} \right) \tag{A.64}$$

Da der Empfang der BSS nicht direkt auf eine Macrotick-Grenze synchronisiert ist, kommt es bei der Bestimmung von (A.64) immer zu einem Fehler durch Aufrundung. Dieser kann bis zu einem Macrotick betragen und muss deshalb durch einen weiteren Parameter `pMicroInitialOffset[Ch]` ausgeglichen werden. Mit Hilfe von Formel (A.65) [42] lässt sich dieser zweite Wert, der für die Einstellung des Microtick-Zählers relevant ist, berechnen. Er beschreibt den Abstand des STRP zum nächsten Macrotick, der in `pMacroInitialOffset` festgelegt wurde.

$$\begin{aligned}&pMicroInitialOffset[Ch]\ [\mu\mathrm{T}] =\\&(pMicroPerMacroNom\ [\mu\mathrm{T}] - ((pDecodingCorrection\ [\mu\mathrm{T}]+\\&pDelayCompensation[Ch]\ [\mu\mathrm{T}])\ \text{modulo}\ pMicroPerMacroNom\ [\mu\mathrm{T}]))\end{aligned} \tag{A.65}$$

Für jeden Kanal wird mit Hilfe von (A.66) [100] eine obere Grenze für den Initialisierungs-Offset in Microticks angegeben. Diese ist abhängig von den Nutzdaten des statischen Segments, der Dauer eines Microticks und der minimalen Dauer eines Bits. Die Abhängigkeit von den Konstanten *cdBSS* und *cdFES* kam durch die Aktualisierung der Ungleichung durch [100] gegenüber der Spezifikation hinzu.

$$\begin{aligned}pMicroInitialOffset[Ch] < floor\Bigg(&\frac{((5+2\cdot gPayloadLengthStatic+3)\cdot 10}{pdMicrotick\cdot(1+cClockDeviationMax)}\\&\frac{-cdBSS+0,5\cdot cdFES)\cdot gdBitMin}{\cdots}\Bigg)\end{aligned} \tag{A.66}$$

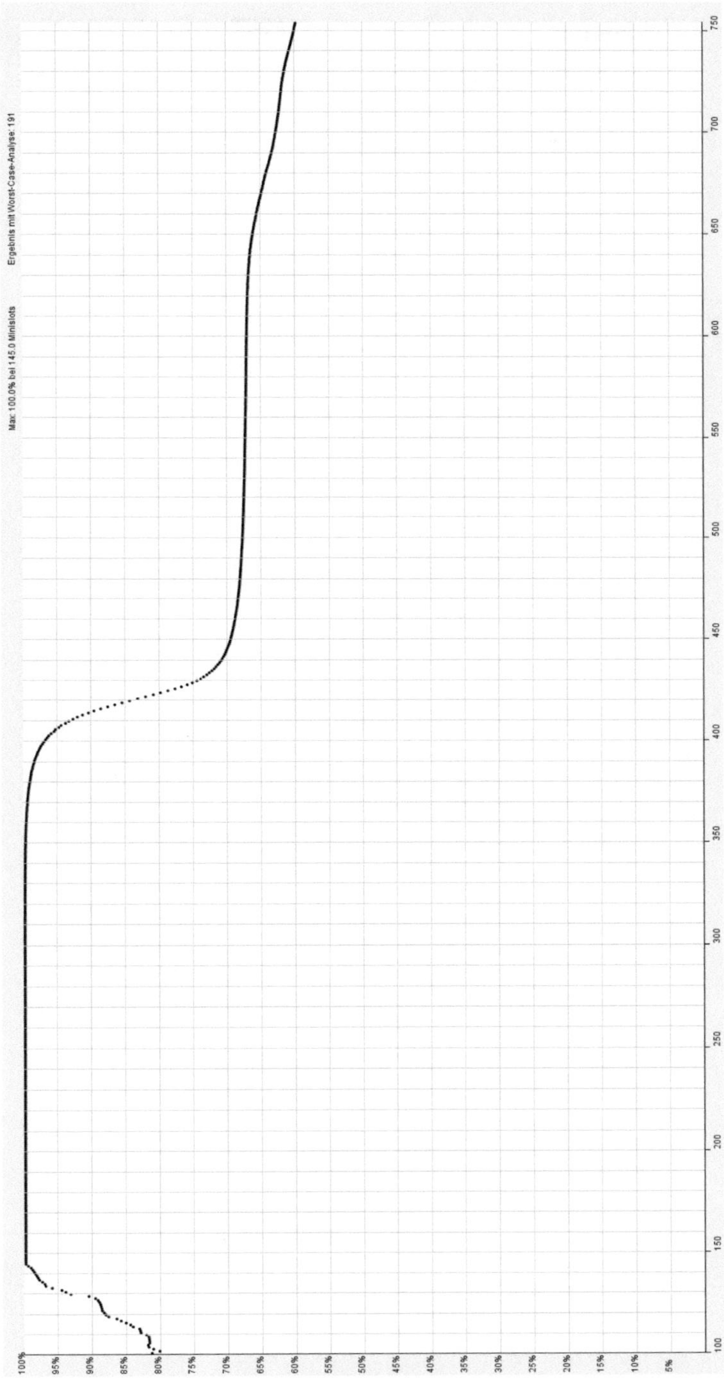

Abbildung A.4.: Berechnung der Minislotlänge für 100 Frames, 100 Wiederholungen und Beschränkung auf den Bereich über 60%.

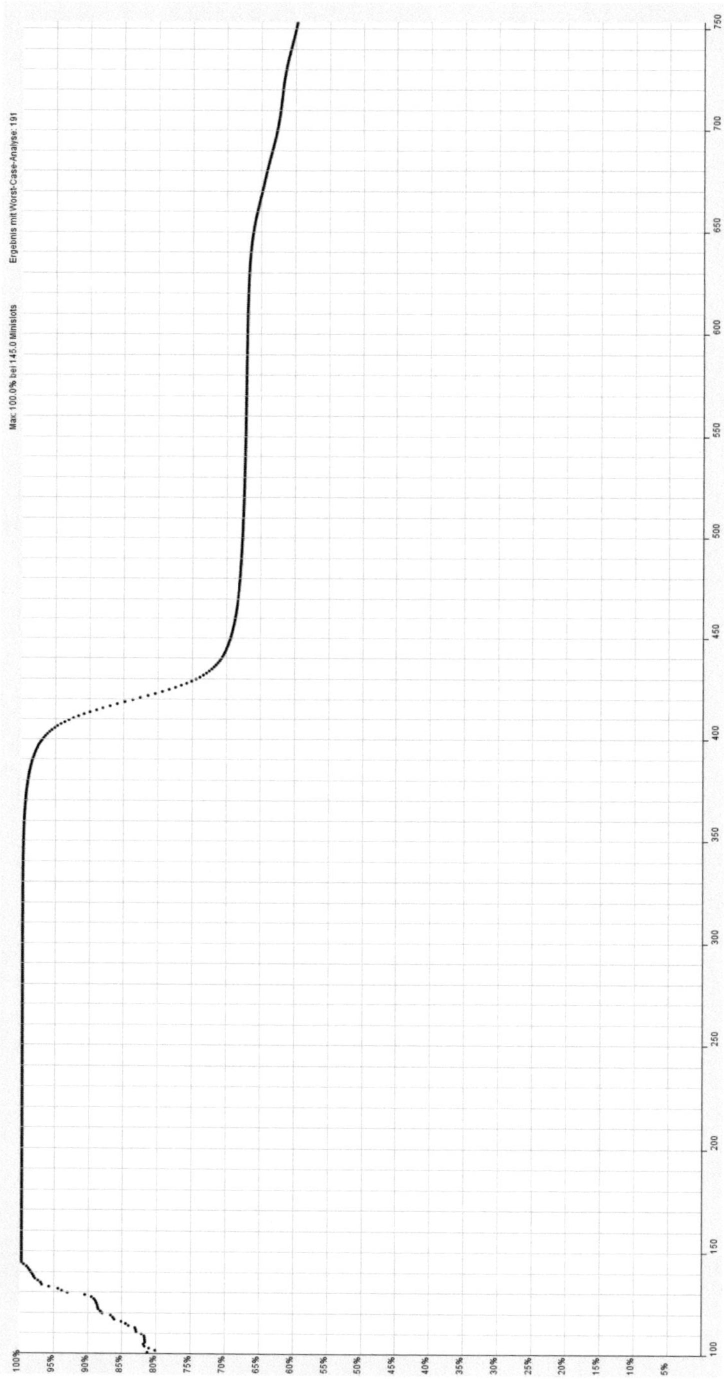

Abbildung A.5.: Berechnung der Minislotlänge für 100 Frames, 1000 Wiederholungen und Beschränkung auf den Bereich über 60%.

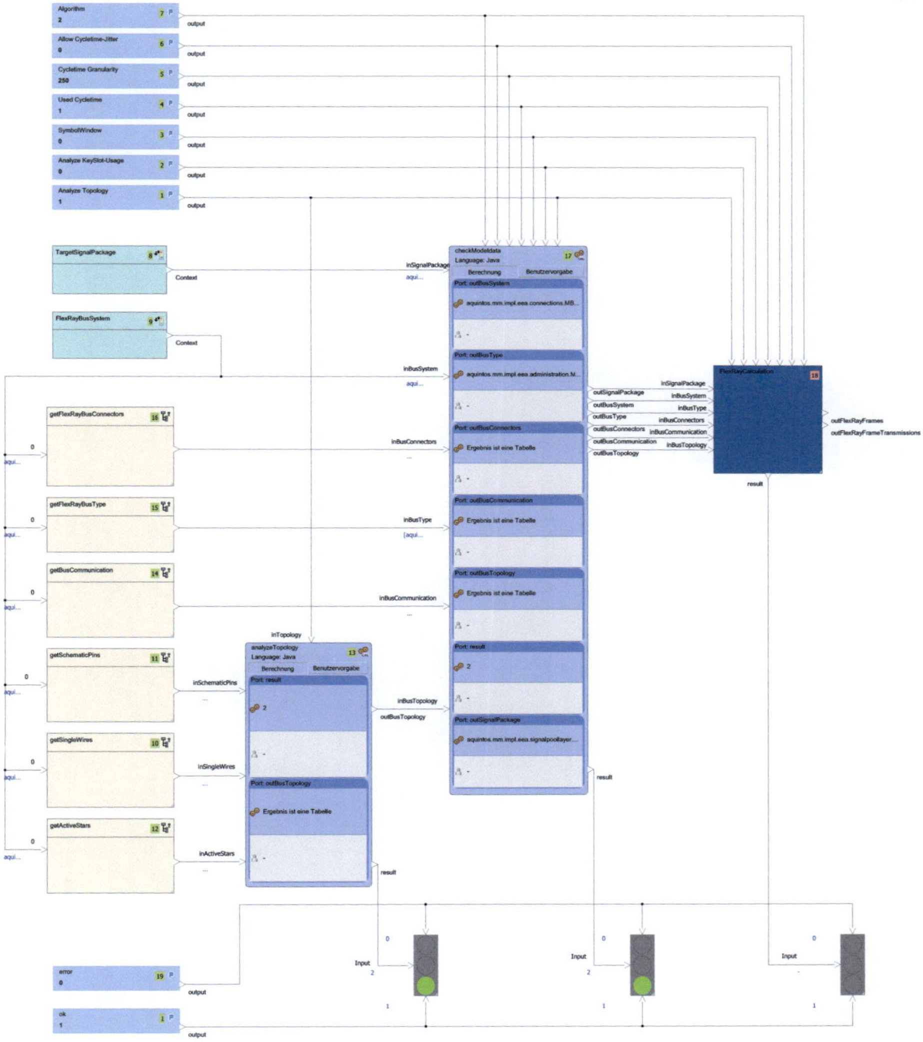

Abbildung A.6.: Metrikdiagramm FlexRay Scheduling und Konfiguration

0	adActionPointDifference	adActionPointDifference	adOffsetCorrection	aFrameLength	aFrameLengthDynamic	aFrameLengthStatic	aMinislotPerDynamicFrame	aPayloadLength	aPayloadLength	aWorstCasePrecision	dBDRxai	dBDRxia	dStarTruncation	gAssumedPrecision	gClusterDriftDamping	gdActionPointOffset	gdBit	gdBitMax	gdBitMin	gdCASRxLowMax	gdCycle	gdDynamicSlotIdlePhase	gdMacrotick	gdMaxMicrotick	gdMaxPropagationDelay	gdMaxPropagationDelay[A]	gdMaxPropagationDelay[B]	gdMinislot	gdMinislotActionPointOffset	gdMinPropagationDelay	gdNIT	gdSampleClockPeriod	gdStaticSlot	gdSymbolWindow	gdTSSTransmitter	gdWakeupSymbolRxIdle	gdWakeupSymbolRxLow
adActionPointDifference	0	0	0	0	0	0	0	0	0	0	0	0	0	0	0	1	0	0	0	0	0	0	0	0	0	0	0	0	1	0	0	0	0	0	0	0	0
adActionPointDifference	0	0	0	0	0	0	0	0	0	0	0	0	0	0	0	0	0	0	0	0	0	0	0	0	0	0	0	0	0	0	0	0	0	0	0	0	0
adOffsetCorrection	0	0	0	0	0	0	0	0	0	0	0	0	0	0	0	0	0	0	0	0	0	0	0	0	0	0	0	0	0	0	0	0	0	0	0	0	0
aFrameLength	0	0	0	0	0	0	0	1	0	0	0	0	0	0	0	0	0	0	0	0	0	0	0	0	0	0	0	0	0	0	0	0	0	0	1	0	0
aFrameLengthDynamic	0	0	0	1	0	0	0	0	0	0	0	0	0	0	0	0	0	0	0	0	0	0	0	0	0	0	0	0	0	0	0	0	0	0	0	0	0
aFrameLengthStatic	0	0	0	1	0	0	0	0	0	0	0	0	0	0	0	0	0	0	0	0	0	0	0	0	0	0	0	0	0	0	0	0	0	0	0	0	0
aMinislotPerDynamicFrame	0	0	0	0	1	0	0	0	0	0	0	0	0	0	0	0	0	1	0	0	0	1	1	0	0	0	0	1	0	0	0	0	0	0	0	0	0
aPayloadLength	0	0	0	0	0	0	0	0	0	0	0	0	0	0	0	0	0	0	0	0	0	0	0	0	0	0	0	0	0	0	0	0	0	0	0	0	0
aPayloadLength	0	0	0	0	0	0	0	0	0	0	0	0	0	0	0	0	0	0	0	0	0	0	0	0	0	0	0	0	0	0	0	0	0	0	0	0	0
aWorstCasePrecision	0	0	0	0	0	0	0	0	0	0	0	0	0	0	1	0	0	0	0	0	0	0	0	1	1	0	0	0	0	0	0	0	0	0	0	0	0
dBDRxai	0	0	0	0	0	0	0	0	0	0	0	0	0	0	0	0	0	0	0	0	0	0	0	0	0	0	0	0	0	0	0	0	0	0	0	0	0
dBDRxia	0	0	0	0	0	0	0	0	0	0	0	0	0	0	0	0	0	0	0	0	0	0	0	0	0	0	0	0	0	0	0	0	0	0	0	0	0
dStarTruncation	0	0	0	0	0	0	0	0	0	0	0	0	0	0	0	0	0	0	0	0	0	0	0	0	0	0	0	0	0	0	0	0	0	0	0	0	0
gAssumedPrecision	0	0	0	0	0	0	0	0	0	1	0	0	0	0	0	0	0	0	0	0	0	0	0	0	0	0	0	0	0	0	0	0	0	0	0	0	0
gClusterDriftDamping	0	0	0	0	0	0	0	0	0	0	0	0	0	0	0	0	0	0	0	0	0	0	0	0	0	0	0	0	0	0	0	0	0	0	0	0	0
gdActionPointOffset	0	0	0	0	0	0	0	0	0	0	0	0	0	0	0	0	0	0	0	0	0	0	0	0	0	0	0	0	0	0	0	0	0	0	0	0	0
gdBit	0	0	0	0	0	0	0	0	0	0	0	0	0	0	0	0	0	0	0	0	0	0	0	0	0	0	0	0	0	0	0	1	0	0	0	0	0
gdBitMax	0	0	0	0	0	0	0	0	0	0	0	0	0	0	0	0	0	0	0	0	0	0	0	0	0	0	0	0	0	0	0	0	0	0	0	0	0
gdBitMin	0	0	0	0	0	0	0	0	0	0	0	0	0	0	0	0	0	0	0	0	0	0	0	0	0	0	0	0	0	0	0	0	0	0	0	0	0
gdCASRxLowMax	0	0	0	0	0	0	0	0	0	0	1	0	0	0	0	0	0	0	1	0	0	0	0	0	0	0	0	0	0	0	0	0	0	0	1	0	0
gdCycle	0	0	0	0	0	0	0	0	0	0	0	0	0	0	0	0	0	0	0	0	0	0	0	0	0	0	0	0	0	0	0	0	0	0	0	0	0
gdDynamicSlotidlePhase	0	0	0	0	0	0	0	0	0	0	0	0	0	0	0	0	0	0	0	0	0	0	0	0	0	0	0	0	0	0	0	0	0	0	0	0	0
gdMacrotick	0	0	0	0	0	0	0	0	0	0	0	0	0	0	0	0	0	0	0	0	1	0	0	0	0	0	0	0	0	0	0	0	0	0	0	0	0
gdMaxMicrotick	0	0	0	0	0	0	0	0	0	0	0	0	0	0	0	0	0	0	0	0	0	0	0	0	0	0	0	0	0	0	0	0	0	0	0	0	0
gdMaxPropagationDelay	0	0	0	0	0	0	0	0	0	0	0	0	0	0	0	0	0	0	0	0	0	0	0	0	0	1	1	0	0	0	0	0	0	0	0	0	0
gdMaxPropagationDelay[A]	0	0	0	0	0	0	0	0	0	0	0	0	0	0	0	0	0	0	0	0	0	0	0	0	0	0	0	0	0	0	0	0	0	0	0	0	0
gdMaxPropagationDelay[B]	0	0	0	0	0	0	0	0	0	0	0	0	0	0	0	0	0	0	0	0	0	0	0	0	0	0	0	0	0	0	0	0	0	0	0	0	0
gdMinislot	0	0	0	0	0	0	0	0	0	0	0	0	0	0	0	0	0	0	0	0	0	0	0	0	0	0	0	0	0	0	0	0	0	0	0	0	0
gdMinislotActionPointOffset	0	0	0	0	0	0	0	0	0	0	0	0	0	0	0	0	0	0	0	0	0	0	0	0	0	0	0	0	0	0	0	0	0	0	0	0	0
gdMinPropagationDelay	0	0	0	0	0	0	0	0	0	0	0	0	0	0	0	0	0	0	0	0	0	0	0	0	0	0	0	0	0	0	0	0	0	0	0	0	0
gdNIT	0	0	0	0	0	0	0	0	0	0	0	0	0	0	0	0	0	0	0	0	0	0	0	0	0	0	0	0	0	0	0	0	0	0	0	0	0
gdSampleClockPeriod	0	0	0	0	0	0	0	0	0	0	0	0	0	0	0	0	0	0	0	0	0	0	0	0	0	0	0	0	0	0	0	0	0	0	0	0	0
gdStaticSlot	0	0	0	0	0	1	0	0	0	0	0	0	0	0	0	1	0	1	0	0	0	0	1	0	1	0	0	0	0	1	0	0	0	0	0	0	0
gdSymbolWindow	0	0	0	0	0	0	0	0	0	0	1	0	0	0	0	1	0	1	0	0	0	0	1	0	1	0	0	0	0	1	0	0	0	0	1	0	0
gdTSSTransmitter	0	0	0	0	0	0	0	0	0	0	0	0	0	0	0	0	0	0	0	0	0	0	0	0	0	0	0	0	0	0	0	0	0	0	0	0	0
gdWakeupSymbolRxIdle	0	0	0	0	0	0	0	0	0	0	0	0	0	0	0	0	0	0	0	0	0	0	0	0	0	0	0	0	0	0	0	0	0	0	0	0	0
gdWakeupSymbolRxLow	0	0	0	0	0	0	0	0	0	0	0	1	1	0	0	0	0	1	1	0	0	0	0	0	0	0	0	0	0	0	0	0	0	0	0	0	0
gdWakeupSymbolRxWindow	0	0	0	0	0	0	0	0	0	0	0	0	0	0	0	0	0	0	0	0	0	0	0	0	0	0	0	0	0	0	0	0	0	0	0	0	0
gdWakeupSymbolTxIdle	0	0	0	0	0	0	0	0	0	0	0	0	0	0	0	0	1	0	0	0	0	0	0	0	0	0	0	0	0	0	0	0	0	0	0	0	0
gdWakeupSymbolTxLow	0	0	0	0	0	0	0	0	0	0	0	0	0	0	0	0	1	0	0	0	0	0	0	0	0	0	0	0	0	0	0	0	0	0	0	0	0
gMacroPerCycle	1	0	0	0	0	0	0	0	0	0	0	0	0	0	0	0	0	0	0	0	0	0	0	0	0	0	0	1	0	0	1	0	1	1	0	0	0
gNumberOfMinislots	1	0	0	0	0	0	0	0	0	0	0	0	0	0	0	0	0	0	0	0	0	0	0	0	0	0	0	1	0	0	1	0	1	1	0	0	0
gNumberOfStaticSlots	0	0	0	0	0	0	0	0	0	0	0	0	0	0	0	0	0	0	0	0	0	0	0	0	0	0	0	0	0	0	0	0	0	0	0	0	0
gOffsetCorrectionMax	0	0	0	0	0	0	0	0	0	0	0	0	0	0	0	0	0	0	0	0	0	0	0	0	0	0	0	0	0	0	0	0	0	0	0	0	0
gOffsetCorrectionStart	0	0	1	0	0	0	0	0	0	0	0	0	0	0	0	0	0	0	0	0	0	0	0	0	0	0	0	0	0	0	0	0	0	0	0	0	0
gPayloadLengthStatic	0	0	0	0	0	0	0	0	0	0	0	0	0	0	0	0	0	0	0	0	0	0	0	0	0	0	0	0	0	0	0	0	0	0	0	0	0
LineLength[A]	0	0	0	0	0	0	0	0	0	0	0	0	0	0	0	0	0	0	0	0	0	0	0	0	0	0	0	0	0	0	0	0	0	0	0	0	0
LineLength[B]	0	0	0	0	0	0	0	0	0	0	0	0	0	0	0	0	0	0	0	0	0	0	0	0	0	0	0	0	0	0	0	0	0	0	0	0	0
nStar[A]	0	0	0	0	0	0	0	0	0	0	0	0	0	0	0	0	0	0	0	0	0	0	0	0	0	0	0	0	0	0	0	0	0	0	0	0	0
nStar[B]	0	0	0	0	0	0	0	0	0	0	0	0	0	0	0	0	0	0	0	0	0	0	0	0	0	0	0	0	0	0	0	0	0	0	0	0	0
nStarPath	0	0	0	0	0	0	0	0	0	0	0	0	0	0	0	0	0	0	0	0	0	0	0	0	0	0	0	0	0	0	0	0	0	0	0	0	0
pdBDRx[A]	0	0	0	0	0	0	0	0	0	0	0	0	0	0	0	0	0	0	0	0	0	0	0	0	0	0	0	0	0	0	0	0	0	0	0	0	0
pdBDRx[B]	0	0	0	0	0	0	0	0	0	0	0	0	0	0	0	0	0	0	0	0	0	0	0	0	0	0	0	0	0	0	0	0	0	0	0	0	0
pdBDTx[A]	0	0	0	0	0	0	0	0	0	0	0	0	0	0	0	0	0	0	0	0	0	0	0	0	0	0	0	0	0	0	0	0	0	0	0	0	0
pdBDTx[B]	0	0	0	0	0	0	0	0	0	0	0	0	0	0	0	0	0	0	0	0	0	0	0	0	0	0	0	0	0	0	0	0	0	0	0	0	0
pDecodingCorrection	0	0	0	0	0	0	0	0	0	0	0	0	0	0	0	0	0	0	0	0	0	0	0	0	0	0	0	0	0	0	0	0	0	0	1	0	0
pDelayCompensation[A]	0	0	0	0	0	0	0	0	0	0	0	0	0	0	0	0	0	0	0	0	0	0	0	0	0	0	0	0	0	0	0	0	0	0	0	0	0
pDelayCompensation[B]	0	0	0	0	0	0	0	0	0	0	0	0	0	0	0	0	0	0	0	0	0	0	0	0	0	0	0	0	0	0	0	0	0	0	0	0	0
pdListenTimeout	0	0	0	0	0	0	0	0	0	0	0	0	0	0	0	0	0	0	0	0	0	0	0	0	0	0	0	0	0	0	0	0	0	0	0	0	0
pdMaxDrift	0	0	0	0	0	0	0	0	0	0	0	0	0	0	0	0	0	0	0	0	0	0	0	0	0	0	0	0	0	0	0	0	0	0	0	0	0
pdMicrotick	0	0	0	0	0	0	0	0	0	0	0	0	0	0	0	0	0	0	0	0	0	0	0	0	0	0	0	0	0	0	0	1	0	0	0	0	0
pdStarDelay[A] 1	0	0	0	0	0	0	0	0	0	0	0	0	0	0	0	0	0	0	0	0	0	0	0	0	0	0	0	0	0	0	0	0	0	0	0	0	0
pdStarDelay[A] 2	0	0	0	0	0	0	0	0	0	0	0	0	0	0	0	0	0	0	0	0	0	0	0	0	0	0	0	0	0	0	0	0	0	0	0	0	0
pdStarDelay[B] 1	0	0	0	0	0	0	0	0	0	0	0	0	0	0	0	0	0	0	0	0	0	0	0	0	0	0	0	0	0	0	0	0	0	0	0	0	0
pdStarDelay[B] 2	0	0	0	0	0	0	0	0	0	0	0	0	0	0	0	0	0	0	0	0	0	0	0	0	0	0	0	0	0	0	0	0	0	0	0	0	0
pMacroInitialOffset[A]	0	0	0	0	0	0	0	0	0	0	0	0	0	0	0	1	0	0	0	0	0	0	0	0	0	0	0	0	0	0	0	0	0	0	0	0	0
pMacroInitialOffset[B]	0	0	0	0	0	0	0	0	0	0	0	0	0	0	0	1	0	0	0	0	0	0	0	0	0	0	0	0	0	0	0	0	0	0	0	0	0
pMicroInitialOffset[A]	0	0	0	0	0	0	0	0	0	0	0	0	0	0	0	0	0	0	0	0	0	0	0	0	0	0	0	0	0	0	0	0	0	0	0	0	0
pMicroInitialOffset[B]	0	0	0	0	0	0	0	0	0	0	0	0	0	0	0	0	0	0	0	0	0	0	0	0	0	0	0	0	0	0	0	0	0	0	0	0	0
pMicroPerCycle	0	0	0	0	0	0	0	0	0	0	0	0	0	0	0	0	0	0	0	0	1	0	0	0	0	0	0	0	0	0	0	0	0	0	0	0	0
pMicroPerCycle	0	0	0	0	0	0	0	0	0	0	0	0	0	0	0	0	0	0	0	0	0	0	0	0	0	0	0	0	0	0	1	0	1	0	0	0	0
pMicroPerCycle	0	0	0	0	0	1	0	0	0	0	0	0	0	0	0	1	0	1	0	0	0	0	0	0	1	0	0	0	0	0	1	0	0	0	0	0	0
pMicroPerMacroNom	0	0	0	0	0	0	0	0	0	0	0	0	0	0	0	0	0	0	0	0	0	0	1	0	0	0	0	0	0	0	0	0	0	0	0	0	0
pMicroPerMacroNom	0	0	0	0	0	0	0	0	0	0	0	0	0	0	0	0	0	0	0	0	0	0	0	0	0	0	0	0	0	0	0	0	0	0	0	0	0
pOffsetCorrectionOut	0	0	0	0	0	0	0	0	0	0	0	0	0	0	0	0	0	0	0	0	0	0	0	0	0	0	0	0	0	0	0	0	0	0	0	0	0
pPayloadLengthDynMax	0	0	0	0	0	0	0	0	0	0	0	0	0	0	0	0	0	0	0	0	0	0	0	0	0	0	0	0	0	0	0	0	0	0	0	0	0
pRateCorrectionOut	0	0	0	0	0	0	0	0	0	0	0	0	0	0	0	0	0	0	0	0	0	0	0	0	0	0	0	0	0	0	0	0	0	0	0	0	0
pSamplesPerMicrotick	0	0	0	0	0	0	0	0	0	0	0	0	0	0	0	0	0	0	0	0	0	0	0	0	0	0	0	0	0	0	0	0	0	0	0	0	0

Abbildung A.7.: Adjazenzmatrix zur Parameterberechnung Teil I

0	gdWakeupSymbolRxWindow	gdWakeupSymbolTxIdle	gdWakeupSymbolTxLow	gMacroPerCycle	gNumberOfMinislots	gNumberOfStaticSlots	gOffsetCorrectionMax	gOffsetCorrectionStart	gPayloadLengthStatic	LineLength[A]	LineLength[B]	nStar[A]	nStar[B]	nStarPath	pdBDRx[A]	pdBDRx[B]	pdBDTx[A]	pdBDTx[B]	pDecodingCorrection	pDelayCompensation[A]	pDelayCompensation[B]	pdListenTimeout	pdMaxDrift	pdMicrotick	pdStarDelay[A] 1	pdStarDelay[A] 2	pdStarDelay[B] 1	pdStarDelay[B] 2	pMacroInitialOffset[A]	pMacroInitialOffset[B]	pMicroInitialOffset[A]	pMicroInitialOffset[B]	pMicroPerCycle	pMicroPerCycle	pMicroPerCycle	pMicroPerMacroNom	pMicroPerMacroNom
adActionPointDifference	0	0	0	0	0	0	0	0	0	0	0	0	0	0	0	0	0	0	0	0	0	0	0	0	0	0	0	0	0	0	0	0	0	0	0	0	0
adActionPointDifference	0	0	0	0	1	0	0	0	0	0	0	0	0	0	0	0	0	0	0	0	0	0	0	0	0	0	0	0	0	0	0	0	0	0	0	0	0
adOffsetCorrection	0	0	0	0	0	0	0	0	0	0	0	0	0	0	0	0	0	0	0	0	0	0	0	0	0	0	0	0	0	0	0	0	0	0	0	0	0
aFrameLength	0	0	0	0	0	0	0	0	0	0	0	0	0	0	0	0	0	0	0	0	0	0	0	0	0	0	0	0	0	0	0	0	0	0	0	0	0
aFrameLengthDynamic	0	0	0	0	0	0	0	0	0	0	0	0	0	0	0	0	0	0	0	0	0	0	0	0	0	0	0	0	0	0	0	0	0	0	0	0	0
aFrameLengthStatic	0	0	0	0	0	0	0	0	0	0	0	0	0	0	0	0	0	0	0	0	0	0	0	0	0	0	0	0	0	0	0	0	0	0	0	0	0
aMinislotPerDynamicFrame	0	0	0	0	0	0	0	0	0	0	0	0	0	0	0	0	0	0	0	0	0	0	0	0	0	0	0	0	0	0	0	0	0	0	0	0	0
aPayloadLength	0	0	0	0	0	0	0	0	1	0	0	0	0	0	0	0	0	0	0	0	0	0	0	0	0	0	0	0	0	0	0	0	0	0	0	0	0
aPayloadLength	0	0	0	0	0	0	0	0	0	0	0	0	0	0	0	0	0	0	0	0	0	0	0	0	0	0	0	0	0	0	0	0	0	0	0	0	0
aWorstCasePrecision	0	0	0	0	0	0	0	0	0	0	0	0	0	0	0	0	0	0	0	0	0	0	0	0	0	0	0	0	0	0	0	0	0	0	0	0	0
dBDRxai	0	0	0	0	0	0	0	0	0	0	0	0	0	0	0	0	0	0	0	0	0	0	0	0	0	0	0	0	0	0	0	0	0	0	0	0	0
dBDRxia	0	0	0	0	0	0	0	0	0	0	0	0	0	0	0	0	0	0	0	0	0	0	0	0	0	0	0	0	0	0	0	0	0	0	0	0	0
dStarTruncation	0	0	0	0	0	0	0	0	0	0	0	0	0	0	0	0	0	0	0	0	0	0	0	0	0	0	0	0	0	0	0	0	0	0	0	0	0
gAssumedPrecision	0	0	0	0	0	0	0	0	0	0	0	0	0	0	0	0	0	0	0	0	0	0	0	0	0	0	0	0	0	0	0	0	0	0	0	0	0
gClusterDriftDamping	0	0	0	0	0	0	0	0	0	0	0	0	0	0	0	0	0	0	0	0	0	0	0	0	0	0	0	0	0	0	0	0	0	0	0	0	0
gdActionPointOffset	0	0	0	0	0	0	0	0	0	0	0	0	0	0	0	0	0	0	0	0	0	0	0	0	0	0	0	0	0	0	0	0	0	0	0	0	0
gdBit	0	0	0	0	0	0	0	0	0	0	0	0	0	0	0	0	0	0	0	0	0	0	0	0	0	0	0	0	0	0	0	0	0	0	0	0	0
gdBitMax	0	0	0	0	0	0	0	0	0	0	0	0	0	0	0	0	0	0	0	0	0	0	0	0	0	0	0	0	0	0	0	0	0	0	0	0	0
gdBitMin	0	0	0	0	0	0	0	0	0	0	0	0	0	0	0	0	0	0	0	0	0	0	0	0	0	0	0	0	0	0	0	0	0	0	0	0	0
gdCASRxLowMax	0	0	0	0	0	0	0	0	0	0	0	0	0	0	0	0	0	0	0	0	0	0	0	0	0	0	0	0	0	0	0	0	0	0	0	0	0
gdCycle	0	0	0	0	0	0	0	0	0	0	0	0	0	0	0	0	0	0	0	0	0	0	0	0	0	0	0	0	0	0	0	0	0	0	0	0	0
gdDynamicSlotIdlePhase	0	0	0	0	0	0	0	0	0	0	0	0	0	0	0	0	0	0	0	0	0	0	0	0	0	0	0	0	0	0	0	0	0	0	0	0	0
gdMacrotick	0	0	0	1	0	0	0	0	0	0	0	0	0	0	0	0	0	0	0	0	0	0	0	0	0	0	0	0	0	0	0	0	0	0	0	0	0
gdMaxMicrotick	0	0	0	0	0	0	0	0	0	0	0	0	0	0	0	0	0	0	0	0	0	0	0	1	0	0	0	0	0	0	0	0	0	0	0	0	0
gdMaxPropagationDelay	0	0	0	0	0	0	0	0	0	0	0	0	0	0	0	0	0	0	0	0	0	0	0	0	0	0	0	0	0	0	0	0	0	0	0	0	0
gdMaxPropagationDelay[A]	0	0	0	0	0	0	0	0	0	1	0	1	0	0	1	0	1	0	0	0	0	0	0	0	1	1	0	0	0	0	0	0	0	0	0	0	0
gdMaxPropagationDelay[B]	0	0	0	0	0	0	0	0	0	0	1	0	1	0	0	1	0	1	0	0	0	0	0	0	0	0	1	1	0	0	0	0	0	0	0	0	0
gdMinislot	0	0	0	0	0	0	0	0	0	0	0	0	0	0	0	0	0	0	0	0	0	0	0	0	0	0	0	0	0	0	0	0	0	0	0	0	0
gdMinislotActionPointOffset	0	0	0	0	0	0	0	0	0	0	0	0	0	0	0	0	0	0	0	0	0	0	0	0	0	0	0	0	0	0	0	0	0	0	0	0	0
gdMinPropagationDelay	0	0	0	0	0	0	0	0	0	0	0	0	0	0	0	0	0	0	0	0	0	0	0	0	0	0	0	0	0	0	0	0	0	0	0	0	0
gdNIT	0	0	0	0	0	0	0	0	0	0	0	0	0	0	0	0	0	0	0	0	0	0	0	0	0	0	0	0	0	0	0	0	0	0	0	0	0
gdSampleClockPeriod	0	0	0	0	0	0	0	0	0	0	0	0	0	0	0	0	0	0	0	0	0	0	0	0	0	0	0	0	0	0	0	0	0	0	0	0	0
gdStaticSlot	0	0	0	0	0	0	0	0	0	0	0	0	0	0	0	0	0	0	0	0	0	0	0	0	0	0	0	0	0	0	0	0	0	0	0	0	0
gdSymbolWindow	0	0	0	0	0	0	0	0	0	0	0	0	0	0	0	0	0	0	0	0	0	0	0	0	0	0	0	0	0	0	0	0	0	0	0	0	0
gdTSSTransmitter	0	0	0	0	0	0	0	0	0	0	0	0	0	0	0	0	0	0	0	0	0	0	0	0	0	0	0	0	0	0	0	0	0	0	0	0	0
gdWakeupSymbolRxIdle	0	1	1	0	0	0	0	0	0	0	0	0	0	0	0	0	0	0	0	0	0	0	0	0	0	0	0	0	0	0	0	0	0	0	0	0	0
gdWakeupSymbolRxLow	0	0	1	0	0	0	0	0	0	0	0	0	0	1	0	0	0	0	0	0	0	0	0	0	0	0	0	0	0	0	0	0	0	0	0	0	0
gdWakeupSymbolRxWindow	0	1	1	0	0	0	0	0	0	0	0	0	0	0	0	0	0	0	0	0	0	0	0	0	0	0	0	0	0	0	0	0	0	0	0	0	0
gdWakeupSymbolTxIdle	0	0	0	0	0	0	0	0	0	0	0	0	0	0	0	0	0	0	0	0	0	0	0	0	0	0	0	0	0	0	0	0	0	0	0	0	0
gdWakeupSymbolTxLow	0	0	0	0	0	0	0	0	0	0	0	0	0	0	0	0	0	0	0	0	0	0	0	0	0	0	0	0	0	0	0	0	0	0	0	0	0
gMacroPerCycle	0	0	0	0	1	1	0	0	0	0	0	0	0	0	0	0	0	0	0	0	0	0	0	0	0	0	0	0	0	0	0	0	0	0	0	0	0
gNumberOfMinislots	0	0	0	1	0	1	0	0	0	0	0	0	0	0	0	0	0	0	0	0	0	0	0	0	0	0	0	0	0	0	0	0	0	0	0	0	0
gNumberOfStaticSlots	0	0	0	0	0	0	0	0	0	0	0	0	0	0	0	0	0	0	0	0	0	0	0	0	0	0	0	0	0	0	0	0	0	0	0	0	0
gOffsetCorrectionMax	0	0	0	0	0	0	0	0	0	0	0	0	0	0	0	0	0	0	0	0	0	0	0	0	0	0	0	0	0	0	0	0	0	0	0	0	0
gOffsetCorrectionStart	0	0	0	1	0	0	0	0	0	0	0	0	0	0	0	0	0	0	0	0	0	0	0	0	0	0	0	0	0	0	0	0	0	0	0	0	0
gPayloadLengthStatic	0	0	0	0	0	0	0	0	0	0	0	0	0	0	0	0	0	0	0	0	0	0	0	0	0	0	0	0	0	0	0	0	0	0	0	0	0
LineLength[A]	0	0	0	0	0	0	0	0	0	0	0	0	0	0	0	0	0	0	0	0	0	0	0	0	0	0	0	0	0	0	0	0	0	0	0	0	0
LineLength[B]	0	0	0	0	0	0	0	0	0	0	0	0	0	0	0	0	0	0	0	0	0	0	0	0	0	0	0	0	0	0	0	0	0	0	0	0	0
nStar[A]	0	0	0	0	0	0	0	0	0	0	0	0	0	0	0	0	0	0	0	0	0	0	0	0	0	0	0	0	0	0	0	0	0	0	0	0	0
nStar[B]	0	0	0	0	0	0	0	0	0	0	0	0	0	0	0	0	0	0	0	0	0	0	0	0	0	0	0	0	0	0	0	0	0	0	0	0	0
nStarPath	0	0	0	0	0	0	0	0	0	0	0	0	0	0	0	0	0	0	0	0	0	0	0	0	0	0	0	0	0	0	0	0	0	0	0	0	0
pdBDRx[A]	0	0	0	0	0	0	0	0	0	0	0	0	0	0	0	0	0	0	0	0	0	0	0	0	0	0	0	0	0	0	0	0	0	0	0	0	0
pdBDRx[B]	0	0	0	0	0	0	0	0	0	0	0	0	0	0	0	0	0	0	0	0	0	0	0	0	0	0	0	0	0	0	0	0	0	0	0	0	0
pdBDTx[A]	0	0	0	0	0	0	0	0	0	0	0	0	0	0	0	0	0	0	0	0	0	0	0	0	0	0	0	0	0	0	0	0	0	0	0	0	0
pdBDTx[B]	0	0	0	0	0	0	0	0	0	0	0	0	0	0	0	0	0	0	0	0	0	0	0	0	0	0	0	0	0	0	0	0	0	0	0	0	0
pDecodingCorrection	0	0	0	0	0	0	0	0	0	0	0	0	0	0	0	0	0	0	0	0	0	0	0	0	0	0	0	0	0	0	0	0	0	0	0	0	0
pDelayCompensation[A]	0	0	0	0	0	0	0	0	0	0	0	0	0	0	0	0	0	0	0	0	0	0	0	0	0	0	0	0	0	0	0	0	0	0	0	0	0
pDelayCompensation[B]	0	0	0	0	0	0	0	0	0	0	0	0	0	0	0	0	0	0	0	0	0	0	0	0	0	0	0	0	0	0	0	0	0	0	0	0	0
pdListenTimeout	0	0	0	0	0	0	0	0	0	0	0	0	0	0	0	0	0	0	0	0	0	0	1	0	0	0	0	0	0	0	0	0	1	0	0	0	0
pdMaxDrift	0	0	0	0	0	0	0	0	0	0	0	0	0	0	0	0	0	0	0	0	0	0	0	0	0	0	0	0	0	0	0	0	1	0	0	0	0
pdMicrotick	0	0	0	0	0	0	0	0	0	0	0	0	0	0	0	0	0	0	0	0	0	0	0	0	0	0	0	0	0	0	0	0	0	0	0	0	0
pdStarDelay[A] 1	0	0	0	0	0	0	0	0	0	0	0	0	0	0	0	0	0	0	0	0	0	0	0	0	0	0	0	0	0	0	0	0	0	0	0	0	0
pdStarDelay[A] 2	0	0	0	0	0	0	0	0	0	0	0	0	0	0	0	0	0	0	0	0	0	0	0	0	0	0	0	0	0	0	0	0	0	0	0	0	0
pdStarDelay[B] 1	0	0	0	0	0	0	0	0	0	0	0	0	0	0	0	0	0	0	0	0	0	0	0	0	0	0	0	0	0	0	0	0	0	0	0	0	0
pdStarDelay[B] 2	0	0	0	0	0	0	0	0	0	0	0	0	0	0	0	0	0	0	0	0	0	0	0	0	0	0	0	0	0	0	0	0	0	0	0	0	0
pMacroInitialOffset[A]	0	0	0	0	0	0	0	0	0	0	0	0	0	0	0	0	0	0	1	1	0	0	0	0	0	0	0	0	0	0	0	0	0	0	0	1	0
pMacroInitialOffset[B]	0	0	0	0	0	0	0	0	0	0	0	0	0	0	0	0	0	0	1	0	1	0	0	0	0	0	0	0	0	0	0	0	0	0	0	1	0
pMicroInitialOffset[A]	0	0	0	0	0	0	0	0	0	0	0	0	0	0	0	0	0	0	1	1	0	0	0	0	0	0	0	0	0	0	0	0	0	0	0	1	0
pMicroInitialOffset[B]	0	0	0	0	0	0	0	0	0	0	0	0	0	0	0	0	0	0	1	0	1	0	0	0	0	0	0	0	0	0	0	0	0	0	0	1	0
pMicroPerCycle	0	0	0	0	0	0	0	0	0	0	0	0	0	0	0	0	0	0	0	0	0	0	0	1	0	0	0	0	0	0	0	0	0	0	0	0	0
pMicroPerCycle	0	0	0	0	0	0	0	0	0	0	0	0	0	0	0	0	0	0	0	0	0	0	0	0	0	0	0	0	0	0	0	0	0	0	0	1	0
pMicroPerCycle	0	0	0	0	0	0	0	0	0	0	0	0	0	0	0	0	0	0	0	0	0	0	0	1	0	0	0	0	0	0	0	0	0	0	0	1	0
pMicroPerMacroNom	0	0	0	0	0	0	0	0	0	0	0	0	0	0	0	0	0	0	0	0	0	0	0	1	0	0	0	0	0	0	0	0	0	0	0	0	0
pMicroPerMacroNom	0	0	0	1	0	0	0	0	0	0	0	0	0	0	0	0	0	0	0	0	0	0	0	0	0	0	0	0	0	0	0	0	1	0	0	0	0
pOffsetCorrectionOut	0	0	0	0	0	0	1	0	0	0	0	0	0	0	0	0	0	0	0	0	0	0	0	1	0	0	0	0	0	0	0	0	0	0	0	0	0
pPayloadLengthDynMax	0	0	0	0	0	0	0	0	0	0	0	0	0	0	0	0	0	0	0	0	0	0	0	0	0	0	0	0	0	0	0	0	0	0	0	0	0
pRateCorrectionOut	0	0	0	0	0	0	0	0	0	0	0	0	0	0	0	0	0	0	0	0	0	0	0	0	0	0	0	0	0	0	0	0	1	0	0	0	0
pSamplesPerMicrotick	0	0	0	0	0	0	0	0	0	0	0	0	0	0	0	0	0	0	0	0	0	0	0	0	0	0	0	0	0	0	0	0	0	0	0	0	0

Abbildung A.8.: Adjazenzmatrix zur Parameterberechnung Teil II

0	pOffsetCorrectionOut	pPayloadLengthDynMax	pRateCorrectionOut	pSamplesPerMicrotick	
adActionPointDifference	0	0	0	0	Formel 12
adActionPointDifference	0	0	0	0	Formel 12
adOffsetCorrection	0	0	0	0	0
aFrameLength	0	0	0	0	Formel 9
aFrameLengthDynamic	0	0	0	0	Formel 19
aFrameLengthStatic	0	0	0	0	Formel 10
aMinislotPerDynamicFrame	0	0	0	0	Formel 13
aPayloadLength	0	0	0	0	Formel 10
aPayloadLength	0	1	0	0	Formel 19
aWorstCasePrecision	0	0	0	0	Formel 3
dBDRxai	0	0	0	0	0
dBDRxia	0	0	0	0	0
dStarTruncation	0	0	0	0	0
gAssumedPrecision	0	0	0	0	Formel 5
gClusterDriftDamping	0	0	0	0	0
gdActionPointOffset	0	0	0	0	0
gdBit	0	0	0	0	Formel 7
gdBitMax	0	0	0	0	0
gdBitMin	0	0	0	0	0
gdCASRxLowMax	0	0	0	0	Constraint 38
gdCycle	0	0	0	0	0
gdDynamicSlotIdlePhase	0	0	0	0	0
gdMacrotick	0	0	0	0	Constraint 17
gdMaxMicrotick	0	0	0	0	Formel 2
gdMaxPropagationDelay	0	0	0	0	Constraint 3
gdMaxPropagationDelay[A]	0	0	0	0	Constraint 3
gdMaxPropagationDelay[B]	0	0	0	0	Constraint 3
gdMinislot	0	0	0	0	0
gdMinislotActionPointOffset	0	0	0	0	0
gdMinPropagationDelay	0	0	0	0	0
gdNIT	0	0	0	0	0
gdSampleClockPeriod	0	0	0	0	0
gdStaticSlot	0	0	0	0	Constraint 15
gdSymbolWindow	0	0	0	0	Constraint 16
gdTSSTransmitter	0	0	0	0	0
gdWakeupSymbolRxIdle	0	0	0	0	Constraint 41
gdWakeupSymbolRxLow	0	0	0	0	Constraint 42
gdWakeupSymbolRxWindow	0	0	0	0	Constraint 43
gdWakeupSymbolTxIdle	0	0	0	0	Constraint 39
gdWakeupSymbolTxLow	0	0	0	0	Constraint 40
gMacroPerCycle	0	0	0	0	Constraint 18
gNumberOfMinislots	0	0	0	0	Constraint 21
gNumberOfStaticSlots	0	0	0	0	0
gOffsetCorrectionMax	0	0	0	0	0
gOffsetCorrectionStart	0	0	0	0	Constraint 26
gPayloadLengthStatic	0	0	0	0	0
LineLength[A]	0	0	0	0	0
LineLength[B]	0	0	0	0	0
nStar[A]	0	0	0	0	0
nStar[B]	0	0	0	0	0
nStarPath	0	0	0	0	0
pdBDRx[A]	0	0	0	0	0
pdBDRx[B]	0	0	0	0	0
pdBDTx[A]	0	0	0	0	0
pdBDTx[B]	0	0	0	0	0
pDecodingCorrection	0	0	0	1	Constraint 32
pDelayCompensation[A]	0	0	0	0	0
pDelayCompensation[B]	0	0	0	0	0
pdListenTimeout	0	0	0	0	Constraint 31
pdMaxDrift	0	0	0	0	Constraint 30
pdMicrotick	0	0	0	1	Formel 6
pdStarDelay[A] 1	0	0	0	0	0
pdStarDelay[A] 2	0	0	0	0	0
pdStarDelay[B] 1	0	0	0	0	0
pdStarDelay[B] 2	0	0	0	0	0
pMacroInitialOffset[A]	0	0	0	0	Constraint 33
pMacroInitialOffset[B]	0	0	0	0	Constraint 33
pMicroInitialOffset[A]	0	0	0	0	Constraint 34
pMicroInitialOffset[B]	0	0	0	0	Constraint 34
pMicroPerCycle	0	0	0	0	Constraint 19
pMicroPerCycle	0	0	0	0	Formel 11A
pMicroPerCycle	0	0	0	0	Formel 11B
pMicroPerMacroNom	0	0	0	0	Formel 8A
pMicroPerMacroNom	0	0	0	0	Formel 8B
pOffsetCorrectionOut	0	0	0	0	Constraint 25
pPayloadLengthDynMax	0	0	0	0	0
pRateCorrectionOut	0	0	0	0	Constraint 22
pSamplesPerMicrotick	0	0	0	0	0

Abbildung A.9.: Adjazenzmatrix zur Parameterberechnung Teil III

0	aBestCasePrecision	adActionPointDifference	adActionPointDifference	adOffsetCorrection	adRemOffsetCalculation	adRemRateCalculation	adTxMax	aFrameLength	aFrameLengthDynamic	aFrameLengthStatic	aMinislotPerDynamicFrame	aPayloadLength	aPayloadLength	aWorstCasePrecision	dBDRxai	dBDRxia	dStarTruncation	gAssumedPrecision	gAssumedPrecision	gClusterDriftDamping	gdActionPointOffset	gdActionPointOffset	gdBit	gdBitMax	gdBitMin	gdCASRxLowMax	gdCycle	gdDynamicSlotIdlePhase	gdMacrotick	gdMacrotick	gdMacrotick	gdMaxInitializationError	gdMaxMicrotick	gdMaxPropagationDelay	gdMaxPropagationDelay[A]	gdMaxPropagationDelay[B]	gdMinislot	gdMinislotActionPointOffset	gdMinPropagationDelay	gdNIT	gdSampleClockPeriod	gdStaticSlot
aBestCasePrecision	0	0	0	0	0	0	0	0	0	0	0	0	0	0	0	0	0	0	0	1	0	0	0	0	0	0	0	0	0	0	0	0	1	1	0	0	0	0	1	0	0	0
adActionPointDifference	0	0	0	0	0	0	0	0	0	0	0	0	0	0	0	0	0	0	0	0	1	0	0	0	0	0	0	0	0	0	0	0	0	0	0	0	0	1	0	0	0	0
adActionPointDifference	0	0	0	0	0	0	0	0	0	0	0	0	0	0	0	0	0	0	0	0	0	0	0	0	0	0	0	0	0	0	0	0	0	0	0	0	0	0	0	0	0	0
adOffsetCorrection	0	0	0	0	0	0	0	0	0	0	0	0	0	0	0	0	0	0	0	0	0	0	0	0	0	0	0	0	1	0	0	0	1	0	0	0	0	0	0	0	0	0
adRemOffsetCalculation	0	1	0	0	0	0	0	0	0	0	0	0	0	0	0	0	0	0	0	0	0	0	0	0	0	0	0	0	1	0	0	0	1	0	0	0	1	0	0	0	0	0
adRemRateCalculation	0	1	0	0	0	0	0	0	0	0	0	0	0	0	0	0	0	0	0	0	0	0	0	0	0	0	0	0	1	0	0	0	1	0	0	0	1	0	0	0	0	0
adTxMax	0	0	0	0	0	0	0	0	0	1	0	0	0	0	0	0	0	0	0	0	0	0	0	1	0	0	0	0	1	0	0	0	0	0	0	0	1	0	0	0	0	0
aFrameLength	0	0	0	0	0	0	0	0	0	0	0	1	0	0	0	0	0	0	0	0	0	0	0	0	0	0	0	0	0	0	0	0	0	0	0	0	0	0	0	0	0	0
aFrameLengthDynamic	0	0	0	0	0	0	0	1	0	0	0	0	0	0	0	0	0	0	0	0	0	0	0	0	0	0	0	0	0	0	0	0	0	0	0	0	0	0	0	0	0	0
aFrameLengthStatic	0	0	0	0	0	0	0	1	0	0	0	0	0	0	0	0	0	0	0	0	0	0	0	0	0	0	0	0	0	0	0	0	0	0	0	0	0	0	0	0	0	0
aMinislotPerDynamicFrame	0	0	0	0	0	0	0	0	1	0	0	0	0	0	0	0	0	0	0	0	0	0	0	1	0	0	0	1	1	0	0	0	0	0	0	0	1	0	0	0	0	0
aPayloadLength	0	0	0	0	0	0	0	0	0	0	0	0	0	0	0	0	0	0	0	0	0	0	0	0	0	0	0	0	0	0	0	0	0	0	0	0	0	0	0	0	0	0
aPayloadLength	0	0	0	0	0	0	0	0	0	0	0	0	0	0	0	0	0	0	0	0	0	0	0	0	0	0	0	0	0	0	0	0	0	0	0	0	0	0	0	0	0	0
aWorstCasePrecision	0	0	0	0	0	0	0	0	0	0	0	0	0	0	0	0	0	0	0	1	0	0	0	0	0	0	0	0	0	0	0	0	1	1	0	0	0	0	0	0	0	0
dBDRxai	0	0	0	0	0	0	0	0	0	0	0	0	0	0	0	0	0	0	0	0	0	0	0	0	0	0	0	0	0	0	0	0	0	0	0	0	0	0	0	0	0	0
dBDRxia	0	0	0	0	0	0	0	0	0	0	0	0	0	0	0	0	0	0	0	0	0	0	0	0	0	0	0	0	0	0	0	0	0	0	0	0	0	0	0	0	0	0
dStarTruncation	0	0	0	0	0	0	0	0	0	0	0	0	0	0	0	0	0	0	0	0	0	0	0	0	0	0	0	0	0	0	0	0	0	0	0	0	0	0	0	0	0	0
gAssumedPrecision	1	0	0	0	0	0	0	0	0	0	0	0	0	0	0	0	0	0	0	0	0	0	0	0	0	0	0	0	0	0	0	0	0	0	0	0	0	0	0	0	0	0
gAssumedPrecision	0	0	0	0	0	0	0	0	0	0	0	0	0	1	0	0	0	0	0	0	0	0	0	0	0	0	0	0	0	0	0	0	0	0	0	0	0	0	0	0	0	0
gClusterDriftDamping	0	0	0	0	0	0	0	0	0	0	0	0	0	0	0	0	0	0	0	0	0	0	0	0	0	0	0	0	0	0	0	0	0	0	0	0	0	0	0	0	0	0
gdActionPointOffset	0	0	0	0	0	0	0	0	0	0	0	0	0	0	0	0	0	1	0	0	0	0	0	0	0	0	0	0	1	0	0	0	1	0	0	0	0	0	1	0	0	0
gdActionPointOffset	0	0	0	0	0	0	0	0	0	0	0	0	0	0	0	0	0	1	0	0	0	0	0	0	0	0	0	0	1	0	0	1	1	0	0	0	0	0	1	0	0	0
gdBit	0	0	0	0	0	0	0	0	0	0	0	0	0	0	0	0	0	0	0	0	0	0	0	0	0	0	0	0	0	0	0	0	0	0	0	0	0	0	0	0	1	0
gdBitMax	0	0	0	0	0	0	0	0	0	0	0	0	0	0	0	0	0	0	0	0	0	0	0	0	0	0	0	0	0	0	0	0	0	0	0	0	0	0	0	0	0	0
gdBitMin	0	0	0	0	0	0	0	0	0	0	0	0	0	0	0	0	0	0	0	0	0	0	0	0	0	0	0	0	0	0	0	0	0	0	0	0	0	0	0	0	0	0
gdCASRxLowMax	0	0	0	0	0	0	0	0	0	0	0	0	0	0	1	0	0	0	0	0	0	0	0	0	1	0	0	0	0	0	0	0	0	0	0	0	0	0	0	0	0	0
gdCycle	0	0	0	0	0	0	0	0	0	0	0	0	0	0	0	0	0	0	0	0	0	0	0	0	0	0	0	0	0	0	0	0	0	0	0	0	0	0	0	0	0	0
gdDynamicSlotIdlePhase	0	0	0	0	0	0	0	0	0	0	0	0	0	0	0	0	0	1	0	0	0	0	0	1	0	0	0	0	1	0	0	0	0	1	0	0	1	1	1	0	0	0
gdMacrotick	0	0	0	0	0	0	0	0	0	0	0	0	0	0	0	0	0	0	0	0	0	0	0	0	0	0	0	0	0	0	0	0	0	0	0	0	0	0	0	0	0	0
gdMacrotick	0	0	0	0	0	0	0	0	0	1	0	0	0	0	0	0	0	0	0	0	0	0	0	0	1	0	0	0	0	0	0	0	0	0	0	0	0	0	1	0	0	0
gdMacrotick	0	0	0	0	0	0	0	0	0	0	0	0	0	0	0	0	0	0	0	0	0	0	0	0	0	0	1	0	0	0	0	0	0	0	0	0	0	0	0	0	0	0
gdMaxInitializationError	0	0	0	0	0	0	0	0	0	0	0	0	0	0	0	0	0	1	0	0	0	0	0	0	0	0	0	0	0	0	0	0	0	1	0	0	0	0	1	0	0	0
gdMaxMicrotick	0	0	0	0	0	0	0	0	0	0	0	0	0	0	0	0	0	0	0	0	0	0	0	0	0	0	0	0	0	0	0	0	0	0	0	0	0	0	0	0	0	0
gdMaxPropagationDelay	0	0	0	0	0	0	0	0	0	0	0	0	0	0	0	0	0	0	0	0	0	0	0	0	0	0	0	0	0	0	0	0	0	0	1	1	0	0	0	0	0	0
gdMaxPropagationDelay[A]	0	0	0	0	0	0	0	0	0	0	0	0	0	0	0	0	0	0	0	0	0	0	0	0	0	0	0	0	0	0	0	0	0	0	0	0	0	0	0	0	0	0
gdMaxPropagationDelay[B]	0	0	0	0	0	0	0	0	0	0	0	0	0	0	0	0	0	0	0	0	0	0	0	0	0	0	0	0	0	0	0	0	0	0	0	0	0	0	0	0	0	0
gdMinislot	0	0	0	0	0	0	0	0	0	0	0	0	0	0	0	0	0	1	0	0	0	0	0	0	0	0	0	0	1	0	0	0	0	1	0	0	0	1	0	0	0	0
gdMinislotActionPointOffset	0	0	0	0	0	0	0	0	0	0	0	0	0	0	0	0	0	1	0	0	0	0	0	0	0	0	0	0	1	0	0	0	0	0	0	0	0	0	1	0	0	0
gdMinPropagationDelay	0	0	0	0	0	0	0	0	0	0	0	0	0	0	0	0	0	0	0	0	0	0	0	0	0	0	0	0	0	0	0	0	0	0	0	0	0	0	0	0	0	0
gdNIT	0	0	0	1	1	1	0	0	0	0	0	0	0	0	0	0	0	0	0	0	0	0	0	0	0	0	0	0	0	0	0	0	0	0	0	0	0	0	0	0	0	0
gdSampleClockPeriod	0	0	0	0	0	0	0	0	0	0	0	0	0	0	0	0	0	0	0	0	0	0	0	0	0	0	0	0	0	0	0	0	0	0	0	0	0	0	0	0	0	0
gdStaticSlot	0	0	0	0	0	0	0	0	0	1	0	0	0	0	0	0	0	0	0	0	1	0	0	1	0	0	0	0	1	0	0	0	0	1	0	0	0	0	1	0	0	0
gdSymbolWindow	0	0	0	0	0	0	0	0	0	0	0	0	0	0	1	0	0	0	0	0	1	0	0	1	0	0	0	0	1	0	0	0	0	1	0	0	0	0	1	0	0	0
gdTSSTransmitter	0	0	0	0	0	0	0	0	0	0	0	0	0	0	0	1	1	0	0	0	0	0	0	1	1	0	0	0	0	0	0	0	0	0	0	0	0	0	0	0	0	0
gdWakeupSymbolRxIdle	0	0	0	0	0	0	0	0	0	0	0	0	0	0	0	0	0	0	0	0	0	0	0	0	0	0	0	0	0	0	0	0	0	0	0	0	0	0	0	0	0	0
gdWakeupSymbolRxLow	0	0	0	0	0	0	0	0	0	0	0	0	0	0	0	1	1	0	0	0	0	0	0	1	1	0	0	0	0	0	0	0	0	0	0	0	0	0	0	0	0	0
gdWakeupSymbolRxWindow	0	0	0	0	0	0	0	0	0	0	0	0	0	0	0	0	0	0	0	0	0	0	0	0	0	0	0	0	0	0	0	0	0	0	0	0	0	0	0	0	0	0
gdWakeupSymbolTxIdle	0	0	0	0	0	0	0	0	0	0	0	0	0	0	0	0	0	0	0	0	0	0	1	0	0	0	0	0	0	0	0	0	0	0	0	0	0	0	0	0	0	0
gdWakeupSymbolTxLow	0	0	0	0	0	0	0	0	0	0	0	0	0	0	0	0	0	0	0	0	0	0	1	0	0	0	0	0	0	0	0	0	0	0	0	0	0	0	0	0	0	0
gMacroPerCycle	0	1	0	0	0	0	0	0	0	0	0	0	0	0	0	0	0	0	0	0	0	0	0	0	0	0	0	0	0	0	0	0	0	0	0	0	1	0	0	1	0	1
gNumberOfMinislots	0	1	0	0	0	0	0	0	0	0	0	0	0	0	0	0	0	0	0	0	0	0	0	0	0	0	0	0	0	0	0	0	0	0	0	0	1	0	0	1	0	1
gNumberOfStaticSlots	0	0	0	0	0	0	0	0	0	0	0	0	0	0	0	0	0	0	0	0	0	0	0	0	0	0	0	0	0	0	0	0	0	0	0	0	0	0	0	0	0	0
gOffsetCorrectionMax	0	0	0	0	0	0	0	0	0	0	0	0	0	0	0	0	0	1	0	0	0	0	0	0	0	0	0	0	0	0	0	0	0	1	0	0	0	0	1	0	0	0
gOffsetCorrectionMax	0	0	0	0	0	0	0	0	0	0	0	0	0	0	0	0	0	0	0	0	1	0	0	0	0	0	0	0	1	0	0	0	0	1	0	0	0	0	1	0	0	0
gOffsetCorrectionStart	0	0	0	1	0	0	0	0	0	0	0	0	0	0	0	0	0	0	0	0	0	0	0	0	0	0	0	0	0	0	0	0	0	0	0	0	0	0	0	0	0	0
gPayloadLengthStatic	0	0	0	0	0	0	0	0	0	0	0	0	0	0	0	0	0	0	0	0	0	0	0	0	0	0	0	0	0	0	0	0	0	0	0	0	0	0	0	0	0	0
LineLength[A]	0	0	0	0	0	0	0	0	0	0	0	0	0	0	0	0	0	0	0	0	0	0	0	0	0	0	0	0	0	0	0	0	0	0	0	0	0	0	0	0	0	0
LineLength[B]	0	0	0	0	0	0	0	0	0	0	0	0	0	0	0	0	0	0	0	0	0	0	0	0	0	0	0	0	0	0	0	0	0	0	0	0	0	0	0	0	0	0
nStar[A]	0	0	0	0	0	0	0	0	0	0	0	0	0	0	0	0	0	0	0	0	0	0	0	0	0	0	0	0	0	0	0	0	0	0	0	0	0	0	0	0	0	0
nStar[B]	0	0	0	0	0	0	0	0	0	0	0	0	0	0	0	0	0	0	0	0	0	0	0	0	0	0	0	0	0	0	0	0	0	0	0	0	0	0	0	0	0	0
nStarPath	0	0	0	0	0	0	0	0	0	0	0	0	0	0	0	0	0	0	0	0	0	0	0	0	0	0	0	0	0	0	0	0	0	0	0	0	0	0	0	0	0	0
pClusterDriftDamping	0	0	0	0	0	0	0	0	0	0	0	0	0	0	0	0	0	0	0	1	0	0	0	0	0	0	0	0	0	0	0	0	1	0	0	0	0	0	0	0	0	0
pdAcceptedStartupRange	0	0	0	0	0	0	0	0	0	0	0	0	0	0	0	0	0	1	0	0	0	0	0	0	0	0	0	0	0	0	0	1	0	0	0	0	0	0	0	0	0	0
pdBDRx[A]	0	0	0	0	0	0	0	0	0	0	0	0	0	0	0	0	0	0	0	0	0	0	0	0	0	0	0	0	0	0	0	0	0	0	0	0	0	0	0	0	0	0
pdBDRx[B]	0	0	0	0	0	0	0	0	0	0	0	0	0	0	0	0	0	0	0	0	0	0	0	0	0	0	0	0	0	0	0	0	0	0	0	0	0	0	0	0	0	0
pdBDTx[A]	0	0	0	0	0	0	0	0	0	0	0	0	0	0	0	0	0	0	0	0	0	0	0	0	0	0	0	0	0	0	0	0	0	0	0	0	0	0	0	0	0	0
pdBDTx[B]	0	0	0	0	0	0	0	0	0	0	0	0	0	0	0	0	0	0	0	0	0	0	0	0	0	0	0	0	0	0	0	0	0	0	0	0	0	0	0	0	0	0
pDecodingCorrection	0	0	0	0	0	0	0	0	0	0	0	0	0	0	0	0	0	0	0	0	0	0	0	0	0	0	0	0	0	0	0	0	0	0	0	0	0	0	0	0	0	0
pDelayCompensation[A]	0	0	0	0	0	0	0	0	0	0	0	0	0	0	0	0	0	0	0	0	0	0	0	0	0	0	0	0	0	0	0	0	0	0	0	0	0	0	0	0	0	0
pDelayCompensation[B]	0	0	0	0	0	0	0	0	0	0	0	0	0	0	0	0	0	0	0	0	0	0	0	0	0	0	0	0	0	0	0	0	0	0	0	0	0	0	0	0	0	0
pdListenTimeout	0	0	0	0	0	0	0	0	0	0	0	0	0	0	0	0	0	0	0	0	0	0	0	0	0	0	0	0	0	0	0	0	0	0	0	0	0	0	0	0	0	0
pdMaxDrift	0	0	0	0	0	0	0	0	0	0	0	0	0	0	0	0	0	0	0	0	0	0	0	0	0	0	0	0	0	0	0	0	0	0	0	0	0	0	0	0	0	0
pdMicrotick	0	0	0	0	0	0	0	0	0	0	0	0	0	0	0	0	0	0	0	0	0	0	0	0	0	0	0	0	0	0	0	0	0	0	0	0	0	0	0	0	1	0
pdStarDelay[A] 1	0	0	0	0	0	0	0	0	0	0	0	0	0	0	0	0	0	0	0	0	0	0	0	0	0	0	0	0	0	0	0	0	0	0	0	0	0	0	0	0	0	0
pdStarDelay[A] 2	0	0	0	0	0	0	0	0	0	0	0	0	0	0	0	0	0	0	0	0	0	0	0	0	0	0	0	0	0	0	0	0	0	0	0	0	0	0	0	0	0	0
pdStarDelay[B] 1	0	0	0	0	0	0	0	0	0	0	0	0	0	0	0	0	0	0	0	0	0	0	0	0	0	0	0	0	0	0	0	0	0	0	0	0	0	0	0	0	0	0
pdStarDelay[B] 2	0	0	0	0	0	0	0	0	0	0	0	0	0	0	0	0	0	0	0	0	0	0	0	0	0	0	0	0	0	0	0	0	0	0	0	0	0	0	0	0	0	0
pExternOffsetCorrection	0	0	0	0	0	0	0	0	0	0	0	0	0	0	0	0	0	0	0	0	0	0	0	0	0	0	0	0	0	0	0	0	0	0	0	0	0	0	0	0	0	0
pExternRateCorrection	0	0	0	0	0	0	0	0	0	0	0	0	0	0	0	0	0	0	0	0	0	0	0	0	0	0	0	0	0	0	0	0	0	0	0	0	0	0	0	0	0	0
pLatestTx	0	0	0	0	0	0	0	0	1	0	0	0	0	0	0	0	0	0	0	0	0	0	0	1	0	0	0	0	1	0	0	0	0	0	0	0	1	0	0	0	0	0
pMacroInitialOffset[A]	0	0	0	0	0	0	0	0	0	0	0	0	0	0	0	0	0	0	0	0	1	0	0	0	0	0	0	0	0	0	0	0	0	0	0	0	0	0	0	0	0	0
pMacroInitialOffset[B]	0	0	0	0	0	0	0	0	0	0	0	0	0	0	0	0	0	0	0	0	1	0	0	0	0	0	0	0	0	0	0	0	0	0	0	0	0	0	0	0	0	0
pMicroInitialOffset[A]	0	0	0	0	0	0	0	0	0	0	0	0	0	0	0	0	0	0	0	0	0	0	0	0	0	0	0	0	0	0	0	0	0	0	0	0	0	0	0	0	0	0
pMicroInitialOffset[B]	0	0	0	0	0	0	0	0	0	0	0	0	0	0	0	0	0	0	0	0	0	0	0	0	0	0	0	0	0	0	0	0	0	0	0	0	0	0	0	0	0	0
pMicroInitialOffset[A]	0	0	0	0	0	0	0	0	0	0	0	0	0	0	0	0	0	0	0	0	0	0	0	0	1	0	0	0	0	0	0	0	0	0	0	0	0	0	0	0	0	0
pMicroInitialOffset[B]	0	0	0	0	0	0	0	0	0	0	0	0	0	0	0	0	0	0	0	0	0	0	0	0	1	0	0	0	0	0	0	0	0	0	0	0	0	0	0	0	0	0
pMicroPerCycle	0	0	0	0	0	0	0	0	0	0	0	0	0	0	0	0	0	0	0	0	0	0	0	0	0	0	1	0	0	0	0	0	0	0	0	0	0	0	0	0	0	0
pMicroPerCycle	0	0	0	0	0	0	0	0	0	0	0	0	0	0	0	0	0	0	0	0	0	0	0	0	0	0	0	0	0	0	0	0	0	0	0	0	0	0	0	1	0	1
pMicroPerCycle	0	0	0	0	0	0	0	0	0	1	0	0	0	0	0	0	0	0	0	0	1	0	0	1	0	0	0	0	0	0	0	0	0	1	0	0	0	0	0	1	0	0
pMicroPerMacroNom	0	0	0	0	0	0	0	0	0	0	0	0	0	0	0	0	0	0	0	0	0	0	0	0	0	0	0	0	1	0	0	0	0	0	0	0	0	0	0	0	0	0
pMicroPerMacroNom	0	0	0	0	0	0	0	0	0	0	0	0	0	0	0	0	0	0	0	0	0	0	0	0	0	0	0	0	0	0	0	0	0	0	0	0	0	0	0	0	0	0
pOffsetCorrectionOut	0	0	0	0	0	0	0	0	0	0	0	0	0	0	0	0	0	0	0	0	0	0	0	0	0	0	0	0	0	0	0	0	0	0	0	0	0	0	0	0	0	0
pPayloadLengthDynMax	0	0	0	0	0	0	0	0	0	0	0	0	0	0	0	0	0	0	0	0	0	0	0	0	0	0	0	0	0	0	0	0	0	0	0	0	0	0	0	0	0	0
pRateCorrectionOut	0	0	0	0	0	0	0	0	0	0	0	0	0	0	0	0	0	0	0	0	0	0	0	0	0	0	0	0	0	0	0	0	0	0	0	0	0	0	0	0	0	0
pSamplesPerMicrotick	0	0	0	0	0	0	0	0	0	0	0	0	0	0	0	0	0	0	0	0	0	0	0	0	0	0	0	0	0	0	0	0	0	0	0	0	0	0	0	0	0	0

Abbildung A.10.: Adjazenzmatrix zur Parameterüberprüfung Teil I

0	gdSymbolWindow	gdTSSTransmitter	gdWakeupSymbolRxIdle	gdWakeupSymbolRxLow	gdWakeupSymbolRxWindow	gdWakeupSymbolTxIdle	gdWakeupSymbolTxLow	gMacroPerCycle	gNumberOfMinislots	gNumberOfStaticSlots	gOffsetCorrectionMax	gOffsetCorrectionMax	gOffsetCorrectionStart	gPayloadLengthStatic	LineLength[A]	LineLength[B]	nStar[A]	nStar[B]	nStarPath	pClusterDriftDamping	pdAcceptedStartupRange	pdBDRx[A]	pdBDRx[B]	pdBDTx[A]	pdBDTx[B]	pDecodingCorrection	pDelayCompensation[A]	pDelayCompensation[B]	pdListenTimeout	pdMaxDrift	pdMicrotick	pdStarDelay[A] 1	pdStarDelay[A] 2	pdStarDelay[B] 1	pdStarDelay[B] 2	pExternOffsetCorrection	pExternRateCorrection	pLatestTx	pMacroInitialOffset[A]	pMacroInitialOffset[B]	pMicroInitialOffset[A]	pMicroInitialOffset[B]
aBestCasePrecision	0	0	0	0	0	0	0	0	0	0	0	0	0	0	0	0	0	0	0	0	0	0	0	0	0	0	0	0	0	0	0	0	0	0	0	0	0	0	0	0	0	0
adActionPointDifference	0	0	0	0	0	0	0	0	0	0	0	0	0	0	0	0	0	0	0	0	0	0	0	0	0	0	0	0	0	0	0	0	0	0	0	0	0	0	0	0	0	0
adActionPointDifference	0	0	0	0	0	0	0	0	1	0	0	0	0	0	0	0	0	0	0	0	0	0	0	0	0	0	0	0	0	0	0	0	0	0	0	0	0	0	0	0	0	0
adOffsetCorrection	0	0	0	0	0	0	0	0	0	0	1	0	0	0	0	0	0	0	0	0	0	0	0	0	0	0	0	0	0	0	0	0	0	0	0	0	0	0	0	0	0	0
adRemOffsetCalculation	1	0	0	0	0	0	0	0	1	0	0	0	0	0	0	0	0	0	0	0	0	0	0	0	0	0	0	0	0	0	0	0	0	0	0	0	0	0	0	0	0	0
adRemRateCalculation	1	0	0	0	0	0	0	0	1	0	1	0	0	0	0	0	0	0	0	0	0	0	0	0	0	0	0	0	0	0	0	0	0	0	0	0	0	0	0	0	0	0
adTxMax	0	0	0	0	0	0	0	0	0	0	0	0	0	0	0	0	0	0	0	0	0	0	0	0	0	0	0	0	0	0	0	0	0	0	0	0	0	0	0	0	0	0
aFrameLength	0	1	0	0	0	0	0	0	0	0	0	0	0	0	0	0	0	0	0	0	0	0	0	0	0	0	0	0	0	0	0	0	0	0	0	0	0	0	0	0	0	0
aFrameLengthDynamic	0	0	0	0	0	0	0	0	0	0	0	0	0	0	0	0	0	0	0	0	0	0	0	0	0	0	0	0	0	0	0	0	0	0	0	0	0	0	0	0	0	0
aFrameLengthStatic	0	0	0	0	0	0	0	0	0	0	0	0	0	0	0	0	0	0	0	0	0	0	0	0	0	0	0	0	0	0	0	0	0	0	0	0	0	0	0	0	0	0
aMinislotPerDynamicFrame	0	0	0	0	0	0	0	0	0	0	0	0	0	0	0	0	0	0	0	0	0	0	0	0	0	0	0	0	0	0	0	0	0	0	0	0	0	0	0	0	0	0
aPayloadLength	0	0	0	0	0	0	0	0	0	0	0	0	0	1	0	0	0	0	0	0	0	0	0	0	0	0	0	0	0	0	0	0	0	0	0	0	0	0	0	0	0	0
aPayloadLength	0	0	0	0	0	0	0	0	0	0	0	0	0	0	0	0	0	0	0	0	0	0	0	0	0	0	0	0	0	0	0	0	0	0	0	0	0	0	0	0	0	0
aWorstCasePrecision	0	0	0	0	0	0	0	0	0	0	0	0	0	0	0	0	0	0	0	0	0	0	0	0	0	0	0	0	0	0	0	0	0	0	0	0	0	0	0	0	0	0
dBDRxai	0	0	0	0	0	0	0	0	0	0	0	0	0	0	0	0	0	0	0	0	0	0	0	0	0	0	0	0	0	0	0	0	0	0	0	0	0	0	0	0	0	0
dBDRxia	0	0	0	0	0	0	0	0	0	0	0	0	0	0	0	0	0	0	0	0	0	0	0	0	0	0	0	0	0	0	0	0	0	0	0	0	0	0	0	0	0	0
dStarTruncation	0	0	0	0	0	0	0	0	0	0	0	0	0	0	0	0	0	0	0	0	0	0	0	0	0	0	0	0	0	0	0	0	0	0	0	0	0	0	0	0	0	0
gAssumedPrecision	0	0	0	0	0	0	0	0	0	0	0	0	0	0	0	0	0	0	0	0	0	0	0	0	0	0	0	0	0	0	0	0	0	0	0	0	0	0	0	0	0	0
gAssumedPrecision	0	0	0	0	0	0	0	0	0	0	0	0	0	0	0	0	0	0	0	0	0	0	0	0	0	0	0	0	0	0	0	0	0	0	0	0	0	0	0	0	0	0
gClusterDriftDamping	0	0	0	0	0	0	0	0	0	0	0	0	0	0	0	0	0	0	0	0	0	0	0	0	0	0	0	0	0	0	0	0	0	0	0	0	0	0	0	0	0	0
gdActionPointOffset	0	0	0	0	0	0	0	0	0	0	0	0	0	0	0	0	0	0	0	0	0	0	0	0	0	0	0	0	0	0	0	0	0	0	0	0	0	0	0	0	0	0
gdActionPointOffset	0	0	0	0	0	0	0	0	0	0	0	0	0	0	0	0	0	0	0	0	0	0	0	0	0	0	0	0	0	0	0	0	0	0	0	0	0	0	0	0	0	0
gdBit	0	0	0	0	0	0	0	0	0	0	0	0	0	0	0	0	0	0	0	0	0	0	0	0	0	0	0	0	0	0	0	0	0	0	0	0	0	0	0	0	0	0
gdBitMax	0	0	0	0	0	0	0	0	0	0	0	0	0	0	0	0	0	0	0	0	0	0	0	0	0	0	0	0	0	0	0	0	0	0	0	0	0	0	0	0	0	0
gdBitMin	0	0	0	0	0	0	0	0	0	0	0	0	0	0	0	0	0	0	0	0	0	0	0	0	0	0	0	0	0	0	0	0	0	0	0	0	0	0	0	0	0	0
gdCASRxLowMax	0	1	0	0	0	0	0	0	0	0	0	0	0	0	0	0	0	0	0	0	0	0	0	0	0	0	0	0	0	0	0	0	0	0	0	0	0	0	0	0	0	0
gdCycle	0	0	0	0	0	0	0	0	0	0	0	0	0	0	0	0	0	0	0	0	0	0	0	0	0	0	0	0	0	0	0	0	0	0	0	0	0	0	0	0	0	0
gdDynamicSlotIdlePhase	0	0	0	0	0	0	0	0	0	0	0	0	0	0	0	0	0	0	0	0	0	0	0	0	0	0	0	0	0	0	0	0	0	0	0	0	0	0	0	0	0	0
gdMacrotick	0	0	0	0	0	0	0	0	0	0	0	0	0	0	0	0	0	0	0	0	0	0	0	0	0	0	0	0	0	0	1	0	0	0	0	0	0	0	0	0	0	0
gdMacrotick	0	0	0	0	0	0	0	0	0	0	0	0	0	0	0	0	0	0	0	0	0	0	0	0	0	0	0	0	0	0	0	0	0	0	0	0	0	0	0	0	0	0
gdMacrotick	0	0	0	0	0	0	0	1	0	0	0	0	0	0	0	0	0	0	0	0	0	0	0	0	0	0	0	0	0	0	0	0	0	0	0	0	0	0	0	0	0	0
gdMaxInitializationError	0	0	0	0	0	0	0	0	0	0	0	0	0	0	0	0	0	0	0	0	0	0	0	0	0	0	0	0	0	0	0	0	0	0	0	0	0	0	0	0	0	0
gdMaxMicrotick	0	0	0	0	0	0	0	0	0	0	0	0	0	0	0	0	0	0	0	0	0	0	0	0	0	0	0	0	0	0	1	0	0	0	0	0	0	0	0	0	0	0
gdMaxPropagationDelay	0	0	0	0	0	0	0	0	0	0	0	0	0	0	0	0	0	0	0	0	0	0	0	0	0	0	0	0	0	0	0	0	0	0	0	0	0	0	0	0	0	0
gdMaxPropagationDelay[A]	0	0	0	0	0	0	0	0	0	0	0	0	0	0	1	0	1	0	0	0	0	1	0	1	0	0	0	0	0	0	0	1	1	0	0	0	0	0	0	0	0	0
gdMaxPropagationDelay[B]	0	0	0	0	0	0	0	0	0	0	0	0	0	0	0	1	0	1	0	0	0	0	1	0	1	0	0	0	0	0	0	0	0	1	1	0	0	0	0	0	0	0
gdMinislot	0	0	0	0	0	0	0	0	0	0	0	0	0	0	0	0	0	0	0	0	0	0	0	0	0	0	0	0	0	0	0	0	0	0	0	0	0	0	0	0	0	0
gdMinislotActionPointOffset	0	0	0	0	0	0	0	0	0	0	0	0	0	0	0	0	0	0	0	0	0	0	0	0	0	0	0	0	0	0	0	0	0	0	0	0	0	0	0	0	0	0
gdMinPropagationDelay	0	0	0	0	0	0	0	0	0	0	0	0	0	0	0	0	0	0	0	0	0	0	0	0	0	0	0	0	0	0	0	0	0	0	0	0	0	0	0	0	0	0
gdNIT	0	0	0	0	0	0	0	0	0	0	0	0	0	0	0	0	0	0	0	0	0	0	0	0	0	0	0	0	0	0	0	0	0	0	0	0	0	0	0	0	0	0
gdSampleClockPeriod	0	0	0	0	0	0	0	0	0	0	0	0	0	0	0	0	0	0	0	0	0	0	0	0	0	0	0	0	0	0	0	0	0	0	0	0	0	0	0	0	0	0
gdStaticSlot	0	0	0	0	0	0	0	0	0	0	0	0	0	0	0	0	0	0	0	0	0	0	0	0	0	0	0	0	0	0	0	0	0	0	0	0	0	0	0	0	0	0
gdSymbolWindow	0	1	0	0	0	0	0	0	0	0	0	0	0	0	0	0	0	0	0	0	0	0	0	0	0	0	0	0	0	0	0	0	0	0	0	0	0	0	0	0	0	0
gdTSSTransmitter	0	0	0	0	0	0	0	0	0	0	0	0	0	0	0	0	0	0	1	0	0	0	0	0	0	0	0	0	0	0	0	0	0	0	0	0	0	0	0	0	0	0
gdWakeupSymbolRxIdle	0	0	0	0	0	1	1	0	0	0	0	0	0	0	0	0	0	0	0	0	0	0	0	0	0	0	0	0	0	0	0	0	0	0	0	0	0	0	0	0	0	0
gdWakeupSymbolRxLow	0	0	0	0	0	0	1	0	0	0	0	0	0	0	0	0	0	0	1	0	0	0	0	0	0	0	0	0	0	0	0	0	0	0	0	0	0	0	0	0	0	0
gdWakeupSymbolRxWindow	0	0	0	0	0	1	1	0	0	0	0	0	0	0	0	0	0	0	0	0	0	0	0	0	0	0	0	0	0	0	0	0	0	0	0	0	0	0	0	0	0	0
gdWakeupSymbolTxIdle	0	0	0	0	0	0	0	0	0	0	0	0	0	0	0	0	0	0	0	0	0	0	0	0	0	0	0	0	0	0	0	0	0	0	0	0	0	0	0	0	0	0
gdWakeupSymbolTxLow	0	0	0	0	0	0	0	0	0	0	0	0	0	0	0	0	0	0	0	0	0	0	0	0	0	0	0	0	0	0	0	0	0	0	0	0	0	0	0	0	0	0
gMacroPerCycle	1	0	0	0	0	0	0	0	1	1	0	0	0	0	0	0	0	0	0	0	0	0	0	0	0	0	0	0	0	0	0	0	0	0	0	0	0	0	0	0	0	0
gNumberOfMinislots	1	0	0	0	0	0	0	1	0	1	0	0	0	0	0	0	0	0	0	0	0	0	0	0	0	0	0	0	0	0	0	0	0	0	0	0	0	0	0	0	0	0
gNumberOfStaticSlots	0	0	0	0	0	0	0	0	0	0	0	0	0	0	0	0	0	0	0	0	0	0	0	0	0	0	0	0	0	0	0	0	0	0	0	0	0	0	0	0	0	0
gOffsetCorrectionMax	0	0	0	0	0	0	0	0	0	0	0	0	0	0	0	0	0	0	0	0	0	0	0	0	0	0	0	0	0	0	0	0	0	0	0	0	0	0	0	0	0	0
gOffsetCorrectionMax	0	0	0	0	0	0	0	0	0	0	0	0	0	0	0	0	0	0	0	0	0	0	0	0	0	0	0	0	0	0	0	0	0	0	0	0	0	0	0	0	0	0
gOffsetCorrectionStart	0	0	0	0	0	0	0	1	0	0	0	0	0	0	0	0	0	0	0	0	0	0	0	0	0	0	0	0	0	0	0	0	0	0	0	0	0	0	0	0	0	0
gPayloadLengthStatic	0	0	0	0	0	0	0	0	0	0	0	0	0	0	0	0	0	0	0	0	0	0	0	0	0	0	0	0	0	0	0	0	0	0	0	0	0	0	0	0	0	0
LineLength[A]	0	0	0	0	0	0	0	0	0	0	0	0	0	0	0	0	0	0	0	0	0	0	0	0	0	0	0	0	0	0	0	0	0	0	0	0	0	0	0	0	0	0
LineLength[B]	0	0	0	0	0	0	0	0	0	0	0	0	0	0	0	0	0	0	0	0	0	0	0	0	0	0	0	0	0	0	0	0	0	0	0	0	0	0	0	0	0	0
nStar[A]	0	0	0	0	0	0	0	0	0	0	0	0	0	0	0	0	0	0	0	0	0	0	0	0	0	0	0	0	0	0	0	0	0	0	0	0	0	0	0	0	0	0
nStar[B]	0	0	0	0	0	0	0	0	0	0	0	0	0	0	0	0	0	0	0	0	0	0	0	0	0	0	0	0	0	0	0	0	0	0	0	0	0	0	0	0	0	0
nStarPath	0	0	0	0	0	0	0	0	0	0	0	0	0	0	0	0	0	0	0	0	0	0	0	0	0	0	0	0	0	0	0	0	0	0	0	0	0	0	0	0	0	0
pClusterDriftDamping	0	0	0	0	0	0	0	0	0	0	0	0	0	0	0	0	0	0	0	0	0	0	0	0	0	0	0	0	0	0	1	0	0	0	0	0	0	0	0	0	0	0
pdAcceptedStartupRange	0	0	0	0	0	0	0	0	0	0	0	0	0	0	0	0	0	0	0	0	0	0	0	0	0	0	0	0	0	0	1	0	0	0	0	0	0	0	0	0	0	0
pdBDRx[A]	0	0	0	0	0	0	0	0	0	0	0	0	0	0	0	0	0	0	0	0	0	0	0	0	0	0	0	0	0	0	0	0	0	0	0	0	0	0	0	0	0	0
pdBDRx[B]	0	0	0	0	0	0	0	0	0	0	0	0	0	0	0	0	0	0	0	0	0	0	0	0	0	0	0	0	0	0	0	0	0	0	0	0	0	0	0	0	0	0
pdBDTx[A]	0	0	0	0	0	0	0	0	0	0	0	0	0	0	0	0	0	0	0	0	0	0	0	0	0	0	0	0	0	0	0	0	0	0	0	0	0	0	0	0	0	0
pdBDTx[B]	0	0	0	0	0	0	0	0	0	0	0	0	0	0	0	0	0	0	0	0	0	0	0	0	0	0	0	0	0	0	0	0	0	0	0	0	0	0	0	0	0	0
pDecodingCorrection	0	1	0	0	0	0	0	0	0	0	0	0	0	0	0	0	0	0	0	0	0	0	0	0	0	0	0	0	0	0	0	0	0	0	0	0	0	0	0	0	0	0
pDelayCompensation[A]	0	0	0	0	0	0	0	0	0	0	0	0	0	0	0	0	0	0	0	0	0	0	0	0	0	0	0	0	0	0	0	0	0	0	0	0	0	0	0	0	0	0
pDelayCompensation[B]	0	0	0	0	0	0	0	0	0	0	0	0	0	0	0	0	0	0	0	0	0	0	0	0	0	0	0	0	0	0	0	0	0	0	0	0	0	0	0	0	0	0
pdListenTimeout	0	0	0	0	0	0	0	0	0	0	0	0	0	0	0	0	0	0	0	0	0	0	0	0	0	0	0	0	0	1	0	0	0	0	0	0	0	0	0	0	0	0
pdMaxDrift	0	0	0	0	0	0	0	0	0	0	0	0	0	0	0	0	0	0	0	0	0	0	0	0	0	0	0	0	0	0	0	0	0	0	0	0	0	0	0	0	0	0
pdMicrotick	0	0	0	0	0	0	0	0	0	0	0	0	0	0	0	0	0	0	0	0	0	0	0	0	0	0	0	0	0	0	0	0	0	0	0	0	0	0	0	0	0	0
pdStarDelay[A] 1	0	0	0	0	0	0	0	0	0	0	0	0	0	0	0	0	0	0	0	0	0	0	0	0	0	0	0	0	0	0	0	0	0	0	0	0	0	0	0	0	0	0
pdStarDelay[A] 2	0	0	0	0	0	0	0	0	0	0	0	0	0	0	0	0	0	0	0	0	0	0	0	0	0	0	0	0	0	0	0	0	0	0	0	0	0	0	0	0	0	0
pdStarDelay[B] 1	0	0	0	0	0	0	0	0	0	0	0	0	0	0	0	0	0	0	0	0	0	0	0	0	0	0	0	0	0	0	0	0	0	0	0	0	0	0	0	0	0	0
pdStarDelay[B] 2	0	0	0	0	0	0	0	0	0	0	0	0	0	0	0	0	0	0	0	0	0	0	0	0	0	0	0	0	0	0	0	0	0	0	0	0	0	0	0	0	0	0
pExternOffsetCorrection	0	0	0	0	0	0	0	0	0	0	0	0	0	0	0	0	0	0	0	0	0	0	0	0	0	0	0	0	0	0	0	0	0	0	0	0	0	0	0	0	0	0
pExternRateCorrection	0	0	0	0	0	0	0	0	0	0	0	0	0	0	0	0	0	0	0	0	0	0	0	0	0	0	0	0	0	0	0	0	0	0	0	0	0	0	0	0	0	0
pLatestTx	0	0	0	0	0	0	0	0	1	0	0	0	0	0	0	0	0	0	0	0	0	0	0	0	0	0	0	0	0	0	0	0	0	0	0	0	0	0	0	0	0	0
pMacroInitialOffset[A]	0	0	0	0	0	0	0	0	0	0	0	0	0	0	0	0	0	0	0	0	0	0	0	0	0	1	1	0	0	0	0	0	0	0	0	0	0	0	0	0	0	0
pMacroInitialOffset[B]	0	0	0	0	0	0	0	0	0	0	0	0	0	0	0	0	0	0	0	0	0	0	0	0	0	1	0	1	0	0	0	0	0	0	0	0	0	0	0	0	0	0
pMicroInitialOffset[A]	0	0	0	0	0	0	0	0	0	0	0	0	0	0	0	0	0	0	0	0	0	0	0	0	0	1	1	0	0	0	0	0	0	0	0	0	0	0	0	0	0	0
pMicroInitialOffset[B]	0	0	0	0	0	0	0	0	0	0	0	0	0	0	0	0	0	0	0	0	0	0	0	0	0	1	0	1	0	0	0	0	0	0	0	0	0	0	0	0	0	0
pMicroInitialOffset[A]	0	0	0	0	0	0	0	0	0	0	0	0	0	1	0	0	0	0	0	0	0	0	0	0	0	0	0	0	0	0	1	0	0	0	0	0	0	0	0	0	0	0
pMicroInitialOffset[B]	0	0	0	0	0	0	0	0	0	0	0	0	0	1	0	0	0	0	0	0	0	0	0	0	0	0	0	0	0	0	1	0	0	0	0	0	0	0	0	0	0	0
pMicroPerCycle	0	0	0	0	0	0	0	0	0	0	0	0	0	0	0	0	0	0	0	0	0	0	0	0	0	0	0	0	0	0	1	0	0	0	0	0	0	0	0	0	0	0
pMicroPerCycle	0	0	0	0	0	0	0	0	0	0	0	0	0	0	0	0	0	0	0	0	0	0	0	0	0	0	0	0	0	0	0	0	0	0	0	0	0	0	0	0	0	0
pMicroPerCycle	0	0	0	0	0	0	0	0	0	0	0	0	0	0	0	0	0	0	0	0	0	0	0	0	0	0	0	0	0	0	1	0	0	0	0	0	0	0	0	0	0	0
pMicroPerMacroNom	0	0	0	0	0	0	0	0	0	0	0	0	0	0	0	0	0	0	0	0	0	0	0	0	0	0	0	0	0	0	1	0	0	0	0	0	0	0	0	0	0	0
pMicroPerMacroNom	0	0	0	0	0	0	0	1	0	0	0	0	0	0	0	0	0	0	0	0	0	0	0	0	0	0	0	0	0	0	0	0	0	0	0	0	0	0	0	0	0	0
pOffsetCorrectionOut	0	0	0	0	0	0	0	0	0	0	1	0	0	0	0	0	0	0	0	0	0	0	0	0	0	0	0	0	0	0	1	0	0	0	0	0	0	0	0	0	0	0
pPayloadLengthDynMax	0	0	0	0	0	0	0	0	0	0	0	0	0	0	0	0	0	0	0	0	0	0	0	0	0	0	0	0	0	0	0	0	0	0	0	0	0	0	0	0	0	0
pRateCorrectionOut	0	0	0	0	0	0	0	0	0	0	0	0	0	0	0	0	0	0	0	0	0	0	0	0	0	0	0	0	0	0	0	0	0	0	0	0	0	0	0	0	0	0
pSamplesPerMicrotick	0	0	0	0	0	0	0	0	0	0	0	0	0	0	0	0	0	0	0	0	0	0	0	0	0	0	0	0	0	0	0	0	0	0	0	0	0	0	0	0	0	0

Abbildung A.11.: Adjazenzmatrix zur Parameterüberprüfung Teil II

0	pMicroInitialOffset[A]	pMicroInitialOffset[B]	pMicroPerCycle	pMicroPerCycle	pMicroPerCycle	pMicroPerMacroNom	pMicroPerMacroNom	pOffsetCorrectionOut	pPayloadLengthDynMax	pRateCorrectionOut	pSamplesPerMicrotick	0
aBestCasePrecision	0	0	0	0	0	0	0	0	0	0	0	Formel 4
adActionPointDifference	0	0	0	0	0	0	0	0	0	0	0	Formel 12
adActionPointDifference	0	0	0	0	0	0	0	0	0	0	0	Formel 12
adOffsetCorrection	0	0	0	0	0	0	0	0	0	0	0	Formel 17
adRemOffsetCalculation	0	0	0	0	0	0	0	0	0	0	0	Formel 15
adRemRateCalculation	0	0	0	0	0	0	0	0	0	0	0	Formel 18
adTxMax	0	0	0	0	0	0	0	0	0	0	0	Formel 1
aFrameLength	0	0	0	0	0	0	0	0	0	0	0	Formel 9
aFrameLengthDynamic	0	0	0	0	0	0	0	0	0	0	0	Formel 19
aFrameLengthStatic	0	0	0	0	0	0	0	0	0	0	0	Formel 10
aMinislotPerDynamicFrame	0	0	0	0	0	0	0	0	0	0	0	Formel 13
aPayloadLength	0	0	0	0	0	0	0	0	0	0	0	Formel 10
aPayloadLength	0	0	0	0	0	0	0	0	1	0	0	Formel 19
aWorstCasePrecision	0	0	0	0	0	0	0	0	0	0	0	Formel 3
dBDRxai	0	0	0	0	0	0	0	0	0	0	0	0
dBDRxia	0	0	0	0	0	0	0	0	0	0	0	0
dStarTruncation	0	0	0	0	0	0	0	0	0	0	0	0
gAssumedPrecision	0	0	0	0	0	0	0	0	0	0	0	Constraint 4
gAssumedPrecision	0	0	0	0	0	0	0	0	0	0	0	Formel 5
gClusterDriftDamping	0	0	0	0	0	0	0	0	0	0	0	0
gdActionPointOffset	0	0	0	0	0	0	0	0	0	0	0	Constraint 11
gdActionPointOffset	0	0	0	0	0	0	0	0	0	0	0	Constraint 12
gdBit	0	0	0	0	0	0	0	0	0	0	0	Formel 7
gdBitMax	0	0	0	0	0	0	0	0	0	0	0	0
gdBitMin	0	0	0	0	0	0	0	0	0	0	0	0
gdCASRxLowMax	0	0	0	0	0	0	0	0	0	0	0	Constraint 38
gdCycle	0	0	0	0	0	0	0	0	0	0	0	0
gdDynamicSlotIdlePhase	0	0	0	0	0	0	0	0	0	0	0	Constraint 20
gdMacrotick	0	0	0	0	0	0	0	0	0	0	0	Constraint 6
gdMacrotick	0	0	0	0	0	0	0	0	0	0	0	Constraint 7
gdMacrotick	0	0	0	0	0	0	0	0	0	0	0	Constraint 17
gdMaxInitializationError	0	0	0	0	0	0	0	0	0	0	0	Constraint 8
gdMaxMicrotick	0	0	0	0	0	0	0	0	0	0	0	Formel 2
gdMaxPropagationDelay	0	0	0	0	0	0	0	0	0	0	0	Constraint 3
gdMaxPropagationDelay[A]	0	0	0	0	0	0	0	0	0	0	0	Constraint 3
gdMaxPropagationDelay[B]	0	0	0	0	0	0	0	0	0	0	0	Constraint 3
gdMinislot	0	0	0	0	0	0	0	0	0	0	0	Constraint 14
gdMinislotActionPointOffset	0	0	0	0	0	0	0	0	0	0	0	Constraint 13
gdMinPropagationDelay	0	0	0	0	0	0	0	0	0	0	0	0
gdNIT	0	0	0	0	0	0	0	0	0	0	0	Constraint 27
gdSampleClockPeriod	0	0	0	0	0	0	0	0	0	0	0	0
gdStaticSlot	0	0	0	0	0	0	0	0	0	0	0	Constraint 15
gdSymbolWindow	0	0	0	0	0	0	0	0	0	0	0	Constraint 16
gdTSSTransmitter	0	0	0	0	0	0	0	0	0	0	0	Constraint 37
gdWakeupSymbolRxIdle	0	0	0	0	0	0	0	0	0	0	0	Constraint 41
gdWakeupSymbolRxLow	0	0	0	0	0	0	0	0	0	0	0	Constraint 42
gdWakeupSymbolRxWindow	0	0	0	0	0	0	0	0	0	0	0	Constraint 43
gdWakeupSymbolTxIdle	0	0	0	0	0	0	0	0	0	0	0	Constraint 39
gdWakeupSymbolTxLow	0	0	0	0	0	0	0	0	0	0	0	Constraint 40
gMacroPerCycle	0	0	0	0	0	0	0	0	0	0	0	Constraint 18
gNumberOfMinislots	0	0	0	0	0	0	0	0	0	0	0	Constraint 21
gNumberOfStaticSlots	0	0	0	0	0	0	0	0	0	0	0	0
gOffsetCorrectionMax	0	0	0	0	0	0	0	0	0	0	0	Constraint 23
gOffsetCorrectionMax	0	0	0	0	0	0	0	0	0	0	0	Constraint 24
gOffsetCorrectionStart	0	0	0	0	0	0	0	0	0	0	0	Constraint 26
gPayloadLengthStatic	0	0	0	0	0	0	0	0	0	0	0	0
LineLength[A]	0	0	0	0	0	0	0	0	0	0	0	0
LineLength[B]	0	0	0	0	0	0	0	0	0	0	0	0
nStar[A]	0	0	0	0	0	0	0	0	0	0	0	0
nStar[B]	0	0	0	0	0	0	0	0	0	0	0	0
nStarPath	0	0	0	0	0	0	0	0	0	0	0	0
pClusterDriftDamping	0	0	0	0	0	0	0	0	0	0	0	Constraint 10
pdAcceptedStartupRange	0	0	0	0	0	0	0	0	0	0	0	Constraint 9
pdBDRx[A]	0	0	0	0	0	0	0	0	0	0	0	0
pdBDRx[B]	0	0	0	0	0	0	0	0	0	0	0	0
pdBDTx[A]	0	0	0	0	0	0	0	0	0	0	0	0
pdBDTx[B]	0	0	0	0	0	0	0	0	0	0	0	0
pDecodingCorrection	0	0	0	0	0	0	0	0	0	0	1	Constraint 32
pDelayCompensation[A]	0	0	0	0	0	0	0	0	0	0	0	0
pDelayCompensation[B]	0	0	0	0	0	0	0	0	0	0	0	0
pdListenTimeout	0	0	1	0	0	0	0	0	0	0	0	Constraint 31
pdMaxDrift	0	0	1	0	0	0	0	0	0	0	0	Constraint 30
pdMicrotick	0	0	0	0	0	0	0	0	0	0	1	Formel 6
pdStarDelay[A] 1	0	0	0	0	0	0	0	0	0	0	0	0
pdStarDelay[A] 2	0	0	0	0	0	0	0	0	0	0	0	0
pdStarDelay[B] 1	0	0	0	0	0	0	0	0	0	0	0	0
pdStarDelay[B] 2	0	0	0	0	0	0	0	0	0	0	0	0
pExternOffsetCorrection	0	0	0	0	0	0	0	1	0	0	0	Constraint 29
pExternRateCorrection	0	0	0	0	0	0	0	0	0	1	0	Constraint 28
pLatestTx	0	0	0	0	0	0	0	0	0	0	0	Constraint 36
pMacroInitialOffset[A]	0	0	0	0	0	1	0	0	0	0	0	Constraint 33
pMacroInitialOffset[B]	0	0	0	0	0	1	0	0	0	0	0	Constraint 33
pMicroInitialOffset[A]	0	0	0	0	0	1	0	0	0	0	0	Constraint 34
pMicroInitialOffset[B]	0	0	0	0	0	1	0	0	0	0	0	Constraint 34
pMicroInitialOffset[A]	0	0	0	0	0	0	0	0	0	0	0	Constraint 35
pMicroInitialOffset[B]	0	0	0	0	0	0	0	0	0	0	0	Constraint 35
pMicroPerCycle	0	0	0	0	0	0	0	0	0	0	0	Constraint 19
pMicroPerCycle	0	0	0	0	0	1	0	0	0	0	0	Formel 11
pMicroPerCycle	0	0	0	0	0	1	0	0	0	0	0	Formel 11
pMicroPerMacroNom	0	0	0	0	0	0	0	0	0	0	0	Formel 8
pMicroPerMacroNom	0	0	1	0	0	0	0	0	0	0	0	Formel 8
pOffsetCorrectionOut	0	0	0	0	0	0	0	0	0	0	0	Constraint 25
pPayloadLengthDynMax	0	0	0	0	0	0	0	0	0	0	0	0
pRateCorrectionOut	0	0	1	0	0	0	0	0	0	0	0	Constraint 22
pSamplesPerMicrotick	0	0	0	0	0	0	0	0	0	0	0	0

Abbildung A.12.: Adjazenzmatrix zur Parameterüberprüfung Teil III

Abbildungsverzeichnis

Tabellenverzeichnis

Liste der Algorithmen

Literatur- und Quellennachweise

[1] *ISO / IEC 7498-1 Information technology - Open Systems Interconnection - Basic Reference Model : The Basic Model*, 1994.

[2] *ISO 17356-1 Road vehicles - Open interface for embedded automotive applications*, 2005.

[3] *Elektronik*. In: SEIFFERT, U. und G. RAINER (Hrsg.): *Virtuelle Produktentstehung für Fahrzeug und Antrieb im Kfz*, S. 99–153. Vieweg+Teubner, 2008. 10.1007/978-3-8348-9479-3_2.

[4] *ISO 26262 Road vehicles – Functional safety*, Juni 2011.

[5] *lp_solve reference guide*. URL: http://lpsolve.sourceforge.net/5.5/, Apr. 2011.

[6] ADLER, N., D. GEBAUER, C. REICHMANN und K. D. MÜLLER-GLASER: *Modellbasierte Erfassung von Optimierungsaktivitäten als Grundlage zur Systemoptimierung von Elektrik-/Elektronik-Architekturen*. In: *14. Workshop Methoden und Beschreibungssprachen zur Modellierung und Verifikation von Schaltungen und Systemen 2011, OFFIS - Institut für Informatik, Oldenburg*, 2011.

[7] ALAN und COLVIN: *CSMA with collision avoidance*. Computer Communications, 6(5):227 – 235, 1983.

[8] ALBERT, A.: *Comparison of Event-Triggered and Time-Triggered Concepts with Regard to Distributed Control Systems*. Embedded World 2004, S. 235–252, 2004.

[9] AQUINTOS GMBH : *E/E-Architekturwerkzeug PREEvision*, 2011.

[10] AQUINTOS GMBH: *Aquintos Hompage*, 2010.

[11] ASAM E.V.: *FIBEX - Field Bus Exchange Format*. Association for Standardisation of Automation and Measuring Systems, Version 3.0 Aufl., Jan. 2008.

[12] ASSOCIATION FOR STANDARDIZATION OF AUTOMATION AND MEASURING SYSTEMS, 2011.

[13] ATESST2 CONSORTIUM: *EAST-ADL Domain Model Specification*, 2.1 RC3 Aufl., Juni 2010.

[14] ATESST2 CONSORTIUM: *Project Presentation*, Juni 2010.

[15] AUDI AG: *Audi A8 '10 Bordnetz und Vernetzung*, Nov. 2009.

[16] AUTOSAR DEVELOPMENT PARTNERSHIP: *Specification of ECU Configuration*, Release 3.0 Version 2.0.2 Aufl., 2008.

[17] AUTOSAR KONSORTIUM: *Specification of FlexRay Interface*, Dez. 2009. V3.1.0 R4.0 Rev 1.

[18] AUTOSAR KONSORTIUM: *Automotive Open System Architecture Specification*, Mai 2011. Release 4.0.

[19] BERWANGER, J., M. PELLER und R. GRIESSBACH: *Byteflight - A New High-Performance Data Bus System for Safety-Related Applications*. 2000.

[20] BERWANGER, J., M. PELLER und R. GRIESSBACH: *Byteflight - a new protocol for safety critical applications*. In: *FISITA World Automotive Congress*, Seoul, 2000.

[21] BERWANGER, J., A. SCHEDL und M. PELLER: *BMW – First Series Cars with FlexRay in 2006*. Hanser Automotive, S. 6–8, 2005.

[22] BMW GROUP (Hrsg.): *Der neue BMW 7er: Entwicklung und Technik*. ATZ /MTZ-Typenbuch. Vieweg+Teubner, Apr. 2009.

[23] BRÜHNING, E. und A. SEECK: *Bewertungen – Der Sicherheits- gewinn bisher entwickelter Fahrerassistenzsysteme und ein Blick in die Zukunft*. Fahrerassistenzsysteme – Innovationen im Dienste der Sicherheit, S. 18–22, Sep. 2006.

[24] BROY, J.: *Modellbasierte Entwicklung und Optimierung flexibler zeitgesteuerter Architekturen im Fahrzeugserienbereich (TBP)*. Doktorarbeit, 2010.

[25] BRUCKMEIER, R.: *Ethernet for Automotive Applications*. Freescale Technology Forum, Juni 2010.

[26] CENA, G. und A. VALENZANO: *Performance analysis of Byteflight networks*. In: *Factory Communication Systems, 2004. Proceedings. 2004 IEEE International Workshop on*, S. 157 – 166, sept. 2004.

[27] CLAUS, V. (Hrsg.): *Duden Informatik A - Z : Fachlexikon für Studium, Ausbildung und Beruf*. Dudenverl., Mannheim, 4. Aufl. Aufl., 2006. Früher u.d.T.: Duden Informatik.

[28] CORMEN, T. H., C. E. LEISERSON, R. L. RIVEST und C. STEIN: *Algorithmen - Eine Einführung*. Oldenbourg Wissensch.Vlg, 2007.

[29] CUENOT, P., D. J. CHEN, S. GERARD, H. LONN, M.-O. REISER, D. SERVAT, C.-J. SJOSTEDT, R. KOLAGARI, M. TORNGREN und M. WEBER: *Managing Complexity of Automotive Electronics Using the EAST-ADL*. In: *Engineering Complex Computer Systems, 2007. 12th IEEE International Conference on*, S. 353 –358, july 2007.

[30] DAHLHAUS, E., D. S. JOHNSON, C. H. PAPADIMITRIOU, P. D. SEYMOUR und M. YANNAKAKIS: *The Complexity of Multiterminal Cuts*. SIAM J. Comput., 23:864–894, August 1994.

[31] DAS, S., A. ABRAHAM und A. KONAR: *Metaheuristic Clustering (Studies in Computational Intelligence)*. Springer, 2010.

[32] DAVIS, R., A. BURNS, R. BRIL und J. LUKKIEN: *Controller Area Network (CAN) schedulability analysis: Refuted, revisited and revised*. Real-Time Systems, 35:239–272, 2007. 10.1007/s11241-007-9012-7.

[33] DEUTSCHER VERKEHRSSICHERHEITSRAT E.V.: *Was leisten Fahrerassistenzsysteme?*. Bonn, 2010.

[34] DIEKER, S.: *Datenstrukturen und Algorithmen*. Teubner B.G. GmbH, 2004.

[35] DING, S., N. MURAKAMI und H. TOMIYAMA: *A GA-based scheduling method for FlexRay systems*. In: *EMSOFT '05: Proceedings of the 5th ACM international*, S. 110–113, New York, NY, USA, 2005. ACM.

[36] DSPACE GMBH: *dSPACE SystemDesk 3.0*, Jan. 2011.

[37] EBERLE, S., C. EBNER, W. ELMENREICH, G. FÄRBER, P. GÖHNER, W. HAIDINGER, M. HOLZMANN, R. HUBER, R. SCHLATTERBECK, H. KOPETZ und A. STOTHERT: *Specification of the TTP/A Protocol*. Research Report 61/2001, Technische Universität Wien, Institut für Technische Informatik, Treitlstr. 1-3/182-1, 1040 Vienna, Austria, 2001.

[38] EBERSPÄCHER ELECTRONICS: *FlexEntry Evaluierungsplattform*, 2009.

[39] ECLIPSE FOUNDATION: *Workbench User Guide*, 2011.

[40] ENGELS, H.: *CAN-Bus : Feldbusse im Überblick, CAN-Bus-Protokolle, CAN-Bus-Messtechnik, Anwendungen; [CAN-BUS-Technik einfach, anschaulich und praxisnah vorgestellt; mit TTCAN]*. Franzis, Poing, 2., überarb. Aufl., 2002.

[41] FIDUCCIA, C. M. und R. M. MATTHEYSES: *A linear-time heuristic for improving network partitions*. In: *Proceedings of the 19th Design Automation Conference*, DAC '82, S. 175–181, Piscataway, NJ, USA, 1982. IEEE Press.

[42] FLEXRAY CONSORTIUM: *FlexRay Communications System - Protocol Specification Version 2.1*, Dez. 2005. Version 2.1 Revision A.

[43] FLEXRAY CONSORTIUM: *FlexRay Communications System - Electrical Physical Layer Specification*, V2.1 Revision B Aufl., Nov. 2006.

[44] FLEXRAY CONSORTIUM: *FlexRay Communications System - FlexRay Electrical Physical Layer Application Notes*, Version 2.1 Revision B Aufl., Nov. 2006.

[45] FREESCALE SEMICONDUCTOR: *MFR4300 Data Sheet (Rev. 3, April 2007)*, 2007.
http://www.freescale.com/files/peripherals_coprocessors/doc/data_sheet/MFR4300.pdf.

[46] FREESCALE SEMICONDUCTOR: *MFR4310 Reference Manual*, März 2008.

[47] FRISCHKORN, H.-G., H. NEGELE und J. MEISENZAHL: *The Need for Sys-*

tems Engineering. An Automotive Project Perspective. In: *2nd European Systems Engineering Conference (EuSEC)*, Sep. 2000.

[48] FUJITSU MICROELECTRONICS EUROPE GMBH: *MB88121 FlexRay Communication Controller Factsheet (Nov. 2006)*, 2006.

[49] FUJITSU SEMICONDUCTOR: *FlexRay ASSP MB88121B User's Manual*, Okt. 2007.

[50] FUJITSU SEMICONDUCTOR: *FlexRay - A key element in Fujitsu's automotive strategy*, 2010.

[51] GAREY, M. R. und D. S. JOHNSON: *Computers and Intractability; A Guide to the Theory of NP-Completeness.* W. H. Freeman & Co., New York, NY, USA, 1990.

[52] GEN, M. und R. CHENG: *Genetic Algorithms and Engineering Optimization (Engineering Design and Automation).* Wiley-Interscience, 1. Aufl., Jan. 2000.

[53] GLOVER, F. W. und M. LAGUNA: *Tabu Search.* Springer, 1998.

[54] GOLDSCHMIDT, O. und D. HOCHBAUM: *Polynomial algorithm for the k-cut problem.* Foundations of Computer Science, Annual IEEE Symposium on, 0:444–451, 1988.

[55] GRAF, P.: *Entwurf eingebetteter Systeme: Ausführbare Modelle und Fehlersuche.* Doktorarbeit, Karlsruher Insitut für Technologie, Fakultät für Elektrotechnik und Informationstechnik, 2008.

[56] GRAHAM, R. L.: *Bounds on multiprocessing anomalies and related packing algorithms.* In: *Proceedings of the May 16-18, 1972, spring joint computer conference*, AFIPS '72 (Spring), S. 205–217, New York, NY, USA, 1972. ACM.

[57] GRIESSBACH, R., J. BERWANGER und M. PELLER: *byteflight - neues Hochleistungs-Datenbussystem für sicherheitsrelevante Anwendung.* Sonderausgabe ATZ und MTZ, S. 60–67, Jan. 2000.

[58] HAGIESCU, A., U. D. BORDOLOI, S. CHAKRABORTY, P. SAMPATH, P. V. V. GANESAN und S. RAMESH: *Performance Analysis of FlexRay-based ECU Networks.* In: *Design Automation Conference, 2007. DAC '07. 44th ACM/IEEE*, S. 284–289, 2007.

[59] HELLER, C., J. SCHALK, S. SCHNEELE und R. REICHEL: *Approaching the Limits of FlexRay.* In: *Proc. Seventh IEEE International Symposium on Network Computing and Applications NCA '08*, S. 205–210, 2008.

[60] HIETL, H., J. KÖTZ und G. LINN: *FlexRay-Serieneinführung bei Audi.* Elektronik Automotive, Feb. 2007.

[61] IBM: *ILOG CPLEX Optimizer.* URL: http://www-01.ibm.com/software/integration/optimization/cplex-optimizer/, Apr. 2011.

[62] ISO/IEC: *International Standard ISO/IEC 7498-1 Information technology - Open Systems Interconnection - Basic Reference Model: The Basic Model*. ISO/IEC, Switzerland, Corrected and reprinted 1996-06-15 Aufl., 1994.

[63] JANSEN, K. und R. SOLIS-OBA: *An asymptotic fully polynomial time approximation scheme for bin covering*. Theoretical Computer Science, 306(1-3):543 – 551, 2003.

[64] JUNG, K.-H., M.-G. SONG, D. IK LEE und S.-H. JIN: *Priority-based scheduling of dynamic segment in FlexRay network*. In: *Control, Automation and Systems, 2008. ICCAS 2008. International Conference on*, S. 1036 –1041, oct. 2008.

[65] KARP, R. M.: *Reducibility Among Combinatorial Problems*. In: JÜNGER, M., T. M. LIEBLING, D. NADDEF, G. L. NEMHAUSER, W. R. PULLEYBLANK, G. REINELT, G. RINALDI und L. A. WOLSEY (Hrsg.): *50 Years of Integer Programming 1958-2008*, S. 219–241. Springer Berlin Heidelberg, 2010.

[66] KELLY, S. und J.-P. TOLVANEN: *Domain-Specific Modeling: Enabling Full Code Generation*. Wiley-IEEE Computer Society Press, 2008.

[67] KIM, B. und K. PARK: *Analysis of frame delay probability in the FlexRay dynamic segment*. In: *Proc. 6th IEEE International Conference on Industrial Informatics INDIN 2008*, S. 1519–1522, 2008.

[68] KOPETZ, H.: *Why time-triggered architectures will succeed in large hard real-time systems*. In: *Distributed Computing Systems, 1995., Proceedings of the Fifth IEEE Computer Society Workshop on Future Trends of*, S. 2–9, 1995.

[69] KOPETZ, H.: *The time-triggered architecture*. In: *Proc. First International Symposium on Object-Oriented Real-Time Distributed Computing (ISORC 98)*, S. 22–29, 20–22 April 1998.

[70] KOPETZ, H.: *Real-Time Systems: Design Principles for Distributed Embedded Applications (Real-Time Systems Series)*. Springer, 2011.

[71] KOPETZ, H. und G. GRUNSTEIDL: *TTP - A protocol for fault-tolerant real-time systems*. Computer, 27(1):14 –23, Jan. 1994.

[72] KORTE, B. und J. VYGEN: *Kombinatorische Optimierung: Theorie und Algorithmen*. Springer, 1. Aufl., Sep. 2008.

[73] KRINGS, S. (Hrsg.): *Statistisches Jahrbuch 2010*. Statistisches Bundesamt, Wiesbaden, 2010.

[74] LAARHOVEN, P. VAN und E. AARTS: *Simulated Annealing: Theory and Applications (Mathematics and Its Applications)*. Springer, 1987.

[75] LABBÉ, M., G. LAPORTE und S. MARTELLO: *An exact algorithm for the dual bin packing problem*. Operations Research Letters, 17(1):9 – 18, 1995.

[76] LIN-CONSORTIUM: *LIN Specification Package*, Revision 2.1 Aufl., Nov. 2006.

[77] LIN-CONSORTIUM: *LIN-Subbus Technical Overview*, 2008.

[78] LINEAR TECHNOLOGY CORPORATION: *LTC2850/LTC2851/LTC2852 - 3.3V 20Mbps RS485/RS422 Transceivers*, 2007.

[79] LORINSER, A., C. SCHLEGEL und T. A. H. M. SUTERS: *CAN Controller Area Network. Grundlagen, Protokolle, Bausteine, Anwendungen*. Hanser Fachbuch, Januar 2000.

[80] LUBKOLL, J., U. STRAUSS, N. POLLAKIS und O. STROBEL: *FlexRay with polymer-clad-silica fiber as transmitting medium in aviation electronics*. In: *Mediterranean Winter, 2008. ICTON-MW 2008. 2nd ICTON*, S. 1 –4, Dez. 2008.

[81] LUKASIEWYCZ, M., M. GLASS, J. TEICH und P. MILBREDT: *FlexRay schedule optimization of the static segment*. In: *CODES+ISSS '09: Proceedings of the 7th IEEE/ACM international conference on Hardware/software codesign and system synthesis*, S. 363–372, New York, NY, USA, 2009. ACM.

[82] LUNDELIUS, J. und N. LYNCH: *A new fault-tolerant algorithm for clock synchronization*. In: *PODC '84: Proceedings of the third annual ACM symposium on Principles of distributed computing*, S. 75–88, New York, NY, USA, 1984. ACM.

[83] MARTELLO, S. und P. TOTH: *Knapsack problems: algorithms and computer implementations*. John Wiley & Sons, Inc., New York, NY, USA, 1990.

[84] MATHEIS, J.: *Abstraktionsebenenübergreifende Darstellung von Elektrik/Elektronik-Architekturen in Kraftfahrzeugen zur Ableitung von Sicherheitszielen nach ISO 26262*. Doktorarbeit, Fakultät für Elektrotechnilk und Informationstechnik, Karlsruher Institut für Technologie (KIT), 2010.

[85] MÉDARD, M. und S. S. LUMETTA: *Network Reliability and Fault Tolerance*. John Wiley & Sons, Inc., 2003.

[86] MENTOR GRAPHICS: *Electrical Systems Design, Analysis and Harness Engineering with CHS*, 2010.

[87] MENTOR GRAPHICS: *SystemVision*, 2010.

[88] MILBREDT, P.: *Entwicklung eines intelligenten FlexRay-Sternkopplers*, Mai 2010.

[89] MOST COOPERATION: *MOST Specification*. MOST Cooperation, 07 2010. Rev. 3.0 E2.

[90] OBJECT MANAGEMENT GROUP: *OMG Systems Modeling Language (OMG SysML)*, Juni 2010. Version 1.2.

[91] OBJECT MANAGEMENT GROUP: *OMG Unified Modeling Language (OMG UML), Infrastructure*, Mai 2010. Version 2.3.

[92] OSEK GROUP: *OSEK/VDX Binding Specification*, Juli 2004. Version 1.4.2.

[93] PHILIPS SEMICONDUCTORS: *SJA1000 - Stand-alone CAN controller*, Jan. 2000.

[94] PHILIPS SEMICONDUCTORS: *TJA1080 FlexRay transceiver*, July 2006. Rev. 01.

[95] POP, P., P. ELES und Z. PENG: *Schedulability-driven communication synthesis for time triggered embedded systems*. In: *Real-Time Computing Systems and Applications, 1999. RTCSA '99. Sixth International Conference on*, S. 287–294, 13-15 Dec. 1999.

[96] POP, P., P. ELES und Z. PENG: *Bus access optimization for distributed embedded systems based on schedulability analysis*. In: *Design, Automation and Test in Europe Conference and Exhibition 2000. Proceedings*, S. 567–574, 27-30 March 2000.

[97] POP, T., P. ELES und Z. PENG: *Schedulability analysis for distributed heterogeneous time/event triggered real-time systems*. In: *Real-Time Systems, 2003. Proceedings. 15th Euromicro Conference on*, S. 257 – 266, july 2003.

[98] POP, T., P. POP, P. ELES, Z. PENG und A. ANDREI: *Timing analysis of the FlexRay communication protocol*. In: *Real-Time Systems, 2006. 18th Euromicro Conference on*, S. 11 pp.–, 2006.

[99] RAJNAK, A. und A. KUMAR: *Computer-aided architecture design & optimized implementation of distributed automotive EE systems*. In: *Proceedings of the 44th annual Design Automation Conference*, DAC '07, S. 556–561, New York, NY, USA, 2007. ACM.

[100] RAUSCH, M.: *FlexRay : Grundlagen, Funktionsweise, Anwendung; mit 59 Tabellen*. Hanser, München, Wien, 2008.

[101] REICHART, G.: *Interview : Der Status von FlexRay bei BMW*. Elektronik Automotive, Okt. 2007.

[102] REICHELT, S., K. SCHMIDT, F. GESELE, N. SEIDLER und W. HARDT: *Nutzung von FlexRay als zeitgesteuertes automobiles Bussystem im AUTOSAR-Umfeld*. In: BRAUER, W., P. HOLLECZEK und B. VOGEL-HEUSER (Hrsg.): *Mobilität und Echtzeit*, Informatik aktuell, S. 79–87. Springer Berlin Heidelberg, 2008.

[103] RINGLER, T. K.: *Entwicklung und Analyse zeitgesteuerter Systeme*. Doktorarbeit, Universität Stuttgart, 2001.

[104] ROBERT BOSCH GMBH: *CAN Specification*. Stuttgart, 2 Aufl., September 1991.

[105] ROBERT BOSCH GMBH: *TTCAN IP Module User's Manual*. Automotive Electronics Semiconductors and Integrated Circuits Digital CMOS Design Group, Revision 1.6 Aufl., Nov. 2002.

[106] ROBERT BOSCH GMBH: *E-Ray FlexRay IP-Module Users Manual*, November 2007. Rev. 1.2.6.

[107] SAMII, S., Y. YIN, Z. PENG, P. ELES und Y. ZHANG: *Immune Genetic Algorithms for Optimization of Task Priorities and FlexRay Frame Identifiers*. In: *Embedded and Real-Time Computing Systems and Applications, 2009. RTCSA '09. 15th IEEE International Conference on*, S. 486 –493, aug. 2009.

[108] SCHEDL, A.: *Design and Simulation of Clock Synchronization in Distributed Systems*. Doktorarbeit, Technische Universität Wien, Institut für Technische Informatik, Apr. 1996.

[109] SCHEDL, A.: *Goals and Architecture of FlexRay at BMW*. Vector FlexRay Symposium, März 2007.

[110] SCHMIDT, E. und K. SCHMIDT: *Message Scheduling for the FlexRay Protocol: The Dynamic Segment*. Vehicular Technology, IEEE Transactions on, 58(5):2160 –2169, jun 2009.

[111] SCHMIDT, K. und E. SCHMIDT: *Message Scheduling for the FlexRay Protocol: The Static Segment*. Vehicular Technology, IEEE Transactions on, 58(5):2170 –2179, jun 2009.

[112] SCHMIDT, K. und E. SCHMIDT: *Schedulability Analysis and Message Schedule Computation for the Dynamic Segment of FlexRay*. In: *Vehicular Technology Conference Fall (VTC 2010-Fall), 2010 IEEE 72nd*, S. 1 –5, Sep. 2010.

[113] SCHRIJVER, A.: *Theory of Linear and Integer Programming*. Wiley, 1998.

[114] SCHÄUFFELE, J. und T. ZURAWKA: *Automotive Software Engineering: Grundlagen, Prozesse, Methoden und Werkzeuge effizient einsetzen*. Vieweg+Teubner, 4. Aufl., Jan. 2010.

[115] STROBEL, O., R. REJEB und J. LUBKOLL: *Optical polymer and polymer-clad silica fiber data buses for automotive applications*. In: *Communication Systems Networks and Digital Signal Processing (CSNDSP), 2010 7th International Symposium on*, S. 693 –696, july 2010.

[116] SYNOPSYS: *Saber Automotive Design and Simulation*, 2006.

[117] TEICH, J. und C. HAUBELT: *Digitale Hardware/Software-Systeme: Synthese und Optimierung*. Springer, Berlin, 2 Aufl., 2007.

[118] TTA-GROUP: *Time-Triggered Protocol TTP/C - High-Level Specification Document - Protocol Version 1.1*, Jan. 2004. Version 1.5.2.

[119] TTTECH AUTOMOTIVE GMBH: *TTX Plan - Design and Scheduling*, 2009.

[120] VECTOR INFORMATIK GMBH: *CANdbLib - Programmierschnittstelle für den Zugriff auf CAN-Datenbanken*, Juni 2005.

[121] W3C (WORLD WIDE WEB CONSORTIUM): *Extensible Markup Language*

(XML) 1.0 (Fifth Edition), 26 November 2008 Aufl.

[122] WALLENTOWITZ, H. und K. REIF (Hrsg.): *Handbuch Kraftfahrzeugelektronik: Grundlagen, Komponenten, Systeme, Anwendungen*. Vieweg+Teubner Verlag, 1. Aufl., September 2006.

[123] WINNER, H., R. ISERMANN, H. HANSELKA und A. SCHÜRR: *Wann kommt By-Wire auch für Bremse und Lenkung?*. Steuerung und Regelung von Fahrzeugen und Motoren - AUTOREG 2004 : Tagung Wiesloch, 2. und 3. März 2004 VDI VDE-Gesellschaft Mess- und Automatisierungstechnik.- Düsseldorf : VDI-Verl., 2004.- 726 S.- (VDI-Berichte ; 1828).-ISBN: 3-18-091828-4.- S. 59-, Düsseldorf, Januar 2004. VDI-Verl.

[124] ZENG, H., A. GHOSAL und M. D. NATALE: *Timing Analysis and Optimization of FlexRay Dynamic Segment*. Computer and Information Technology, International Conference on, 0:1932–1939, 2010.

[125] ZIMMERMANN, H.: *OSI Reference Model–The ISO Model of Architecture for Open Systems Interconnection*. Communications, IEEE Transactions on, 28(4):425 – 432, apr 1980.

[126] ZIMMERMANN, W. und R. SCHMIDGALL: *Bussysteme in der Fahrzeugtechnik. Protokolle und Standards*. Vieweg+Teubner, 3. Aufl., September 2008.

Betreute studentische Arbeiten

[Adl08] ADLER, NICO: *Entwicklung eines FlexRay-Kommunikationsboards und Anbindung an einen Altera FPGA zur Parametrierung und Kommunikationssteuerung*. Diplomarbeit, Universität Karlsruhe (TH), Institut für Technik der Informationsverarbeitung (ITIV), September 2008.

[Bel10] BELAU, VLADIMIR: *Implementierung einer FMEA Methodik in die Modellierung von E/E-Architekturen im Automobilbereich mit PREEvision*. Studienarbeit, Karlsruher Institut für Technologie (KIT), Institut für Technik der Informationsverarbeitung (ITIV), Januar 2010.

[Dal11] DALAL, AZIZ: *Evaluation von Methoden und Werkzeugen zur Modellierung von Hardware-in-the-Loop Architekturen mit konfigurierbaren Teilsystemen*. Studienarbeit, Karlsruher Institut für Technologie (KIT), Institut für Technik der Informationsverarbeitung (ITIV), Februar 2011.

[Gau10] GAUDL, BENJAMIN: *Automatische Parameterberechnung für FlexRay Netzwerke basierend auf Benutzervorgaben*. Bachelorarbeit, Karlsruher Institut für Technologie (KIT), Institut für Technik der Informationsverarbeitung (ITIV), November 2010.

[Ger07] GERBER, TIMO: *Entwicklung einer Kommunikationsschnittstelle zum Austausch von Steuerungsdaten zwischen zwei Echtzeitrechnern in der Bühnentechnik*. Studienarbeit, Universität Karlsruhe (TH), Institut für Technik der Informationsverarbeitung (ITIV), November 2007.

[Glo11] GLOCK, THOMAS: *Methodische Beschreibung von Redundanz in Bezug auf ASIL Dekomposition nach ISO 26262 zur Erhöhung der funktionalen Sicherheit in Automobilen*. Studienarbeit, Karlsruher Institut für Technologie (KIT), Institut für Technik der Informationsverarbeitung (ITIV), April 2011.

[Gue08] GUEORGUIEV, BRANIMIR IVOV: *Entwicklung eines FPGA-Systems zur Empfang und zur Auswertung von FlexRay-Nachrichten auf Bitebene*. Diplomarbeit, Universität Karlsruhe (TH), Institut für Technik der Informationsverarbeitung (ITIV), Dezember 2008.

[Hö07] HÖSS, VERENA: *Entwicklung eines Steuerungs- und Überwachungssystems von Winden in der Bühnentechnik auf Basis einer PCI-FPGA-Karte*. Studienarbeit, Universität Karlsruhe (TH), Institut für Technik der Informationsverarbeitung (ITIV), November 2007.

[Hö08] HÖSS, VERENA: *Entwicklung eines FPGA-Systems zur Analyse und Auswertung von Clusterparametern einer FlexRay-Datenübertragung*. Diplomarbeit, Universität Karlsruhe (TH), Institut für Technik der Informationsverarbeitung (ITIV), Dezember 2008.

[Kli10] KLINDWORTH, KAI SÖNKE: *Automatische Auswahl von Bussystemen zur Kommunikation von Steuergeräten im Automobil*. Bachelorarbeit, Karlsruher Institut für Technologie (KIT), Institut für Technik der Informationsverarbeitung (ITIV), Mai 2010.

[Kra11] KRAMER, JOCHEN: *Evaluation und Perspektiven semantischer Netzwerke und Ontologien zur Unterstützung von Architekturentscheindungen in der Konzeptphase der Automobilentwicklung*. Studienarbeit, Karlsruher Institut für Technologie (KIT), Institut für Technik der Informationsverarbeitung (ITIV), Februar 2011.

[Kuh09] KUHN, DANIEL: *Entwurf eines FPGA-basierten System-on-Chip zur Kommunikation zwischen Prozessor und CAN / LIN / FlexRay Controllern*. Studienarbeit, Universität Karlsruhe (TH), Institut für Technik der Informationsverarbeitung (ITIV), Mai 2009.

[Lia09a] LIANG, ZHONGJIAN: *Entwurf eines domänenspezifischen E/E-Fahrzeugmodells mit PREEvision zur Konfiguration und Bewertung von Realisierungsalternativen*. Diplomarbeit, Karlsruher Institut für Technologie (KIT), Institut für Technik der Informationsverarbeitung (ITIV), November 2009.

[Lia09b] LIANG, ZHONGJIAN: *Model based automotive Electric/Electronic Architecture Design following FlexRay Bus Analysis and Information Extraction*. Studienarbeit, Universität Karlsruhe (TH), Institut für Technik der Informationsverarbeitung (ITIV), November 2009.

[Mü08] MÜLLER, MATTHIAS: *Entwicklung einer Kaffeeautomatensteuerung mit Authentifizierung über eine RFID-Karte zur automatischen, datenbankgestützten Abrechnung der Kaffeeausgabe über Ethernet*. Studienarbeit, Universität Karlsruhe (TH), Institut für Technik der Informationsverarbeitung (ITIV), Oktober 2008.

[Mat07] MATSUMOTO, AKIRA: *Enhancing an Electroc Power Steering (EPS) application by an X-by-Wire functionality using a FlexRay network*. Masterarbeit, Universität Karlsruhe (TH), Institut für Technik der Informationsverarbeitung (ITIV), Februar 2007.

[Min08] MINNE, THOMAS: *Entwicklung einer MySQL-Datenbankanbindung zur automatischen Abrechnung der Kaffeeausgabe über Ethernet und eines Web-Interface zur Administrierung der Benutzerkonten*. Studienarbeit, Universität Karlsruhe (TH), Institut für Technik der Informationsverarbeitung (ITIV), August 2008.

[Sie11] SIEBLER, BENJAMIN: *Konfguration des dynamischen FlexRay Segments.* Bachelorarbeit, Karlsruher Institut für Technologie (KIT), Institut für Technik der Informationsverarbeitung (ITIV), April 2011.

[vB09] BRUNN, PATRICK VON: *Konfiguration von time-triggered Bussystemen zur Kommunikation von Steuergeräten im Automobil.* Diplomarbeit, Universität Karlsruhe (TH), Institut für Technik der Informationsverarbeitung (ITIV), Dezember 2009.

[Vol07] VOLLMER, JÖRG: *Programmierung eines Treibers unter Windows zur Ansteuerung eine PCI-FPGA-Karte.* Studienarbeit, Universität Karlsruhe (TH), Institut für Technik der Informationsverarbeitung (ITIV), August 2007.

[Öz11] ÖZTÜRK, KUTLU CAGRI: *Dynamische Erweiterung der Konfiguration von FlexRay Parametern.* Studienarbeit, Karlsruher Institut für Technologie (KIT), Institut für Technik der Informationsverarbeitung (ITIV), März 2011.

[Zec07] ZECHMEISTER, STEFFEN: *Ansteuerung eines Frequenzumrichters über das CANOpen-Protokoll zur Positionierung von Antrieben in der Bühnentechnik.* Studienarbeit, Universität Karlsruhe (TH), Institut für Technik der Informationsverarbeitung (ITIV), Juli 2007.

[Zec09] ZECHMEISTER, STEFFEN: *Entwicklung eines programmierbaren Verzögerungssystems zur Timing-Analyse von FlexRay Busteilnehmern.* Diplomarbeit, Universität Karlsruhe (TH), Institut für Technik der Informationsverarbeitung (ITIV), April 2009.

Konferenzbeiträge

[BBH+06] BIESER, C., M. BAHLINGER, M. HEINZ, C. STOPS und K. D. MÜLLER-GLASER: *A Novel Partial Bitstream Merging Methodology Accelerating Xilinx Virtex-II FPGA Based RP System Setup.* Field Programmable Logic and Applications, 2006. FPL '06. International Conference on, Seiten 1–4, August 2006.

[HAMGP09] HEINZ, M., N. ADLER, K. D. MÜLLER-GLASER und R. PULS: *Untersuchungen zur Eignung von FlexRay für die Bühnentechnik.* In: *7. GI/GMM/ITG-Workshop Multi-Nature-Systems,* Seite 5. VDE, Februar 2009.

[HHA+10a] HILLENBRAND, M., M. HEINZ, N. ADLER, J. MATHEIS und K.D. MÜLLER-GLASER: *Failure mode and effect analysis based on electric and electronic architectures of vehicles to support the safety lifecycle ISO/DIS 26262.* In: *Rapid System Prototyping (RSP), 2010 21st IEEE International Symposium on,* Seiten 1 –7, Juni 2010.

[HHA+10b] HILLENBRAND, MARTIN, MATTHIAS HEINZ, NICO ADLER, KLAUS MÜLLER-GLASER, JOHANNES MATHEIS und CLEMENS REICHMANN: *ISO/DIS 26262 in the Context of Electric and Electronic Architecture Modeling.* In: GIESE, HOLGER (Herausgeber): *Architecting Critical Systems,* Band 6150 der Reihe *Lecture Notes in Computer Science,* Seiten 179–192. Springer Berlin / Heidelberg, 2010.

[HHAMG11] HILLENBRAND, MARTIN, MATTHIAS HEINZ, NICO ADLER und KLAUS MÜLLER-GLASER: *A Metric-Based Safety Workflow for Electric/Electronic Architectures of Vehicles.* In: *ISARCS 2011,* 2011.

[HHKMG11] HEINZ, M., M. HILLENBRAND, K. KLINDWORTH und K. D. MÜLLER-GLASER: *Rapid automotive bus system synthesis based on communication requirements.* In: *Rapid System Prototyping, 2011. RSP '11. IEEE International Symposium on,* Mai 2011.

[HHM+11] HILLENBRAND, M., M. HEINZ, M. MORHARD, J. KRAMER und K. D. MÜLLER-GLASER: *Ontology-Based Consideration of Electric/Electronic Architectures of Vehicles.* Dagstuhl-Workshop MBEES: Modellbasierte Entwicklung eingebetteter Systeme VII,

Februar 2011.

[HHMG09] HEINZ, M., V. HOESS und K. D. MÜLLER-GLASER: *Physical Layer Extraction of FlexRay Configuration Parameters.* In: *Rapid System Prototyping, 2009. RSP '09. IEEE/IFIP International Symposium on,* Seiten 173–180, Juni 2009.

[HHMG10a] HILLENBRAND, M., M. HEINZ und K.D. MÜLLER-GLASER: *Rapid specification of hardware-in-the-loop test systems in the automotive domain based on the electric / electronic architecture description of, vehicles.* In: *Rapid System Prototyping (RSP), 2010 21st IEEE International Symposium on,* Seiten 1 –6, Juni 2010.

[HHMG+10b] HILLENBRAND, M., M. HEINZ, K.D. MÜLLER-GLASER, N. ADLER, J. MATHEIS und C. REICHMANN: *An approach for rapidly adapting the demands of ISO/DIS 26262 to electric/electronic architecture modeling.* In: *Rapid System Prototyping (RSP), 2010 21st IEEE International Symposium on,* Seiten 1 –7, Juni 2010.

[HHMG11] HEINZ, M., M. HILLENBRAND und K. D. MÜLLER-GLASER: *Electric/electronic architecture model driven FlexRay configuration.* In: *Dagstuhl-Workshop MBEES: Modellbasierte Entwicklung eingebetteter Systeme VII,* Februar 2011.

[HHvBMG10] HEINZ, M., M. HILLENBRAND, P. VON BRUNN und K. D. MÜLLER-GLASER: *A FlexRay parameter calculation methodology based on the electric/electronic architecture of vehicles.* In: *IFAC Symposium Advances in Automotive Control,* Juli 2010.